国家技能型、实用型人才培养工程规划教材
国家示范性职业院校专业建设项目成果

机械设计基础

JIXIN SHEJI JICHU

（修订版）

主　审　李新德
主　编　张艳玲　李新德
副主编　侯会喜　陈爱荣
　　　　王　丽　苏　丹
　　　　韩祥凤　黄　蓓

中国商业出版社

图书在版编目(CIP)数据

机械设计基础(修订)/张艳玲,李新德主编. —北京:中国商业出版社,2014.8 印

ISBN 978-7-5044-5824-7

Ⅰ.机… Ⅱ.①张…②李… Ⅲ.机械设计 Ⅳ.TH122

中国版本图书馆 CIP 数据核字(2007)第 031120 号

责任编辑:陈李苓
版式设计:蔡　凯

中国商业出版社出版发行
(100053　北京广安门内报国寺 1 号)
新华书店总店北京发行所经销
北京市书林印刷有限公司印刷

*　*　*　*　*

787×1092 毫米　16 开　17.75 印张　350 千字
2014 年 8 月第 2 版　2014 年 8 月第 1 次印刷
定价:50.00 元(全二册)本册定价:32.00 元

*　*　*　*

(如有印装质量问题可更换)

前言

《机械设计基础》是机电、工程类通用教材之一，是根据国家技能型、紧缺型、实用型人才培养工程要求编写的。在编写本书时，我们遵循高职教育“以职业为基础，以能力为本位”的原则和培养应用型、技能型人才的目标，组织了一批具有丰富高职教学经验和生产实践工作经验的一线教师，编写了《机械设计基础》教材。同时又编写了《机械设计实训指导与练习》，与该书配套使用。它是高职院校工程专科机械类、近机类专业的通用教材，也可供职工大学、业余大学、函授大学、中等专业学校的师生及有关工程技术人员、企业管理人员选用或参考。

本书具有以下几个突出特点：①实用性强。本教材各章节根据实际情况，突出了技术的实用性，并且对于典型传动、重要零件都增加了一些实用知识。本教材的编写力求做到突出高职特色，本着强调基础、突出应用、力求创新的总体思路，减少一些重学术、轻实践或与专业培养目标关系不大的内容。②知识体系全面，重点突出。本教材注重相关教学内容整合，简明、实用、新颖。目的是帮助学生将相互联系的内容统一起来学习，同时，也精简了教学内容，更有助于学生灵活掌握本课程中机构的使用技巧。③理论知识以“必须”、“够用”为度，注重实践能力培养。在内容的处理上，删除了一些公式的理论推导，直接阐述公式的物理意义和几何意义，直接切入主题，降低了学生的学习难度，突出了职业教育特色。④本书内容新颖，满足了科学发展的需要。本书加强了现代化机械设计基础的部分教学内容，对这些内容主要以介绍为主，公式推导则尽量省略，并注意篇幅适当，既增加了内容的新颖性，又避免过多的赘述而增加教学学时和师生负担。

本书有以下一些基本内容：平面机构运动简图的绘制和自由度、连杆机构、凸轮机构、齿轮机构、螺纹联接、带传动、链传动、键联接、轴与轴承、联轴器等共12章，章节后附有相关习题。

本书由商丘职业技术学院张艳玲、李新德担任主编，由西安航空职业技术学院侯会喜、商丘职业技术学院陈爱荣、王丽、韩祥凤、苏丹、黄蓓担任副主编，本书由李新德主审。

尽管我们在编写过程中做出了很多的努力，由于编者水平有限，书中难免有疏忽和不当之处，恳请各位读者提出宝贵的意见和建议。

编者

2014 年 8 月

目 录

绪 论

§0-1 引 言

机械是人类进行生产劳动的主要工具,也是社会生产力发展水平的重要标志。

人类为了适应生产和生活上的需要,发明创造了各种各样的机器,用以减轻人类的体力劳动,提高劳动生产率,完成各种复杂的工作。特别是在有些场合,只能借助机械来代替人进行工作。远在古代,人们就知道利用杠杆、滚子、绞盘等简单机械从事建筑和运输。到18世纪英国人瓦特在1782年发明了往复式蒸汽机,促进了产业革命,机械更是得到了日新月异的迅猛发展。现今,人们在日常生活和生产过程中,已离不开机械。

我国古代人民在机械方面有过许多杰出的创造与发明。远在五千年前就使用过简单的纺织机械;夏朝发明了脚踏水车(图0-1);周朝有人利用卷筒原理制作辘轳;汉武帝时就能制造水利方面用的筒车(即翻车);东汉科学家张衡发明了测定地震方位的地动仪和测定风向的候风仪;晋朝的水辗已经应用了凸轮原理;西汉的指南车(图0-2)、记里鼓车已应用了齿轮传动和轮系;东汉时杜诗发明的水排(图0-3)是利用水力鼓风炼铁的机械。但是,由于我国封建社会漫长,加上帝国主义入侵以后直到新中国成立之前我国长期处于半封建半殖民地社会,工业发展缓慢,机械工业处于极端落后状态。

图0-1

图0-2

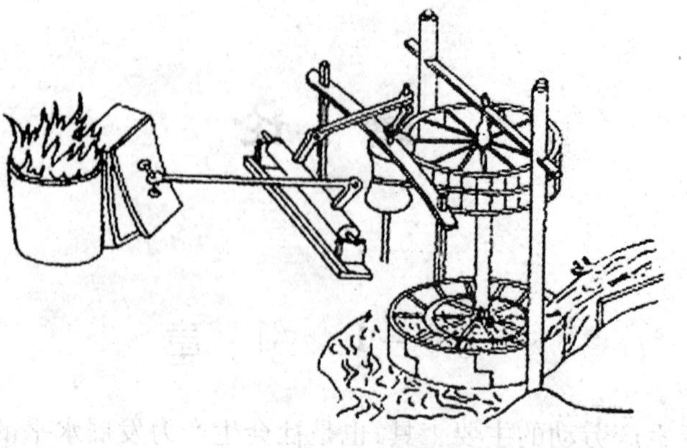

图 0－3

新中国成立后，我国的科学技术和机械工业有了较快的发展。在第一个五年计划期间，建立了一批大型机械制造厂，使机械工业由过去只能进行零星的修配，发展到能自行制造飞机、汽车和各种机床，并为我国机械工业今后的发展奠定了坚实的基础。特别是近年来，我国机械工业正在从"中国制造"向"中国创造"转变。从而使我国机械工业进入了一个新的发展阶段。

生产实现机械化、自动化，对于发展国民经济具有十分重要的意义。职业技术院校机械、机电类专业的学生学习掌握本课程，可以为将来使用各种机械设备和对原有生产设备进行技术改造，为挖掘设备的潜力奠定基础。

§0－2 机械概述

一、机器和机构

1. 机器

机器是执行机械运动的装置，用来变换或传递能量、物料与信息。

机器的种类繁多，由于机器的功用不同，其工作原理、构造和性能也各异。但是从机器的组成部分与运动的确定性和机器的功能关系来分析，所有机器都具有下列三个共同特征：

(1)任何机器都是由许多构件组合而成的。如图 0－4 所示的单缸内燃机，是由汽缸、活塞、连杆、曲轴、轴承等构件组合而成的。

(2)各运动实体之间具有确定的相对运动。如图 0－4 所示的活塞 2 相对于汽缸 1 的往复移动，曲轴 4 相对于两端轴承 5 的连续转动。

(3)能实现能量转换、代替或减轻人类的劳动，完成有用的机械功。例如：发电机可以把机械能转换为电能；运输机器可以改变物体在空间的位置；金属切削机床能够改变工件的尺寸、形状；计算机可以变换信息等。

根据以上分析，可以对机器得到一个明确的概念：机器就是人为实体(构件)的组合，它的各部分之间具有确定的相对运动，并能代替或减轻人类的体力劳动，完成有用的机械功或实现能量的转换。

按其用途，机器可分为发动机(原动机)和工作机。

发动机是将非机械能转换成机械能的机器。例如电动机是将电能转换成机械能的机器。内燃机是将热能转换成机械能的机器。

工作机是用来改变被加工物料的位置、形状、性能、尺寸和状态的机器。工作机是利用机械能来做有用功的机器。例如车床、铣床、磨床等金属切削机床都是工作机。

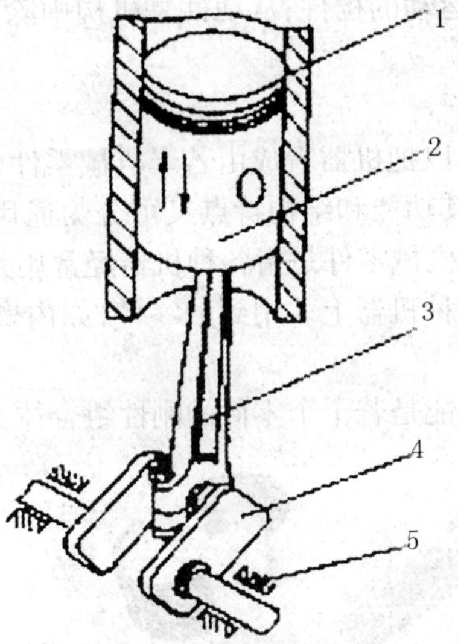

1. 缸体;2. 活塞;3. 连杆;4. 曲柄;5. 轴承

图0－4　单缸内燃机

2. 机构

机构是用来传递运动和动力的构件系统。

与机器相比较,机构也是人为实体(构件)的组合,各运动实体之间也具有一定的相对运动,但不能做机械功,也不能实现能量转换。

机器与机构的区别在于:机器的主要功用是利用机械能做功或实现能量的转换;机构的主要功用在于传递或转变运动的形式。例如发动机、机床、轧钢机、纺织机和拖拉机等都是机器,而钟表、仪表、千斤顶、机床中的变速装置或分度装置等都是机构。通常的机器必包含一个或一个以上的机构。图0－4所示的单缸内燃机,其中就有一个曲柄连杆机构,用来将汽缸内活塞的往复运动转变为曲柄(曲轴)的连续转动。

如果不考虑做功或实现能量转换,只从结构和运动的观点来看,机器和机构二者之间没有区别,而将它们总称为机械,机械即是机器与机构的总称。

二、构件、零件和部件

1. 构件

从运动角度来分析,机器及机构都是由许多具有确定相对运动的构件组合而成,因此,构件是机构中的运动单元,也就是相互之间能作相对运动的物体。机械中应用最多的是刚性构件,即作为刚体看待的构件。一个构件,可以是不能拆开的单一整体,如图0－4所示的曲轴。也可以是几个相互之间没有相对运动的物体组合而成的刚性体,如图0－5所示的连杆,便是由几个可拆卸的物体组合而成的刚性体。它由连杆体、连杆盖、螺栓和螺母等物体组合而成。

构件按其运动状况，可分为固定构件和运动构件两种。固定构件又称为机架，一般用来支持运动构件，通常就是机器的基体或机座，例如各类机床的床身。运动构件又称为可动构件，是机构中可相对机架运动的构件。运动构件又分成主动件（原动件）和从动件两种。主动件是机构中作用有驱动力或力矩的构件；有时也将运动规律已知的构件称为主动件。形象地说，主动件就是带动其他可动构件运动的构件；从动件是机构中除了主动件以外的随着主动件的运动而运动的构件。

2. 零件

从制造角度来分析机器，可以把机器看成由若干机械零件（简称零件）组成的。零件是指机器的制造单元。机械零件按其功能和结构特点又可分为通用机械零件（图 0－6）和专用机械零件（图 0－7）两大类。通用机械零件是指各种机器经常用到的零件，如螺栓、螺母、轴和齿轮等；专用机械零件是指仅在某种机器上才用到的零件，如内燃机曲轴、汽轮机叶片和机床主轴等。

构件可能是一个零件，也可能是若干个零件的刚性组合体。

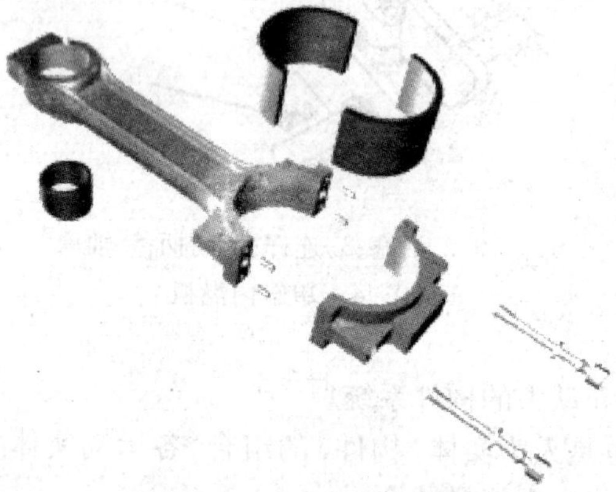

图 0－5　内燃机连杆机构

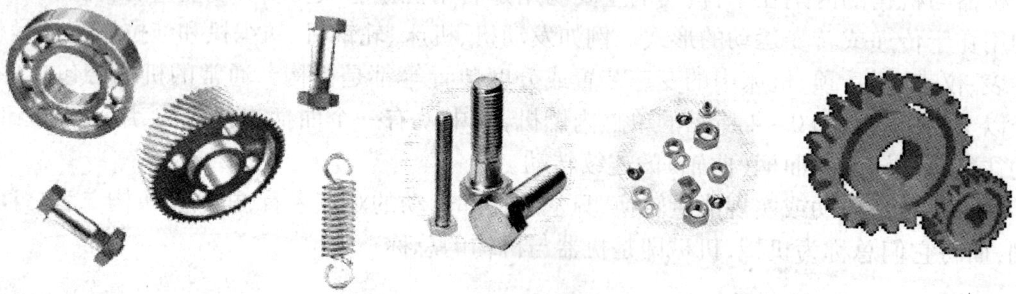

图 0－6　通用机械零件

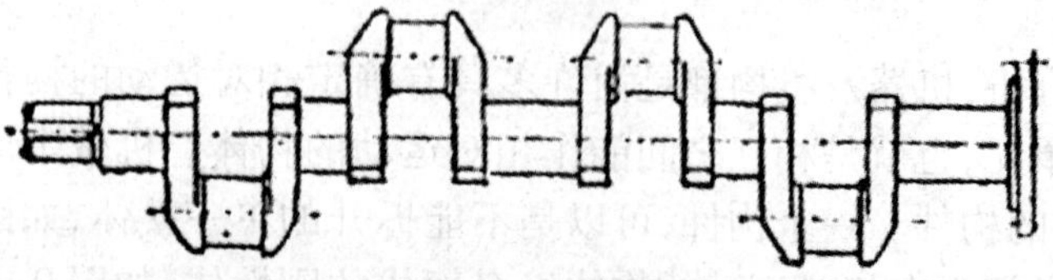

图 0－7　专用机械零件

3. 部件

从装配角度来分析机器,可以认为较复杂的机器是由若干部件组成的。部件是指机器的装配单元。例如车床就是由主轴箱、进给箱、溜板箱及尾架等部件组成的。部件有大有小,大的如主轴箱,小的如滚动轴承。部件亦可分为通用部件与专用部件。如减速器、滚动轴承和联轴器等属于通用部件;而汽车转向器等则属于专用部件。把机器划分为若干部件,对设计、制造、运输、安装及维修等都会带来许多方便。

三、机器的组成

机器的发展经历了一个由简单到复杂的过程。人类为了满足生产及生活的需要,设计和制造了类型繁多、功能各异的机器。一部机器由原动机、传动机、工作机和控制器组成。

原动机是驱动整部机器以完成预定功能的动力源。常用的发动机(原动机)有电动机、内燃机和空气压缩机等。通常一部机器只用一个原动机,复杂的机器也可能有好几个动力源。一般地说,它们都是把其他形式的能量转换为可以利用的机械能。原动机的动力输出绝大多数呈旋转状态,输出一定的转矩。在少数情况下也有用直线运动马达以直线运动的形式输出一定的推力或拉力。

机器的传动部分多数使用机械传动系统。传动装置是将动力部分的运动和动力传递给工作部分的中间环节。例如金属切削机床中常用的带传动、螺旋传动、齿轮传动、连杆机构和凸轮机构等。机器中应用的传动方式主要有机械传动、液压传动、气动传动及电气传动等。机械传动是绝大多数机器不可缺少的重要组成部分。

执行部分是用来完成机器预定功能的组成部分,处于整个装置的终端,其结构形式取决于机器的用途。一部机器可以只有一个执行部分(例如压路机的压轮);也可以把机器的功能分解成好几个执行部分(例如桥式起重机的卷筒、吊钩部分执行上下吊放重物功能,小车行走部分执行纵向运送重物的功能)。

控制部分保证机器的启动、停止和正常协调动作。

§0-3 课程的性质、内容、任务和学习方法

一、性质

本课程是职业技术院校机械、机电类专业的一门专业基础课程,同时也是一门能直接用于生产的设计性课程。它将为学习专业技术课程和今后在工作中合理使用、维护机械设备,以及进行技术改造提供必要的理论基础知识,也是机械工程技术人员必须掌握的专业基础理论知识。

二、内容

1. 常用机械传动。常用机械传动包括带传动、螺旋传动、链传动、齿轮传动、蜗杆传动和轮系。主要讨论机械传动的类型、组成、工作原理、传动特点、传动比计算和应用场合等。

2. 常用机构。常用机构包括平面连杆机构、凸轮机构及其他常用机构。主要讨论它们的

结构、工作原理、设计方法和应用场合等。

3. 轴系零件。轴系零件包括常用联接、轴、轴承、联轴器、离合器和制动器。主要讨论它们的结构、特点、常用材料和应用场合,并介绍有关标准和选用方法。

三、任务

本课程的任务是:培养学生掌握常用机构和通用零件的基本知识、基本理论和基本技能;初步具有选用和设计常用机构和通用零件的能力以及使用和维护一般机械的能力;为学习专业课程和新的科学技术打好基础,为解决生产实际问题和技术改造工作打好基础。

通过本课程的学习,学生应达到下述基本要求:

1. 熟悉常用机构的工作原理、特点、应用及设计的基本知识;
2. 熟悉通用零件的工作原理、特点、标准,掌握通用零件的选用和设计的基本方法;
3. 具有与本课程有关的解题、运算、绘图和使用技术资料的技能;
4. 初步具有选用和设计通用零件和简单机械传动装置的能力;
5. 初步具有分析和处理机械中常用机构、通用零件经常发生的一般故障的能力;
6. 初步具有正确使用和维护一般机械的能力。

四、学习方法

课程的学习方法与课程的特点有关。根据本课程的特点,在学习方法上应当注意以下几点:

1. 结合学习本课程及时复习和巩固有关先修课程的知识

如前所述,不少先修课程是学习本课程的基础。显然,这些先修课程的学习情况如何,将影响本课程的学习。因此为了给学习本课程奠定坚实的基础,还应当结合学习本课程及时复习和巩固有关先修课程的知识。

2. 注意培养综合运用所学知识的能力

本课程是一门综合性课程,学习本课程的过程也是综合运用所学知识的过程,而综合运用所学知识解决设计问题的能力又是设计工作能力的重要标志。所以在学习本课程时应当注意培养综合运用所学知识的能力。

3. 弄清设计原理和设计公式的应用条件及公式中各量之间的相互关系

本课程的许多设计原理和设计公式都是带有条件的。设计时应弄清实际情况是否与条件相符。此外,设计计算时,通常在同一公式中要同时确定几个参数或数据,而这些参数或数据是否确定合理,又取决于对公式中各量之间的关系和对实际情况的了解程度。因此,设计计算中的主要困难不是解方程式,而是怎样才能做到结合实际情况合理地选择设计参数或数据。所以学习本课程时应当十分重视弄清设计原理和设计公式的应用条件及公式中各量之间的相互关系。

4. 正确对待理论设计与经验设计

按照长期生产实践和科学实验总结出来的机器、机构或零件的现代设计理论、设计方法和实验数据进行设计,称为理论设计。这是本课程主要介绍的方法,也是机械设计时主要采用的方法。

根据实践经验,并且参考同类机器、机构或零件进行设计,称为经验设计。经验设计虽无详尽的理论分析,但它是由实践中总结出来的,有一定的实际价值。因而不应轻视经验设计。

5. 正确处理计算和绘图的关系

设计时,有些零件的主要尺寸是由计算确定的,然后根据所得尺寸通过绘图来确定其结构。但是,有些零件在确定主要尺寸之前,需要先绘出计算简图,取得某些计算所需条件后,才能确定其主要尺寸和结构。有时候还需要根据计算结果再修改设计草图。所以设计中计算与绘图并非截然分开,而是互相依赖、互相补充和交叉进行的。

6. 正确处理继承现有设计成果与设计创新的关系

任何设计都不可能是设计者独出心裁,凭空设想出来的。设计中,必须吸取前人有益设计经验,参考有用设计资料。因为好的经验和资料是长期实践经验积累的宝贵财富。所以,设计时吸取有益经验,使用设计资料,既能减少重复工作,加快设计进程;又能继承和发展现有设计成果,不断改进设计方法和提高设计质量。此外,任何新的设计任务,又是根据特定的设计要求提出来的。因此设计时必须密切联系实际,创造性进行设计。不能盲目地、机械地搬用经验或抄袭资料,继承现有设计成果与设计创新二者不可偏废,要很好地结合起来。

7. 注意单个机构、零件的设计与机器总体设计之间的联系

为了讨论方便,本课程对常用机构和通用零件是分别讨论的。但是,机器又是由若干机构、构件和零件组成的不可分割的整体,各机构、各零件与机器之间有着非常密切的联系。因此,设计机构和零件时,不仅要熟练掌握常用机构和通用零件的设计原理和方法,而且要从机器的总体设计出发,弄清它们之间的联系。例如设计齿轮传动时,就应当了解所设计的齿轮传动用在什么机器上?是开式传动还是闭式传动?齿轮传动是用来传递运动还是传递动力?等等。此外,还应当弄清齿轮与其他零件的联系,例如齿轮与轴和轴承的联系。因为这些都直接影响设计参数或数据的选择、齿轮的结构设计,有时还影响设计原理和方法。

8. 正确对待设计计算结果

设计机械零件的尺寸和形状时,一般不可能单靠理论计算确定,而是需要综合考虑零件的运用性能和动力性能,强度和刚度,摩擦、磨损和润滑,振动、工作寿命、安全操作和人机联系设计,经济性、工艺性、材料选用和标准化以及其他特殊要求等因素的影响。而上述因素对零件尺寸和结构的影响有些是无法计算的。因此,不能把机械零件设计片面理解为理论计算,或者认为理论计算的结果是不能更改的。

9. 重视培养结构设计能力

初作设计和缺乏生产实践的人,机械设计中最容易犯的毛病是结构不合理,甚至出现错误。结构不合理,将降低设计质量;结构设计错误,将造成经济损失。学习本课程时,应当多看零、部件的实物和图纸,多参观工厂,丰富结构知识和工艺知识,以便逐步提高结构设计能力。

本章要点

1. 机器的概念,机器的共同特征。
2. 机构。
3. 机构与机器的区别。
4. 机械概念。
5. 构件与零件的区别。
6. 一般机器的组成。

△ 习 题

1. 什么是机器，它起什么作用？
2. 机器的共同特征是什么？
3. 什么是机械？
4. 一般机器由哪几部分组成？各处在传动的什么位置？
5. 机构与机器有什么区别？
6. 构件与零件有什么区别？

第一章　平面机构的运动简图及自由度

机构是由若干构件组成的，但是若干构件不一定能够组成机构。如图1－1(a)所示三铰接杆及图1－1(b)所示的两根齿轮轴，都是不能运动的构件组合体，因而不能成为机构。而如图1－2所示五铰接杆，虽然其构件可动，但当构件1按一定规律运动时，其余构件不能获得完全确定的运动也不能称为机构。由此可见，构件的组合体必须具备一定条件才能成为机构。研究机构的组成及其具有确定运动的条件，对于分析与设计机构都是十分重要的。本章主要讨论这方面的问题。

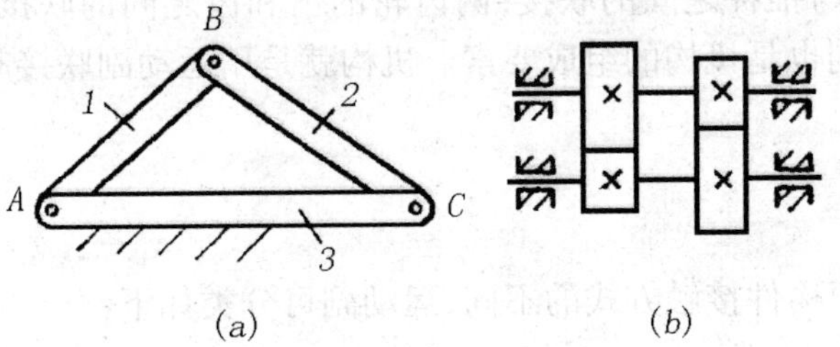

图1－1

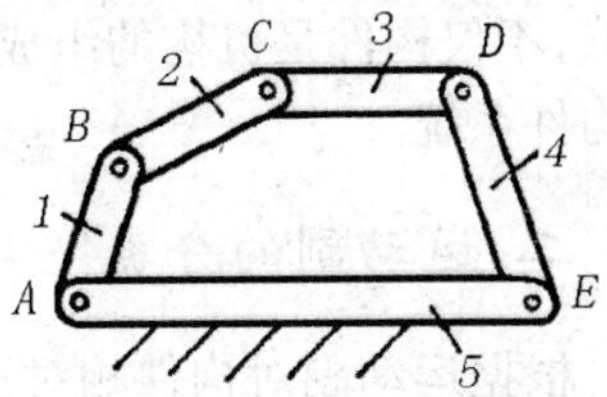

图1－2

分析机构或设计机构时，工程上常用规定的简单符号和线条，绘出机构运动简图，来表示机构的运动关系。如何绘制机构运动简图，也是本章要讨论的内容。

所有构件的运动都在同一个平面内或运动平面相互平行的机构称为平面机构，否则称为空间机构。本章仅讨论平面机构的情况，因为在生活和生产中，平面机构应用最广泛。

§1－1　机构的组成 运动副及其分类

一、运动副

机构构件在未与其他构件装配之前，都是一个自由运动的物体。如图1－3(*a*)所示，一个在空间自由运动的物体可能具有六个独立运动(分别绕 x、y、z 轴的转动和沿 x、y、z 轴的移动)，物体可能有的独立运动称为物体运动的自由度。因而在空间自由运动的物体具有六个自由度。又如图1－3(*b*)所示，在平面中自由运动的物体可能有三个独立运动(分别沿 x、y 轴的移动和绕 xoy 平面内任意点的转动)，所以在平面内自由运动的物体具有三个自由度。

机构中任一个构件，总是以一定方式与其他构件相互接触并组成活动联接。两构件联接后，构件间的相对运动就受到约束，运动自由度随之减少。机构正是靠着构件间的联接，约束构件间的相对运动并使其具有确定的相对运动。

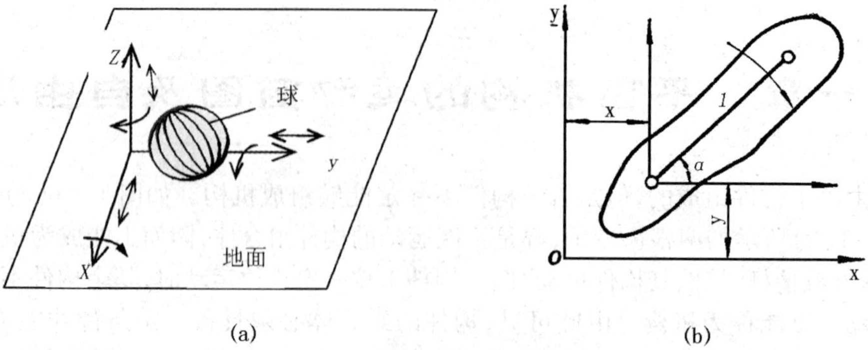

图 1－3

机构中两构件之间直接接触并能作相对运动的可动联接，称为运动副。例如轴与轴承之间的联接，活塞与汽缸之间的联接，凸轮与推杆之间的联接，两齿轮的齿和齿之间的联接等。显然，不仅构件是机构的组成要素，运动副也是机构的组成要素。机构就是用运动副联接起来的构件系统。

二、运动副的分类

根据运动副对构件相对运动约束及两构件接触方式的不同，运动副可分类如下：

1. 平面运动副

若运动副只允许两构件在同一平面内或相互平行平面内作相对运动，则称该运动副为平面运动副。

在平面运动副中，两构件之间的直接接触有三种情况：点接触、线接触和面接触。按照接触特性，通常把运动副分为低副和高副两类。

(1)低副

两构件通过面接触构成的运动副称为低副。根据两构件间的相对运动形式，低副又分为移动副和转动副。两构件间的相对运动为直线运动的，称为移动副，如图 1－4(a)所示，其代表符号如图 1－4(b)所示；两构件间的相对运动为转动的，称为转动副或称为铰链，如图 1－5(a)所示，其代表符号如图 1－5(b)所示。

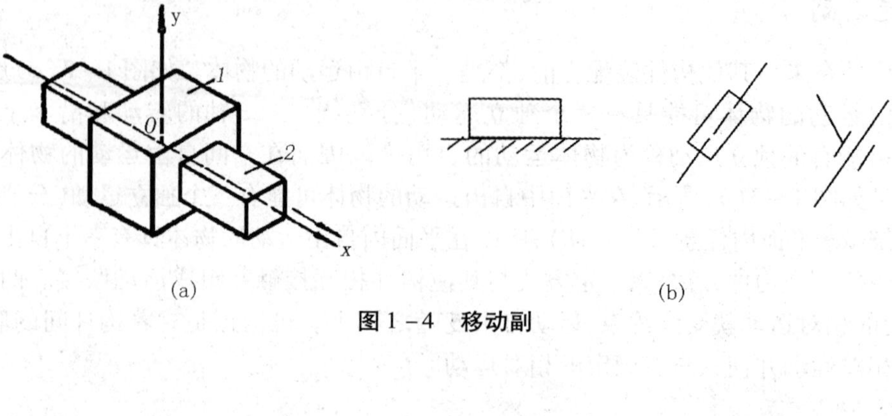

图 1－4　移动副

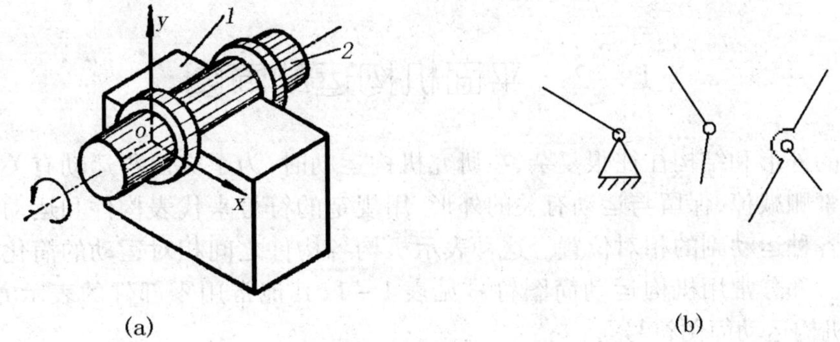

图 1－5　转动副

(2)高副

两构件通过点或线接触构成的运动副称为高副。如图 1－6,凸轮 1 与尖顶推杆 2 构成高副,如图 1－7,两齿轮轮齿啮合处也构成高副。

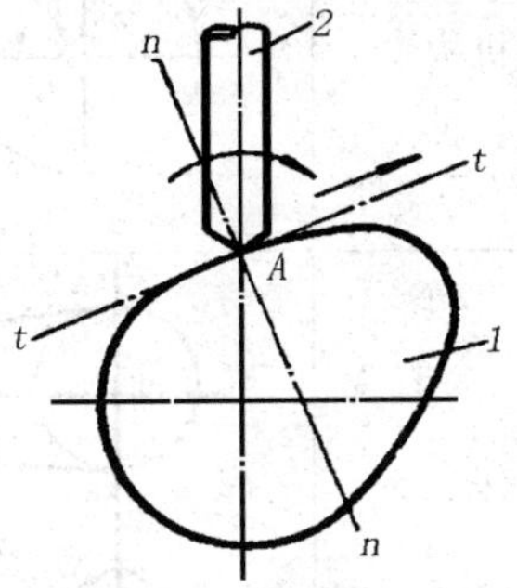

图 1－6　凸轮高副

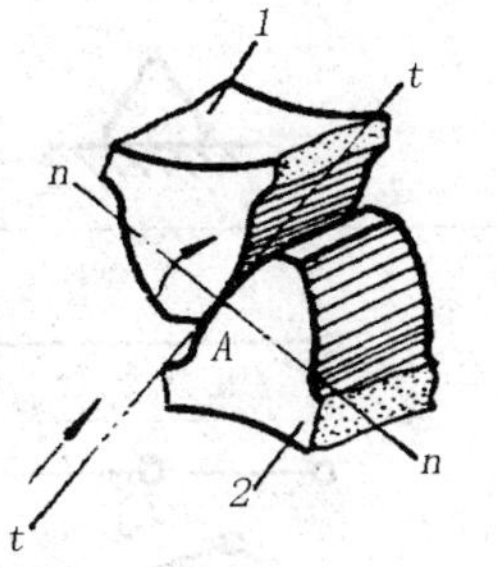

图 1－7　齿轮高副

低副因通过面接触而构成运动副,故其接触处的压强小,承载能力大,耐磨损,寿命长,且因其形状简单,所以容易制造。低副的两构件之间只能作相对滑动;而高副的两构件之间则可作相对滑动或滚动,或两者并存。

2. 空间运动副

若运动副能允许两构件作空间相对运动,则称该运动副为空间运动副。常用空间运动副有螺旋副(图 1－8(a))和球面副(图 1－9(a))。图中箭头表示构件的相对运动的方向,图(b)为代表符号。

常用运动副的规定符号可参看有关资料。

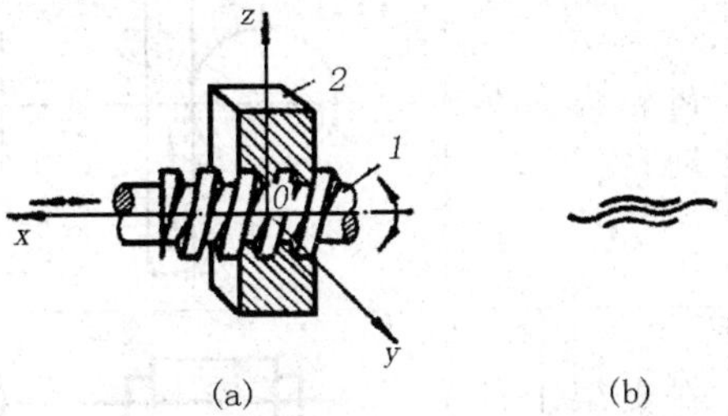

图 1－8

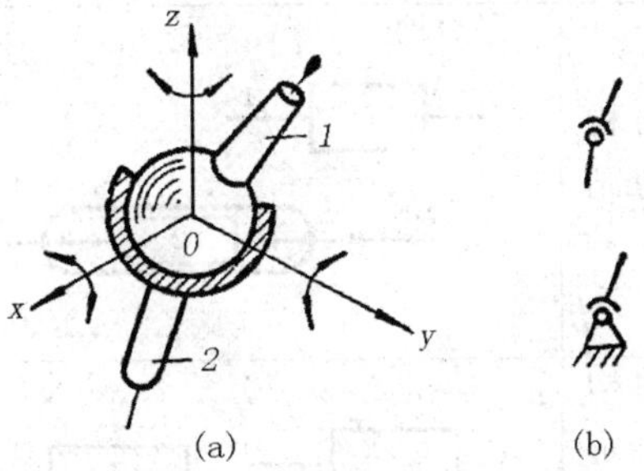

图 1－9

§1－2　平面机构运动简图

实际构件的外形和结构往往很复杂，在研究机构运动时，为了突出与运动有关的因素，将那些无关的因素删减掉，保留与运动有关的外形，用规定的符号来代表构件和运动副，并按一定的比例表示各种运动副的相对位置。这种表示机构各构件之间相对运动的简化图形，称为**机构运动简图**。部分常用机构运动简图符号见表1－1，其他常用零部件的表示方法可参看*GB*4460－84"机构运动简图符号"。

表1－1　　部分常用机构运动简图符号（*GB*4460－84）

名称	符号	名称	符号
轴、杆、连杆等构件		棘轮机构	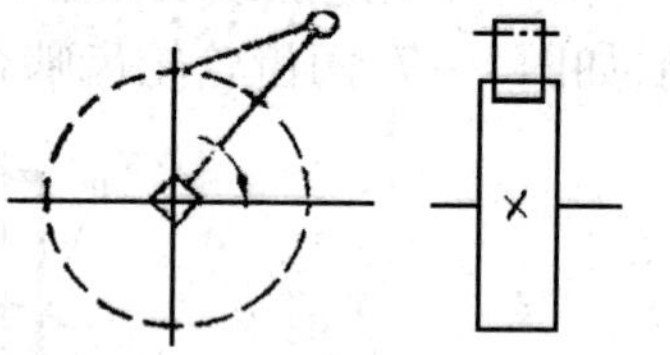
轴、杆的固定支座（机架）	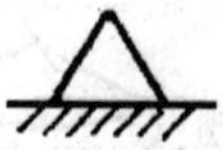		
一个构件上有两个转动副		链传动	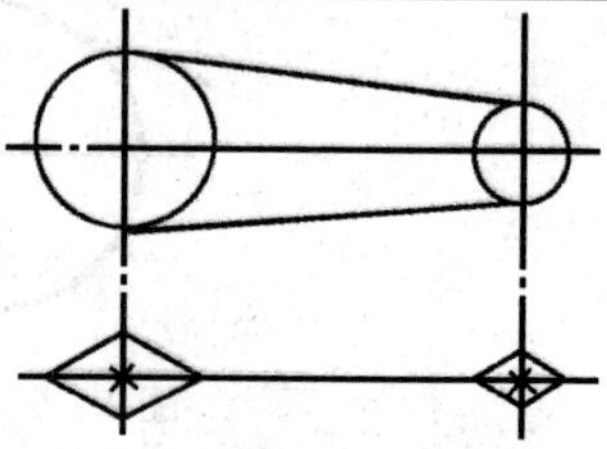
一个构件上有三个转动副	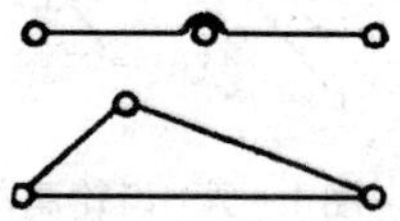		
两个运动构件用转动副相联	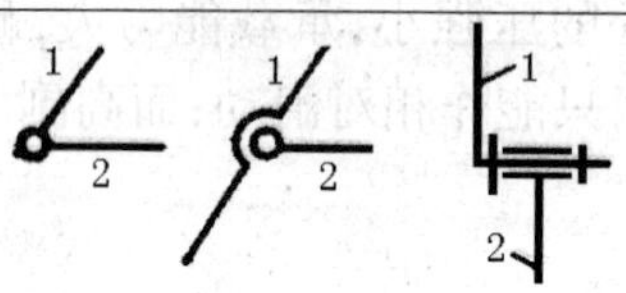	外啮合圆柱齿轮传动	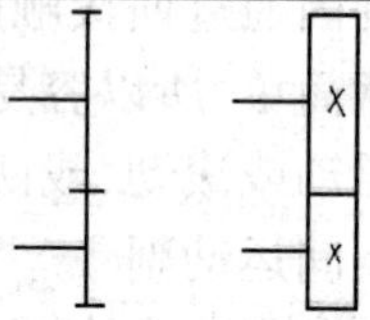
一个运动构件一个固定构件用转动副相联	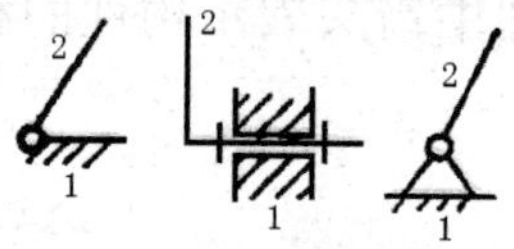	内啮合圆柱齿轮传动	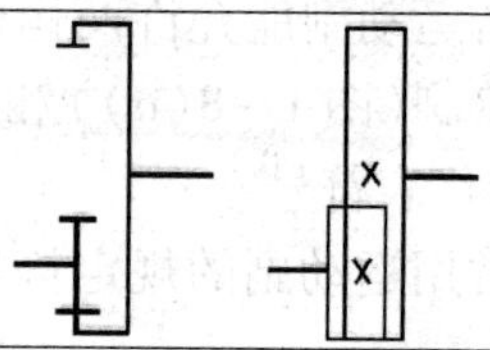
两个运动构件用移动副相联	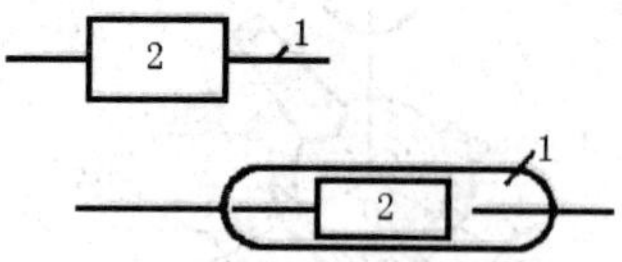	齿轮齿条传动	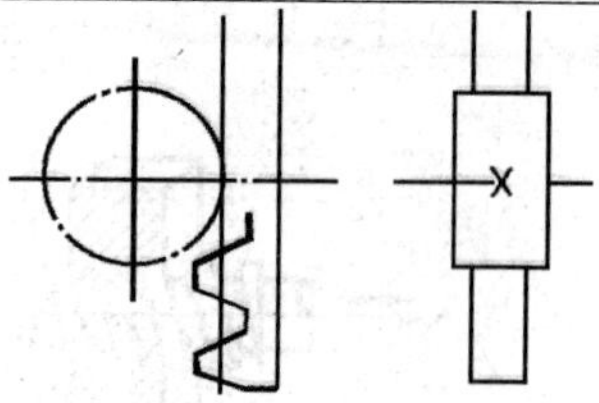
一个运动构件一个固定构件用移动副相联	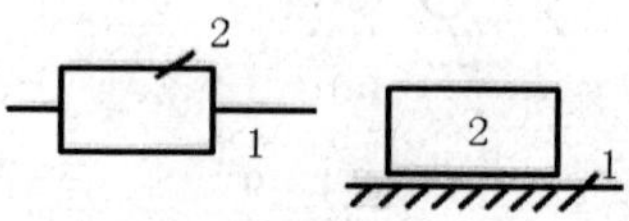	在支架上的电机	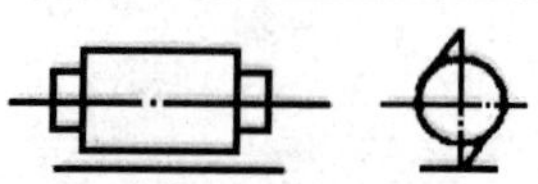

机构中的构件可分为三类：

(1)固定件或机架——用来支撑活动构件的构件。研究机构中活动构件的运动时，常以固定件作为参考坐标系。

(2)原动件——运动规律已知的活动构件。它的运动是由外界输入的，故又称为输入构件。

(3)从动件——机构中随着原动件的运动而运动的其余活动构件。其中输出机构为预期运动的从动件称为输出构件，其他从动件则起传递运动的作用。

在一般的运动简图的绘制中，必有一个构件被相对地看作固定件，在活动构件中，必须有一个或几个原动件，其余的是从动件。两构件组成高副时，在简图中应该画出两构件接触处的曲线轮廓。例如互相啮合的齿轮在简图中应画出一对节圆来表示，凸轮则用完整的轮廓曲线来表示。

例 1－1　试绘制图 1－10(*a*)所示颚式破碎机的机构运动简图。

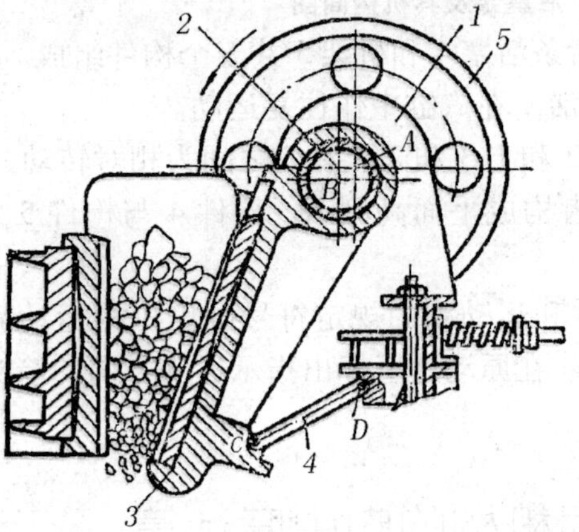

(*a*)

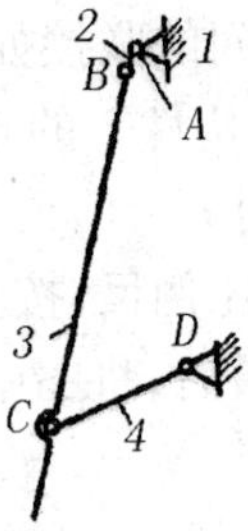

(*b*)

图 1－10

解：颚式破碎机的主体机构由机架 1、偏心轴 2、动颚 3、肘板 4 共四个构件组成。偏心轴是原动件，动颚和肘板都是从动件。偏心轴在与它固联的带轮 5 的拖动下绕轴线 *A* 转动，驱使输出构件动颚 3 作平面运动，从而将矿石轧碎。

偏心轴 2 与机架 1 绕轴线 *A* 作相对转动，故构件 1、2 组成以 *A* 为中心的回转副；动颚 3 与偏心轴 2 绕轴线 *B* 作相对转动，故构件 2、3 组成以 *B* 为中心的回转副；肘板 4 与动颚 3 绕轴线 *C* 相对转动，故构件 3、4 组成以 *C* 为中心的回转副；肘板与机架绕轴线 *D* 作相对转动，故构件 4、1 组成以 *D* 为中心的回转副。

选定适当比例尺，根据图(*a*)尺寸定出 *A*、*B*、*C*、*D* 的相对位置，用构件和运动副的规定符号绘出机构运动简图，如图 1－10(*b*)所示。最后，将图中的机架画上斜线，在原动件上标出指示运动方向的箭头。

例 1－2　绘制图 1－11(*a*)所示活塞泵机构的运动简图。

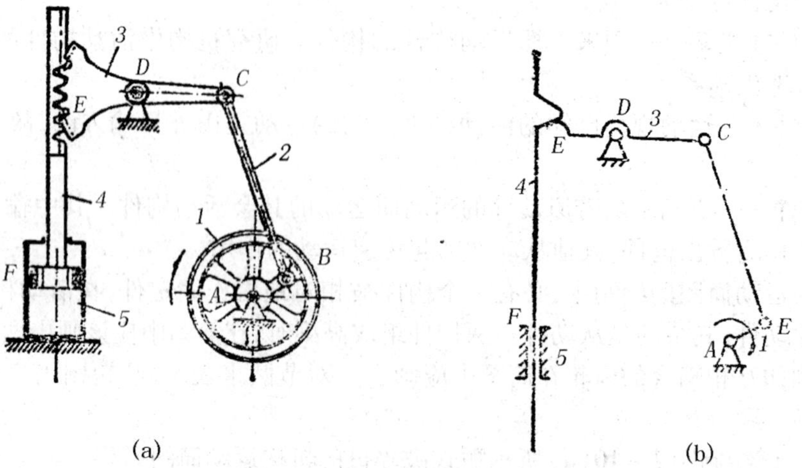

图 1－11　活塞泵及其机构简图

解：活塞泵由曲柄 1、连杆 2、齿扇 3、齿条活塞 4 和机架 5 共五个构件组成。曲柄 1 是原动件，2、3、4 为从动件。当原动件 1 回转时，活塞在汽缸中作往复运动。

各构件之间的联接如下：构件 1 和 5、2 和 1、3 和 2、3 和 5 之间为相对转动、分别构成回转副 A、B、C、D。构件 3 的轮齿与构件 4 的齿构成平面高副 E。构件 4 与构件 5 之间为相对移动，构成移动副 F。

选取适当比例尺，按图 a 尺寸，用构件和运动副的规定符号画出机构运动简图，如图 1－11(b)所示。最后，将图中的机架画上斜线，在原动件上标出指示运动方向的箭头。

§1－3　平面机构的自由度计算

一、平面机构自由度计算公式

如前所述，一个作平面运动的自由构件具有三个自由度。因此，平面机构的每个活动构件，在未用运动副联接之前，都有三个自由度。当两个构件组成运动副之后，它们的相对运动就受到约束，使得某些独立的相对运动受到限制。对独立的相对运动的限制，称为约束。约束增多，自由度就相应减少。由于不同种类的运动副引入的约束不同，所以保留的自由度也不同。

1. 低副

(1) 移动副

如图 1－12 所示移动副，约束了沿一个坐标轴方向的移动和一个在平面内的转动共两个自由度，只保留沿另一个坐标轴方向移动的自由度。

(2) 回转副

如图 1－13 所示回转副，约束了沿两个坐标轴移动的自由度，只保留一个转动的自由度。

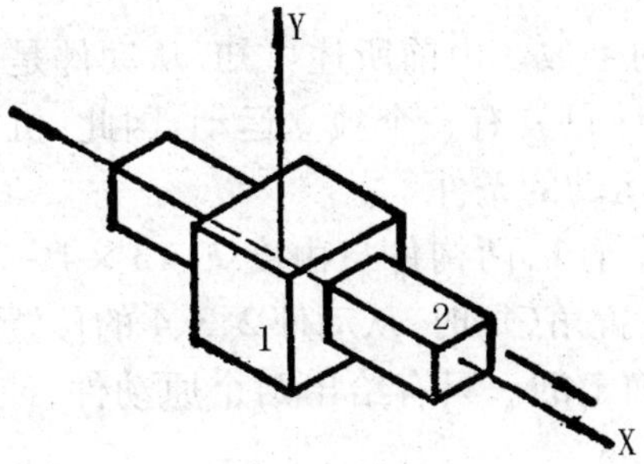

图 1－12　移动副约束

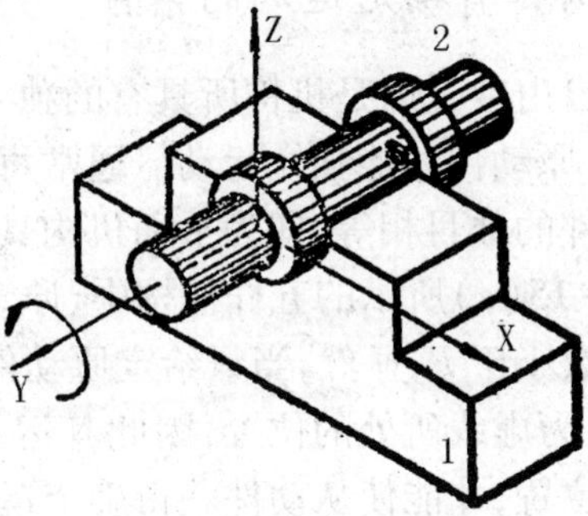

图 1－13　回转副约束

2. 高副

如图 1－14 所示,只约束了沿接触处公法线 $n-n$ 方向移动的自由度,保留绕接触处的转动和沿接触处公切线 $t-t$ 方向移动的两个自由度。

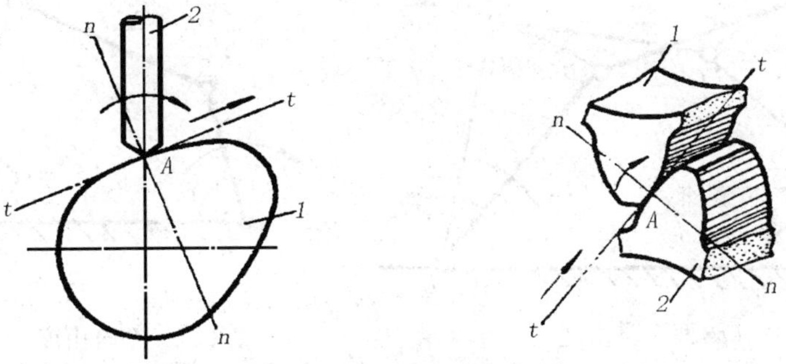

图 1－14　高副约束

结论:在平面机构中,①每个低副引入两个约束,使机构失去两个自由度;②每个高副引入一个约束,使机构失去一个自由度。

如果一个平面机构中包含有 n 个活动构件(机架为参考坐标系,因相对固定,所以不计在内),其中有 P_L 个低副和 P_H 个高副。则这些活动构件在未用运动副联接之前,其自由度总数为 $3n$。当用 P_L 个低副和 P_H 个高副联接成机构之后,全部运动副所引入的约束为 $2P_L+P_H$。因此活动构件的自由度总数减去运动副引入的约束总数,就是该机构的自由度数,用 F 表示,有:

$$F=3n-2P_L-P_H \tag{1-1}$$

式(1－1)就是平面机构自由度的计算公式。由公式可知,机构自由度 F 取决于活动构件的数目以及运动副的性质和数目。机构的自由度必须大于零,机构才能够运动,否则成为桁架。

例 1－3　计算图 1－11*b* 所示的活塞泵的自由度。

解:除机架外,活塞泵有四个活动构件,$n=4$;四个回转副和一个移动副共 5 个低副,$P_L=5$;一个高副,$P_H=1$。由式(1－1)得:

$$F=3n-2P_L-P_H=3\times4-2\times5-1\times1=1$$

该机构的自由度为 1。

二、机构具有确定运动的条件

机构的自由度也即是机构所具有的独立运动的个数。由前所述可知，从动件是不能独立运动的，只有原动件才能独立运动。通常每个原动件只具有一个独立运动，因此，机构自由度必定与原动件的数目相等，即为平面机构具有确定运动的条件。

如图 1－15(*a*)所示的五杆机构中，原动件数等于 1，两构件自由度 $F=3\times4-2\times5=2$。由于原动件数小于 F，显然，当只给定原动件 1 的位置角$\varnothing_1$时，从动件 2、3、4 的位置既可为实线位置，也可为虚线所处的位置，因此其运动是不确定的。只有给出两个原动件，使构件 1、4 都处于给定位置，才能使从动件获得确定运动。

如图 1－15(*b*)所示四杆机构中，由于原动件数为 2 大于机构自由度数($F=3\times1-2\times4=1$)，因此原动件 1 和原动件 3 不可能同时按图中给定方式运动。

如图 1－1(*a*)所示的三杆组合中，机构自由度等于 0($F=3\times2-2\times3=0$)，它的各杆件之间不可能产生相对运动。

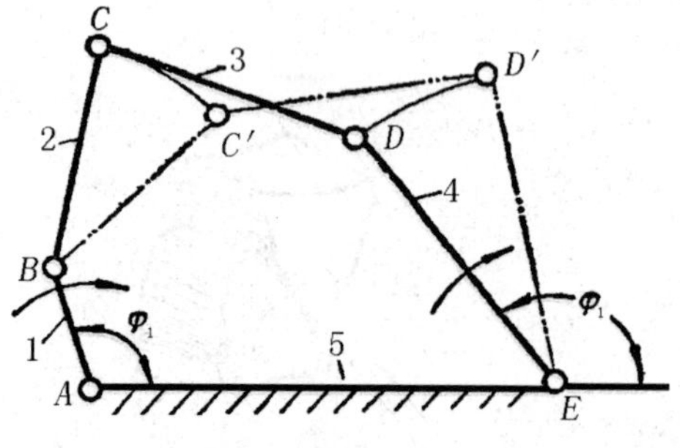

(*a*)两个自由度

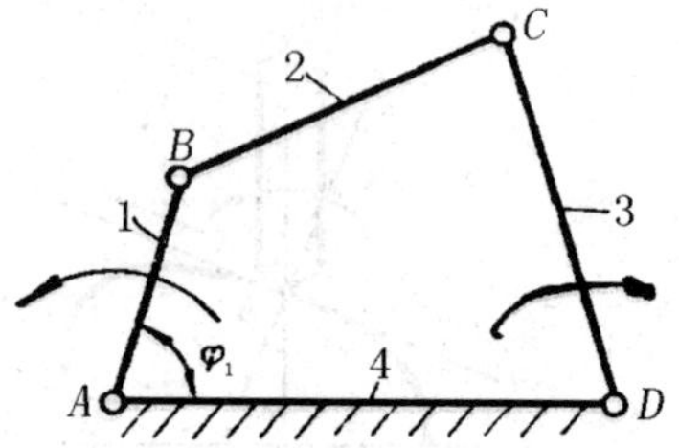

(*b*)一个自由度

图 1－15　不同自由度机构的运动

综上所述：机构具有确定运动的条件是：机构自由度必须大于零、且原动件数与其自由度必须相等。

三、计算平面机构自由度的注意事项

1. 复合铰链

若两个以上的构件同时在一处用回转副相联，则该联接即为复合铰链，如图 1－16(*a*)，为三个构件在 *A* 处构成复合铰链。由其侧视图 1－16(*b*)可知，此三构件共组成两个共轴线转动副。当由 *K* 个构件组成复合铰链时，则应当组成($K-1$)个共轴线转动副。

2. 局部自由度

机构中常出现一种与输出构件运动无关的自由度，称为局部自由度或多余自由度。在计算机构自由度时，可预先排除。如图 1－17(*a*)所示的平面凸轮机构中，为了减少高副接触处的磨损，在从动件上安装一个滚子 3，使其与凸轮轮廓线滚动接触。显然，滚子绕其自身轴线转动与否并不影响凸轮与从动件间的相对运动，因此，滚子绕其自身轴线的转动为机构的局部自由度，在计算机构的自由度时，应预先将转动副 *C* 除去不计，或如图 1－17(*b*)所示，设想将滚子 3 与从动件 2 固联在一起作为一个构件来考虑。这样在机构中，$n=2$，$P_L=2$，$P_H=1$，其自由度为 $F=3n-2P_L-P_H=3\times2-2\times2-1=1$。即，此凸轮机构中只有一个自由度。

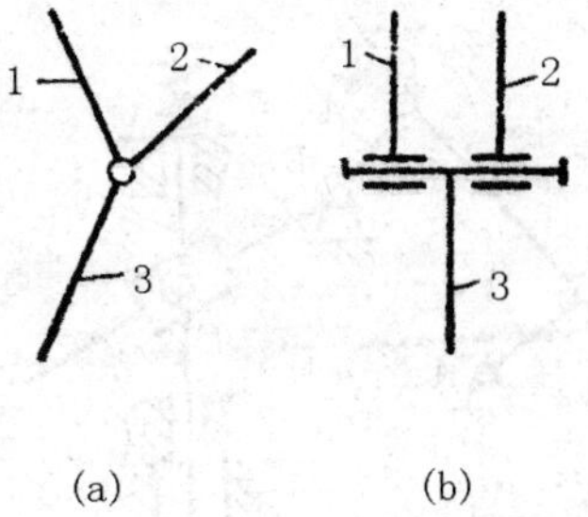

图 1－16　复合铰链

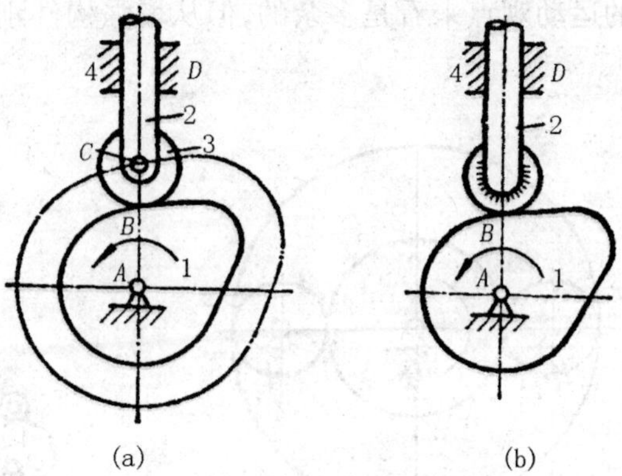

图 1－17　局部自由度

3. 虚约束

在运动副引入的约束中，有些约束对机构自由度的影响是重复的。这些对机构运动不起限制作用的重复约束，称为消极约束或虚约束，在计算机构自由度时，应当除去不计。

平面机构中的虚约束常出现在下列场合：

(1)两个构件之间组成多个导路平行的移动副时，只有一个移动副起作用，其余都是虚约束。如图 1－18 所示，缝纫机引线机构中，装针杆 3 在 A、B 处分别与机架组成导路重合的移动副。计算机构自由度时只能算一个移动副，另一个为虚约束。

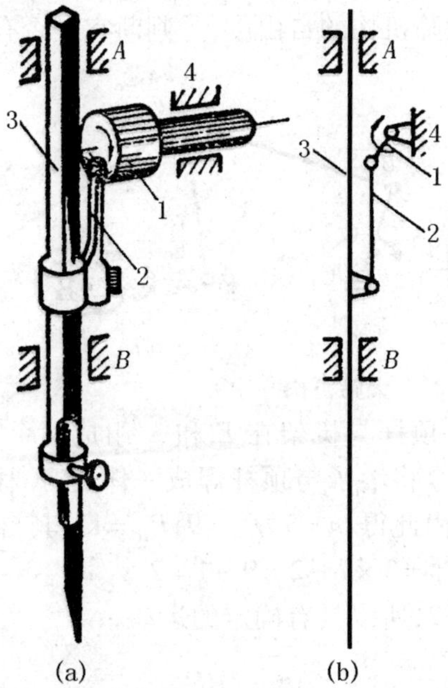

图 1－18　导路重合的虚约束

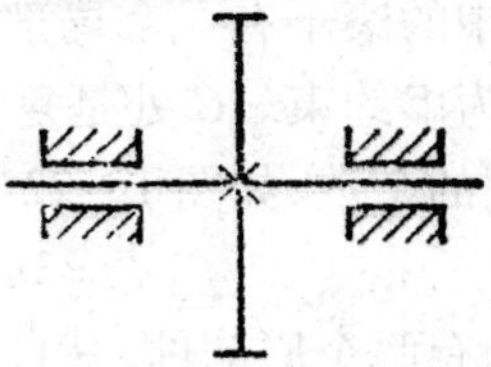

图 1－19　轴线重合的虚约束

(2)两个构件之间组成多个轴线重合的回转副时，只有一个回转副起作用，其余都是虚约束。如图 1－19 所示，两个轴承支撑一根轴，只能看作一个回转副。

(3)机构中对传递运动不起独立作用的对称部分，也为虚约束。如图 1－20 所示的轮系中，中心轮经过两个对称布置的小齿轮 2 和 2′驱动内齿轮 3，其中有一个小齿轮对传递运动不起独立作用。但由于第二个小齿轮的加入，使机构增加了一个虚约束。应当注意，对于虚约束，从机构的运动观点来看是多余的，但从增强构件刚度，改善机构受力状况等方面来看，都是必须的。

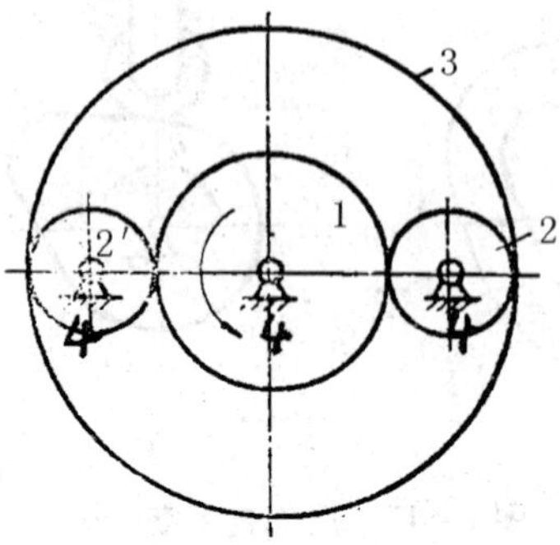

图 1 - 20　对称结构的虚约束

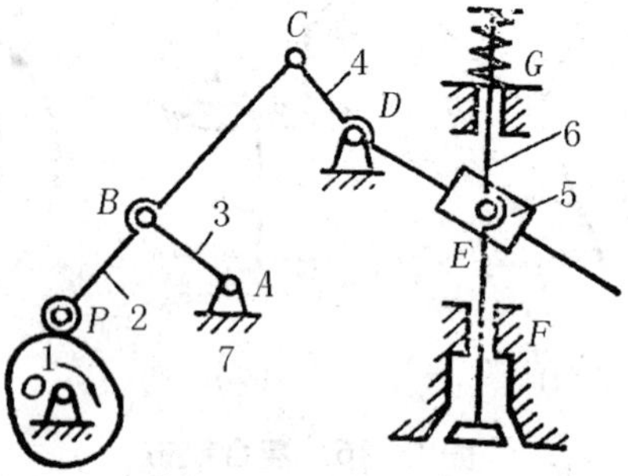

图 1 - 21　发电机配气机构

综上所述，在计算平面机构自由度时，必须考虑是否存在复合铰链，并应将局部自由度和虚约束除去不计，才能得到正确的结果。

例 1 - 4　试计算图 1 - 21 中，发动机配气机构的自由度。

解：此机构中，G，F 为导路重合的两移动副，其中一个是虚约束；P 处的滚子为局部自由度。除去虚约束及局部自由度后，该机构则有 $n=6$；$P_L=8$；$P_H=1$。其自由度为：

$$F=3n-2P_L-P_H=3\times6-2\times8-1=1$$

例 1 - 5　试计算图 1 - 22(a)所示的大筛机构的自由度，并判断它是否有确定的运动。

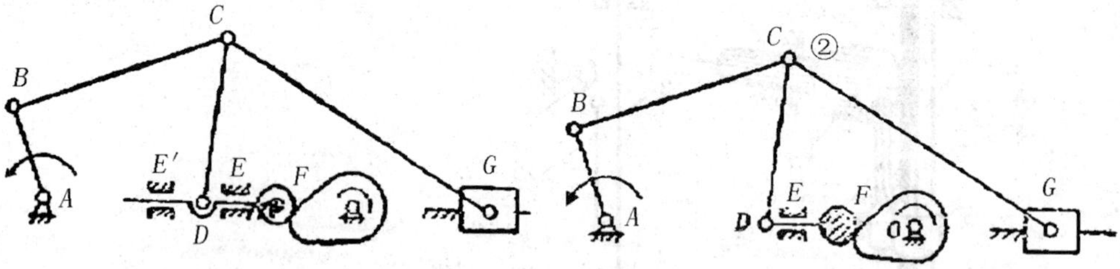

(a)　　　　(b)

图 1 - 22　大筛机构

解：机构中的滚子有一个局部自由度。顶杆与机架在 E 和 E' 组成两个导路平行的移动副，其中之一为虚约束。C 处是复合铰链。今将滚子与顶杆焊成一体，去掉移动副 E'，并在 C 点注明回转副的个数，如图 1 - 22(b)所示，由此得，$n=7$，$P_L=9$，$P_H=1$。其自由度为：

$$F=3n-2P_L-P_H=3\times7-2\times9-1=2$$

因为机构有两个原动件，其自由度等于 2，所以具有确定的运动。

本章要点

1. 两构件之间直接接触并能作相对运动的可动联接被称为运动副。运动副划分如下：

运动副
- 低副(面接触)
  - 回转副
  - 移动副
  - 约束数为 2
- 高副(点或线接触)——约束数为 1

2. 机构运动简图：为了突出和运动有关的因素，注意保留与运动有关的外形，仅用规定的符号来代表构件和运动副。以反映出机构各构件间相对运动关系。

3. 计算平面机构自由度的公式：$F = 3n - 2P_L - P_H$

4. 机构具有确定运动的条件是：机构自由度必须大于零、且原动件数与其自由度必须相等。

5. 在计算平面机构自由度时，必须考虑是否存在复合铰链，并应将局部自由度和虚约束除去不计，才能得到正确的结果。

习　题

1－1　如图1－23所示压力机，已知 $AB = 20mm$，$BC = 265mm$，$CD = CE = 150mm$，$a = 150mm$，$b = 300mm$，试按适当比例绘出机构运动简图，并计算机构的活动度。

1－2　图示1－24为一简易冲床，设计者的思路是：动力由齿轮1输入，使轴A连续回转，而固装在轴A上的凸轮2与杠杆3组成的凸轮机构将使冲头4上下运动以达到冲压的目的。试绘出其机构运动简图，分析其运动是否确定，并提出修改措施。

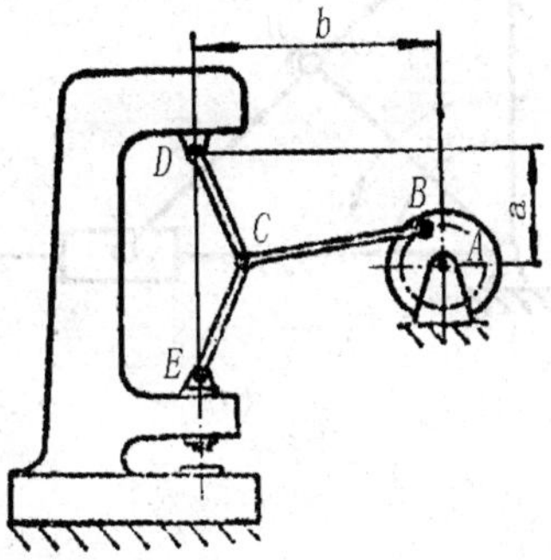

图1－23

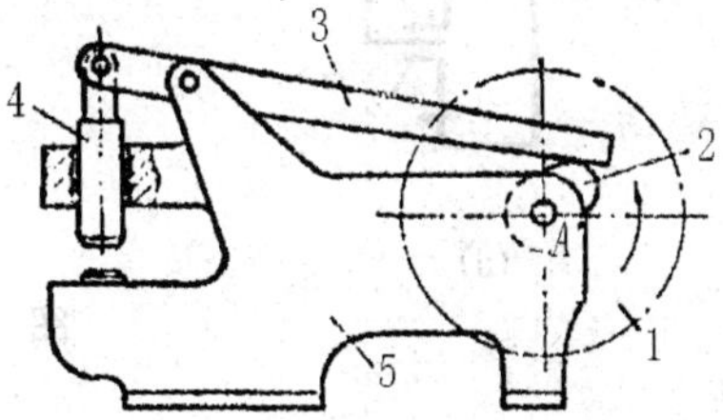

图1－24

1－3　指出图1－25中运动机构的复合铰链、局部自由度和虚约束，计算这些机构自由度，并判断它们是否具有确定的运动（其中箭头所示的为原动件）。

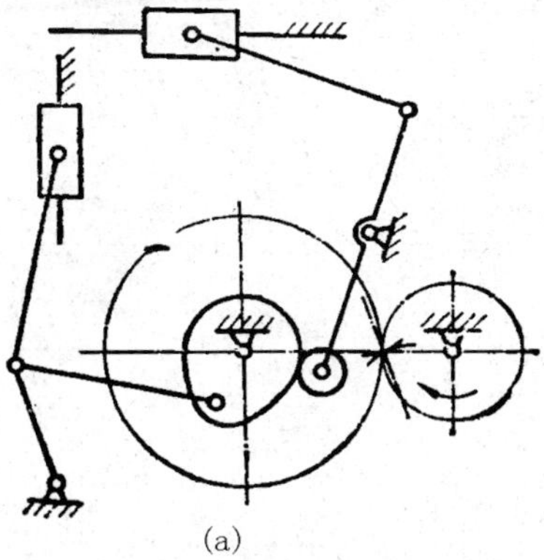

(a)

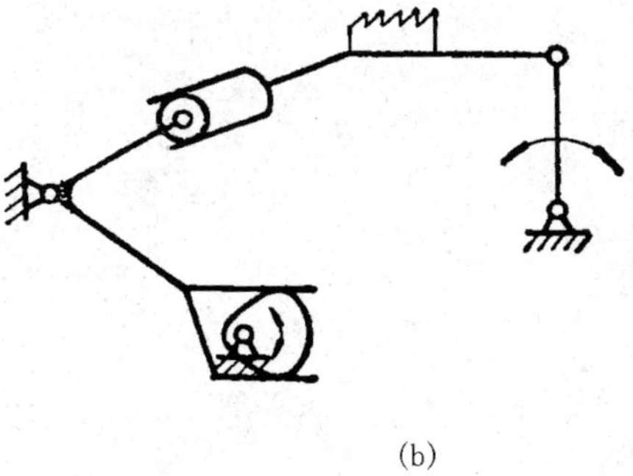

(b)

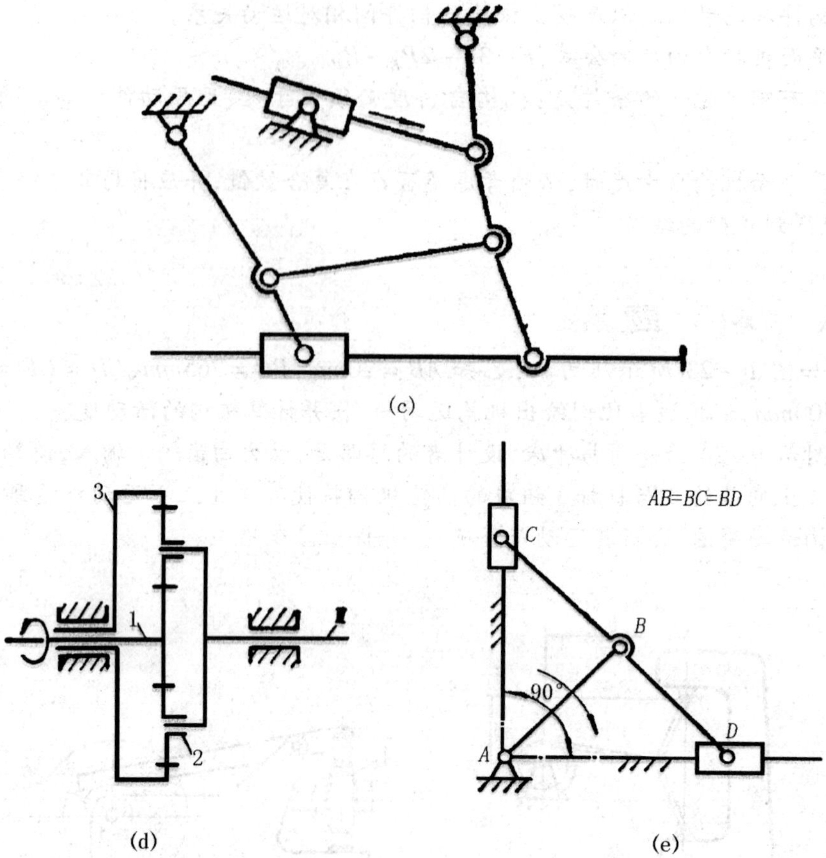

图 1-25

第二章　平面连杆机构

平面连杆机构是将各构件用平面低副（转动副或移动副）联接而成的平面机构。

平面连杆机构能够进行多种机构运动形式的转换，也能实现一些比较复杂的平面运动规律。由于是低副联接，构件之间联接处是面接触，单位面积上的压力较小，便于润滑，所以磨损较小，寿命较长；又由于两构件联接处表面是圆柱面或平面，制造比较简单，能比较容易地获得较高的制造精度。因此，平面连杆机构在各种机械中得到广泛的应用。但是，平面连杆机构在结构上往往不如高副机构简单，设计也比高副机构复杂，而且低副中间有间隙存在，会引起运动误差。因而在应用上受到一定的限制。

平面连杆机构类型很多，其中应用最广泛的也是最简单的平面连杆机构是由四个构件组成的，简称平面四杆机构，它是组成多杆机构的基础。

本章着重讨论平面四杆机构的基本类型、性质及其常用的设计方法。

§2－1　铰链四杆机构的基本形式及其应用

全部用回转副组成的平面四杆机构称为铰链四杆机构，如图2－1所示。机构的固定件4称为机架；与机架用回转副相连接的杆1和杆3称为连架杆；不与机架直接连接的杆2称为连杆。其中能作整周转动的连架杆，称为曲柄。仅能在某一角度范围内摆动的连架杆，称为摇杆。对于铰链四机机构来说，机架和连杆总是存在的，因此可按照连架杆是曲柄还是摇杆，将铰链四杆机构分为三种基本类型：曲柄摇杆机构、双曲柄机构和双摇杆机构。下面分别对这三种机构加以介绍。

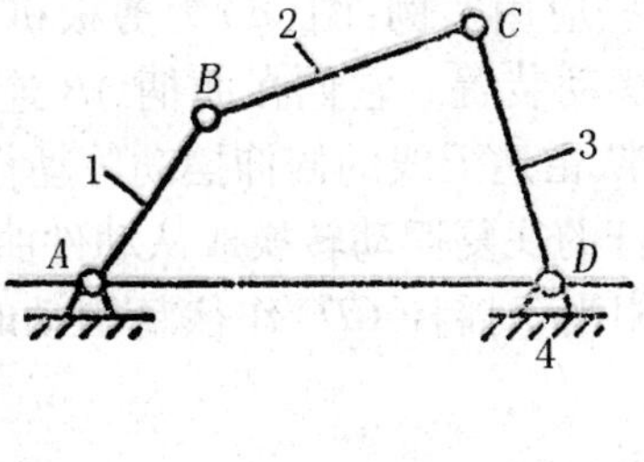

图2－1　铰链四杆机构

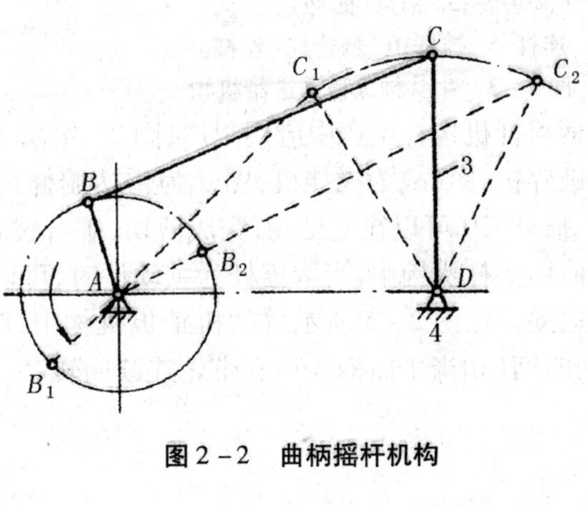

图2－2　曲柄摇杆机构

一、曲柄摇杆机构

具有一个曲柄和一个摇杆的铰链四杆机构称为曲柄摇杆机构（图2－2）。

在图 2－2 所示曲柄摇杆机构中，取曲柄 AB 为主动件，并作逆时针等速转动。当曲柄 AB 的 B 端从 B 点转到 B_1 点时，从动件摇杆 CD 上之 C 点摆动到 C_1 点，而当 B 端从 B_1 点回转到 B_2 点时，C 端从 C_1 点顺时针摆动到 C_2 点。当 B 端继续从 B_2 点回转到 B_1 点时，C 端将从 C_2 点逆时针摆回到 C_1 点。这样，在曲柄 AB 连续作等速回转时，摇杆 CD 将在 C_1C_2 范围内作变速往复摆动。即曲柄摇杆机构能将主动件（曲柄）整周的回转运动转换为从动件（摇杆）的往复摆动。

图 2－3 所示为牛头刨床横向进给机构，其传动采用了曲柄摇杆机构。该机构工作时，齿轮 1 带动齿轮 2 并与齿轮 2 同轴的销盘 3（相当于曲柄）一起转动，连杆 4 使带有棘爪的摇杆 5 绕 D 点摆动，与此同时棘爪推动棘轮 6 上的轮齿，使与棘轮同轴的丝杠 7 转动，从而完成工作台的横向进给运动。

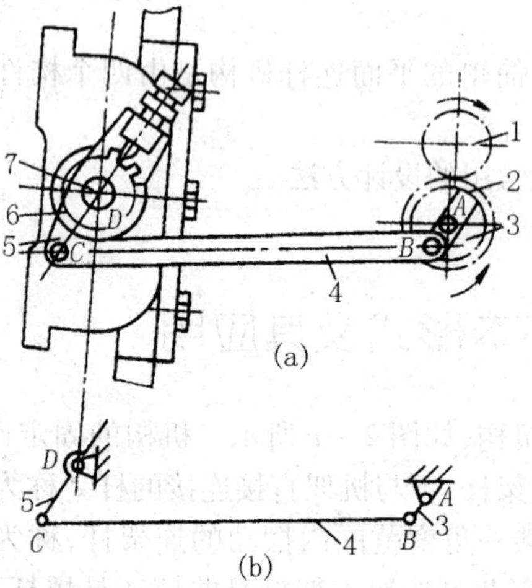

（a）进给机构（b）运动简图

1、2 齿轮；3. 销盘（曲柄）；

4. 连杆；5. 摇杆；6. 棘轮；7. 丝杠

图 2－3　牛头刨床横向进给机构

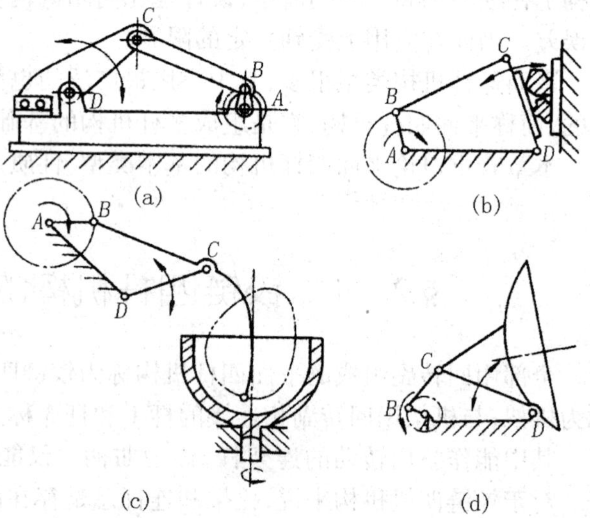

图 2－4　曲柄摇杆机构的应用实例

曲柄摇杆机构在生产中应用很广，图 2－4 所示为一些应用实例：图（a）为剪板机，图（b）为鄂式破碎机，图（c）为搅拌机，图 d 为雷达俯仰角度的摆动装置。它们在曲柄 AB 连续回转的同时，摇杆 CD 可以往复摆动，完成剪切、矿石破碎、搅拌、雷达天线的俯仰摆动等动作。

在曲柄摇杆机构中，当取摇杆为主动件时，可以使摇杆的往复摆动转换成从动件曲柄的整周回转运动。在图 2－5 所示缝纫机踏板机构中，踏板（相当于摇杆 CD）作往复摆动时，连杆 BC 驱动曲柄（相当于曲柄 AB）和带轮连续回转。

图 2－5　缝纫机踏板机构

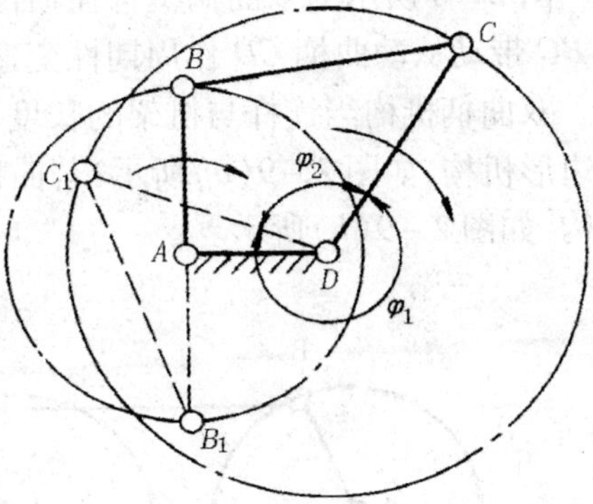

图 2－6　双曲柄机构

二、双曲柄机构

具有两个曲柄的铰链四杆机构称为双曲柄机构（图 2－6）。

在双曲柄机构中，两个连架杆均为曲柄，均可作整周回转。两个曲柄可以分别为主动件。在图 2－6 所示双曲柄机构中，取曲柄 AB 为主动件，当主动曲柄 AB 顺时针回转 180°到 AB_1 位置时，从动曲柄 CD 顺时针回转到 C_1D，转过角度$\varnothing_1$；主动曲柄 AB 继续回转 180°，从动曲柄 CD 转过角度$\varnothing_2$。显然$\varnothing_1>\varnothing_2$，$\varnothing_1+\varnothing_2=360°$。所以双曲柄机构的运动特点是：主动曲柄匀速回转一周，从动曲柄随之变速回转一周，其角速度有时大于主动曲柄的角速度，有时小于主动曲柄的角速度。

图 2－7 所示为插床的主运动简图，主动曲柄 AB 作等速回转时，连杆 BC 带动从动曲柄 CDE 作周期性变速回转，再通过构件 EF 使滑块带动插刀作上下往复运动，实现慢速工作行程（下插）和快速退刀行程的工作要求。

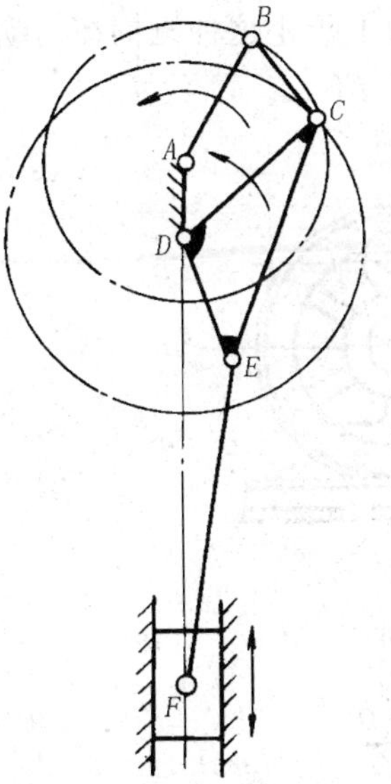

图 2－7　插床的主运动机构

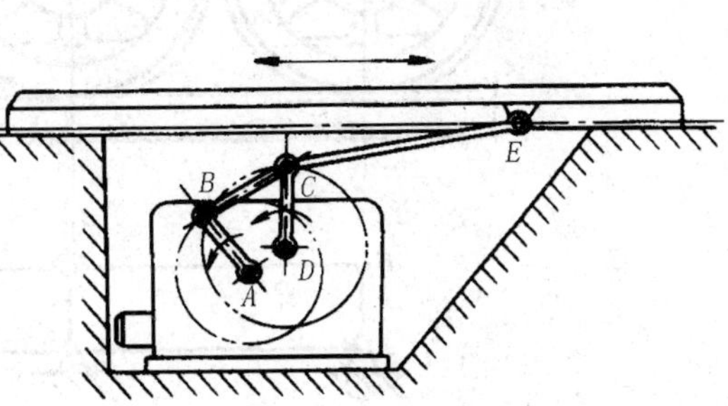

图 2－8　惯性筛

图 2－8 所示为双曲柄机构在惯性筛中的应用。工作时，等速转动的主动曲柄 *AB*，通过连杆 *BC* 带动从动曲柄 *CD* 作周期性变速转动，并通过构件 *CE* 的连接，使筛子变速往复移动。

双曲柄机构当连杆与机架的长度相等且两个曲柄长度相等时，若曲柄转向相同，称为平行四边形机构，如图 2－9(*a*)所示；若曲柄转向不同，称为反向平行双曲柄机构，简称反向双曲柄机构，如图 2－9(*b*)所示。

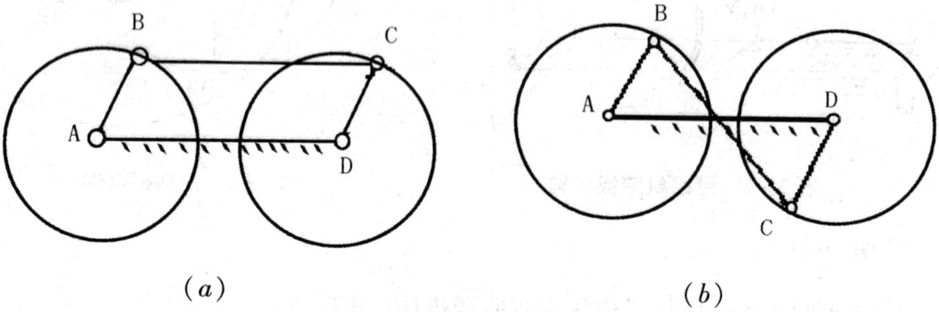

图 2－9　等长双曲柄机构

平行四边形机构的运动特点是：两曲柄的回转方向相同，角速度相等。反向平行双曲柄机构的运动特点是：两曲柄的回转方向相反，角速度不等。

平行四边形机构在运动过程中，主动曲柄 *AB*（图 2－9(*a*)）每回转一周，两曲柄与连杆 *BC* 出现两次共线，此时会产生从动曲柄 *CD* 运动的不确定现象，即主动曲柄 *AB* 的回转方向不变，而从动曲柄 *CD* 可能顺时针方向回转，也可能逆时针方向回转，而使机构变成反向平行双曲柄机构，导致不能正常转动。为避免这一现象，常采用的方法有：一是利用从动曲柄本身的质量或附加一转动惯量较大的飞轮，依靠其惯性作用来导向；二是增设辅助构件；三是采取多组机构错列等。

图 2－10 所示为机车车轮联动装置，它利用了平行四边形机构两曲柄回转方向相同、角速度相等的特点，使从动车轮与主动车轮具有完全相同的运动，为了防止这种机构在运动过程中变为反向平行双曲柄机构，在机构中增设了一个辅助构件（曲柄 *EF*）。

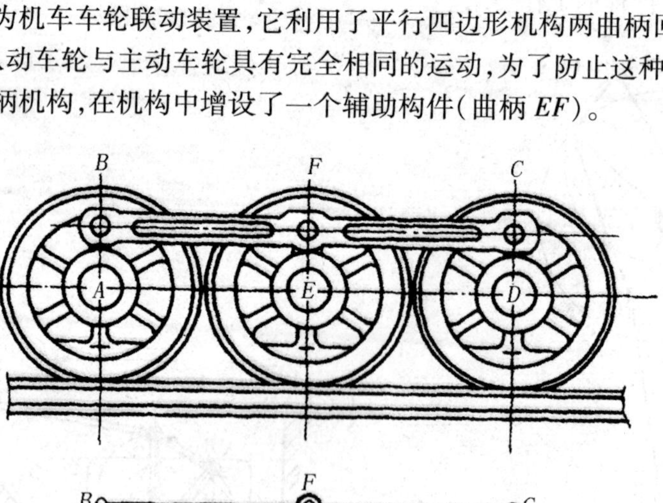

图 2－10　机车驱动轮联动机构

图 2－11 为左右两组车轮采用错列结构，使左右两组车轮的曲柄相错 90°，从而保证了车

轮的正常回转。

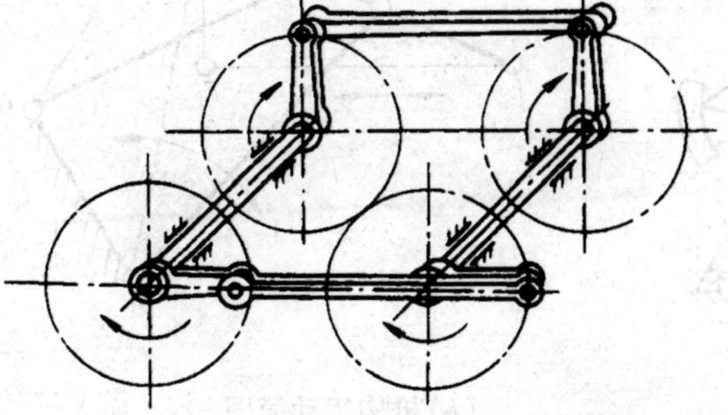

图 2－11　机车车轮的错列装置

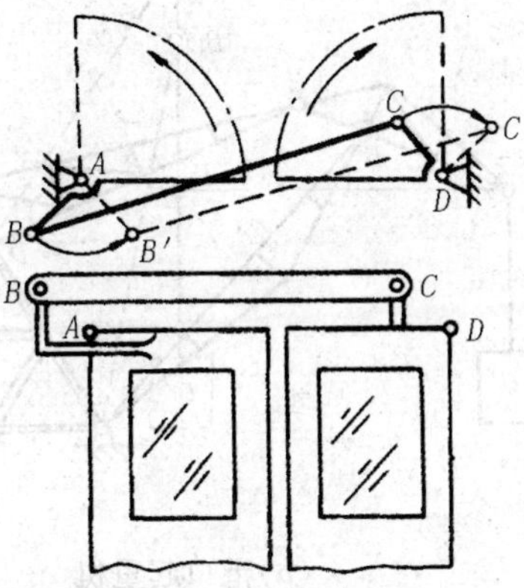

图 2－12　车门启闭机构

图 2－12 为车门启闭机构，用的是反向平行双曲柄机构。当主动曲柄 AB 转动时，通过连杆 BC 使从动曲柄 CD 反向转动，从而保证了两扇车门的同时开启和关闭至各自的预定位置。

三、双摇杆机构

具有两个摇杆的铰接四杆机构称为双摇杆机构（图 2－13）。

在双摇杆机构中，两摇杆可以分别为主动件，当连杆与摇杆共线时（图 2－13 中 B_1C_1D 与 C_2B_2A），机构处于死点位置。图 2－13 中的 $\varnothing_1$ 与 $\varnothing_2$ 分别为两摇杆的最大摆角。

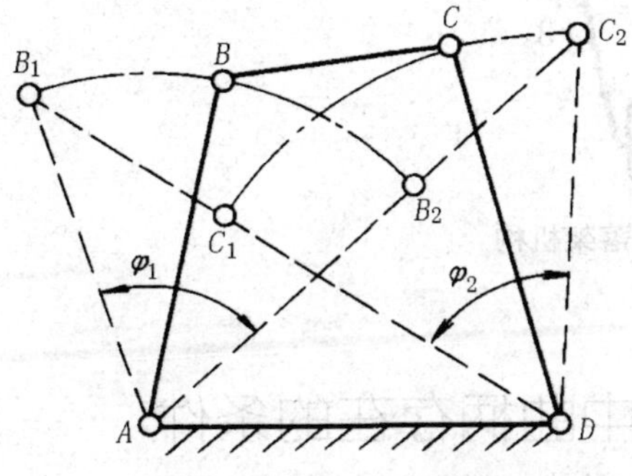

图 2－13　双摇杆机构

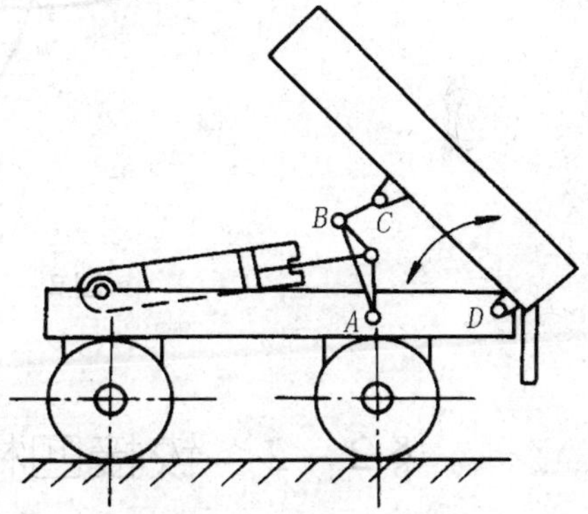

图 2－14　自卸翻斗装置

图 2－14 所示为利用双摇杆机构的自卸翻斗装置。杆 AD 为机架，当油缸活塞杆向右伸出时，可带动双摇杆 AB 与 CD 向右摆动，使翻斗中的货物自动卸下；当油缸活塞杆向左缩回时，则带动双摇杆向左摆动，使翻斗回到原来的位置。

图 2－15 所示为港口起重机，也采用了双摇杆机构，该机构利用连杆上的特殊点 E 实现货物的水平吊运。

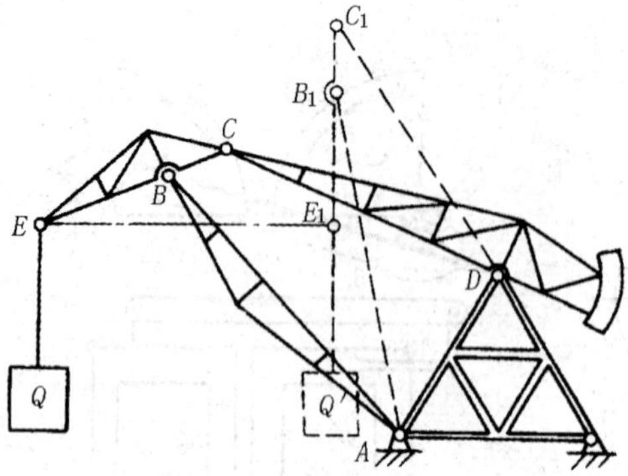

(a)港口起重机

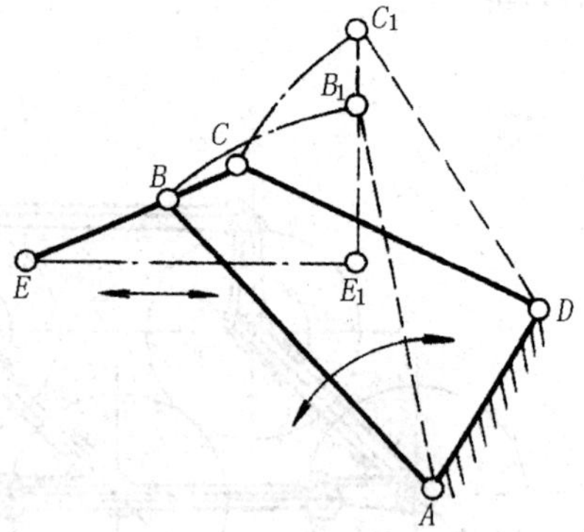

(b)机构运动简图

图 2－15　港口起重机

图 2－16 为采用双摇杆机构的飞机起落架收放机构。飞机着陆前，着陆轮 5 须从机翼（机架）2 中推放至图中实线所示位置，该位置处于双摇杆机构的死点，即 *AB* 与 *BC* 共线。飞机起飞后，为了减小飞行中的空气阻力，又须将着陆轮收入机翼中（图中虚线位置）。上述动作由主动摇杆 *AB* 通过连杆 *BC* 驱动从动摇杆 *CD* 带动着陆轮实现。

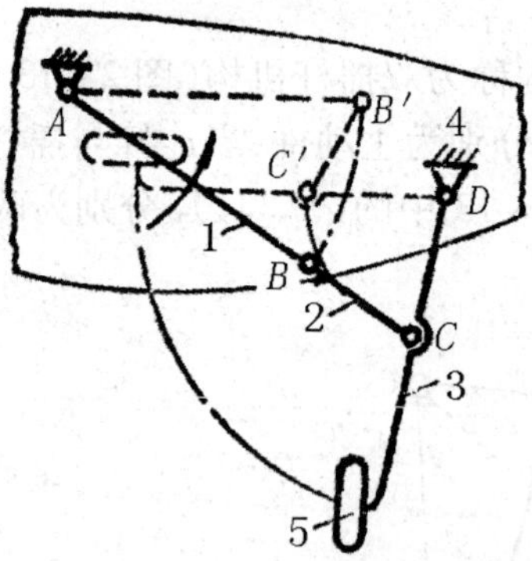

图 2－16　飞机起落架机构

§2－2　铰接四杆机构中曲柄存在的条件

如前所述，铰接四杆机构属于哪种类型，与连架杆是否为曲柄有关。下面讨论连架杆成为曲柄的条件。

首先，分析存在一个曲柄的铰链四杆机构（曲柄摇杆机构）。如图 2－17 所示的机构中，杆 1 为曲柄，杆 2 为连杆，杆 3 为摇杆，杆 4 为机架，各杆长度以 l_1、l_2、l_3、l_4 表示。为了保证曲柄 1 整周回转，曲柄 1 必须能顺利通过与机架 4 共线的两个位置 *AB*′和 *AB*″。

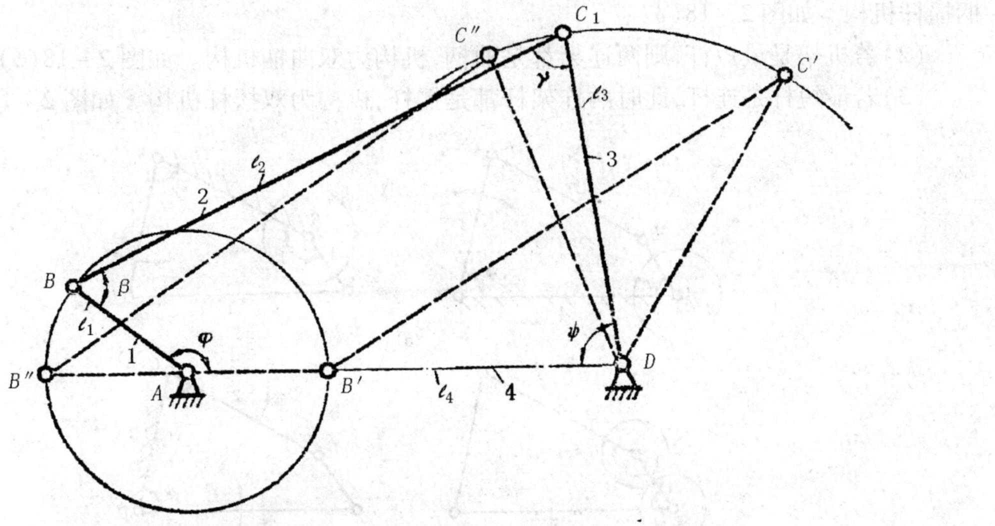

图 2－17　曲柄存在的条件分析

当曲柄处于 AB'的位置时,形成三角形 $B'C'D$。根据三角形两边之和必大于(极限情况下等于)第三边的定律,可得

$$l_2 \leqslant (l_4 - l_1) + l_3$$

$$l_3 \leqslant (l_4 - L_1) + l_2$$

即:

$$l_1 + l_2 \leqslant l_3 + l_4 \quad (2-1)$$

$$l_1 + l_3 \leqslant l_2 + l_4 \quad (2-2)$$

当曲柄处于 AB''位置时,形成三角形 $B''C''D$。可写出以下关系式:

$$l_1 + l_4 \leqslant l_2 + l_3 \quad (2-3)$$

将以上三式两两相加可得:

$$l_1 \leqslant l_2 \qquad l_1 \leqslant l_3 \qquad l_1 \leqslant l_4$$

上述关系说明:

1. 在曲柄摇杆机构中,曲柄是最短杆;

2. 最短杆与最长杆长度之和小于或等于其余两杆长度之和。

以上两条件是曲柄存在的充分必要条件。

下面进一步分析各杆间的相对运动。图 2－17 中最短杆 1 为曲柄,∅、β、γ 和 ψ 分别为相邻两杆间的夹角。当曲柄 1 整周转动时,曲柄与相邻两杆的夹角∅、β 的变化范围为 0°～360°;而摇杆与相邻两杆的夹角 γ、ψ 的变化范围小于 360°。根据相对运动原理可知,连杆 2 和机架 4 相对曲柄 1 也是整周转动;而相对于摇杆 3 作小于 360°的摆动。因此,当各杆长度不变而取不同杆为机架时,可以得到不同类型的铰链四杆机构。

1. 若铰链四杆机构中最短杆与最长杆长度之和大于其余两杆长度之和,则连架杆不能成为曲柄,四杆机构为双摇杆机构。

2. 当铰链四杆机构中最短杆与最长杆长度之和小于或等于其余两杆长度之和时,可能有三种情况:

(1)若连架杆之一是最短杆,则该连架杆是曲柄;而另一连架杆是摇杆。此时,机构为曲

柄摇杆机构。如图 2－18(a);

(2)若机架是最短杆,则两连架都是曲柄,机构为双曲柄机构。如图 2－18(b);

(3)若最短杆是连杆,此时两连架杆都是摇杆,机构为双摇杆机构。如图 2－18(c)。

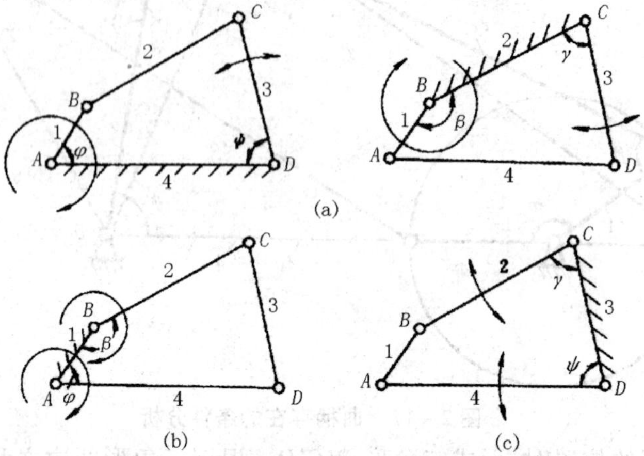

图 2－18　变更机架后机构的演化

例 2－1　试根据图 2－19 所注明的尺寸(单位:mm),判断各铰链四杆机构的类型。

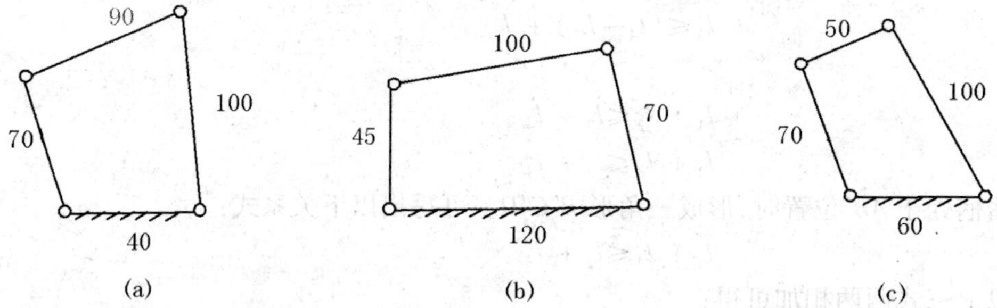

图 2－19

解:(a) 图中,因为 40＋100＝140,70＋90＝160,140＜160;且机架最短,所以,机构为双曲柄机构。

(b) 图中,45＋120＝165,100＋70＝170,165＜170;且连架杆最短,所以,机构为曲柄摇杆机构。

(c)图中,因连架杆最短,况且 100＋50＞70＋60,所以机构为双摇杆机构。

例 2－2　如图 2－20 所示铰链四杆机构 $ABCD$,其中 $AB=20mm$,$BC=50mm$,$CD=40mm$,AD 为机架,改变 AD 杆长,分析机构的类型变化。

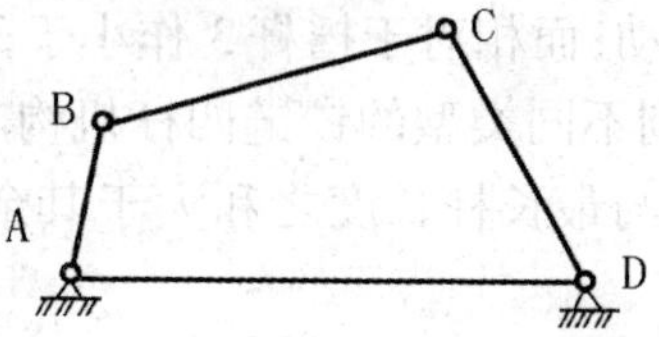

图 2－20

(1)当 AD 为最短杆($0<AD<20$),根据机构有整转副的条件:$AD+50\leq 20+40$,即 $AD\leq 10mm$ 时,两整转副在最短杆 AD 上,由于 AD 是机架,故此时的机构为双曲柄机构。

(2)当 AD 杆长介于最短杆与最长杆之间,即 $20 < AD < 50$,如果机构有整转副,则 $20 + 50 \leqslant AD + 40$,即 $AD \geqslant 30mm$,两整转副在最短杆 AB 杆上,此时机构为曲柄摇杆机构。

(3)当 AD 为最长杆,即 $50 \leqslant AD < 110$,机构有整转副时,$AD + 20 \leqslant 40 + 50$,即 $AD \leqslant 70mm$ 时,整转副在最短杆 AB 杆上,故此时机构为曲柄摇杆机构。

综上所述,当 $0 < AD \leqslant 10$ 时,机构为双曲柄机构;当 $30 \leqslant AD \leqslant 70$ 时,机构为曲柄摇杆机构;当 $10 < AD < 30$ 和 $70 < AD < 110$ 时,机构无整转副,为双摇杆机构。

§2－3　铰接四杆机构的演化

一、铰链四杆机构的演化

在实际机械中,平面连杆机构的型式是多种多样的,但其中绝大多数是在铰链四杆机构的基础上发展和演化而成。

1. 曲柄滑块机构

在图 2－21(a)的曲柄摇杆机构中,当摇杆 3 和机架 4 的长度同时无限增长,铰链 D 无限远移时,则机构简图(a)演变为图(b)所示形状。这时,杆 3 上 C 点的运动轨迹由图(a)的圆弧 mm 变为图(b)的直线 $m'm'$。杆 3 的运动变为移动。此移动可用与杆 3 固联的滑块及与机架固联的导轨来实现(图(c))。这样就演化为图 2－22 所示的新机构,称为曲柄滑块机构。根据滑块的导路中心线是否通过曲柄回转中心,曲柄滑块机构又分为对心曲柄滑块机构(图 2－22(a))和偏置曲柄滑块机构(图 2－22(b))。

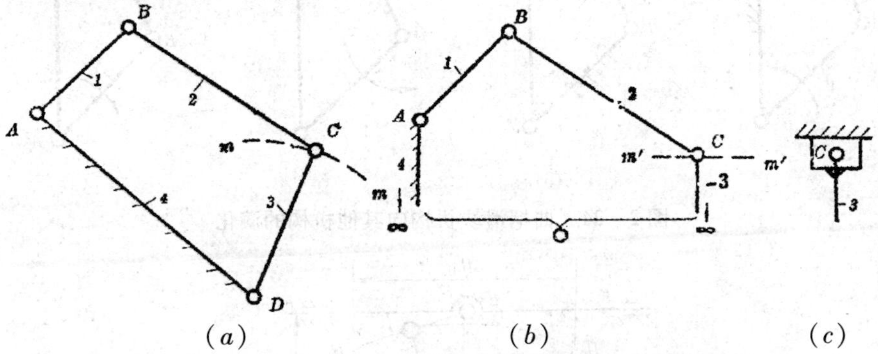

图 2－21　曲柄滑块机构的演化

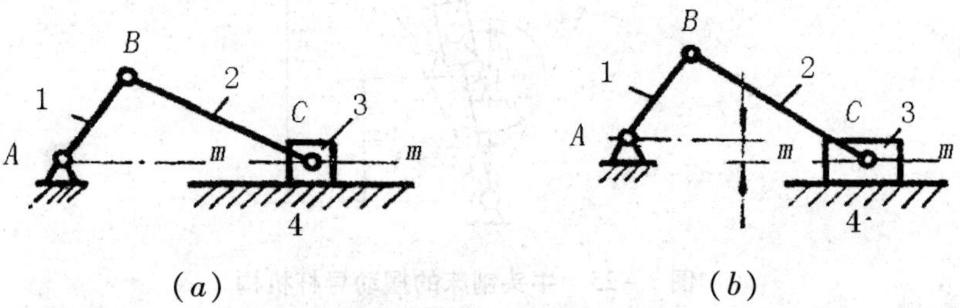

图 2－22　曲柄滑块机构分类(类型)

当曲柄长度很小时,通常都把曲柄做成偏心轮,这样不仅增大了轴颈的尺寸,提高偏心轴的强度和刚度，而且当轴颈位于中部时，还可以安装整体式连杆，使结构简化。图 2－23(*a*)所示为偏心轮机构。杆 1 为圆盘，其几何中心为 *B*。因运动时该圆盘绕偏心 *A* 转动，故称偏心轮。*A*、*B* 之间的距离 *e* 称为偏心距。按照相对运动关系，可画出该机构的运动简图。如图 2－23(*b*)所示。由图可知，偏心轮是回转副 *B* 扩大到包括回转副 *A* 而形成的，偏心距 *e* 即是曲柄的长度。因此，偏心轮广泛应用于传力较大的剪床、冲床、颚式破碎机、内燃机等机械中。

(a)　　(b)

图 2－23　偏心轮机构

2. 导杆机构

导杆机构可以看作是在曲柄滑块机构中选取不同构件为机架演化而成。

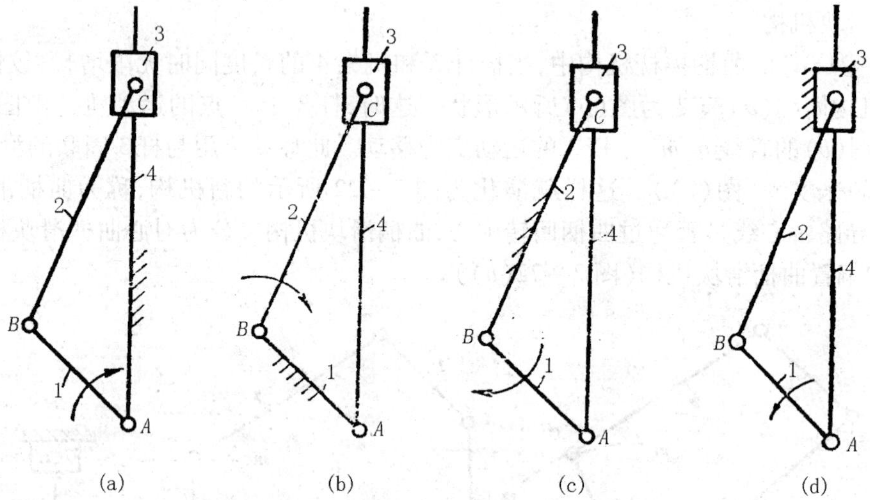

图 2－24　曲柄滑块机构向其他机构的演化

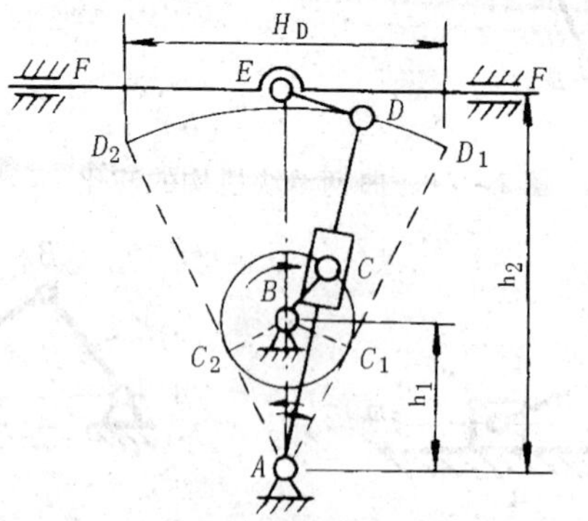

图 2－25　牛头刨床的摆动导杆机构

图 2－24(*a*)所示为曲柄滑块机构，如将其中的曲柄 1 作为机架，连杆 2 作为主动件，则连杆 2 和构件 4 将分别绕铰链 *B* 和 *A* 作转动。如图 2－24(*b*)所示。若 $AB < BC$，则杆 2 和杆 4

均可作整周回转，故称为转动导杆机构。若 $AB > BC$，则杆 2 只能作往复摆动，故称为摆动导杆机构。如图 2－25 为牛头刨床的摆动导杆机构。又如图 2－26 为牛头刨床回转导杆机构，当 BC 杆绕 B 点作等速转动时，AD 杆绕 A 点作变速转动，DE 杆驱动刨刀作变速往返运动。

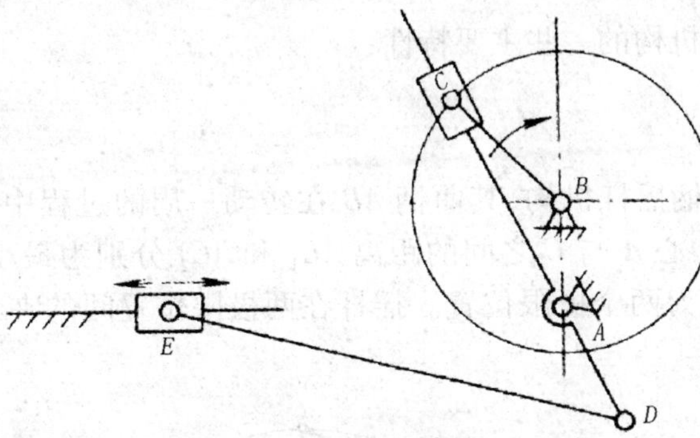

图 2－26　回转导杆机构

3. 摇块机构

在图 2－24(a)所示的曲柄滑块机构中，若取杆 2 为固定件，即可得到图 2－24(c)所示的摆动滑块机构，或称摇块机构。这种机构广泛应用于摆动式内燃机和液压驱动装置内。如图 2－27 所示自卸卡车翻斗机构及其运动简图。在该机构中，因为液压油缸 3 绕铰链 C 摆动，故称为摇块。

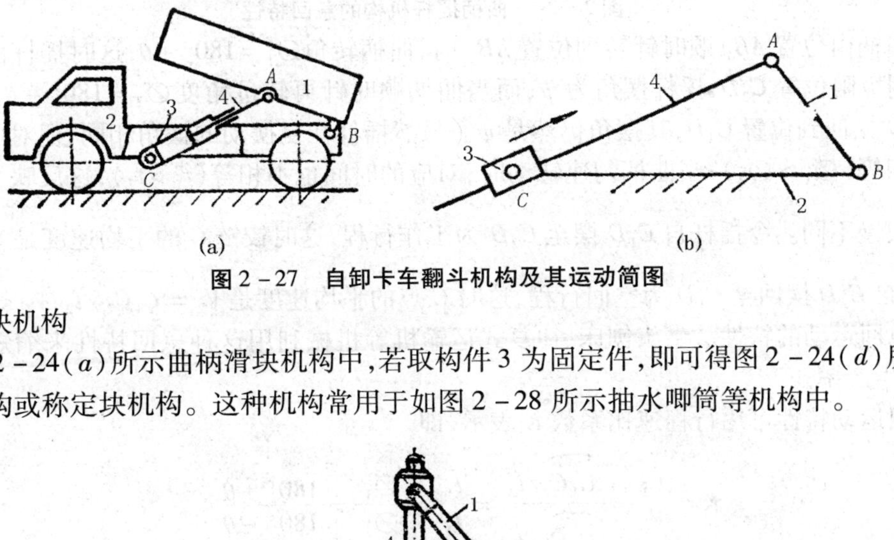

图 2－27　自卸卡车翻斗机构及其运动简图

4. 定块机构

在图 2－24(a)所示曲柄滑块机构中，若取构件 3 为固定件，即可得图 2－24(d)所示的固定滑块机构或称定块机构。这种机构常用于如图 2－28 所示抽水唧筒等机构中。

图 2－28　抽水唧筒机构

§2－4　平面连杆机构的基本特性

下面详细讨论曲柄摇杆机构的一些主要特性：

一、急回特性

如图2－29所示为一曲柄摇杆机构，其曲柄AB在转动一周的过程中，有两次与连杆BC共线。在这两个位置，铰链中心A与C之间的距离AC_1和AC_2分别为最小和最大，因而摇杆CD的位置C_1D和C_2D分别为两个极限位置。摇杆在两极限位置间的夹角ψ称为摇杆的摆角。

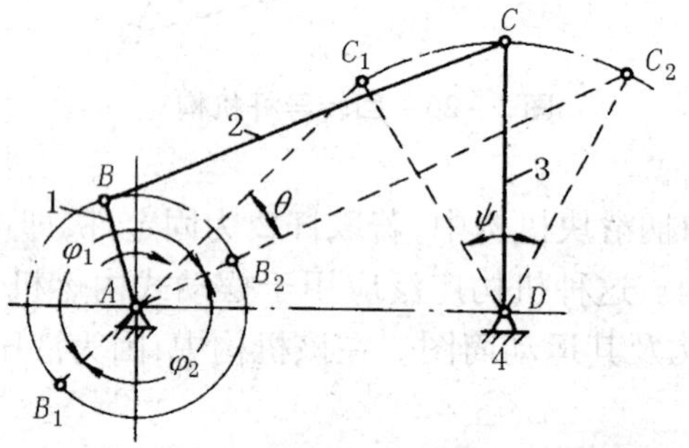

图2－29　曲柄摇杆机构的急回特性

当曲柄由位置AB_1顺时针转到位置AB_2时，曲柄转角$\varnothing_1=180°+\theta$，这时摇杆由极限位置$C_1D$摆到极限位置$C_2D$，摇杆摆角为$\psi$；而当曲柄顺时针再转过角度$\varnothing_2=180°-\theta$时，摇杆由位置$C_2D$摆回到位置$C_1D$，其摆角仍然是$\psi$。虽然摇杆往复摆动的摆角相同，但对应的曲柄转角却不相等（$\varnothing_1>\varnothing_2$）；当曲柄匀速转动时，对应的时间也不相等（$t_1>t_2$），这反映了摇杆往复摆动的快慢不同。令摇杆自$C_1D$摆至$C_2D$为工作行程，这时铰链$C$的平均速度是$V_1=\overset{\frown}{C_1C_2}/t_1$，摆杆自$C_2D$摆回至$C_1D$为空回行程，这时$C$点的平均速度是$V_2=\overset{\frown}{C_1C_2}/t_2$，$V_1<V_2$，表明摇杆具有急回运动的特性。牛头刨床、往复式运输机等机械利用这种急回特性来缩短非生产时间，提高生产率。

急回运动特性可用行程速比系数K表示，即

$$K=\frac{V_2}{V_1}=\frac{\overset{\frown}{C_1C_2}/t_2}{\overset{\frown}{C_1C_2}/t_1}=\frac{t_1}{t_2}=\frac{\varnothing_1}{\varnothing_2}=\frac{180°+\theta}{180°-\theta}\tag{2-4}$$

式中，θ为摇杆处于两极限位置时，曲柄两对应位置所夹的锐角，称为极位夹角。

将上式整理后，可得极位夹角的计算公式：

$$\theta=180°\frac{K-1}{K+1}\tag{2-5}$$

由以上分析可知：极位夹角θ越大，K值越大，急回运动的性质也越显著。但机构运动的平稳性也越差。因此在设计时，应根据其工作要求，恰当地选择K值，在一般机械中$1<K<2$。

多数连杆机构都具有急回特性，如图 2－30 所示偏置曲柄滑块机构，滑块 C 从极限位置 C_2 运动到极限位置 C_1 的平均速度大于从 C_1 运动到 C_2 的平均速度（因 $\varnothing_2<\varnothing_1, t_2<t_1$）。又如图 2－31 所示的导杆机构，当曲柄 2 以等角速度回转时，导杆上的 C 点从极限位置 C_2 运动到 C_1 的平均速度大于从 C_1 运动到 C_2 的平均速度。

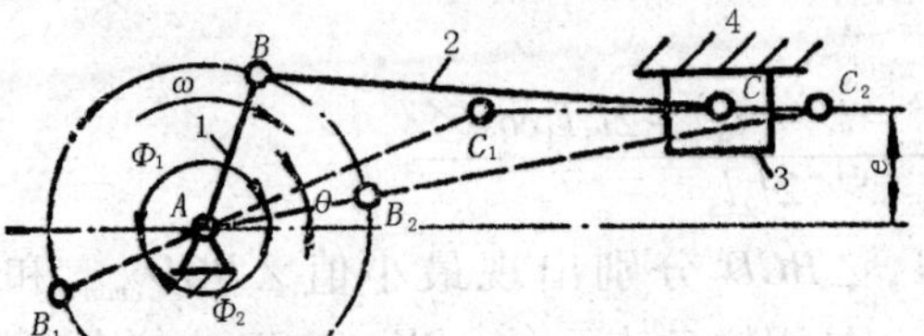

图 2－30

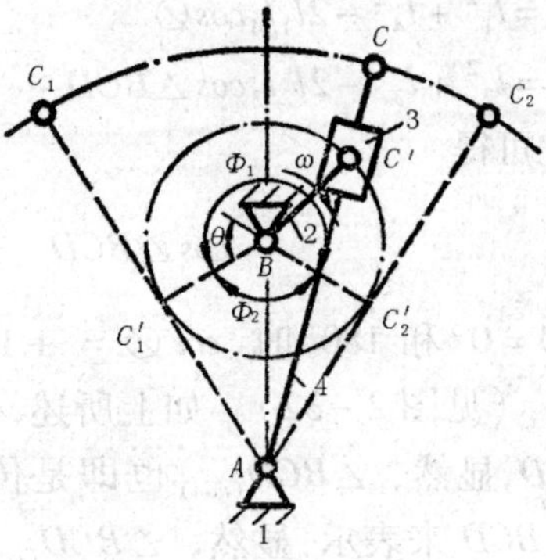

图 2－31

二、压力角和传动角

在生产实际中往往要求连杆机构不仅能实现预期的运动规律，而且希望运转轻便、效率高。图 2－32 所示的曲柄摇杆机构，如不计各杆质量和运动副中的摩擦，则连杆 BC 为二力杆，它作用于从动摇杆 3 上的力 P 是沿 BC 方向的。作用在从动件上的驱动力 P 与该力作用点绝对速度 v_c 之间所夹的锐角 α 称为压力角。由图可见，力 P 在 v_c 方向的有效分力为 $P_t = P\cos\alpha$，它可使从动件产生有效的回转力矩，显然 P_t 越大越好。而 P 在垂直于 v_c 方向的分力 $P_n = P\sin\alpha$ 则为无效分力，它不仅无助于从动件的转动，反而增加了从动件转动时的摩擦阻力矩。因此，希望 P_n 越小越好。由此可知，压力角 α 越小，机构的传力性能越好，理想情况是 $\alpha=0$，所以压力角是反映机构传力效果好坏的一个重要参数。一般设计机构时都必须注意控制最大压力角不超过许用值。

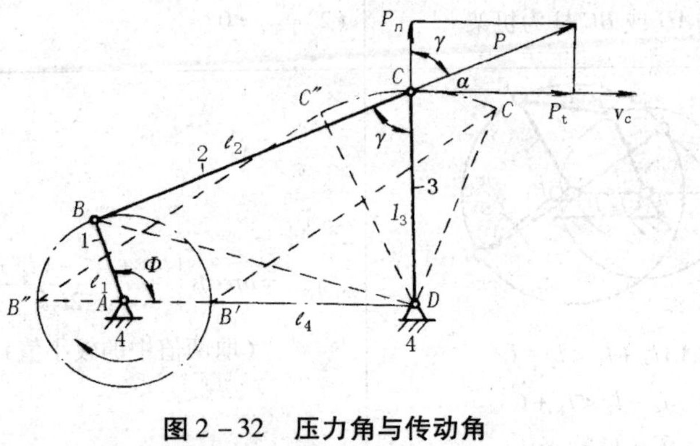

图 2－32　压力角与传动角

在实际应用中，为度量方便起见，常用压力角的余角 γ 来衡量机构传力性能的好坏，γ 称为传力角。显然 p 值越大越好，理想情况是 $\gamma=90°$。

由于机构在运动中，压力角和传动角的大小随机构的不同位置而变化。γ 角越大，则 α 越小，机构的传动性能越好，反之，传动性能越差。为了保证机构的正常传动，通常应使传动角的

最小值 γ_{min} 大于或等于其许用值$[\gamma]$。一般机械中，推荐$[\gamma]=40°\sim50°$。对于传动功率大的机构，如冲床、颚式破碎机中的主要执行机构，为使工作时得到更大的功率，可取 $\gamma_{min}=[\gamma]\geqslant 50°$。对于一些非传动机构，如控制、仪表等机构，也可取$[\gamma]<40$，但不能过小。可以采用以下方法来确定最小传动角 γ_{min}。由图 2－32 中△*ABD* 和△*BCD* 可分别写出

$$BD^2=l_1^{\ 2}+l_4^{\ 2}-2l_1l_4\cos\varnothing$$

$$BD^2=l_2^{\ 2}+l_3^{\ 2}-2l_2l_3\cos\angle BCD$$

由此可得

$$\cos\angle BCD=\frac{l_2^{\ 2}+l_3^{\ 2}-l_1^{\ 2}-l_4^{\ 2}+2l_1l_4\cos\varnothing}{2l_2l_3} \qquad (2-9)$$

当$\varnothing=0°$和$180°$时，$\cos\varnothing=+1$ 和 -1，$\angle BCD$ 分别出现最小值 $\angle BCD_{(min)}$ 和最大值 $\angle BCD_{(max)}$（见图 2－32）。如上所述，传动角 γ 是用锐角表示的。当 $\angle BCD$ 为锐角时，传动角 $\gamma=\angle BCD$，显然，$\angle BCD_{(min)}$ 也即是传动角的最小值；当 $\angle BCD$ 为钝角时，传动角应以 $\gamma=180°-\angle BCD$ 来表示，显然，$\angle BCD_{(max)}$ 对应传动角的另一极小值。若 $\angle BCD$ 由锐角变成钝角，则机构运动过程中，将在 $\angle BCD_{(min)}$ 和 $\angle BCD_{(max)}$ 位置两次出现传动角的极小值。两者中较小的一个即为该机构的最小传动角 γ_{min}。

表 2－1　　常用平面四杆机构传动角最小时的机构位置

机构名称	传动角最小时的机构位置	计算公式	说明
曲柄摇杆机构	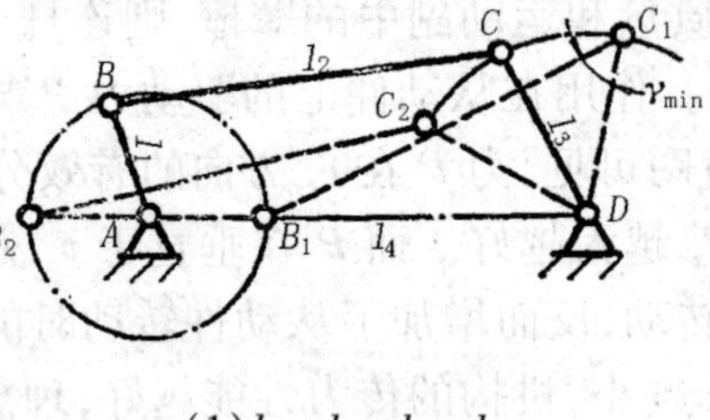 (1) $l_1+l_2<l_3+l_4$ $l_1+l_3<l_2+l_4$ $l_1+l_4<l_2+l_3$ (2) *AD* 或 *BC* 杆为机架	(1) $\gamma_{min}=\arccos\left\|\frac{l_2^{\ 2}+l_3^{\ 2}-(l_4\pm l_1)^2}{2l_2l_3}\right\|$ （取两值中的较小值）	(1) 曲柄 *AB* 为主动件，曲柄与机架处于共线的两个位置时，连杆与摇杆的两个传动角之一为最小传动角
		(2) $\gamma_{min}=0°$	(2) 摇杆 *CD* 为主动件
双曲柄机构	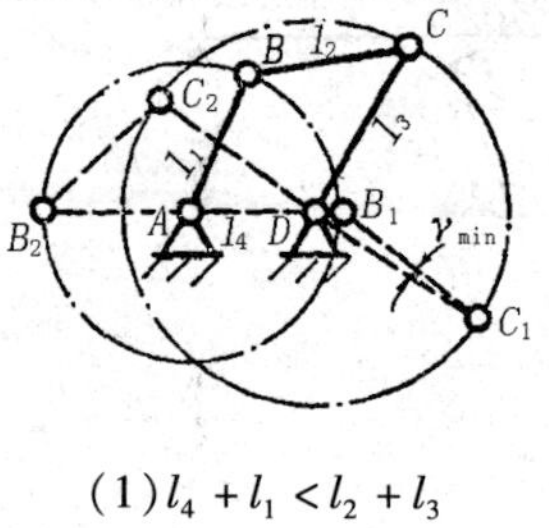 (1) $l_4+l_1<l_2+l_3$ $l_4+l_2<l_1+l_3$ $l_4+l_3<l_1+l_2$ (2) *AD* 杆为机架	$\gamma_{min}=\arccos\left\|\frac{l_2^{\ 2}+l_3^{\ 2}-(l_4\pm l_1)^2}{2l_2l_3}\right\|$ （取两值中的较小值）	曲柄 *AB* 为主动件，曲柄与机架处于共线的两个位置时，连杆与摇杆的两个传动角之一为最小传动角

续表

机构名称	传动角最小时的机构位置	计算公式	说明
平行双曲柄机构	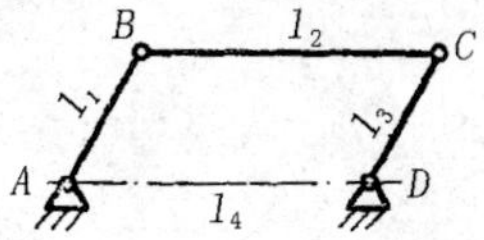 $l_1=l_3, l_2=l_4$	$\gamma_{min}=0°$	
反向双曲柄机构	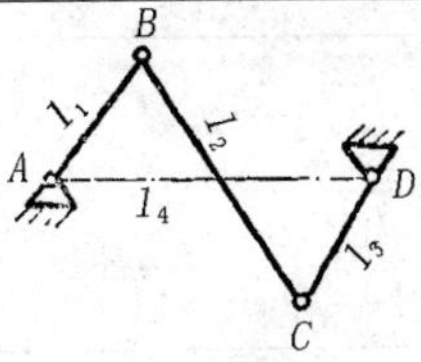 $l_1=l_3, l_2=l_4$	$\gamma_{min}=0°$	
双摇杆机构	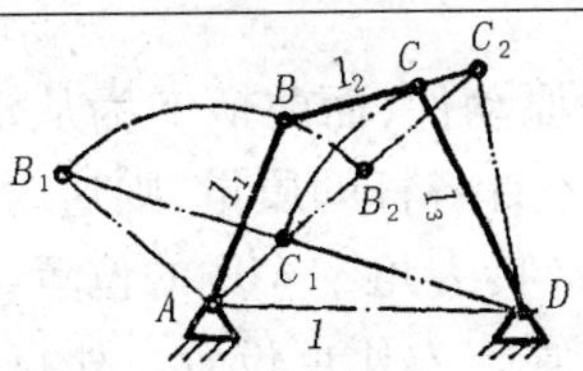 (1) $l_2+l_3<l_4+l_1$ $l_2+l_4<l_3+l_1$ $l_2+l_1<l_3+l_4$ (2) *AD* 杆为机架	$\gamma_{min}=0°$	
偏置曲柄滑块机构	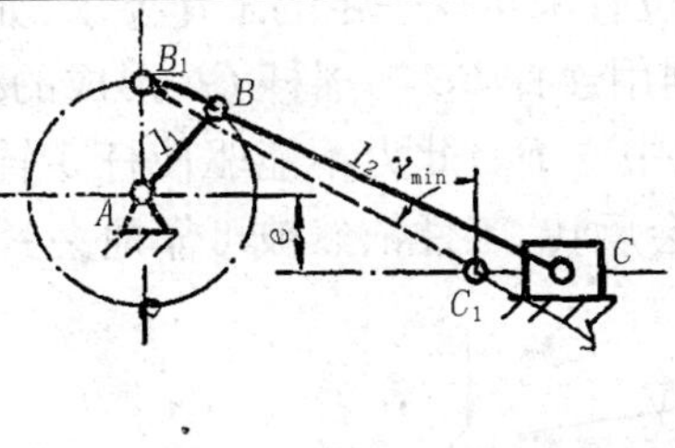 $l_1<l_2-e$	(1) $\gamma_{min}=arccos(\frac{l_1}{l_2}+\frac{e}{l_2})$	(1) 曲柄 *AB* 为主动件，当曲柄垂直于滑块导路中心线且 *B* 点与导路中心线距离最大时，传动角最小
		(2) $\gamma_{min}=0°$	(2) 滑块为主动件
摆动导杆机构	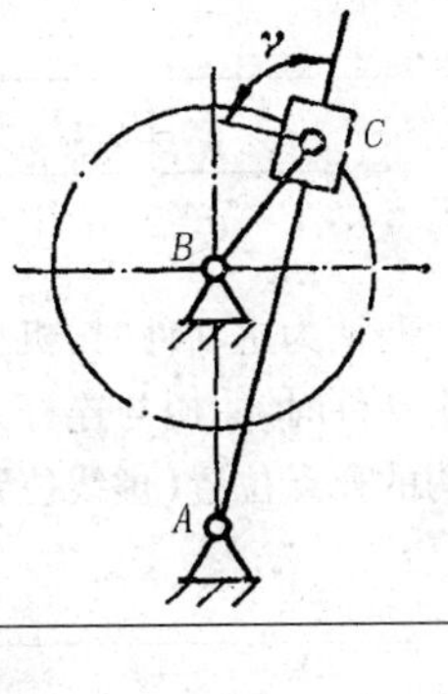	(1) $\gamma_{min}=90°$	(1) 曲柄 *AB* 为主动件，曲柄在任何位置时的传动角均相等
		(2) $\gamma_{min}=0°$	(2) 导杆为主动件

续表

机构名称	传动角最小时的机构位置	计 算 公 式	说 明
转动导杆机 构	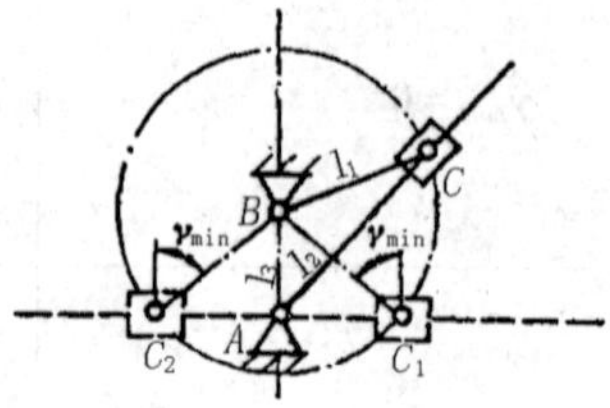	(1) $\gamma_{min}=90°$	(1) 曲柄 AB 为主动件，曲柄在任何位置时的传动角均相等
		(2) $\gamma_{min}\approx arccos\dfrac{l_3}{l_1}$	(2) 导杆为主动件，导杆与机架垂直时传动角最小

三、死点位置

对于图 2－29 所示的曲柄摇杆机构，如以摇杆 3 为原动件，而曲柄 1 为从动件，则当摇杆摆到极限位置 C_1D 和 C_2D 时，连杆 2 与曲柄 1 共线，若不计各杆的质量，则这时连杆加给曲柄的力将通过铰链中心 A，即机构 B 点处于压力角 $\alpha=90°$（传力角 $\gamma=0$）的位置，此时驱动力对 A 点不产生力矩，因此不能使曲柄转动。机构的这种位置称为死点位置。死点位置会使机构的从动件出现卡死或运动不确定的现象。出现死点对传动机构来说是一种缺陷，这种缺陷可以利用回转机构的惯性或添加辅助机构来克服。如图 2－5 家用缝纫机的脚踏机构，就是利用皮带轮的惯性作用使机构通过死点位置。

但在工程实践中，有时也常常利用机构的死点位置来实现一定的工作要求，如图 2－33 所示的工件夹紧装置，当工件 5 需要被夹紧时，就是利用连杆 BC 与摇杆 CD 形成的死点位置，这时工件经杆 1、杆 2 传给杆 3 的力，通过杆 3 的传动中心 D。此力不能驱使杆 3 转动。故当撤去主动外力 P 后，在工作反力 N 的作用下，机构不会反转，工件依然被可靠地夹紧。

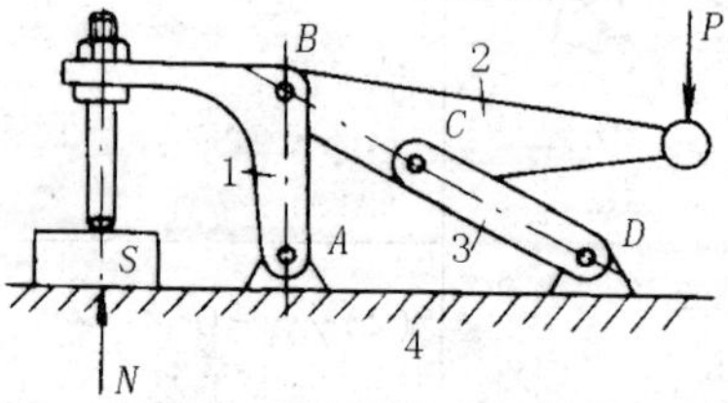

图 2－33　利用死点夹紧工件的夹具

表 2－2　机构的死点位置

机构名称	机构的死点位置	说 明
曲柄摇杆机 构	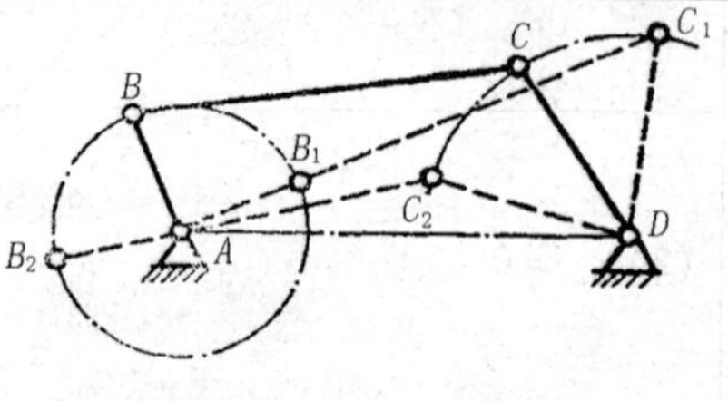	曲柄为主动件时，机构无死点位置摇杆为主动件时，曲柄与连杆共线的两个位置是机构的死点位置（虚线位置）

续表

机构名称	机构的死点位置	说　明
双曲柄机　构	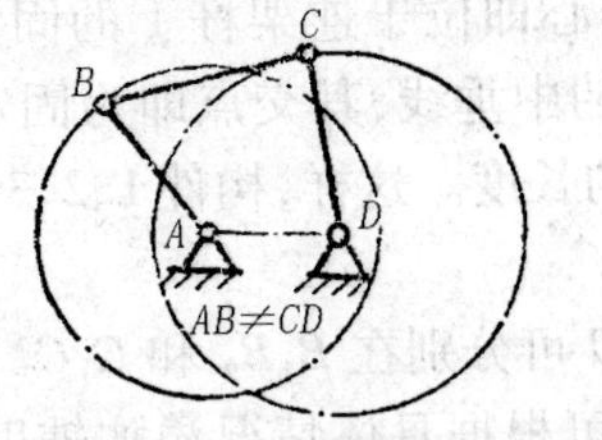	除平行或反向双曲柄机构外，机构无死点位置
双摇杆机　构	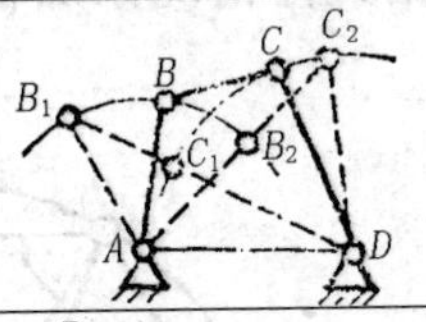	当最短杆与最长杆长度之和小于其余两杆长度之和。且 BC 为最短杆时，两摇杆任一杆为主动件，机构都有一个死点位置（虚线位置之一）
偏置曲柄滑块机构	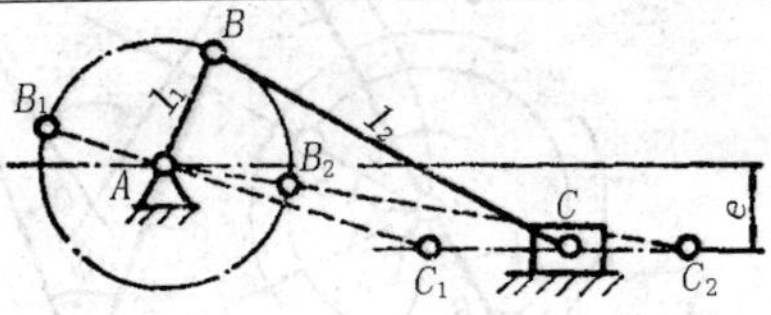	(1)曲柄为主动件时，机构无死点位置 (2)滑块为主动件时，机构有两个死点位置（虚线位置）
摆动导杆机　构	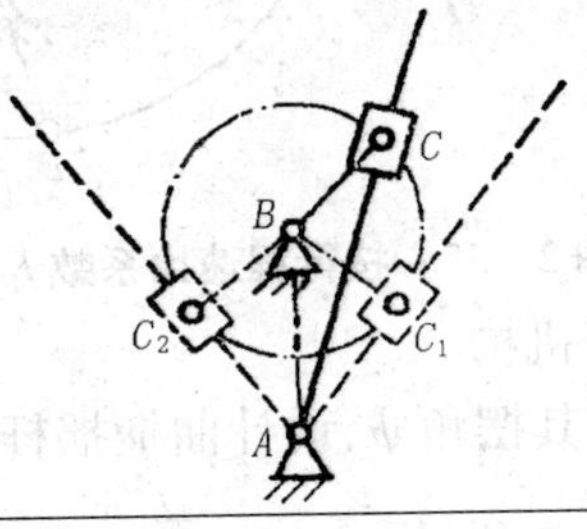	(1)曲柄为主动件时，机构无死点位置 (2)滑块为主动件时，机构有两个死点位置（虚线位置）
转动导杆机　构	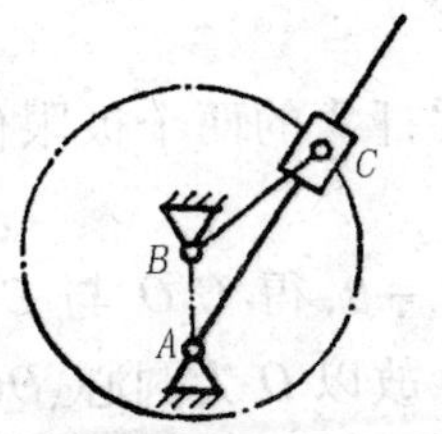	曲柄或导杆为主动件时，机构均无死点位置

§2－5　平面连杆机构的设计方法

平面四杆机构的设计是指根据工作要求选定机构的型式，根据给定的运动要求确定机构的几何尺寸。其设计方法有作图法、解析法和实验法。作图法比较直观；解析法比较精确；实验法常需试凑。

一、作图法

1. 按照给定连杆的几个位置设计铰链四杆机构

设已知连杆 2 的长度 b 和它 的三个位置 B_1C_1、B_2C_2、B_3C_3，如图 2－34 所示，试设计该铰链四杆机构。

由于在铰链四杆机构中，连架杆 1 和 3 分别绕两个固定铰链 A 和 D 转动，所以连杆上点 B 的三个位置 B_1、B_2、B_3 应位于同一圆周上，其圆心即位于连架杆 1 的固定铰链 A 的位置。因此，分别连接 B_1、B_2 及 B_2、B_3，并作两连线各自的中垂线，其交点即为固定铰链 A。同理，可求得连架杆 3 的固定铰链 D。连线 AD 即为机架的长度。这样，构件 1、2、3、4 即组成所要求的铰链四杆机构。

如果只给定连杆的两个位置，则点 A 和点 D 可分别在 B_1B_2 和 C_1C_2 各自的中垂线上任意选择。因此，有无穷多解。为了得到确定的解，可根据具体情况添加辅助条件，例如给定最小传动角或提出其他结构上的要求等。

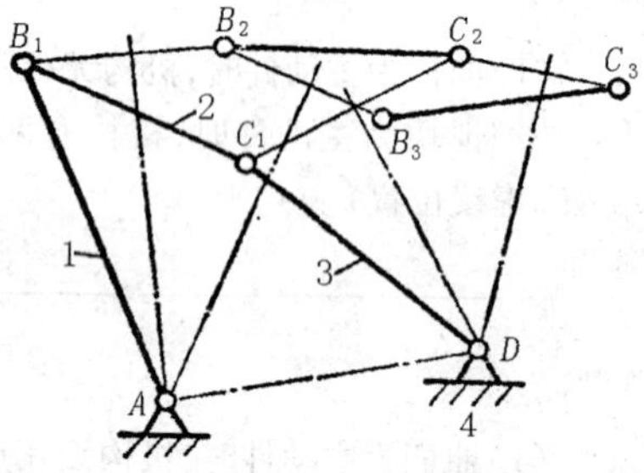

图 2－34　按给定位置设计铰链四杆机构铰链

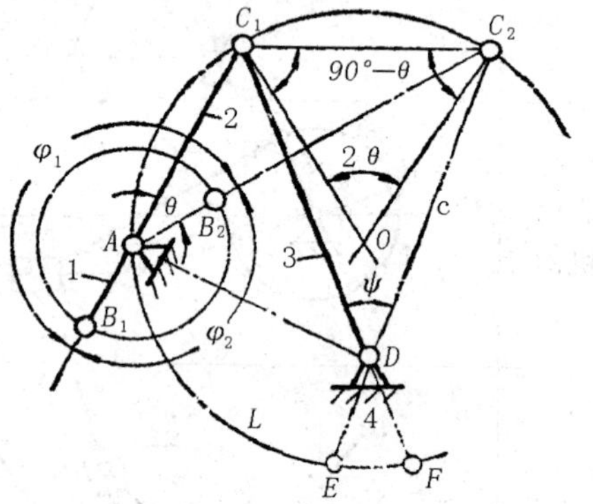

图 2－35　按行程速比系数 K 设计曲柄摇杆机构

2. 按照给定的行程速比系数 K 设计铰链四杆机构

(1)给定行程速比系数 K、摇杆 3 的长度 c 及其摆角 ψ，设计曲柄摇杆机构

首先，按照式(2－5)$\theta = 180°\dfrac{K-1}{K+1}$算出极位角 θ 。

然后，任选一点 D，由摇杆长度 c 及摆角 ψ 作摇杆 3 的两个极限位置 C_1D 和 C_2D(图 2－35)。使其长度等于 c，其间夹角等于 ψ。

再连直线 C_1C_2，作 $\angle C_1C_2O = \angle C_2C_1O = 90° - \theta$，得 C_1O 与 C_2O 的交点 O。这样，得 $\angle C_1OC_2 = 2\theta$。由于同弦上圆周角为圆心角的一半，故以 O 为圆心、OC_1 为半径作圆 L，则该圆周上任意点 A 与 C_1 和 C_2 连线夹角 $\angle C_1AC_2 = \theta$。从几何上看，点 A 的位置可在圆周 L 上任意选择；从传动上看，点 A 位置须受传动角的限制。例如把点 A 选在 C_2D(或 C_1D)的延长线与圆 L 的交点 E(或 F)上时，最小传动角将成为零度，该位置即死点位置。这时，即使以曲柄作主动件，该机构也将不能启动。若把点 A 选在 EF 范围内，则将出现对摇杆的有效分力与摇杆给定的运动方向相反的情况，即不能实现给定的运动。即使这样，点 A 的位置仍有无穷多解。欲使其有确定的解，可以添加附加条件。

当点 A 位置确定后，可根据极限位置时曲柄和连杆共线的原理，连 AC_1 和 AC_2，得

$$AC_2 = b + a,\ AC_1 = b - a$$

式中，a 和 b 分别为曲柄和连杆的长度。以上两式相减后，得

$a = \dfrac{AC_2 - AC_1}{2}$，以 A 为圆心，以 a 为半径画圆，交 AC_2 于 B_2 点，得 $b = B_2C_2$。

而 $b = a + AC_1 = AC_2 - a$

连线 AD 的长度即为机架的长度 d。

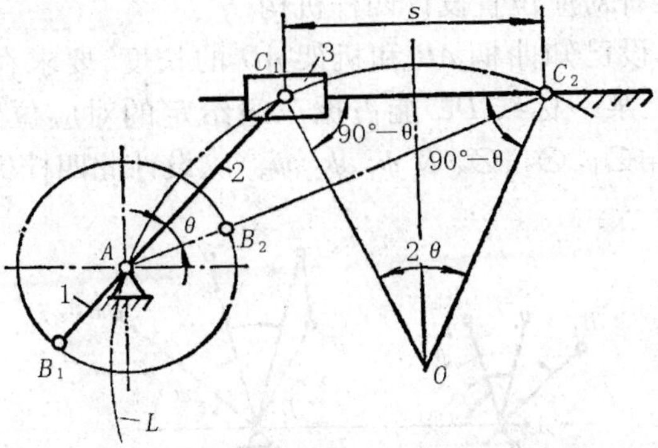

图 2－36　按行程速比系数 K 设计曲柄滑块机构

（2）给定行程速比系数 K 和滑块的行程 S，设计曲柄滑块机构

首先，按式（2－5）算出极位角 θ。

然后，作 C_1C_2 等于滑块的行程 S（图 2－36）。从 C_1、C_2 两点分别作 $\angle C_1C_2O = \angle C_2C_1O = \angle 90° - \theta$，得 C_1O 与 C_2O 的交点 O。这样，得 $\angle C_1OC_2 = 2\theta$。再以 O 为圆心、OC_1 为半径作圆 L。如给出偏距 e 的值，则 A 点就可以确定。作与 C_1C_2 相距为 e 的平行线与圆 L 相交于 $A(A')$。

当点 A 确定后，连接 AC_1 和 AC_2。根据式 $a = \dfrac{AC_2 - AC_1}{2}$ 算出曲柄 1 的长度 a。以 A 为圆心，a 为半径作圆，交 AC_2 于 B_2 点，得连杆长 B_2C_2。

（3）按给定的机架长度 l_4 及行程速比系数 K，设计导杆机构

根据 $\theta = 180° \dfrac{K-1}{K+1}$ 求出极位夹角 θ；

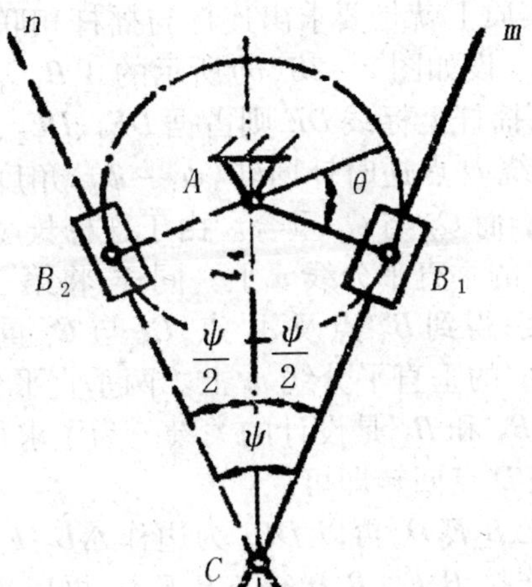

图 2－37　按行程速比系数 K 设计导杆机构

由图 2－37 所示的导杆机构运动简图可知：导杆摆角 ψ 等于曲柄极位夹角 θ。因此任意选定一点 C 后，即可根据极位夹角 θ 绘出导杆两极限位置 Cm 和 Cn；

作 $\angle mCn$ 的平分线，并在此平分线上取 $CA = l_4$，从而得到曲柄回转中心 A；

过 A 点作导杆极限位置 Cm（或 Cn）的垂线，垂足位于 B_1（或 B_2），得到曲柄长度 $l_1=AB_1$（或 AB_2）。

3. 按照给定的两连架杆对应位置设计四杆机构

如图 2－38(a)所示，设已知曲柄 AB 和机架 AD 的长度，要求在该四杆机构的传动过程中，曲柄 AB 和摇杆 CD 上某一标线 DE 能占据三组给定的对应位置 AB_1、AB_2、AB_3 及 DE_1、DE_2、DE_3（即对应三组摆角$\varnothing_1$、$\varnothing_2$、$\varnothing_3$ 及 ψ_1、ψ_2、ψ_3）。设计此四杆机构。

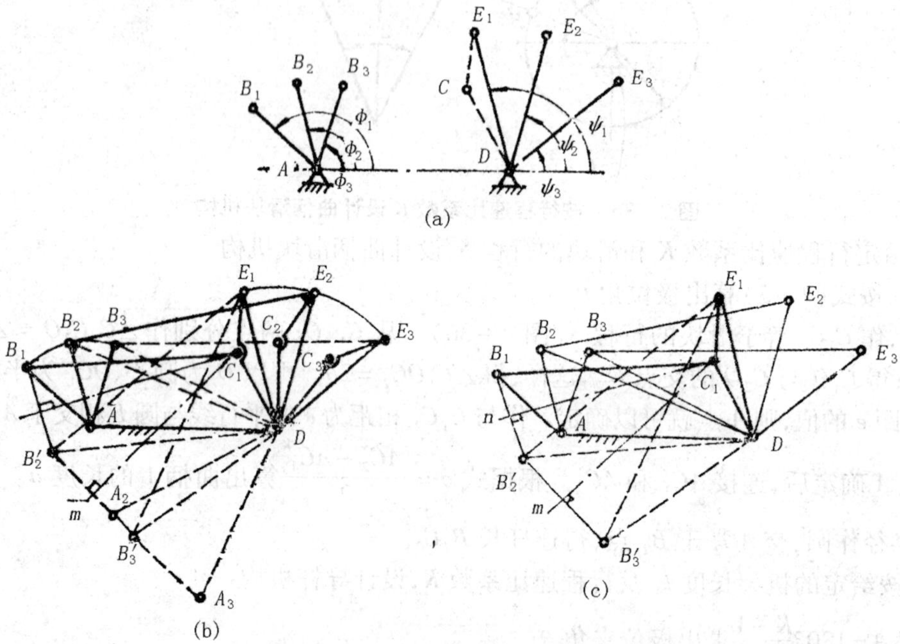

图 2－38　按给定两连架杆位置设计四杆机构

分析：设计此四杆机构，实质上就是要求出连杆与摇杆相联接的转动副 C 的位置，从而定出连杆 BC 和摇杆 CD 的长度。设如图 2－38(b)所示的 $A_1B_1C_1D$ 为已有的四杆机构。当曲柄占据 A_1B_1、A_1B_2、A_1B_3 位置时，摇杆上标线 DE 则占据 DE_1、DE_2、DE_3 位置。设想将第二位置时的机构图形 $A_1B_2E_2D$ 刚化，并绕 D 点逆时针回转($\psi_1-\psi_2$)角度，即使 DE_2 与 DE_1 重合，则 A_1 达到 A_2位置，B_2 达到 B_2'位置，而 C_2 与 C_1 重合。由于连杆长度已固定，即 $B_1C_1=B_2'C_1$（图上未画出），故知 C_1点必在 B_1B_2'的垂直平分线 n 上。同样，将第三位置的机构图形也刚化，并绕 D 点逆时针回转($\psi_1-\psi_3$)角度，得到 B_3'点及 A_3 点，C_3 与 C_1 重合。由于 $B_2'C_1=B_3'C_1$（图上未画出），故知 C_1 点必在 $B_2'B_3'$的垂直平分线 m 上。两垂直平分线 n 和 m 的交点即为 C_1 点。

由以上分析可知，求出点 B_2'和 B_3'是设计的关键。为了求得点 B_2'、B_3'，转动刚化图形时可只取$\triangle B_2E_2D$ 和$\triangle B_3E_3D$ 绕 D 点回转即可。

作图：连接 B_2E_2、B_2D，得$\triangle B_2E_2D$，再以 DE_1 为边作$\triangle B_2'E_1D$，使$\triangle B_2'E_1D\cong\triangle B_2E_2D$，得 B_2'点，如图 2－38(c)所示。连接 B_3E_3、B_3D 得$\triangle B_3E_3D$，再以 DE_1 为边作$\triangle B_3'E_1D$，使$\triangle B_3'E_1D\cong\triangle B_3E_3D$，得 B_3'点。作 B_1B_2'及 $B_2'B_3'$的垂直平分线 n 和 m，两线的交点 C_1 即为所求点，AB_1C_1D 即为所设计的四杆机构 。

*二、解析法

按照给定两连架杆对应位置设计四杆机构。在图 2－39 所示的铰链四杆机构中，已知连

架杆 AB 和 CD 的三对对应位置 $\varnothing_1$、ψ_1，$\varnothing_2$、ψ_2 和 $\varnothing_3$、ψ_3，要求确定各杆的长度 L_1、L_2、L_3 和 L_4。现以解析法求解。此机构各杆长度按同一比例增减时，各杆转角间的关系不变，故只需确定各杆的相对长度。取 $L_1=1$，则该机构的待求参数只有三个。

该机构的四个杆组成封闭多边形。取各杆在坐标轴 x 和 y 上的投影，可以得到以下关系式：

$$cos\varnothing + l_2 cos\delta = l_4 + l_3 cos\psi$$
$$sin\varnothing + l_2 sin\delta = l_3 sin\psi$$

将 $cos\varnothing$ 和 $sin\varnothing$ 移到等式右边，再把等式两边平方相加，即可消去 δ，整理后得：

$$cos\varnothing = \frac{l_4^{\ 2} + l_3^{\ 2} + 1 - l_2^{\ 2}}{2l_4} + l_3 cos\psi - \frac{l_3}{l_4} cos(\psi - \varnothing)$$

为简化上式，令

$$P_0 = l_3$$
$$P_1 = \frac{l_3}{l_4} \qquad (2-10)$$
$$P_2 = \frac{l_4^{\ 2} + l_3^{\ 2} + 1 - l_2^{\ 2}}{2l_4}$$

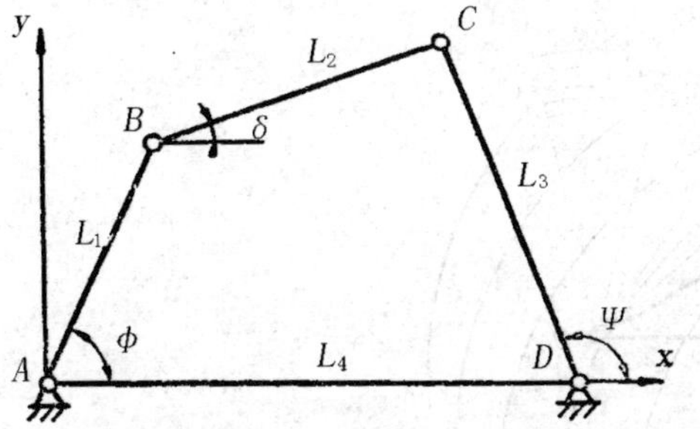

图 2－39　机构封闭多边形

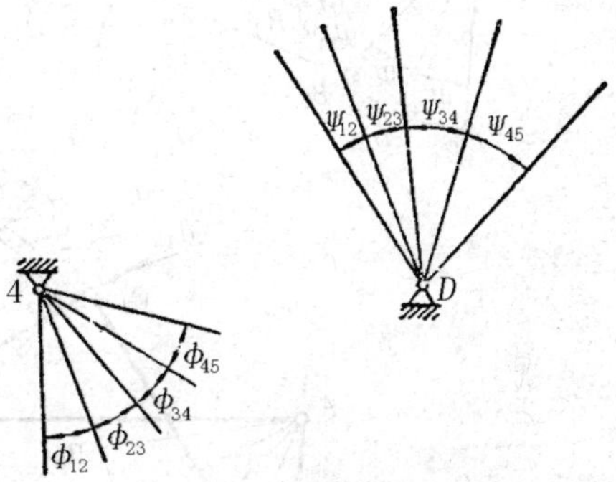

图 2－40　给定连杆架杆四对位置

则有

$$cos\varnothing = P_0 cos\psi + P_1 cos(\psi - \varnothing) + P_2 \qquad (2-11)$$

上式即为两连架杆转角之间的关系式。将已知的三对对应转角 $\varnothing_1$、ψ_1，$\varnothing_2$、ψ_2 和 $\varnothing_3$、ψ_3 分别代入式（2－11），可得到方程组

$$cos\varnothing_1 = P_0 cos\psi_1 + P_1 cos(\psi_1 - \varnothing_1) + P_2$$
$$cos\varnothing_2 = P_0 cos\psi_2 + P_1 cos(\psi_2 - \varnothing_2) + P_2 \qquad (2-12)$$
$$cos\varnothing_3 = P_0 cos\psi_3 + P_1 cos(\psi_3 - \varnothing_3) + P_2$$

由方程组可以解出三个未知数 P_0、P_1、P_2。将它们代入式（2－10），即可得 l_2、l_3、l_4。以上求出的杆长 l_1、l_2、l_3、l_4 可同时乘以任意比例常数，所得的机构都能实现对应的转角。

若仅给定连架杆两对位置，则方程组中只能得到两个方程，P_0、P_1、P_2 三个参数中的一个可以任意给定，所以有无穷个解。

若给定连架杆的位置超过三对，则不可能有精确解，但可以用优化的方法或实验法试凑，求其近似解。

*三、实验法

如图2-40(c)所示,已知两连架杆1和3之间的四对对应转角为$\varnothing_{12}$、$\varnothing_{23}$、$\varnothing_{34}$、$\varnothing_{45}$和ψ_{12}、ψ_{23}、ψ_{34}、ψ_{45},试用实验法设计近似实现这一要求的四杆机构。

(1)如图2-41(a)所示,在图纸上选取一点作为连架杆1的转动中心A,并任选AB_1作为连架杆1的l_1,根据给定的$\varnothing_{12}$、$\varnothing_{23}$、$\varnothing_{34}$和$\varnothing_{45}$作出AB_2、AB_3、AB_4和AB_5。

(2)选取连杆2的适当长度l_2,以B_1、B_2、B_3、B_4和B_5各点为圆心,l_2为半径,作圆弧K_1、K_2、K_3、K_4和K_5。

(3)如图2-41(b)所示,在透明纸上选取一点作为连架杆3的转动中心D,并任选Dd_1作为连架杆3的第一位置,根据给定的ψ_{12}、ψ_{23}、ψ_{34}和ψ_{45}作出Dd_2、Dd_3、Dd_4和Dd_5。再以D为圆心、用连架杆3可能的不同长度为半径作许多同心圆弧。

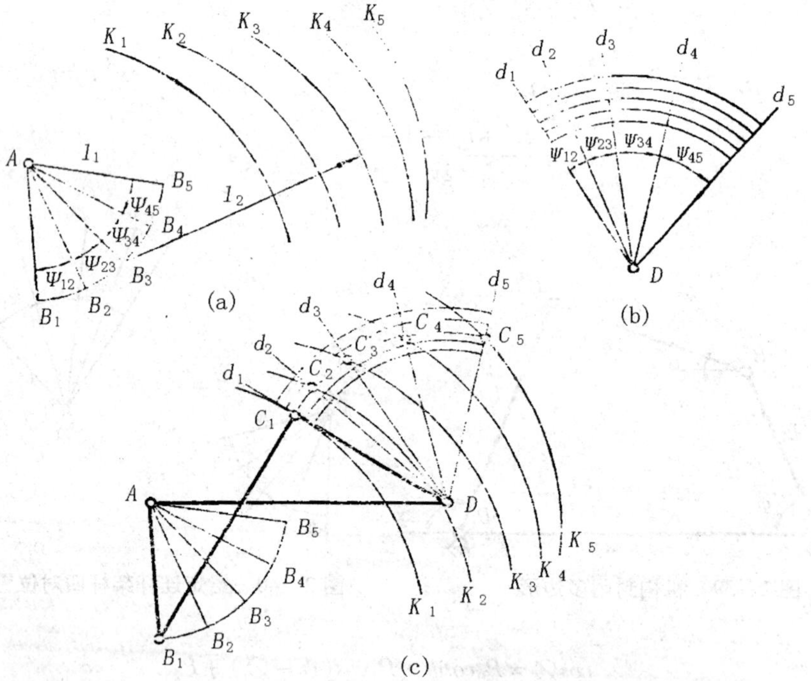

图2-41 几何实验法设计四杆机构

将画在透明纸上的图2-41(b)覆盖在图a上(如图2-41(c)所示)进行试凑,使圆弧K_1、K_2、K_3、K_4、K_5分别与连架杆3的对应位置Dd_1、Dd_2、Dd_3、Dd_4、Dd_5的交点C_1、C_2、C_3、C_4、C_5均落在以D为圆心的同一圆弧上,则图形AB_1C_1D即为所要求的四杆机构。

如果移动透明纸,不能使交点C_1、C_2、C_3、C_4、C_5落在同一圆弧上,那就需要改变连杆2的长度,然后重复以上步骤,直到这些交点正好或近似落在透明纸的同一圆弧上为止。

应当指出,由以上方法求出的图形AB_1C_1D只表达所求机构各杆的相对长度。各杆的实际尺寸只要与AB_1C_1D保持同样比例,都能满足设计要求。

这种几何实验法方便、实用,并相当精确,故在机械设计中被广泛采用。这种方法同样适用于曲柄滑块机构的设计。

本章要点

1. 平面四杆机构的类型及结构特点。
2. 急回特性、压力角、传动角和死点位置。
3. 曲柄存在的条件以及铰链四杆机构的演变过程。
4. 四杆机构的设计方法。

习　题

2－1　试根据图中注明的尺寸判断下列铰链四杆机构是曲柄摇杆机构、双曲柄机构还是双摇杆机构。

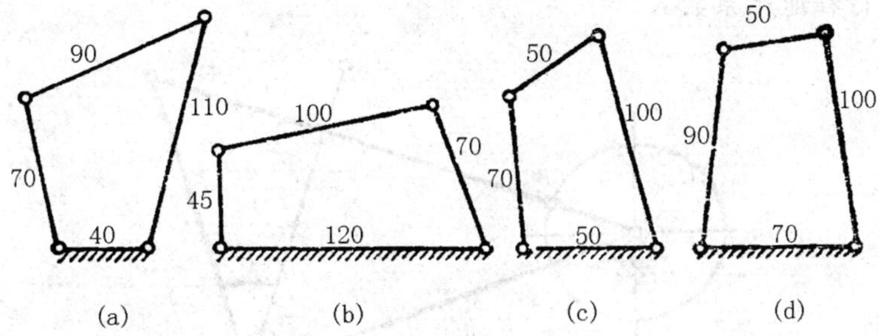

图 2－42

2－2　试确定图 2－43 两机构从动件的摆角 ψ 和机构的最小传动角 γ_{min}。

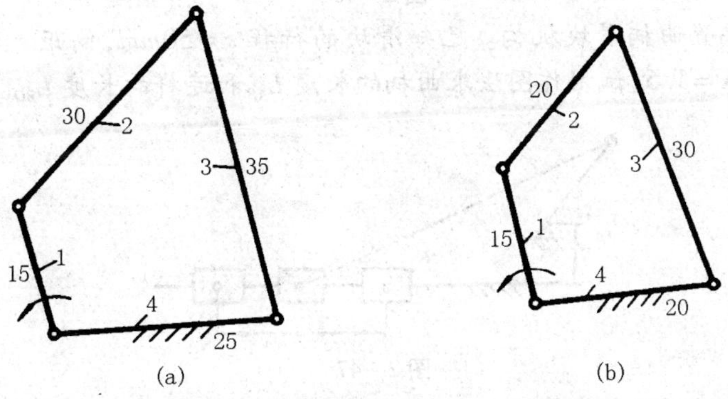

图 2－43

2－3　图 2－44 所示为一偏置曲柄滑块机构，试求构件 1 能整周转动的条件。

2－4　图 2－45 所示为某机械踏板机构，设已知 $L_{CD}=500mm$，$L_{AD}=1000mm$，踏板 3 在水平位置上下各摆动 10°，试确定曲柄 1 和连杆 2 的长度 L_{AB} 和 L_{BC}。

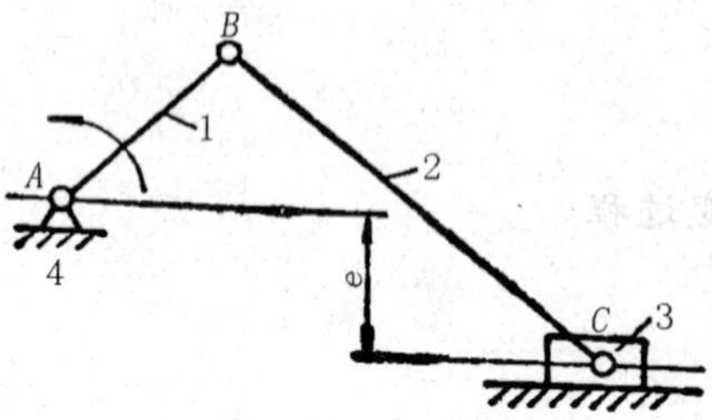

图 2－44

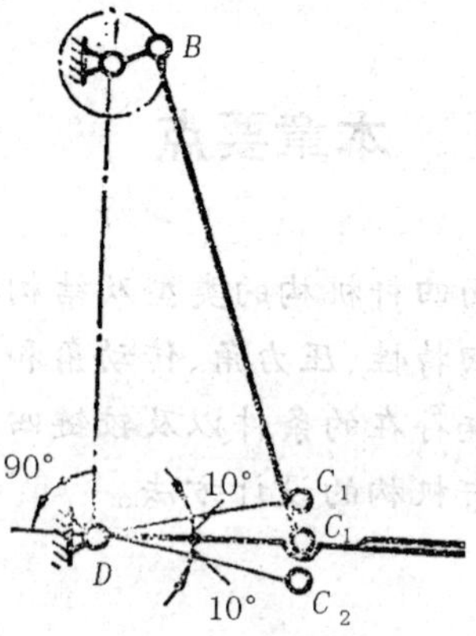

图 2－45

2－5　图 2－46 所示为一曲柄摇杆机构，已知曲柄长度 $L_{AB}=80mm$，连杆长度 $L_{BC}=390mm$，摇杆长度 $L_{CD}=300mm$，机架长度 $L_{AD}=380mm$，试求：

（1）摇杆的摆角 ψ；

（2）机构的极位夹角 θ；

（3）机构的行程速比系数 K。

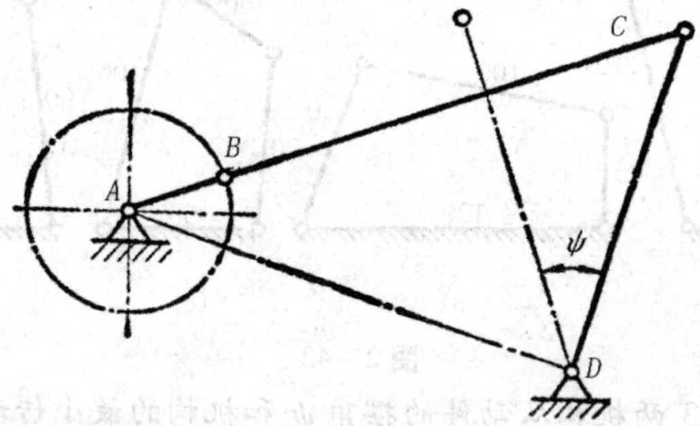

图 2－46

2－6　设计一偏置曲柄滑块机构。已知滑块的行程 $s=50mm$，偏距 $e=20mm$（如图 2－47），行程速比系数 $K=1.5$，试用作图法求曲柄的长度 L_{AB} 和连杆的长度 L_{BC}。

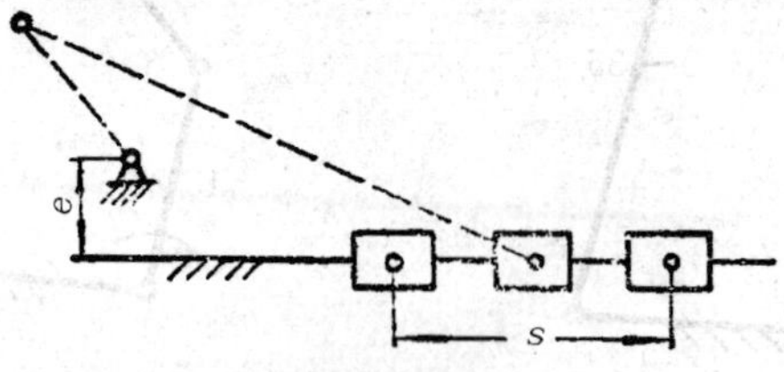

图 2－47

2－7　设计一铰链四杆机构作为加热炉炉门的启闭机构。已知炉门上两活动铰链的中心距为 200mm，炉门打开后成水平位置时，要求炉门温度较低的一面朝上（如虚线所示），设固定铰链 A 和 D 安装在 $y-y$ 轴线上，其相关尺寸如图 2－48 所示，试设计此机构。

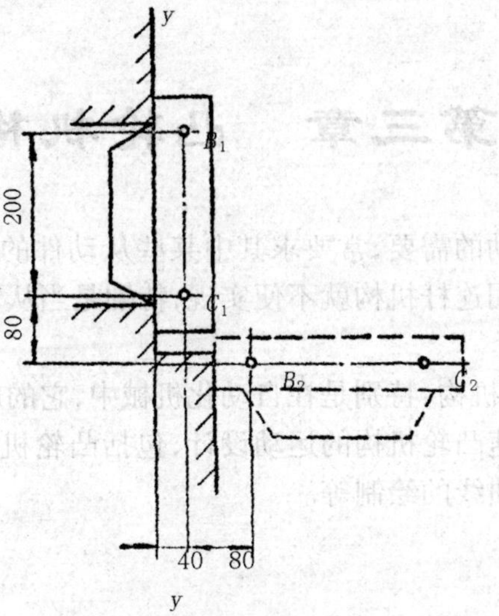

图 2-48

*2-8　设计一铰链四杆机构。已知其两连架杆的四个对应位置为$\varnothing_1=\varnothing_2=\varnothing_3=30°$、$\psi_1=15°$、$\psi_2=20°$、$\psi_3=15°$，试用实验法求各杆的长度，并绘出机构简图。

*2-9 如图 2-49，　已知某操纵装置采用铰链四杆机构，要求两连架杆的对应位置为$\varnothing_1=45°$，$\psi_1=52°10'$；$\varnothing_2=90°$，$\psi_2=82°10'$；$\varnothing_3=135°$，$\psi_3=112°10'$；机架长度$L_{AD}=50mm$，试用解析法求其余三杆长度。

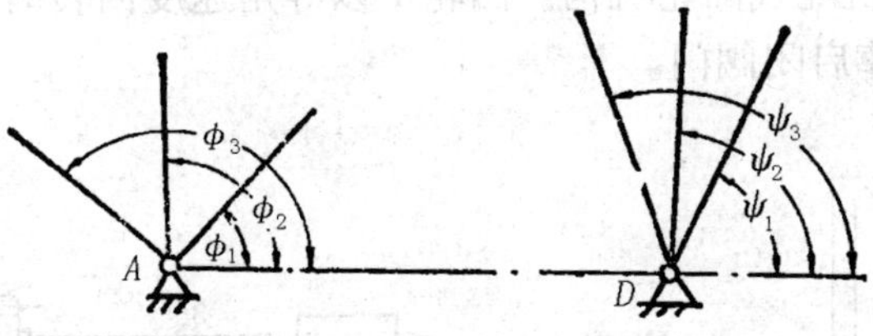

图 2-49

第三章　凸轮机构

在设计机械时，根据运动的需要，常要求其中某些从动件的位移、速度或加速度按照预定的运动规律变化，这种要求用连杆机构就不便实现，特别是当从动件需按复杂的运动规律运动时，通常多采用凸轮机构。

凸轮机构是一种常用的机构，特别是在自动化机械中，它的应用更广。

本章主要是研究中、低速凸轮机构的运动设计，包括凸轮机构类型、从动件运动规律和基圆半径等的选择，凸轮轮廓曲线的绘制等。

§3－1　凸轮机构的应用与分类

一、凸轮机构的应用

凸轮机构能将主动件的连续等速运动变为从动件的往复变速运动或间歇运动。在自动机械、半自动机械中应用非常广泛。

图3－1所示为内燃机配气凸轮机构。凸轮1以等角速度回转时，它的轮廓驱动从动件2（阀杆）按预期的运动规律启闭阀门。

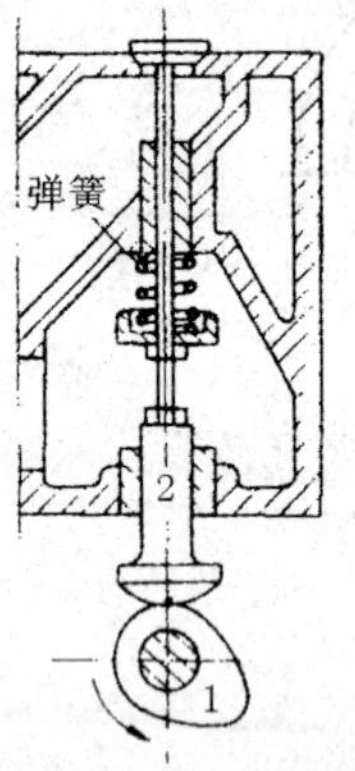

图3－1　内燃机配气凸轮机构图

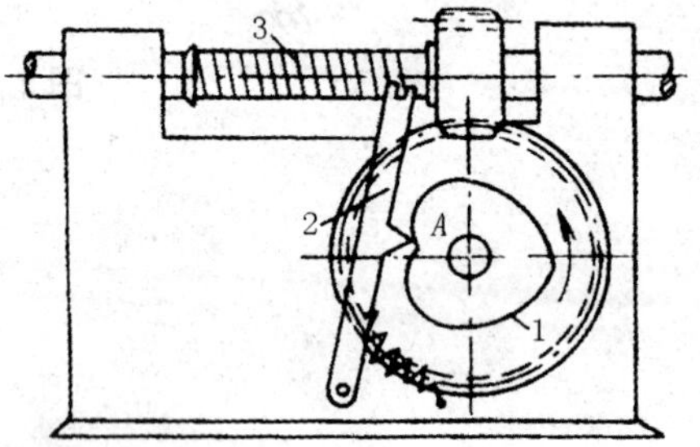

图3－2　绕线机中排线凸轮机构

图3－2所示为绕线机中用于排线的凸轮机构。当绕线轴3快速转动时，绕线轴上的齿轮带动凸轮1缓慢地转动，通过凸轮轮廓与尖顶A之间的作用，驱使从动件2往复摇动，因而使线均匀地绕在绕线轴上。

图3－3所示为驱动动力头在机架上移动的凸轮机构。圆柱凸轮1与动力头连接在一起，它们可以在机架3上作往复移动。滚子2的轴固定在机架3上，滚子2放在圆柱凸轮的凹槽中。凸轮转动时，由于滚子2的轴是固定在机架上的，故凸轮转动时带动动力头在机架3上作往复移动，以实现对工件的钻削。动力头的快速引进——等速进给——快速退回——静止等

动作均取决于凸轮上凹槽的曲线形状。

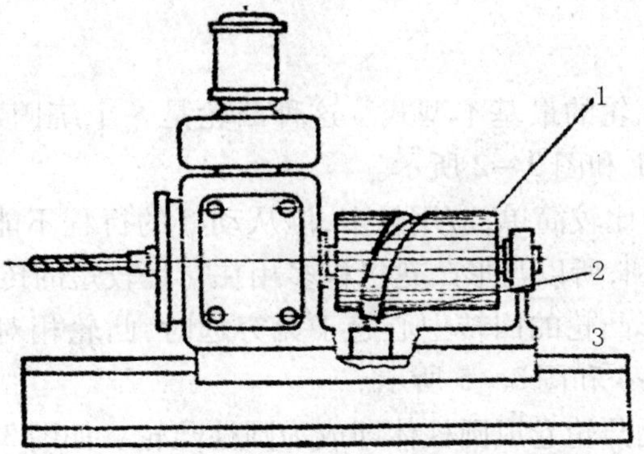

图 3-3 动力头用凸轮机构

图 3-4 所示为应用于冲床上的凸轮机构示意图。凸轮 1 固定在冲头上,当冲头上下往复运动时,凸轮驱使从动件 2 以一定的规律作水平往复运动,从而带动机械手装卸工件。

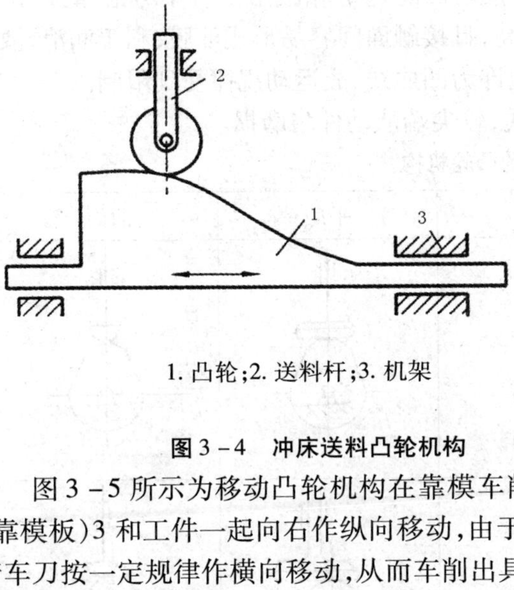

1. 凸轮;2. 送料杆;3. 机架

图 3-4 冲床送料凸轮机构

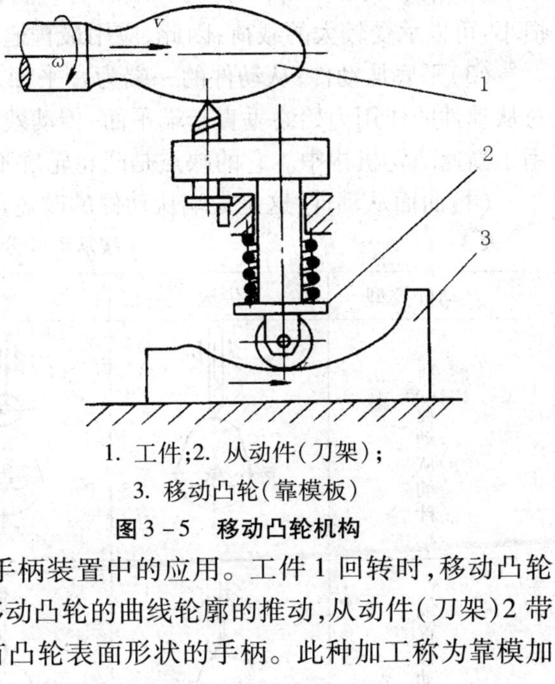

1. 工件;2. 从动件(刀架);
3. 移动凸轮(靠模板)

图 3-5 移动凸轮机构

图 3-5 所示为移动凸轮机构在靠模车削手柄装置中的应用。工件 1 回转时,移动凸轮(靠模板)3 和工件一起向右作纵向移动,由于移动凸轮的曲线轮廓的推动,从动件(刀架)2 带着车刀按一定规律作横向移动,从而车削出具有凸轮表面形状的手柄。此种加工称为靠模加工或仿形加工。

从以上所举的例子可以看出:凸轮机构主要由凸轮 1、从动件 2 和机架 3 三个基本构件组成。从动件与凸轮轮廓为高副接触传动,因此理论上讲可以使从动件获得所需要的任意的预期运动。

凸轮机构的优点为:只需设计适当的凸轮轮廓曲线,便可使从动件得到所需的任意运动规律,这是凸轮机构最主要的特点。并且结构简单、紧凑、设计方便。它的缺点是凸轮轮廓与从动件之间为点接触或线接触,易于磨损,所以,通常仅用于传递功率不大的场合。此外,由于受凸轮尺寸的限制,所以也不适用于要求从动杆工作行程较大的场合。

二、凸轮机构的分类

1. 按凸轮的形状分类

(1)盘形凸轮:它是凸轮的最基本型式。这种凸轮是一个绕固定轴转动并且具有变化半径的盘形零件。如图 3－1 和图 3－2 所示。

盘形凸轮机构的结构比较简单,应用较多,但从动杆的行程不能太大,否则将使凸轮径向尺寸变化过大,对工作不利,所以盘形凸轮机构多用在行程较短的传动中。

(2)移动凸轮:当盘形凸轮的回转中心趋于无穷远时,凸轮相对机架作直线运动,这种凸轮称为移动凸轮,如图 3－4 和图 3－5 所示。

(3)圆柱凸轮:将移动凸轮卷成圆柱体即成为圆柱凸轮。如图 3－3 所示。

2. 按从动件的形状分类

(1)尖顶从动件:这种从动件结构最简单,尖顶能与任意复杂的凸轮轮廓保持接触,以实现从动件的任意运动规律。但因尖顶易磨损,仅适用于作用力很小的低速凸轮机构。

(2)滚子从动件:从动件的一端装有可自由转动的滚子,滚子与凸轮之间为滚动摩擦,磨损小,可以承受较大的载荷,因此,应用最普遍。

(3)平底从动件:从动件的一端为一平面,直接与凸轮轮廓相接触。若不考虑摩擦,凸轮对从动件的作用力始终垂直于端平面,传动效率高,且接触面间容易形成油膜,利于润滑,故常用于高速凸轮机构中。它的缺点是凸轮轮廓不允许为凹曲线,故运动规律受到限制。

(4)曲面从动件:这是尖端从动件的改进形式,较尖端从动件耐磨损。

表 3－1　　按从动件分类的凸轮机构

从动杆类型	尖滚	滚子	平底	曲面
对心移动从动杆	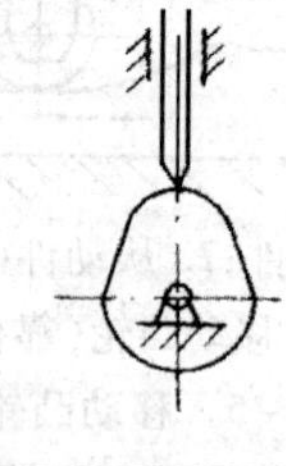	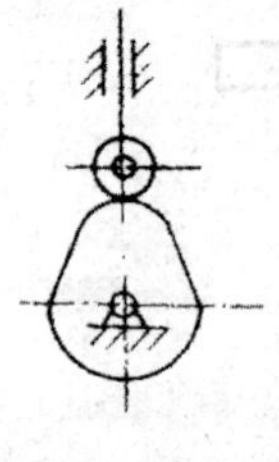	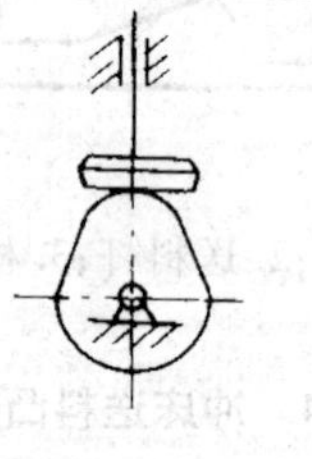	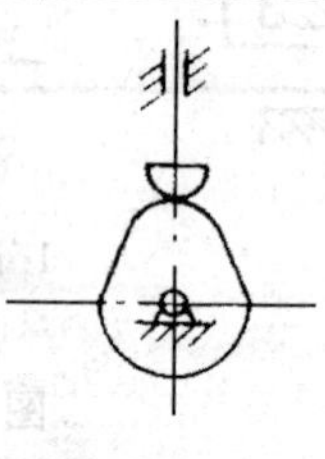
偏置移动从动杆	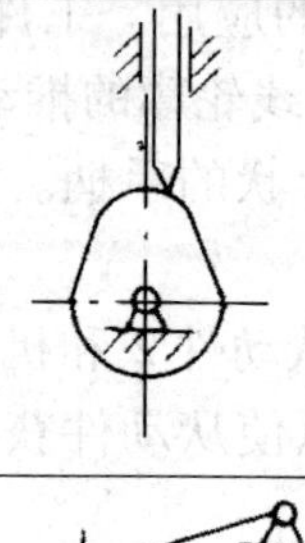	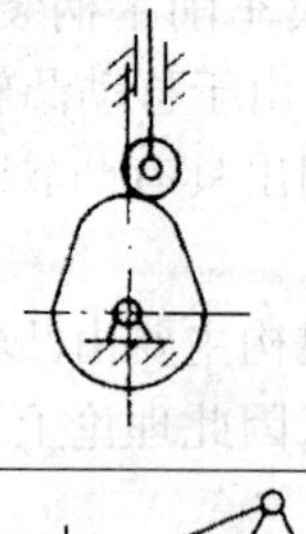	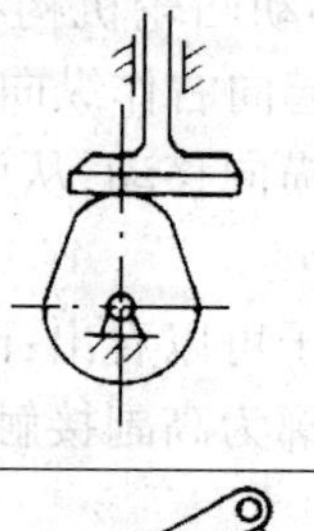	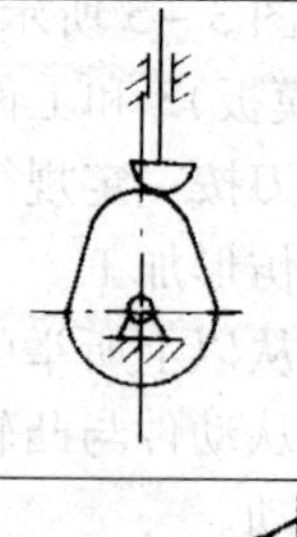
摆动从动杆	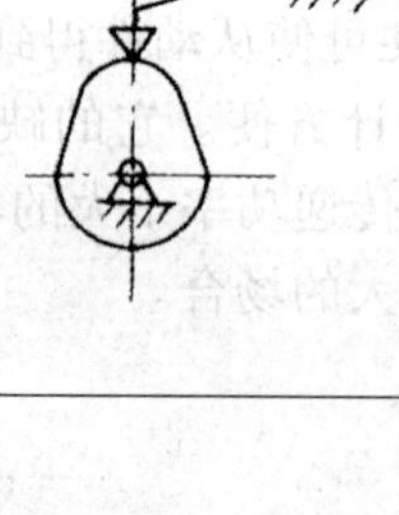	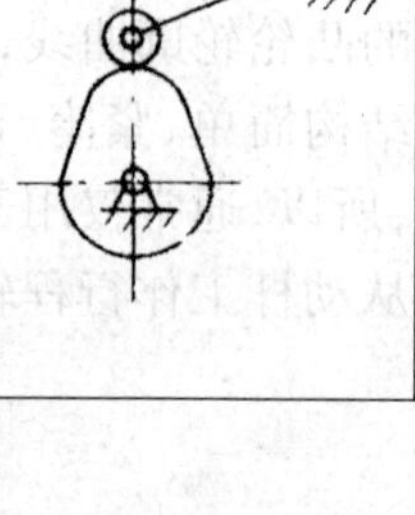	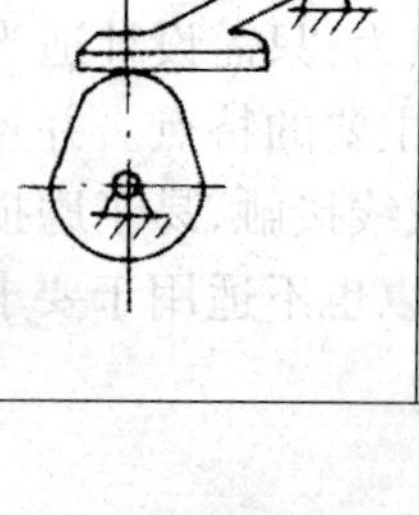	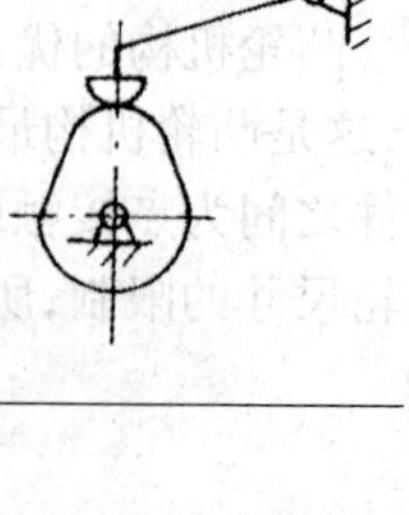

3. 按从动件的运动形式分类（见表 3－1 横排）

（1）移动从动件：从动件相对机架作往复直线运动。根据移动从动件的轴线是否通过凸轮的轴心，可分为对心移动从动件凸轮机构和偏置移动从动件凸轮机构。

（2）摆动从动件：从动件相对机架作往复摆动。

为了使凸轮与从动件始终保持接触，可以利用重力、弹簧力或依靠凸轮上的凹槽来实现。

凸轮机构中，采用重力、弹簧力使从动件端部与凸轮始终相接触的方式称为力锁合（图 3－5），采用特殊几何形状实现从动件端部与凸轮相接触的方式称为形锁合（见图 3－6）。

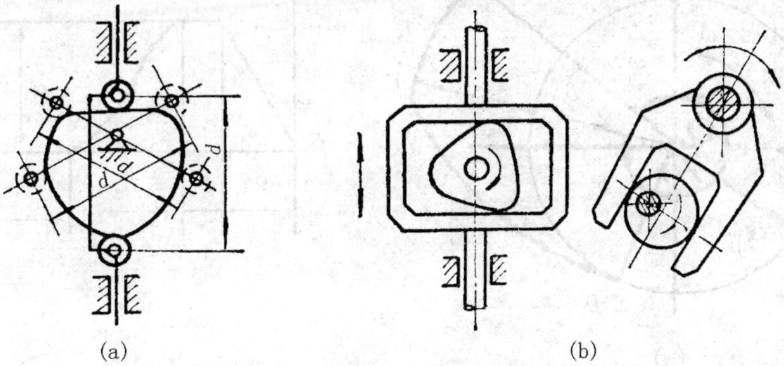

图 3－6 形锁合

§3－2 从动件的常用运动规律

从动件的运动规律即是从动件的位移 s、速度 v 和加速度 a 随时间 t 变化的规律。当凸轮作匀速转动时，其转角 δ 与时间 t 成正比（$\delta=\omega t$），所以从动件运动规律也可以用从动件的运动参数随凸轮转角的变化规律来表示，即 $s=s(\delta)$，$v=v(\delta)$，$a=a(\delta)$。通常用从动件运动线图直观地表述这些关系。

现以对心移动尖顶从动件盘形凸轮机构为例，说明凸轮与从动件的运动关系，如图 3－7（a）所示，以凸轮轮廓曲线的最小向径 γ 为半径所作的圆称为凸轮的基圆，γ 称为基圆半径。点 A 为凸轮轮廓曲线的起始点。当凸轮与从动件在 A 点接触时，从动件处于最低位置（即从动件处于距凸轮轴心 O 最近位置）。当凸轮以匀角速 ω 逆时针转动 δ_1 时，凸轮轮廓 AB 段的向径逐渐增加，推动从动件以一定的运动规律到达最高位置 B'（此时从动件处于距凸轮轴心 O 最远位置），这个过程称为推程。这时从动件移动的距离 h 称为升程，对应的凸轮转角 δ_1 称为推程运动角。当凸轮继续转动 δ_2 时，凸轮轮廓 BC 段向径不变，此时从动件处于最高位置停留不动，相应的凸轮转角 δ_2 称为远休止角。当凸轮继续转动 δ_3 时，凸轮轮廓 CD 段的向径逐渐减小，从动件在重力或弹簧力的作用下，以一定的运动规律回到起始位置，这个过程称为回程。对应的凸轮转角 δ_3 称为回程运动角。当凸轮继续转动 δ_4 时，凸轮轮廓 DA 段的向径不变，此时从动件在最低位置停留不动，相应的凸轮转角 δ_4 称为近休止角。当凸轮再继续转动时，从动件重复上述运动循环。如果以直角坐标系的纵坐标代表从动件的位移 s，横坐标代表凸轮的转角 δ，则可以画出从动件位移 s 与凸轮转角 δ 之间的关系线图，如图 3－7（b）所示，它简称为从动件位移曲线。

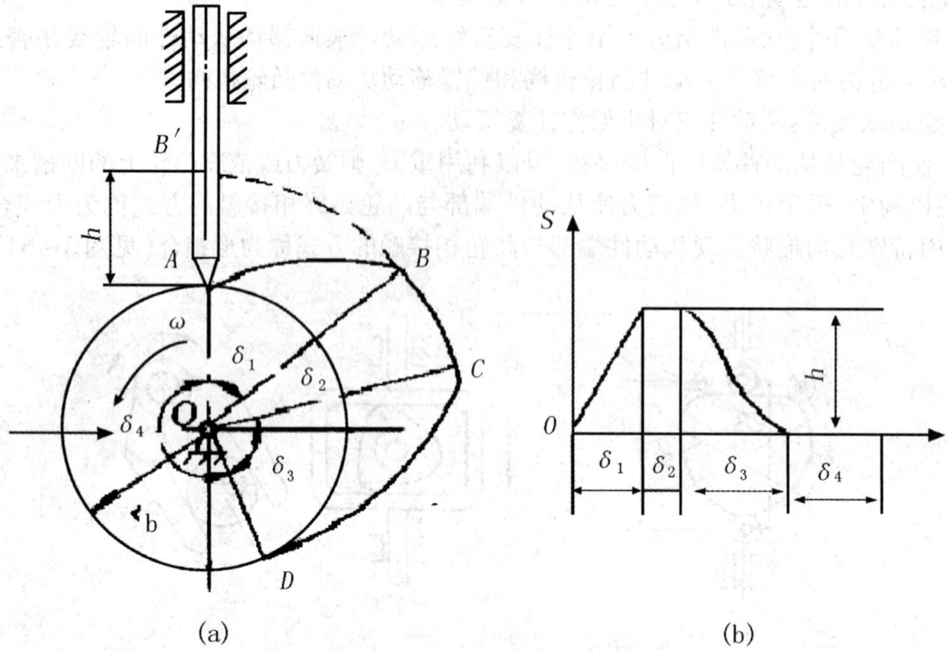

图 3－7　凸轮机构运动过程

下面介绍几种常用的从动件运动规律。

一、等速运动规律

当凸轮以等角速度 ω 转动时，从动件在推程或回程中的速度为常数的运动规律称为等速运动规律，如图 3－8(b) 所示。

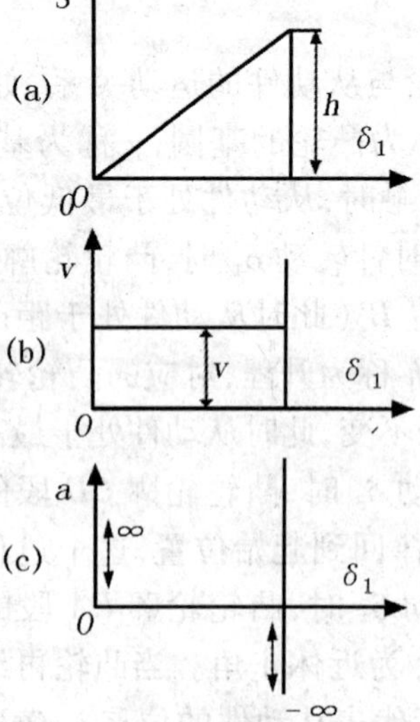

图 3－8　等速运动

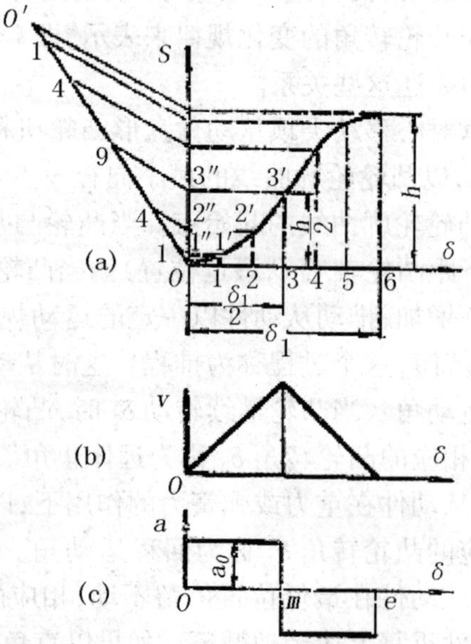

图 3－9　等加速运动

推程时，设凸轮推程运动角为 δ_1，从动件升程为 h，相应的推程时间为 T，则从动件的速度为：

$$v = 常数$$

位移方程为

$$s = \int v dt = vt$$

加速度方程为

$$a = \frac{dv}{dt} = 0$$

初始条件为：$t=0$ 时，$s=0$；$t=\delta_1/\omega$ 时，$s=h$，

因此有：

$$\left.\begin{aligned} s &= h\frac{t}{T} \\ v &= \frac{h}{T} \\ a &= 0 \end{aligned}\right\} \quad (3-1)$$

由于凸轮转角 $\delta=\omega t$，$\delta_1=\omega T$，代入式（3－1），则得推程时从动件用转角 δ 表示的运动方程：

$$\left.\begin{aligned} s &= \frac{h}{\delta_1}\delta \\ v &= \frac{h}{\delta_1}\omega_1 \\ a &= 0 \end{aligned}\right\} \quad (3-2a)$$

回程时，从动件的速度为负值。回程终了，凸轮转角为 δ，$s=0$。同理可推出从动件的运动方程为

$$\left.\begin{aligned} s &= h\left(1-\frac{\delta}{\delta_2}\right) \\ v &= -\frac{h}{\delta_2}\omega_1 \\ a &= 0 \end{aligned}\right\} \quad (3-2b)$$

由图3－8（c）可知，从动件在推程开始和终止的瞬时，速度有突变，其加速度在理论上为无穷大（实际上，由于材料的弹性变形，其加速度不可能达到无穷大），致使从动件在极短的时间内产生很大的惯性力，因而使凸轮机构受到极大的冲击。这种从动件在某瞬时速度突变，其加速度和惯性力在理论上趋于无穷大时所引起的冲击，称为刚性冲击。因此，等速运动规律只适用于低速轻载的凸轮机构中。

二、等加速等减速运动规律

从动件在行程的前半段为等加速，而后半段为等减速的运动规律，称为等加速等减速运动规律。如图3－9所示，从动件在升程 h 中，先作等加速运动，后作等减速运动，直至停止。等加速度和等减速度的绝对值相等。这样，由于从动件等加速段的初速度和等减速段的末速度为零，故两段升程所需的时间必相等，即凸轮转角均为 $\delta_1/2$；两段升程也必相等，即均为 $h/2$。

等加速段的运动时间为 $T/2$（即 $\delta_1/2\omega$），对应的凸轮转角为 $\delta_1/2$。由于是等加速运动，因

此 $s=a_0t^2/2$。利用上述分析结果可得：

$$\frac{h}{2}=\frac{1}{2}a_0\left(\frac{T}{2}\right)^2$$

$$a=a_0=\frac{4h}{T^2}=4h\left(\frac{\omega_1}{\delta_1}\right)^2 \qquad (3-3)$$

将上式积分两次，并代入初始条件：$\delta=0$ 时，$v=0$，$s=0$；可推出从动件前半行程作等加速运动时的运动方程如下

$$s_2=\frac{2h}{{\delta_1}^2}\delta^2$$

$$v_2=\frac{4h\omega}{{\delta_1}^2}\delta \qquad (3-4a)$$

$$a_2=\frac{4h\omega^2}{{\delta_1}^2}$$

推程的后半行程从动件作等减速运动，此时凸轮的转角是由$\delta_1/2$ 开始到 δ 为止。同理可得其减速运动方程：

$$s_2=h-\frac{2h}{{\delta_1}^2}(\delta-\delta_1)^2$$

$$v_2=\frac{4h\omega_1}{{\delta_1}^2}(\delta-\delta_1) \qquad (3-4b)$$

$$a_2=-\frac{4h{\omega_1}^2}{{\delta_1}^2}$$

图 3－9(a)为按公式作出的等加速等减速运动线图。该图的位移曲线是一凹一凸两段抛物线连接的曲线，等加速部分的抛物线可按下述方法画出：在横坐标轴上将找出代表的一点，将代表 $\delta_1/2$ 线段分成若干等分(图中为 3 等分)，得 1、2、3 各点，过这些点作横轴的垂线。再在纵坐标轴上找出代表从动件推程之半 $h/2$ 的一点 3″，过点 O 作任意的斜线 OO'，在其上以适当的单位长度自点 O 按 1 ∶ 4 ∶ 9 量取对应长度，得 1、4、9 各点。连接直线 9－3″，并分别过 4、1 两点，作其平行线 4－2″和 1－1″，分别与 S 轴相交于 2″、1″点。最后由 1″、2″、3″点分别向过 1、2、3 各点的垂线投影，得 1′、2′、3′点，将这些点连接成光滑的曲线，即为等加速段的抛物线。用同样的方法可得等减速度段的抛物线。

由加速度线图 3－9(c)可知，从动件在升程始末，以及由等加速过渡到等减速的瞬时(即 O、m、e 三处)，加速度出现有限值的突然变化，这将产生有限惯性力的突变，从而引起冲击。这种从动件在瞬时加速度发生有限值的突变时所引起的冲击称为**柔性冲击**。所以等加速等减速运动规律不适用于高速，仅用于中低速凸轮机构。

三、简谐运动规律

点在圆周上做匀速运动时，它在这个圆的直径上的投影所构成的运动称为**简谐运动**，如图 3－10(a)。

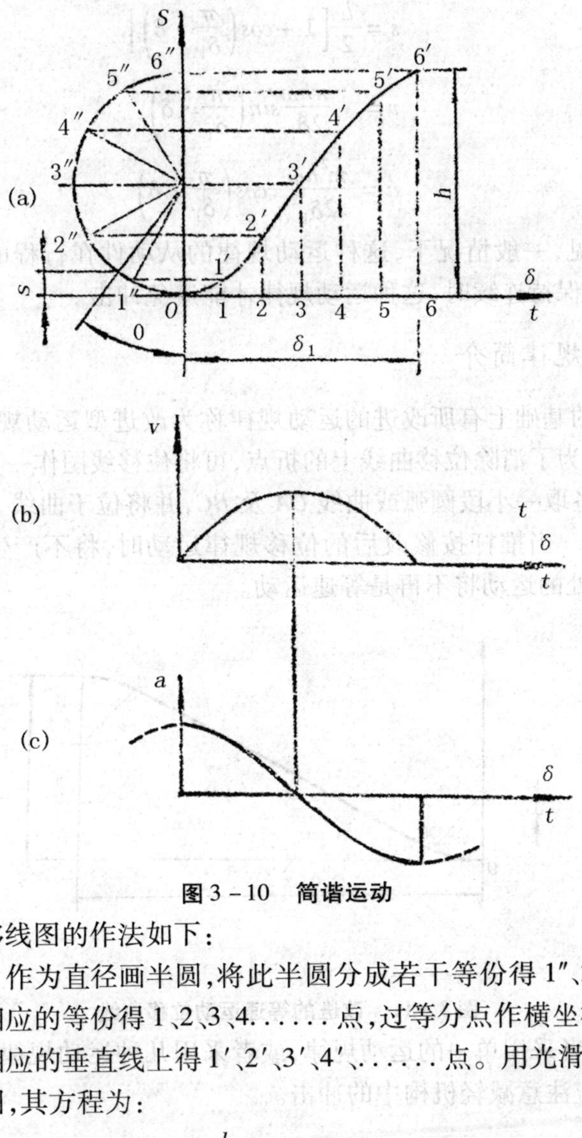

图 3-10 简谐运动

简谐运动规律位移线图的作法如下：

把从动件的行程 h 作为直径画半圆，将此半圆分成若干等份得 1″、2″、3″、4″......点。再把凸轮运动角也分成相应的等份得 1、2、3、4......点，过等分点作横坐标轴的垂线，然后将圆周上的等分点投影到相应的垂直线上得 1′、2′、3′、4′、......点。用光滑的曲线连接这些点，即得到从动件的位移线图，其方程为：

$$s=\frac{h}{2}(1-cos\theta)$$

将上式求导两次，由图可知：$\theta=\pi$ 时，$\delta=\delta_1$，而凸轮作匀速转动，故 $\theta=\pi\delta/\delta_1$，由此，可导出从动件推程作简谐运动的运动方程：

$$s=\frac{h}{2}\left[1-cos\left(\frac{\pi}{\delta_1}\cdot\delta\right)\right]$$

$$v=\frac{\pi h\omega_1}{2\delta_t}sin\left(\frac{\pi}{\delta_1}\cdot\delta\right) \tag{3-5a}$$

$$a=\frac{\pi^2 h\omega_1{}^2}{2\delta_t{}^2}cos\left(\frac{\pi}{\delta_1}\cdot\delta\right)$$

同理可求得从动件在回程作简谐运动的运动方程：

$$s=\frac{h}{2}\left[1+cos\left(\frac{\pi}{\delta_1}\cdot\delta\right)\right]$$

$$v=-\frac{\pi h\omega}{2\delta_1}sin\left(\frac{\pi}{\delta_1}\cdot\delta\right) \quad (3-5(b)$$

$$a=\frac{\pi^2 h\omega^2}{2\delta_1{}^2}cos\left(\frac{\pi}{\delta_1}\cdot\delta\right)$$

由加速度线图可见，一般情况下，这种运动规律的从动件在行程的始点和终点有柔性冲击；只有当加速度曲线保持连续时，这种运动规律才能避免冲击。

四、改进型运动规律简介

在上述运动规律的基础上有所改进的运动规律称为改进型运动规律。例如，在推杆为等速运动的凸轮机构中，为了消除位移曲线上的折点，可将位移线图作一些修改。如图 3－11 所示，将行程始、末两处各取一小段圆弧或曲线 *OA* 及 *BC*，并将位于曲线上的斜直线与这两段曲线相切，以使曲线圆滑。当推杆按修改后的位移规律运动时，将不产生刚性冲击。但这时在 *OA* 及 *BC* 这两段曲线处的运动将不再是等速运动。

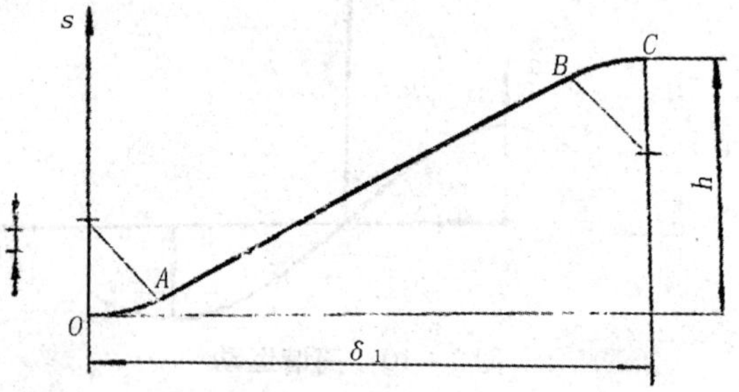

图 3－11　改进的等速运动位移曲线

在实际应用时，或者采用单一的运动规律，或者采用几种运动规律的配合，应视推杆的工作需要而定。原则上应注意减轻机构中的冲击。

五、从动杆运动规律的选择

选择从动杆运动规律时，必须首先了解机器的工作过程对从动杆的工作要求，根据工作要求选择从动杆的运动规律。但同时还应考虑使凸轮机构具有良好的动力特性和便于加工制造。从动杆运动规律的选择是否恰当，涉及问题甚多，选择比较复杂，对此这里不作深入的研究，现仅就凸轮机构工作条件的几种情况作一简要说明。

1. 当机器的工作过程对从动杆运动规律有特殊要求时，应从实现工作过程的要求出发确定其运动规律。

机器的工作过程要求从动杆作等速运动。例如各种机床中控制刀架进给的凸轮机构，从动杆带动刀架运动，为了加工出表面光滑的零件，并使机床载荷稳定，则要求刀具进刀时作等速运动，所以从动杆应选择等速运动规律。

机器的工作过程要求从动杆作等加速等减速运动。如图 3－1 所示的控制内燃机气门开关的凸轮机构，工作要求气门的开关愈快愈好，全开的时间保持得愈长愈好，且为了避免产生过大的惯性力，减小冲击和噪音，从动杆可选用等加速等减速运动规律。

2. 当机器的工作过程对从动杆的运动规律没有特殊要求时，对于低速凸轮机构主要考虑便于凸轮的加工，对于高速凸轮机构主要考虑减小惯性力为依据来选择从动杆的运动规律。

用于机床操纵机构中的凸轮机构，主要是要求凸轮转过一定角度时，从动杆相应摆动一定角度（即一定位移），至于从动杆按什么规律运动并不重要，而且手动凸轮转速很低，所以从动杆运动规律的选择是在满足位移要求的条件下，尽可能使凸轮便于加工，例如用圆弧和直线组成凸轮的轮廓曲线。

对于高速轻载的凸轮机构，当凸轮高速转动时，将使从动杆产生很大的惯性力（往往大于其工作阻力），从而增大运动副中的动压力和摩擦力，加剧磨损，降低使用寿命。因此，减小惯性力，改善其动力性能，就成为选择从动杆运动规律的主要依据。

§3－3　盘状凸轮轮廓设计

根据工作条件要求，选定了凸轮机构的型式、凸轮转向、凸轮的基圆半径和从动件的运动规律后，就可以进行凸轮轮廓曲线的设计。凸轮轮廓曲线的设计有图解法和解析法。图解法简便易行、直观，但精确度低。不过，只要细心作图，其图解的准确度是能够满足一般工程要求的。解析法精确度较高，但设计工作量大，可利用计算机进行计算。本节主要介绍图解法。

凸轮机构工作时，通常凸轮是运动的。用图解法绘制凸轮轮廓曲线时，却需要凸轮与图面相对静止。为此，我们应用“反转法”，其原理如下：

图 3－13 所示为一对心移动尖顶从动件盘形凸轮机构。设凸轮的轮廓曲线已按预定的从动件运动规律设计制作。当凸轮以角速度 ω 绕轴 O 转动时，从动件的尖顶沿凸轮轮廓曲线相对其导路按预定的运动规律移动。现设想给整个凸轮机构加上一个公共角速度 $-\omega$，此时凸轮将不动。根据相对运动原理，凸轮和从动件之间的相对运动并未改变。这样从动件一方面随导路以角速度 $-\omega$ 绕轴 O 转动，另一方面又在导路中按预定的规律作往复移动。由于从动件尖顶始终与凸轮轮廓相接触，显然，从动件在这种复合运动中，其尖顶的运动轨迹即是凸轮轮廓曲线。这种以凸轮作动参考系，按相对运动原理设计凸轮轮廓曲线的方法称为反转法（图 3－12）。

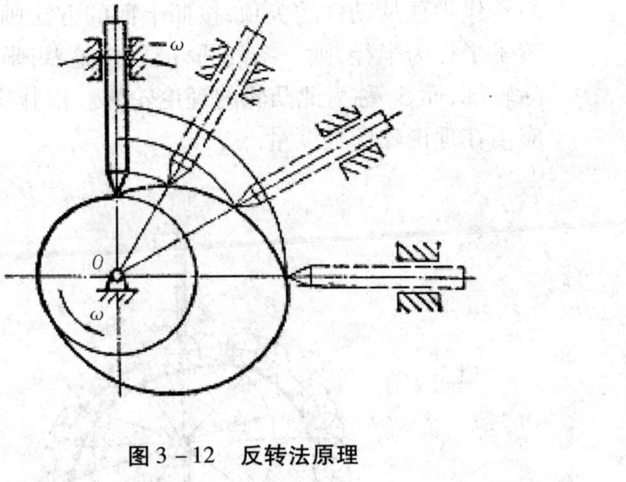

图 3－12　反转法原理

一、对心移动尖顶从动件盘形凸轮轮廓的绘制

已知从动件的位移运动规律，凸轮的基圆半径 r_b，以及凸轮以等角速度 ω 顺时针回转，要求绘出此凸轮的轮廓。

根据“反转法”的原理，可以作图如下：

1. 根据已知从动件的运动规律作出从动件的位移线图（图 3－13（b）），并将横坐标用若干点等分分段。

2. 以 r_b 为半径作基圆。此基圆与导路的交点 B_0 便是从动件尖顶的起始位置。

3. 自 OB_0 沿 ω 的相反方向取角度 δ_t、δ_S、δ_h，并将它们各分成与图 3－13（b）对应的若干等分，得 C_1、C_2、C_3、... 点。作径向线 OC_1、OC_2、OC_3... 它们便是反转后从动件导路的各个位置。

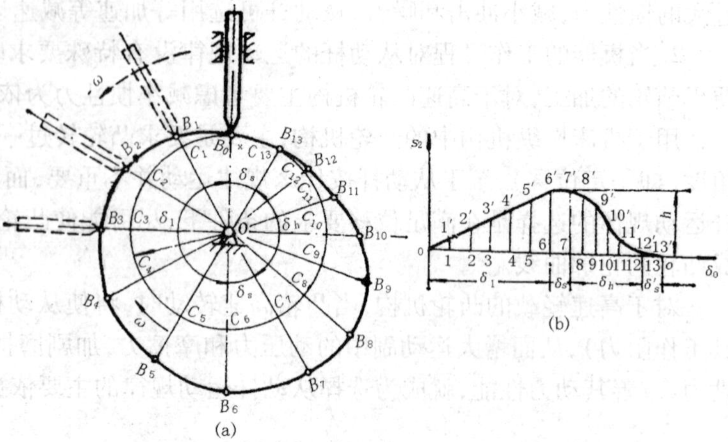

图 3－13 对心移动尖顶从动件盘形凸轮

4. 量取各个位移量，即取 $B_1C_1 = 11'$、$B_2C_2 = 22'$、$B_3C_3 = 33'$、... 得反转后尖顶的一系列位置 B_1、B_2、B_3、...。

5. 将 B_0、B_1、B_2、B_3、... 连成光滑的曲线，便得到所要求的凸轮轮廓（图 3－13（a））。

二、对心移动滚子从动件盘形凸轮轮廓曲线的绘制

把尖顶从动件改为滚子从动件时，其凸轮轮廓设计方法如图 3－14 所示。首先，把滚子中心看作尖顶从动件的尖顶，按照上面的方法画出一条轮廓曲线 β_0。再以 β_0 上各点为中心，以滚子半径为半径，画一系列圆，最后作这些圆的包络线 β，它便是使用滚子从动件时凸轮的实际轮廓，而 β_0 称为此凸轮的理论轮廓。由作图过程可知，滚子从动件凸轮轮廓的基圆半径 r_b 应当在理论轮廓上度量。

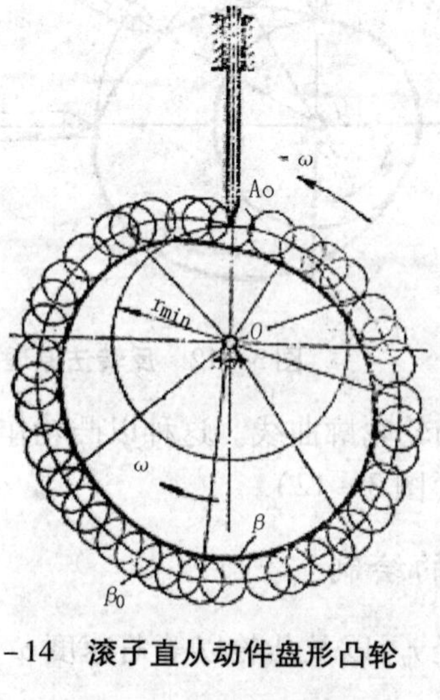

图 3－14 滚子直从动件盘形凸轮

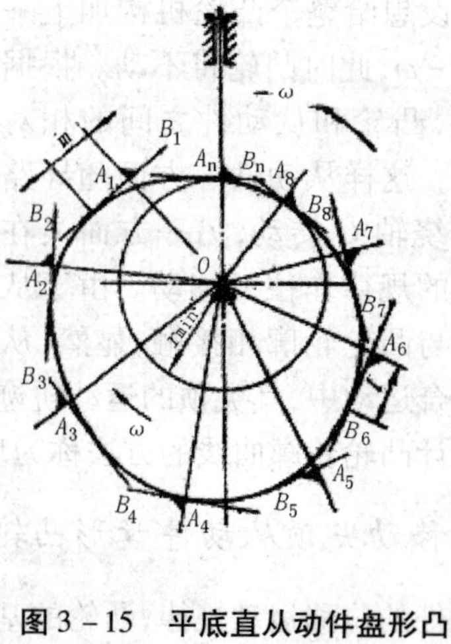

图 3－15 平底直从动件盘形凸轮

三、对心平底从动件盘形凸轮轮廓曲线的绘制

平底从动件的凸轮轮廓的绘制方法也与上述相似。如图 3－15 所示，首先在平底上选一固定点 A_0，按照尖顶从动件凸轮轮廓的绘制方法，求出理论轮廓上一系列点 A_1、A_2、A_3，其次，过这些点画出各个位置的平底 A_1B_1、A_2B_2、A_3B_3，然后作这些平底的包络线，便得到凸轮的实际轮廓曲线。图中位置 1、6 是平底分别与凸轮轮廓相切于平底的最左位置和最右位置。为了保证平底始终与轮廓接触，平底左侧的长度应大于 m，右侧长度应大于 l。

＊四、偏置移动尖顶从动件盘形凸轮轮廓曲线的绘制

如图 3－16 所示，偏置移动尖顶从动件盘形凸轮轮廓曲线的绘制方法也与前述相似。

但由于从动件导路的轴线不通过凸轮的转动中心，其偏距为 e。所以从动件在反转过程中，其导路轴线始终与以偏距 e 为半径所作的偏距圆相切，因此从动件的位移应沿这些切线量取。作图方法如下：

(1) 根据已知从动件的运动规律，作出从动件的位移线图，并将横坐标分段等分。

(2) 在基圆上，任取一点 B_0 作为从动件升程的起始点，并过 B_0 作偏距圆的切线，该切线即是从动件导路线的起始位置。

(3) 由 B_0 点开始，沿相反方向将基圆分成与位移线图相同的等份，得各等分点 B_1'、B_2'、B_3'...。过 B_1'、B_2'、B_3'... 各点作偏距圆的切线并延长，则这些切线即为从动件在反转过程中依次占据的位置。

(4) 在各条切线上自 B_1'、B_2'、B_3'... 截取 $B_1'B_1 = 11'$，$B_2'B_2 = 22'$，$B_3'B_3 = 33'$... 得 B_1、B_2、B_3... 各点。将 B_0、B_1、B_2... 各点连成光滑曲线，即为凸轮轮廓曲线。

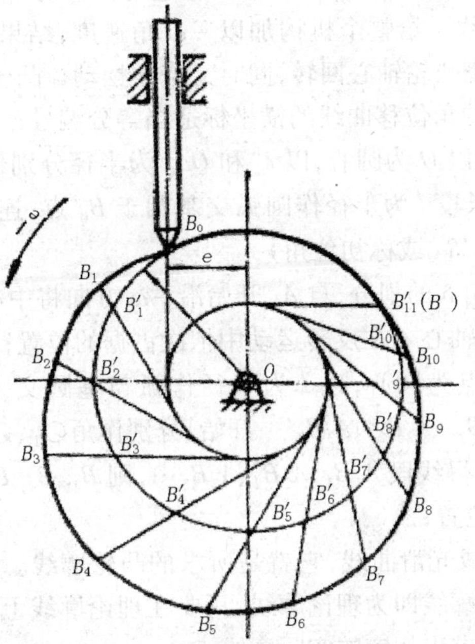

图 3－16　偏置移动尖顶从动件盘形凸轮

五、摆动从动件盘形凸轮轮廓曲线的绘制

已知从动件的角位移线图(图 3-17(b)),凸轮与摆动从动件的中心距 l_{OA},摆动从动件的长度 l_{AB},凸轮的基圆半径 r_b,以及凸轮以等角速度 ω 逆时针回转,要求绘出此凸轮的轮廓。

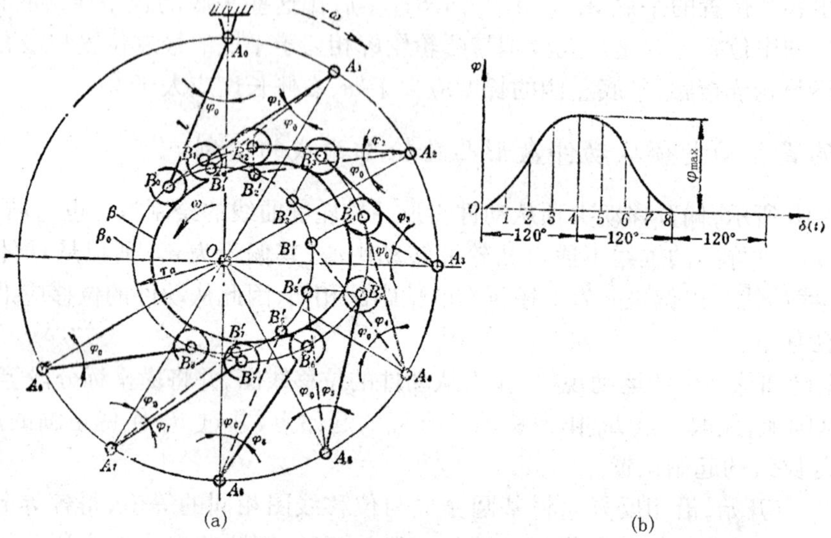

图 3-17　尖顶摆动从动件盘形凸轮

仍用"反转法"求凸轮轮廓,绘制步骤如下:

设已知从动杆的运动规律如图 3-17(b)所示,凸轮轴心与从动轴心的中心距为 OA_0,基圆半径 $r_a(r_a = r_b + r_T)$,摆动从动杆的长度 l,凸轮逆时针转动。要求作出此凸轮的廓线。仍用"反转法"绘制下凸轮廓线。给整个机构加以 $-\omega$ 角速度,结果凸轮不动,而摆动从动杆一方面随机架以 $-\omega$ 角速度绕凸轮轴心回转,同时又绕 A 摆动。凸轮廓线的绘制步骤如下:

1. 将推程和回程区间的角位移曲线的横坐标适当等分编号;

2. 选取适当的比例尺,以 O 为圆心,以 r_a 和 OA_0 为半径分别作出理论廓线的基圆和中心圆。以 A_0 为圆心,以摆杆长度 l 为半径作圆弧交基圆于 B_0 点,连接 A_0B_0 即为摆杆的起始位置。夹角$\varnothing_0$ 为摆杆起始位置(或称初位角);

3. 按角位移曲线上转角 δ 的划分,自 A_0 开始沿 $-\omega$ 方向将中心圆的圆周等分,得 A_1、A_2、A_3、…等点。这些点为摆杆轴心 A 在反转运动中依次占据的位置;

4. 以 A_1、A_2、A_3、…等点为圆心,以 l 为半径作弧与基圆交于 B_1'、B_2'、B_3'、连接 A_1B_1'、A_2B_2'、A_3B_3'…。自线段 A_1B_1'、A_2B_2'、A_3B_3'…开始,分别作角$\varnothing_1$、$\varnothing_2$、$\varnothing_3$、…,使它们分别等于位移曲线中对应的角位置,得线段 A_1B_1、A_2B_2、A_3B_3…,则 B_1、B_2、B_3…点为摆动从动杆的尖顶在复合运动中依次占据的位置;

5. 将点 B_1、B_2、B_3…连成光滑曲线,它就是所求的凸轮廓线。同前所述,如果采用滚子或平底从动杆,那么上述凸轮廓线即为理论廓线,只要在理论廓线上选一系列点作滚子或平底,最后作它们的包络线,便可求出相应的实际廓线。

同上所述,如果采用滚子或平底从动件,则上述凸轮轮廓即为理论轮廓,只要在理论轮廓上选一系列点作滚子或平底,最后作它们的包络线,便可求出相应的实际轮廓曲线。

＊§3－4　凸轮机构设计应注意的问题

设计凸轮机构时,不仅要保证从动件实现预定的运动规律,还要求传动时受力良好、结构紧凑,因此,在设计凸轮机构时应注意下述问题:

一、滚子半径的选择

如图3－18所示,设理论轮廓上最小曲率半径为ρ_{min},滚子半径为r_T及对应的实际轮廓曲线半径ρ_a,它们之间有如下关系:

1. 凸轮理论轮廓的内凹部分

由图3－18(a)可得:

$\rho_a=\rho_{min}+r_T$

由上式可知:实际轮廓曲率半径总大于理论轮廓曲率半径。因而,不论选择多大的滚子,都能做出实际轮廓。

2. 凸轮理论轮廓的外凸部分

由图3－18(b)可得:

$\rho_a=\rho_{min}-r_T$

(1)当$\rho_{min}>r_T$时,$\rho_a>0$,如图3－18(b)所示,实际轮廓为一平滑曲线。

(2)当$\rho_{min}=r_T$时,$\rho_a=0$,如图3－18(c)所示,在凸轮实际轮廓曲线上产生了尖点,这种尖点极易磨损,磨损后就会改变从动件预定的运动规律。

(3)当$\rho_{min}<r_T$时,$\rho_a<0$,如图3－18(d)所示,这时实际轮廓曲线发生相交,图中阴影部分的轮廓曲线在实际加工时被切去,使这一部分运动规律无法实现。

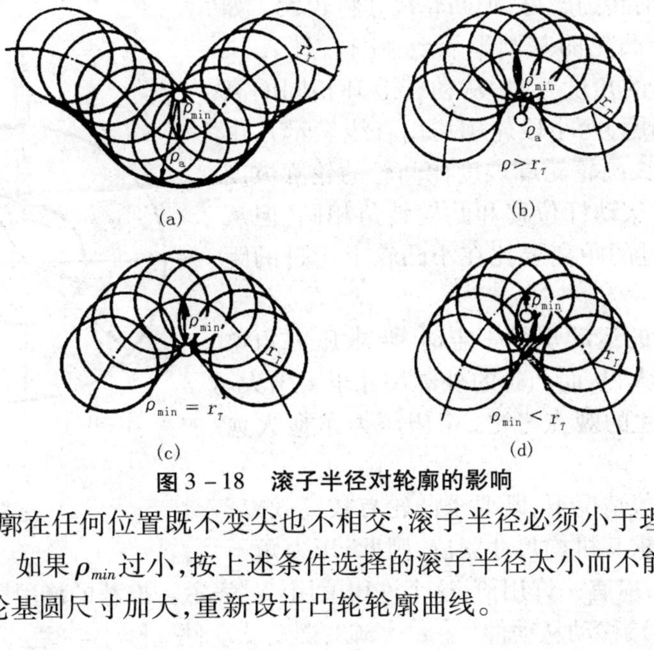

图3－18　滚子半径对轮廓的影响

为了使凸轮轮廓在任何位置既不变尖也不相交,滚子半径必须小于理论轮廓外凸部分的最小曲率半径ρ_{min}。如果ρ_{min}过小,按上述条件选择的滚子半径太小而不能满足安装和强度要求时,就应当把凸轮基圆尺寸加大,重新设计凸轮轮廓曲线。

二、压力角的校核

凸轮机构也和连杆机构一样，从动件运动方向和接触轮廓法线方向之间所夹的锐角称为压力角。

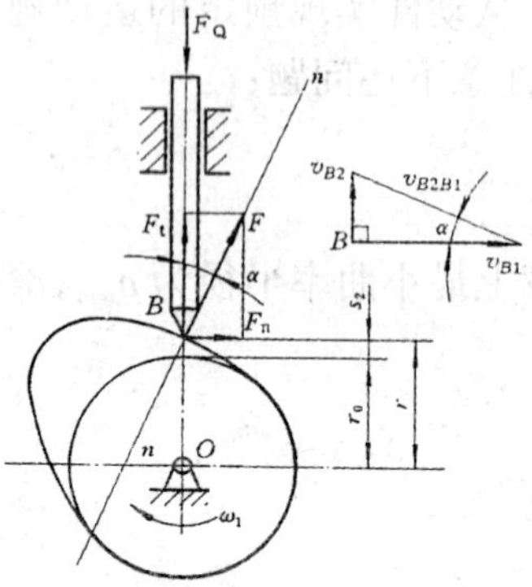

图 3－19　凸轮机构的压力角与半径的关系

图 3－19 所示为尖顶移动从动件凸轮机构。当不考虑摩擦时，凸轮给予从动件的力 F 是沿法线方向的，从动件运动方向与力 F 方向之间的夹角 α 即为压力角。若将 F 力分解为沿从动件运动方向的有用分力 F_t 和使从动件压紧导路的有害分力 F_n，其关系式为：

$$F_t = F\cos\alpha$$

$$F_n = F\sin\alpha$$

当驱动从动件的有效分力 F_t 一定时，压力角 α 越大，则有害分力 F_n 就越大，机构的传力性能就越低。当 α 增大到一定程度，以致 F_n 所引起的摩擦阻力大于有用分力 F_t 时，无论凸轮加给从动件的作用力多大，从动件都不能运动，这种现象称为自锁。从改善受力情况，提高效率，避免自锁的角度考虑，压力角越小越好。

虽然压力角小时传力较好，但凸轮尺寸将较大。如图 3－20 所示，两个凸轮的基圆半径 r_{b1} 和 r_{b2}，且 $r_{b1} < r_{b2}$，当凸轮转过相同的角度 δ 时，从动杆上升相同的高度 h（为便于说明问题，两小段轮廓均用直线表示），由图可看出 $\alpha_1 > \alpha_2$ 即大凸轮轮廓坡度比凸轮的轮廓坡度小。这是因为：虽然从动杆位移和凸轮转角相同，但从动杆在大凸轮上走过的距离要比在小凸轮上走过的距离长。

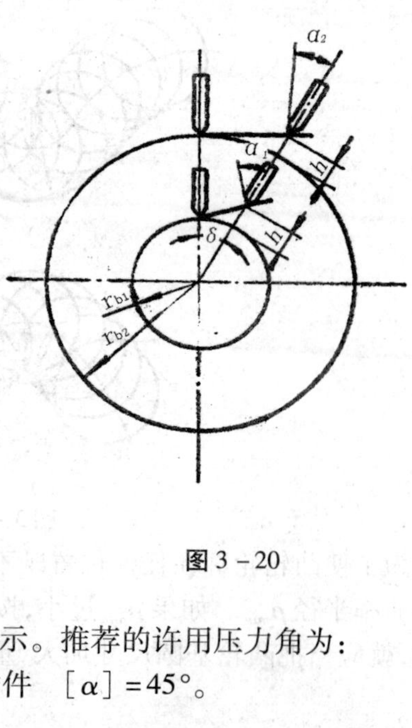

图 3－20

因此，当从动杆的运动规律一定时，要求压力角愈小，则凸轮基圆将愈大，从而凸轮的外廓尺寸也要增大。所以从减小凸轮尺寸的观点考虑，希望压力角愈大愈好。

综上所述，在一般情况下，既要求凸轮有较高效率、受力情况良好，又要求其机构尺寸紧凑，因此，压力角不能过大，也不能过小，应有一许用值，这个许用值用[α]表示。推荐的许用压力角为：

推程（工作行程）：移动从动件　[α] = 30°；摆动从动件　[α] = 45°。

回程:因受力较小且无自锁问题,故许用压力角可取得大些,通常[α] = 80°。

三、基圆半径的确定

在设计凸轮机构时,凸轮的基圆半径取得越小,所设计的机构越紧凑。但是,必须指出,基圆半径过小会引起压力角增大,致使机构工作情况变坏,从图 3-19 可知:

$$r_b = r - s = \frac{v}{\omega \tan\alpha} - s$$

显然,在其他条件不变的情况下,基圆半径 r 越小,压力角 α 越大。基圆半径过小,压力角会超过许用值而使机构效率太低甚至发生自锁。因此实际设计中,只能在保证凸轮轮廓的最大压力角不超过许用值的前提下,考虑缩小凸轮的尺寸。

本章要点

1. 凸轮机构的分类及特点。
2. 从动件常用运动规律:等速运动、等加速和等减速运动、简谐运动。
3. 图解法设计凸轮轮廓曲线。
4. 设计凸轮时应注意下述问题:滚子半径、压力角、基圆半径。

习 题

*3-1 如图 3-21 所示为一偏置直动从动件盘形凸轮机构。已知 AB 段为凸轮的推程廓线,试在图上标注推程运动角 δ_t。

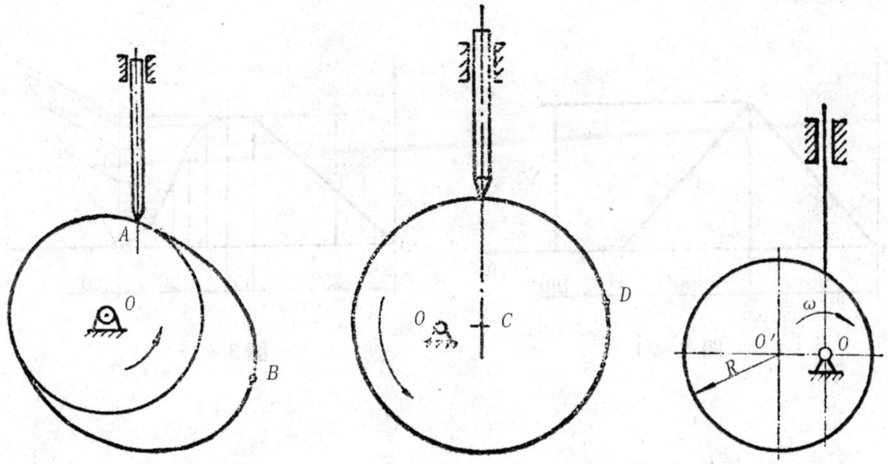

图 3-21　　图 3-22　　图 3-23

*3-2 图 3-22 所示为一偏置直动从动件盘形凸轮机构。已知凸轮为以 C 为中心的圆盘,问轮廓上 D 点与尖顶接触时其压力角为多少?试作图加以表示。

3-3 已知一凸轮以等角速度 $\omega = 10rad/s$ 顺时针转动,直动推杆的运动规律及其对应的凸轮转角如表所示。要求:(1)作出 $s-\delta$、$v-\delta$ 和 $a-\delta$ 线图;(2)求出当 δ 为 90°、180°和 270°时,推杆的 s、v 和 a 值。

δ/°	h / mm	推杆运动规律
0 ~ 120	40	等加速等减速运动
120 ~ 130	0	休止
130 ~ 210	−20	简谐运动
210 ~ 240	0	休止
240 ~ 300	−20	等速运动
300 ~ 360	0	休止

3－4　图 3－23 所示为一对心尖顶推杆单元弧凸轮(偏心轮),其几何中心 O'与凸轮转轴 O 的距离为 $L_{OO}'=13mm$,偏心轮半径 $R=30mm$,凸轮以等角速度 顺时针转动,试作出推杆的位移线图 $s-\delta$ 。

3－5　有一尖顶对心移动从动件盘形凸轮机构,已知凸轮逆时针转动,基圆半径 $r_b=35mm$,运动规律如下:

凸轮转角 δ(°)	0 ~ 90°	90° ~ 150°	150° ~ 240°	240° ~ 360°
从动件位移 s(mm)	等速上升 40	静止不动	等加速等减速下降至原处	静止不动

要求:绘出凸轮轮廓。

3－6　设计一对心滚子直动推杆盘形凸轮。已知凸轮的基圆半径 $r_b=33mm$,凸轮以等角速度 ω 逆时针转动,推杆行程 $h=20mm$,滚子半径 $r_r=10mm$,位移线图 $s-\delta$,如图 3－24 所示。

＊3－7　设计一偏置滚子直动推杆盘形凸轮。已知凸轮以等角速度 ω 顺时针转动,凸轮转轴 O 偏于推杆中心线的右方 10mm 处,基圆半径 $r_b=33mm$,推杆行程 $h=32mm$,滚子半径 $r_r=10mm$,其位移线图 $s-\delta$,如图 3－25 所示。

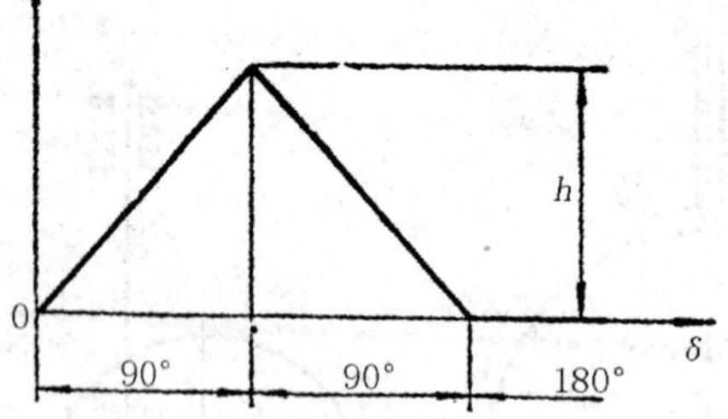

图 3－24

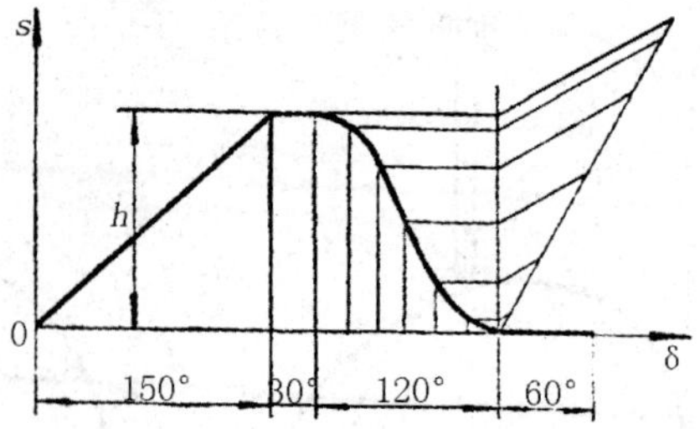

图 3－25

第四章 齿轮传动

§4－1 齿轮传动特点、类型

齿轮传动是机械传动中最重要的、也是应用最为广泛的一种传动形式。齿轮传动的主要优点是：

(1)工作可靠、寿命较长；

(2)传动比稳定、传动效率高；

(3)可实现平行轴、任意角相交轴、任意角交错轴之间的传动；

(4)适用的功率和速度范围广。

缺点是：

(1)加工和安装精度要求较高,制造成本也较高；

(2)不适宜于远距离两轴之间的传动。

齿轮传动的类型很多,按照一对齿轮轴线的相互位置,齿轮传动可分类如下(图4－1)。

- 齿轮传动
  - 两轴平行的齿轮传动—圆柱齿轮传动
    - 直齿—
      - 外啮合 图4－1(a)
      - 内啮合 图4－1(b)
      - 齿轮与齿条啮合 图4－1(c)
    - 斜齿—
      - 外啮合 图4－1(d)
      - 内啮合
      - 齿轮与齿条啮合
    - 人字齿 图4－1(e)
  - 两轴不平行的齿轮传动—
    - 两轴相交的齿轮传动—
      - 直齿 图4－1(f)
      - 曲齿 图4－1(g)
    - 两轴相错的齿轮传动—
      - 交错轴斜齿轮 图4－1(h)
      - 蜗杆蜗轮 图4－1(i)

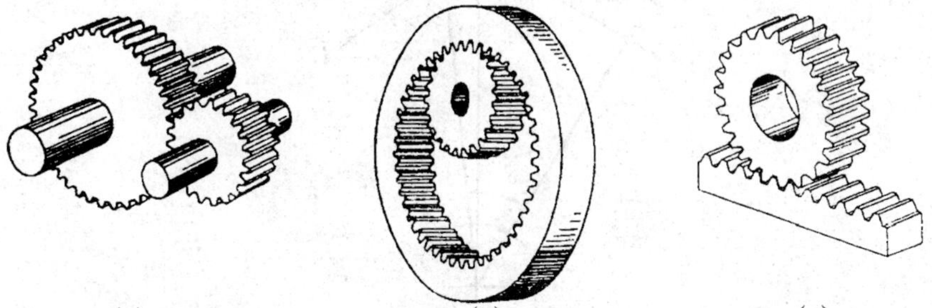

(a) (b) (c)

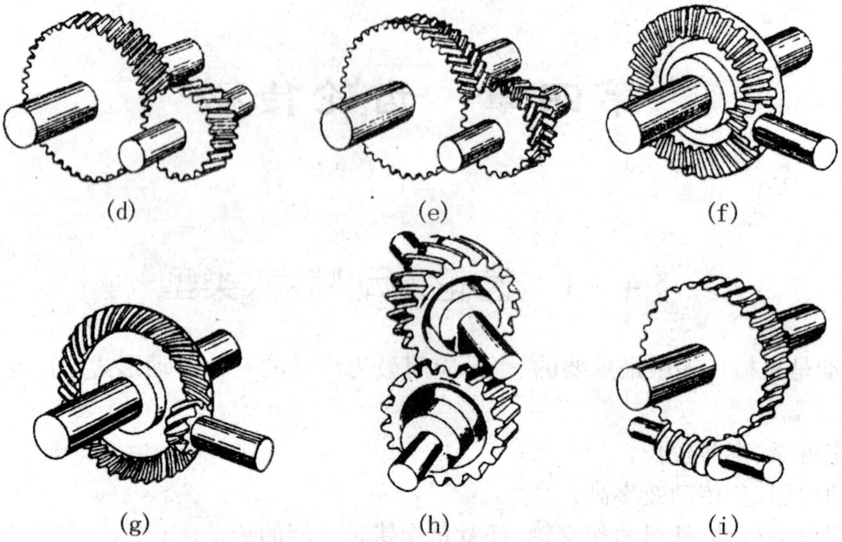

图 4－1　齿轮传动的主要类型

§4－2　齿廓啮合基本定律

齿轮传动是依靠主动轮的轮齿依次推动从动轮的轮齿来进行工作的。对齿轮传动的基本要求之一是其瞬时传动比必须保持不变，否则，当主动轮以等角速度回转时，从动轮的角速度为变数，从而产生惯性力。这种惯性力将影响轮齿的强度、寿命和工作精度。齿廓啮合基本定律就是研究当齿廓形状符合何种条件时，才能满足这一基本要求。

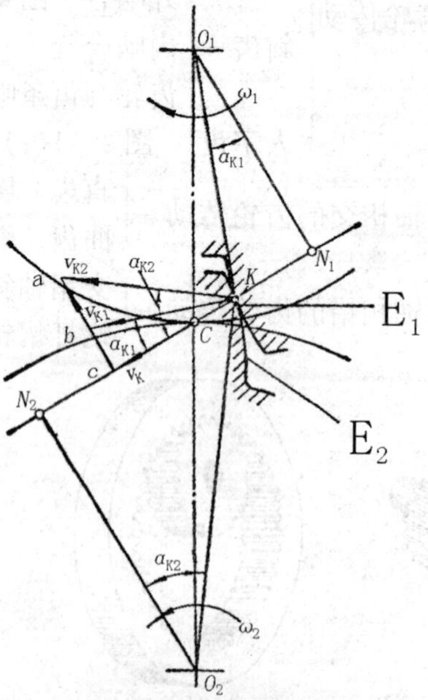

图 4－2　齿廓曲线与齿轮传动比的关系

图4-2表示两相互啮合的齿廓 E_1 和 E_2 在 K 点接触，两轮的角速度分别为 ω_1 和 ω_2。过 K 点作两齿廓的公法线 N_1N_2，与连心线 O_1O_2 交于 C 点。两轮齿廓上 K 点的速度分别为

$$\begin{cases} v_{K1} = \omega_1 \overline{O_1K} \\ v_{K2} = \omega_2 \overline{O_2K} \end{cases} \tag{a}$$

且 v_{K1} 和 v_{K2} 在法线 N_1N_2 上的分速度应相等，否则两齿廓将会压坏或分离。即

$$v_{K1}cos\alpha_{K1} = v_{K2}cos\alpha_{K2} \tag{b}$$

由式(a)、(b)得

$$\frac{\omega_1}{\omega_2} = \frac{\overline{O_2K}cos\alpha_{K2}}{\overline{O_1K}cos\alpha_{K1}} \tag{c}$$

过 O_1、O_2 分别作 N_1N_2 的垂线 O_1N_1 和 O_2N_2，得 $\angle KO_1N_1 = \alpha_{K1}$、$\angle KO_2N_2 = \alpha_{K2}$，故式($c$)可写成

$$\frac{\omega_1}{\omega_2} = \frac{\overline{O_2K}cos\alpha_{K2}}{\overline{O_1K}cos\alpha_{K1}} = \frac{\overline{O_2N_2}}{\overline{O_1N_1}} \tag{d}$$

又因 $\triangle CO_1N_1 \backsim \triangle CO_2N_2$，则式($d$)又可写成

$$\frac{\omega_1}{\omega_2} = \frac{\overline{O_2N_2}}{\overline{O_1N_1}} = \frac{\overline{O_2C}}{\overline{O_1C}} \tag{4-1}$$

由式(4-1)可知，要保证传动比为定值，则比值 $\frac{\overline{O_2C}}{\overline{O_1C}}$ 应为常数。现因两轮轴心连线 $\overline{O_1O_2}$ 为定长，故欲满足上述要求，C 点应为连心线上的定点，这个定点 C 称为节点。

因此，为使齿轮保持恒定的传动比，必须使 C 点为连心线上的固定点。或者说，欲使齿轮保持定角速度比，不论齿廓在任何位置接触，过接触点所作的齿廓公法线都必须与两轮的连心线交于一定点。这就是齿廓啮合基本定律。

凡满足齿廓啮合基本定律而互相啮合的一对齿廓，称为共轭齿廓。符合齿廓啮合基本定律的齿廓曲线有无穷多，传动齿轮的齿廓曲线除要求满足恒定角速度比外，还必须考虑制造、安装和强度等要求。在机械中，常用的齿廓有渐开线齿廓、摆线齿廓和圆弧齿廓，其中以渐开线齿廓应用最广。本章只讨论渐开线齿轮传动。

§4-3 渐开线及渐开线齿廓

一、渐开线的形成及性质

如图4-3所示，一直线 L 与半径为 r_b 的圆相切，当直线沿该圆作纯滚动时，直线上任一点的轨迹即为该圆的渐开线。这个圆称为渐开线的基圆，而作纯滚动的直线 L 称为渐开线的发生线。

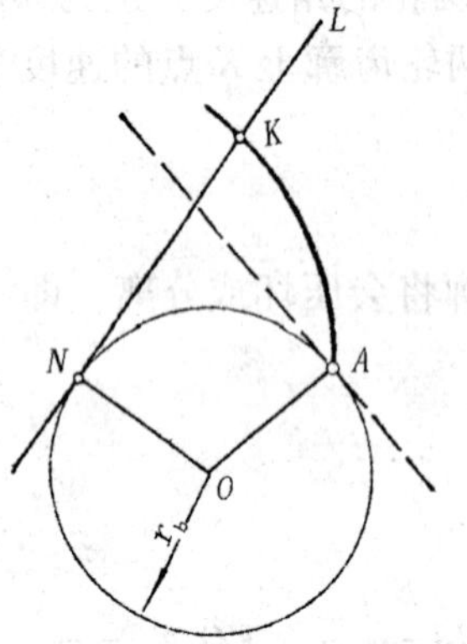

图 4-3　渐开线的形成图

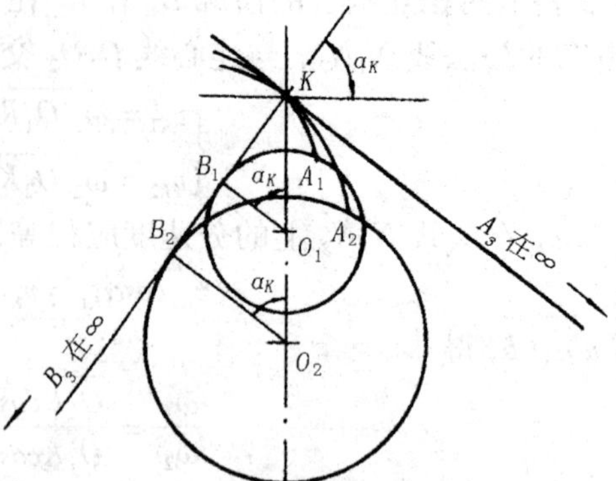

图 4-4　基圆大小与渐开线形状的关系

由渐开线的形成可知，它有以下性质：

(1) 发生线在基圆上滚过的一段长度等于基圆上相应被滚过的一段弧长，即 $\overline{KN}=\widehat{AN}$。

(2) 因 N 点是发生线沿基圆滚动时的速度瞬心，故发生线 KN 是渐开线 K 点的法线。又因发生线始终与基圆相切，所以渐开线上任一点的法线必与基圆相切。

(3) 发生线与基圆的切点 N 即为渐开线上 K 点的曲率中心，线段 $\overline{KN}$ 为 K 点的曲率半径。随着 K 点离基圆愈远，相应的曲率半径愈大；而 K 点离基圆愈近，相应的曲率半径愈小。

(4) 渐开线的形状取决于基圆的大小。如图 4-4 所示，基圆半径愈小，渐开线愈弯曲；基圆半径愈大，渐开线愈趋平直。当基圆半径趋于无穷大时，渐开线便成为直线。所以渐开线齿条（直径为无穷大的齿轮）具有直线齿廓。

(5) 渐开线是从基圆开始向外逐渐展开的，故基圆以内无渐开线。

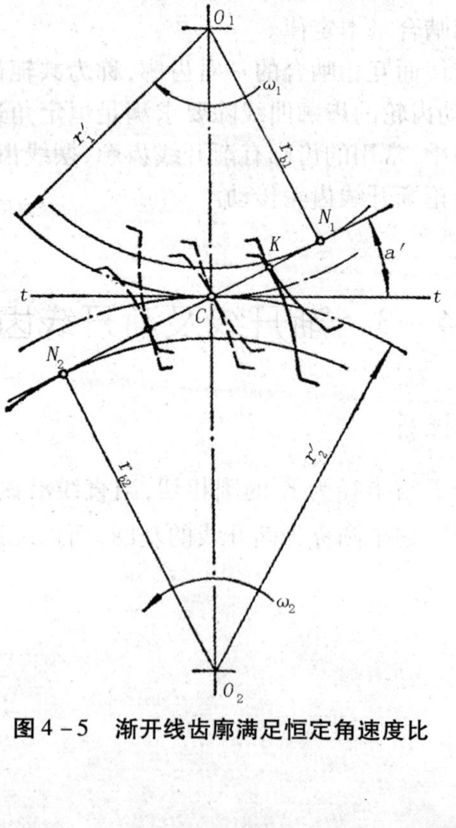

图 4-5　渐开线齿廓满足恒定角速度比

二、渐开线齿廓符合齿廓啮合基本定律

以渐开线为齿廓曲线的齿轮称为渐开线齿轮。

如图 4－5 所示，两渐开线齿轮的基圆半径分别为 r_{b1}、r_{b2}，过两轮齿廓啮合点 K 作两齿廓的公法线 N_1N_2，根据渐开线的性质，该公法线必与两基圆相切，即为两基圆的内公切线。又因两轮的基圆为定圆，在其同一方向的内公切线只有一条。所以无论两齿廓在任何位置接触（如图中虚线位置接触），过接触点所作两齿廓的公法线（即两基圆的内公切线）为一固定直线，它与连心线 O_1O_2 的交点 C 必是一定点。因此渐开线齿廓满足恒定角速度比要求。

由图 4－5 知，两轮的传动比为

$$i_{12}=\frac{\omega_1}{\omega_2}=\frac{\overline{O_2C}}{\overline{O_1C}}=\frac{r_{b2}}{r_{b1}} \tag{4-2}$$

上式表明两轮的传动比为一定值，并与两轮的基圆半径成反比。公法线与连心线 O_1O_2 的交点 C 称为节点，以 O_1、O_2 为圆心，$\overline{O_1C}$、$\overline{O_2C}$ 为半径作圆，这对圆称为齿轮的节圆，其半径分别以 r_1' 和 r_2' 表示。从图中可知，一对齿轮传动相当于一对节圆的纯滚动，而且两齿轮的传动比也等于其节圆半径的反比。故一对齿轮的传动比为

$$i=\frac{\omega_1}{\omega_2}=\frac{r'_2}{r'_1}=\frac{r_{b2}}{r_{b1}} \tag{4-3}$$

三、渐开线齿廓的压力角

在一对齿廓的啮合过程中，齿廓接触点的法向压力和齿廓上该点的速度方向的夹角，称为齿廓在这一点的压力角。如图 4－6 所示，齿廓上 K 点的法向压力 F_n 与该点的速度 v_K 之间的夹角 α_K 称为齿廓上 K 点的压力角。由图可知

$$\cos\alpha_K=\frac{\overline{ON}}{\overline{OK}}=\frac{r_b}{r_k} \tag{4-4}$$

上式说明渐开线齿廓上各点压力角不等，向径 r_k 越大，其压力角越大。在基圆上压力角等于零。

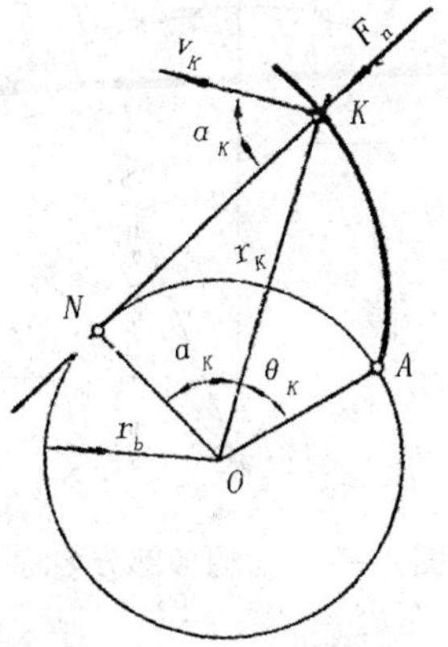

图 4－6　渐开线齿廓的压力角

四、啮合线、啮合角、齿廓间的压力作用线

一对齿轮啮合传动时，齿廓啮合点（接触点）的轨迹称为啮合线。对于渐开线齿轮，无论在哪一点接触，接触齿廓的公法线总是两基圆的内公切线 N_1N_2（图 4－5）。齿轮啮合时，齿廓接触点又都在公法线上，因此，内公切线 N_1N_2 即为渐开线齿廓的啮合线。

过节点 C 作两节圆的公切线 tt，它与啮合线 N_1N_2 间的夹角称为啮合角。啮合角等于齿廓在节圆上的压力角 α'，由于渐开线齿廓的啮合线是一条定直线 N_1N_2，故啮合角的大小始终保持不变。啮合角不变表示齿廓间压力方向不变；若齿轮传递的力矩恒定，则轮齿之间、轴与轴承之间压力的大小和方向均不变，这也是渐开线齿轮传动的一大优点。

五、渐开线齿轮的可分性

当一对渐开线齿轮制成之后，其基圆半径是不能改变的，因此从式（4－3）可知，即使两轮的中心距稍有改变，其角速度比仍保持原值不变，这种性质称为渐开线齿轮传动的可分性。这是渐开线齿轮传动的另一重要优点，这一优点给齿轮的制造、安装带来了很大方便。

§4－4 渐开线标准直齿圆柱齿轮各部分名称和几何尺寸计算

一、齿轮参数

图 4－7 所示为直齿圆柱齿轮的一部分。为了使齿轮在两个方向都能传动，轮齿两侧齿廓由形状相同、方向相反的渐开线曲面组成。

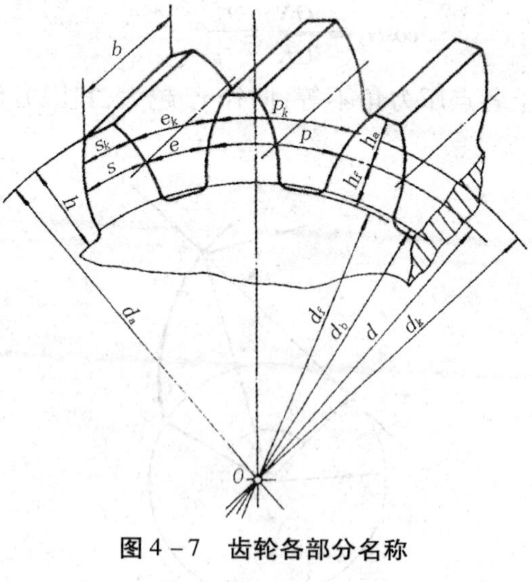

图 4－7 齿轮各部分名称

齿轮各参数名称如下：

1. 齿顶圆

齿顶端所确定的圆称为齿顶圆，其直径用 d_a 表示。

2. 齿根圆

齿槽底部所确定的圆称为齿根圆,其直径用 d_f 表示。

3. 齿槽

相邻两齿之间的空间称为齿槽,齿槽两侧齿廓之间的弧长称为该圆上的齿槽宽,用 e_k 表示。

4. 齿厚

在任意直径 d_k 的圆周上,轮齿两侧齿廓之间的弧长称为该圆上的齿厚,用 s_k 表示。

5. 齿距

相邻两齿同侧齿廓之间的弧长称为该圆上的齿距,用 p_k 表示。显然

$$p_k = s_k + e_k \tag{4-5}$$

以及

$$p_k = \frac{\pi d_k}{z} \tag{4-6}$$

式中,z 为齿轮的齿数;d_k 为任意圆的直径。

6. 模数

在式(4-6)中含有无理数"π",这对齿轮的计算和测量都不方便。因此,规定比值 $\frac{p}{\pi}$ 等于整数或简单的有理数,并作为计算齿轮几何尺寸的一个基本参数。这个比值称为模数,以 m 表示,单位为 mm,即 $m = \frac{p}{\pi}$,齿轮的主要几何尺寸都与模数 m 成正比。

为了便于齿轮的互换使用和简化刀具,齿轮的模数已经标准化。我国规定的模数系列见表 4-1。

表 4-1 标准模数系列(GB1354-1987)

第一系列	1	1.25	1.5	2	2.5	3	4	5	6	8	10
	12	16	20	25	32	40	50				
第二系列	1.75	2.25	2.75	(3.25)	3.5	(3.75)	4.5				
	5.5	(6.5)	7	9	(11)	14	18	22	28	36	45

注:①本表适用于渐开线圆柱齿轮,对斜齿轮是指法面模数;

②优先采用第一系列,括号内的模数尽可能不用。

7. 分度圆

标准齿轮上齿厚和齿槽宽相等的圆称为齿轮的分度圆,用 d 表示其直径。分度圆上的齿厚以 s 表示;齿槽宽用 e 表示;齿距用 p 表示。分度圆压力角通常称为齿轮的压力角,用 α 表示。分度圆压力角已经标准化,常用的为 20°、15°等,我国规定标准齿轮压力角 $\alpha = 20°$。

由于齿轮分度圆上的模数和压力角均规定为标准值,因此,齿轮的分度圆可定义为:齿轮上具有标准模数和标准压力角的圆。齿轮分度圆直径 d 则可表示为:

$$d = \frac{p}{\pi} z = mz \tag{4-7}$$

8. 齿顶与齿根

在轮齿上介于齿顶圆和分度圆之间的部分称为齿顶,其径向高度称为齿顶高,用 h_a 表示。介于齿根圆和分度圆之间的部分称为齿根,其径向高度称为齿根高,用 h_f 表示。齿顶圆与齿根圆之间轮齿的径向高度称为全齿高,用 h 表示,故

$$h = h_a + h_f \tag{4-8}$$

齿轮的齿顶高和齿根高可用模数表示为：

$$h_a = h_a^* m \tag{4-9}$$

$$h_f = (h_a^* + c^*)m \tag{4-10}$$

式中，h_a^* 和 c^* 分别称为**齿顶高系数**和**顶隙系数**，对于圆柱齿轮，其标准值按正常齿制和短齿制规定为：

正常齿：　$h_a^* = 1$ ，　$c^* = 0.25$

短齿：　　$h_a^* = 0.8$ ，　$c^* = 0.3$

9. 顶隙

顶隙是指一对齿轮啮合时，一个齿轮的齿顶圆到另一个齿轮的齿根圆的径向距离。顶隙可以避免一个齿轮的齿顶圆与另一个齿轮的齿槽底部相抵触，有利于贮存润滑油。顶隙按下式计算：

$$c = c^* m$$

10. 齿宽

沿齿轮轴线方向，轮齿的宽度称为齿宽。用 b 表示，一般齿宽 $b = (6 \sim 10)m$ 常取 $10m$。

二、标准齿轮

若一齿轮的模数、分度圆压力角、齿顶高系数、顶隙系数均为标准值，且其分度圆上齿厚与齿槽宽相等，则称为**标准齿轮**。因此，对于标准齿轮

$$s = e = \frac{p}{2} = \frac{\pi m}{2} \tag{4-11}$$

1. 外齿轮

渐开线标准直齿圆柱外齿轮传动的参数和主要几何尺寸计算公式列于表 4－2。

表 4－2　　**标准直齿圆柱齿轮传动的参数和几何尺寸计算公式**

名　称	代 号	公式与说明
齿数	z	根据工作要求确定
模数	m	由轮齿的承载能力确定，并按表 4－1 取标准值
压力角	α	$\alpha = 20°$
分度圆直径	d	$d_1 = mz_1$；$d_2 = mz_2$
齿顶高	h_a	$h_a = h_a^* m$
齿根高	h_f	$h_f = (h_a^* + c^*)m$
齿全高	h	$h = h_a + h_f$
齿顶圆直径	d_a	$d_{a1} = d_1 + 2h_a = m(z_1 + 2h_a^*)$ $d_{a2} = m(z_2 + 2h_a^*)$
齿根圆直径	d_f	$d_{f1} = d_1 - 2h_f = m(z_1 - 2h_a^* - 2c^*)$ $d_{f2} = m(z_2 - 2h_a^* - 2c^*)$

续表

名　称	代号	公式与说明
分度圆齿距	p	$p=\pi m$
分度圆齿厚	s	$s=\frac{1}{2}\pi m$
分度圆齿槽宽	e	$e=\frac{1}{2}\pi m$
基圆直径	d_b	$d_{b1}=d_1 cos\alpha=mz_1 cos\alpha$ $d_{b2}=mz_2 cos\alpha$
中心距离	a	$a=\frac{1}{2}(d_1+d_2)=\frac{1}{2}(z_1+z_2)m$
顶隙	c	$c=c^* m$

2. 内齿轮

图 4－8 所示为一内齿圆柱齿轮。内齿轮与外齿轮比较有下列不同点：

(1)内齿轮的齿厚相当于外齿轮的齿槽宽，内齿轮的齿槽宽相当于外齿轮的齿厚。内齿轮的齿廓虽然也是渐开线的，但外齿轮的齿廓是外凸的，而内齿轮的齿廓却是内凹的。

(2)内齿轮的齿顶圆在它的分度圆之内，齿根圆在分度圆之外，即齿根圆大于齿顶圆。

(3)当内齿轮的齿顶齿廓全部为渐开线时，其齿顶圆必须大于基圆。

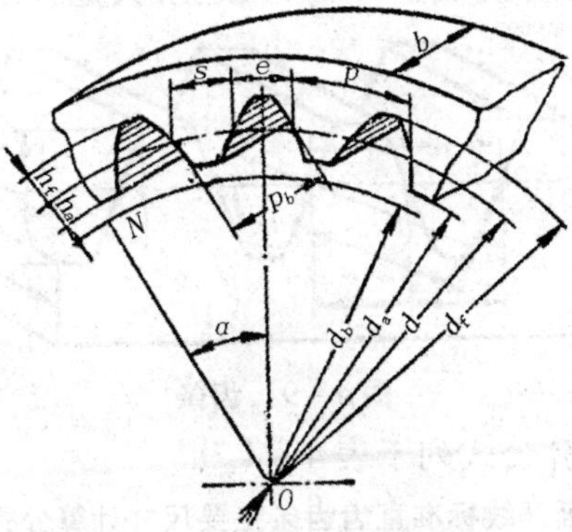

图 4－8　内齿轮各部分尺寸

由于以上特点，内齿轮的某些尺寸的计算也与外齿轮不同。其主要尺寸计算公式列于表 4－3。

表 4－3　　渐开线标准直齿内齿轮主要尺寸计算公式

名称	符号	公式(内齿轮齿数为 z_2)
压力角	α	$\alpha=20°$
分度圆直径	d	$d_2=mz_2$
齿顶高	h_a	$h_a=h_a{}^* m$
齿根高	h_f	$h_f=(h_a{}^*+c^*)m$

续表

名称	$h =$ 符号 h_f	公式（内齿轮齿数为 z_2）全齿高
齿顶圆直径	d_a	$d_{a2} = m(z_2 - 2h_a^*)$
齿根圆直径	d_f	$d_{f2} = m(z_2 + 2h_a^* + 2c^*)$
基圆直径	d_b	$d_{b2} = mz_2 cos\alpha$
齿距	p	$p = \pi m$
分度圆齿厚	s	$s = \frac{1}{2}\pi m$
分度圆齿槽宽	e	$e = \frac{1}{2}\pi m$
中心距离	a	$a = \frac{1}{2}(d_2 - d_1) = \frac{1}{2}(z_2 - z_1)m$
顶隙	c	$c = c^* m$

3. 图 4－9 所示为一齿条。齿条与齿轮相比有两点不同：

(1)齿条齿廓是直线，所以齿廓上各点的法线是平行的。而且在传动时齿条是作平动的，所以齿条上各点的速度大小和方向均相同，因而齿条齿廓上各点的压力角都相等，且等于标准压力角。由图看出，齿条齿廓的压力角等于齿廓的倾斜角 α（α 也称为齿形角）。

(2)由于齿条上各齿同侧的齿廓都是平行的，所以与分度线平行的任意直线上的齿距均相等，即 $p_k = p = \pi m$。但只有在分度线上 $s = e$ 才成立，其他直线上的齿厚与齿槽宽不相等。

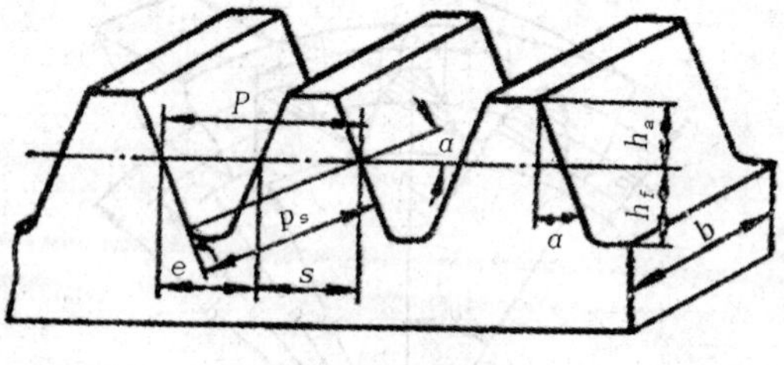

图 4－9　齿条

直齿齿条的主要尺寸，计算公式列于表 4－4。

表 4－4　　渐开线标准直齿齿条主要尺寸计算公式

名称	符号	公式
齿顶高	h_a	$h_a = h_a^* m$
齿根高	h_f	$h_f = (h_a^* + c^*)m$
齿全高	h	$h = h_a + h_f$
齿距	p	$p = \pi m$
齿厚	s	$s = \frac{1}{2}\pi m$
齿槽宽	e	$e = \frac{1}{2}\pi m$
顶隙	c	$c = c^* m$

例 4-1 已知一标准直齿圆柱齿轮的齿数 $z=36$，顶圆直径 $d_a=304mm$。试计算其分度圆直径 d、齿根圆直径 d_f、齿距 p 以及齿高 h。

解

由式 $d_a=m(z+2)$ 得

$$m=\frac{d_a}{z+2}=\frac{304}{36+2}=8mm$$

将 m 代入有关各式得

$$d=mz=8\times36=288mm$$
$$d_f=m(z-2.5)=8\times(36-2.5)=268mm$$
$$p=\pi m=3.14\times8=25.12mm$$
$$h=2.25m=2.25\times8=18mm$$

例 4-2 已知一标准直齿圆柱齿轮副，其传动比 $i=3$，主动齿轮转速 $n_1=750r/min$，中心距 $a=240mm$，模数 $m=5mm$。试求从动轮转速 n_2，以及两齿轮齿数 z_1 和 z_2。

解

由式 $i=\frac{n_1}{n_2}=\frac{z_2}{z_1}$ 得

$$n_2=\frac{n_1}{i}=\frac{750}{3}=250r/min$$

由 $a=\frac{m}{2}(z_1+z_2)$ 及 $i=\frac{z_2}{z_1}$ 得 $z_1=24,z_2=72$

§4-5 渐开线直齿圆柱齿轮传动分析

一、渐开线齿轮正确啮合的条件

齿轮传动时，它的每一对齿仅啮合一段时间便要分离，而由后一对齿接替。由§4-3 可知，一对渐开线齿轮传动时，其齿廓啮合点都应在啮合线 N_1N_2 上，如图 4-10 所示，当前一对齿在啮合线上的 K 点接触时，其后一对齿应在啮合线上另一点 K' 接触。这样，当前一对齿分离时，后一对齿才能不中断地接替传动。令 K_1 和 K_1' 表示轮 1 齿廓上的啮合点，K_2 和 K_2' 表示轮 2 齿廓上的啮合点。为了保证前后两对齿有可能同时在啮合线上接触，轮 1 相邻两齿同侧齿廓沿法线的距离 K_1K_1' 应与轮 2 相邻两齿同侧齿廓沿法线的距离 K_2K_2' 相等（沿法线方向的齿距称为法线齿距）。即

$$K_1K_1'=K_2K_2'$$

根据渐开线的性质，对轮 2 有

$$K_2K_2'=N_2K'-N_2K=\overset{\frown}{N_2i}-\overset{\frown}{N_2j}=\overset{\frown}{ij}=p_{b2}=p_2cos\alpha_2=\pi m_2cos\alpha_2$$

同理，对轮 1 可得

$$K_1K_1'=p_1cos\alpha_1=\pi m_1cos\alpha_1$$

由此可得

$m_1 cos\alpha_1 = m_2 cos\alpha_2$

由于模数和压力角已经标准化，为满足上式，应使

$$\begin{cases} m_1 = m_2 = m \\ \alpha_1 = \alpha_2 = \alpha \end{cases} \tag{4-12}$$

上式表明，渐开线齿轮的正确啮合条件是两轮的模数和压力角必须分别相等。

齿轮的传动比可写成：

$$i = \frac{\omega_1}{\omega_2} = \frac{d_2'}{d_1'} = \frac{d_{b2}}{d_{b1}} = \frac{d_2}{d_1} = \frac{z_2}{z_1} \tag{4-13}$$

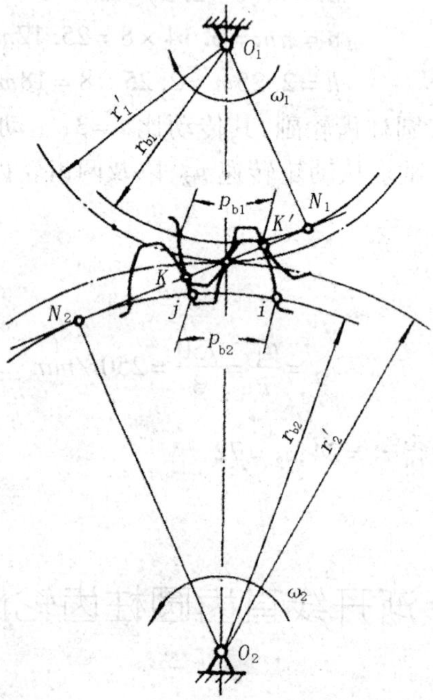

图4－10　渐开线齿轮正确啮合的条件

二、齿轮传动的标准中心距

一对齿轮传动时，齿轮节圆上的齿槽宽与另一齿轮节圆上的齿厚之差称为齿侧间隙。在齿轮传动中，为了消除反向传动空程和减少冲击，理论上要求齿侧间隙等于零。理论上没有齿侧间隙的齿轮啮合称为无侧隙啮合，无侧隙啮合齿轮传动的中心距离称为标准中心距离。但实际上由于制造、安装有误差，以及为了防止齿轮工作时温度升高引起轮齿膨胀而卡死，应当留有适当的侧隙，然而侧隙不是靠增大中心距离来获得，而是靠齿轮的制造公差来保证，理论计算和安装齿轮时不予考虑。

由前述已知，标准齿轮分度圆的齿厚和齿槽宽相等，一对正确啮合的渐开线齿轮的模数相等，即

$$s_1 = e_1 = s_2 = e_2 = \frac{\pi m}{2}$$

因此，当分度圆和节圆重合时，便可满足无侧隙啮合条件。安装时使分度圆与节圆重合的一对标准齿轮的中心距称为标准中心距，用 a 表示。

$$a=r_1{}'+r_2{}'=r_1+r_2=\frac{m}{2}(z_1+z_2) \tag{4-14}$$

显然，此时的啮合角 α 就等于分度圆上的压力角。应当指出，分度圆和压力角是单个齿轮本身所具有的，而节圆和啮合角是两个齿轮相互啮合时才出现。标准齿轮传动只有在分度圆与节圆重合时，压力角和啮合角才相等。

三、渐开线齿轮连续传动的条件

图4－11所示为一对相互啮合的齿轮，设轮1为主动轮，轮2为从动轮。齿廓的啮合是由主动轮1的齿根部推动从动轮2的齿顶开始，因此，从动轮齿顶圆与啮合线的交点 B_2 即为一对齿廓进入啮合的开始。随着轮1推动轮2转动，两齿廓的啮合点沿着啮合线移动。当啮合点移动到齿轮1的齿顶圆与啮合线的交点 B_1 时（图中虚线位置），这对齿廓终止啮合，两齿廓即将分离。故啮合线 N_1N_2 上的线段 B_1B_2 为齿廓啮合点的实际轨迹，称为实际啮合线，而线段 N_1N_2 称为理论啮合线。

当一对轮齿在 B_2 点开始啮合时，前一对轮齿仍在 K 点啮合，则传动就能连续进行。由图可见，这时实际啮合线段 B_1B_2 的长度大于齿轮的法线齿距。如果前一对轮齿已于 B_1 点脱离啮合，而后一对轮齿仍未进入啮合，则这时传动发生中断，将引起冲击。所以，保证连续传动的条件是使实际啮合线长度大于或至少等于齿轮的法线齿距（即基圆齿距 p_b）。

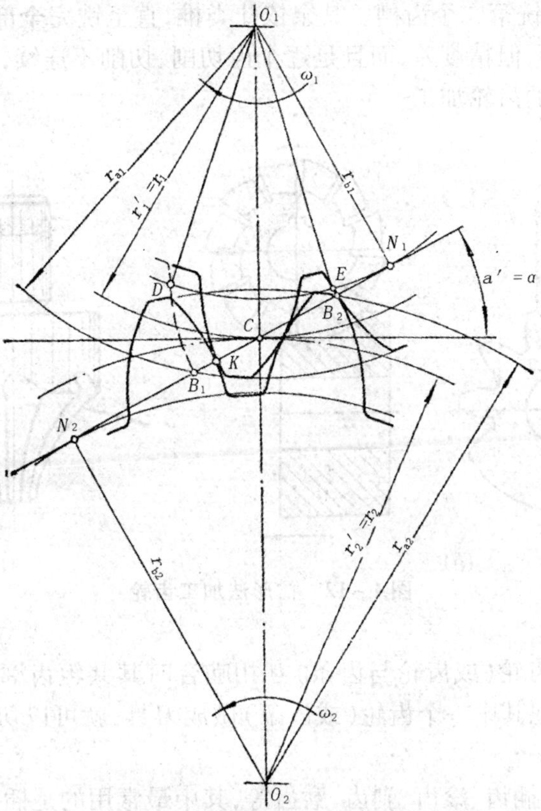

图4－11　渐开线齿轮连续传动的条件

通常将实际啮合线长度与基圆齿距之比称为齿轮的重合度，用 ε 表示，即：

$$\varepsilon = \frac{\overline{B_1B_2}}{P_b} \geqslant 1 \tag{4-15}$$

理论上当 $\varepsilon=1$ 时，就能保证一对齿轮连续传动，但考虑齿轮的制造、安装误差和啮合传动中轮齿的变形，实际上应使 $\varepsilon>1$。一般机械制造中，常使 $\varepsilon \geqslant 1.1 \sim 1.4$。重合度越大，表示同时啮合的齿的对数越多。对于标准齿轮传动，其重合度都大于1，故通常不必进行验算。

§4－6 渐开线直齿圆柱齿轮的加工

一、齿轮轮齿的加工方法

轮齿加工的基本要求是齿形准确和分齿均匀。轮齿的加工方法很多，最常用的是切削加工法，此外还有铸造法、热轧法等。轮齿的切削加工方法按其原理可分为仿形法和范成法两类。

1. 仿形法

仿形法是用与齿轮齿槽形状相同的圆盘铣刀或指状铣刀在铣床上进行加工，如图4－12所示。加工时铣刀绕本身的轴线旋转，同时轮坯沿齿轮轴线方向作直线运动。铣出一个齿槽后，将轮坯转过 $2\pi/z$，再铣第二个齿槽。其余依此类推，直至铣完全部轮齿为止。这种加工方法简单，不需要专用机床，但精度差，而且是逐个齿切削，切削不连续，故生产率低，仅适用于单件生产及精度要求不高的齿轮加工。

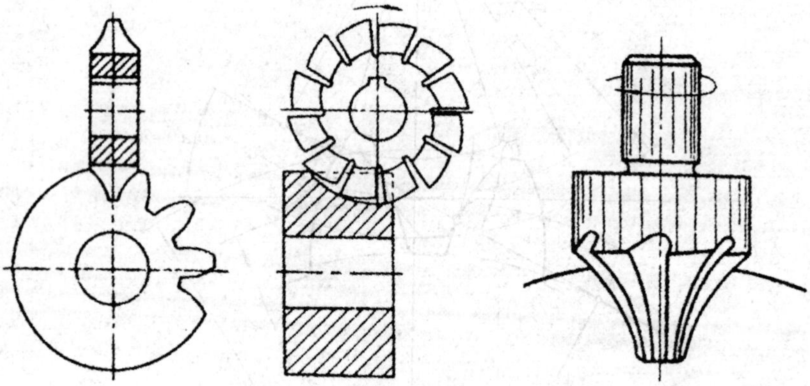

(a)　　(b)

图4－12　仿形法加工齿轮

2. 范成法

范成法是利用一对齿轮（或齿轮与齿条）互相啮合时其共轭齿廓互为包络线的原理来切齿的（图4－13）。如果把其中一个齿轮（或齿条）做成刀具，就可以切出与它共轭的渐开线齿廓。

范成法种类很多，有插齿、滚齿、剃齿、磨齿等，其中最常用的是插齿和滚齿，剃齿和磨齿用于精度和粗糙度要求较高的场合。

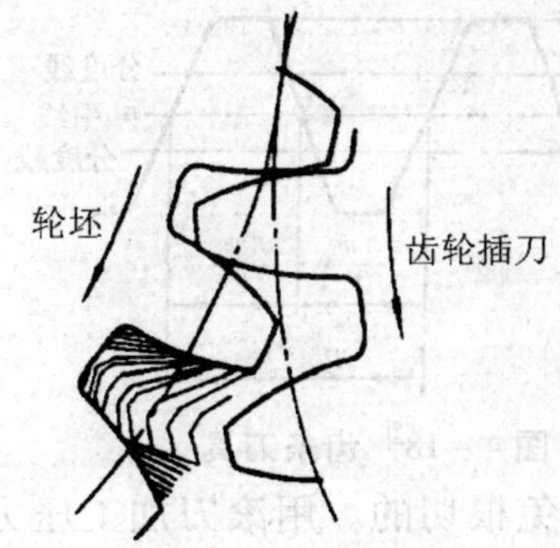

图 4-13　范成法加工齿轮

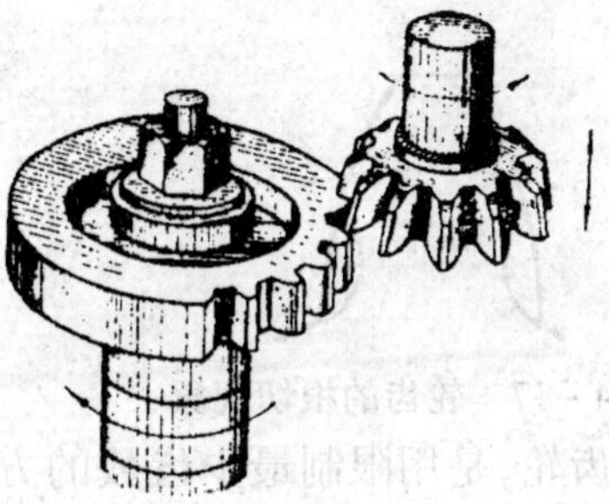

图 4-14　齿轮插刀切齿

(1)插齿

图 4-14 所示为用齿轮插刀加工齿轮时的情形。齿轮插刀的形状和齿轮相似,其模数和压力角与被加工齿轮相同。加工时,插齿刀沿轮坯轴线方向作上下往复的切削运动;同时,机床的传动系统严格地保证插齿刀与轮坯之间的范成运动。齿轮插刀刀具顶部比正常齿高出 $c^{*}m$,以便切出顶隙部分。

当齿轮插刀的齿数增加到无穷多时,其基圆半径变为无穷大,插刀的齿廓变成直线齿廓,齿轮插刀就变成齿条插刀,图 4-15 为齿条插刀加工轮齿的情形。

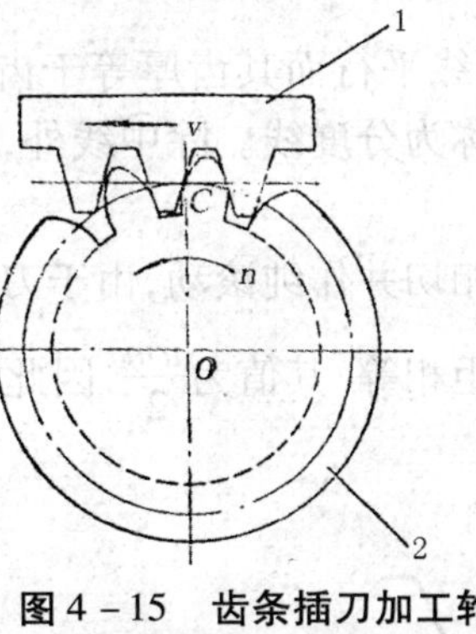

图 4-15　齿条插刀加工轮齿

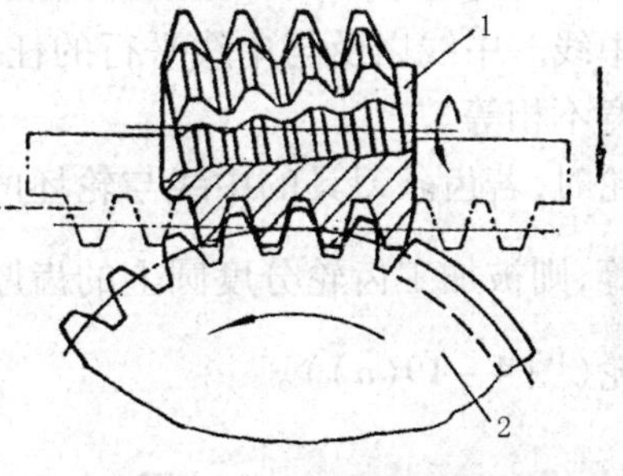

图 4-16　滚刀加工轮齿

(2)滚齿

齿轮插刀和齿条插刀都只能间断地切削,生产率低。目前广泛采用齿轮滚刀在滚齿机上进行轮齿的加工。滚齿加工方法基于齿轮与齿条相啮合的原理。图 4-16 为滚刀加工轮齿的情形。滚刀 1 的外形类似沿纵向开了沟槽的螺旋,其轴向剖面齿形与齿条相同。当滚刀转动时,相当于这个假想的齿条连续地向一个方向移动,轮坯又相当于与齿条相啮合的齿轮,从而滚刀能按照范成原理在轮坯上加工出渐开线齿廓。滚刀除旋转外,还沿轮坯的轴向逐渐移动,以便切出整个齿宽。

二、轮齿的根切现象,齿轮的最小齿数

用范成法加工齿数较少的齿轮时,常会将轮齿根部的渐开线齿廓切去一部分,如图 4-17 所示。这种现象称为根切。根切将使轮齿的抗弯强度降低,重合度减小,故应设法避免。

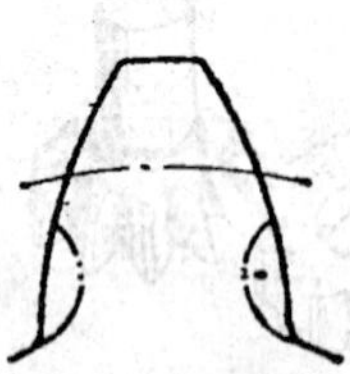

图 4－17　轮齿的根切现象

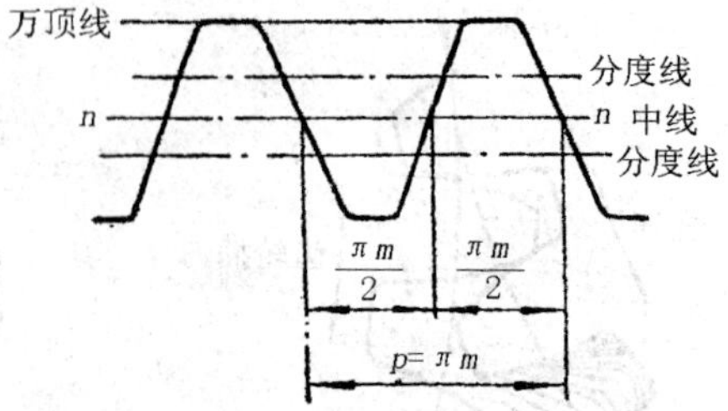

图 4－18　齿条刀具

对于标准齿轮,是用限制最少齿数的方法来避免根切的。用滚刀加工压力角为20°的正常齿制标准直齿圆柱齿轮时,根据计算,可得出不发生根切的最少齿数 $z_{min}=17$。某些情况下,为了尽量减少齿数以获得比较紧凑的结构,在满足轮齿弯曲强度条件下,允许齿根部有轻微根切时,$z_{min}=14$。

＊三、变位齿轮简介

标准齿轮存在下列主要缺点:(1)用范成法加工齿轮时,为了避免加工时发生根切,标准齿轮的齿数必须大于或等于最少齿数 z_{min};(2)标准齿轮不适用于实际中心距 a' 不等于标准中心距 a 的场合;(3)一对互相啮合的标准齿轮,小齿轮轮齿的抗弯能力比大齿轮轮齿低。为了弥补这些缺点,在机械中出现了变位齿轮。

图 4－18 所示为齿条刀具。齿条刀具上与刀具顶线平行而其齿厚等于齿槽宽的直线 nn,称为刀具的中线。中线以及与中线平行的任一直线,称为分度线。除中线外,其他分度线上的齿厚与齿槽宽不相等。

加工齿轮时,若齿条刀具的中线与轮坯的分度圆相切并作纯滚动,由于刀具中线上的齿厚与齿槽宽相等,则被加工齿轮分度圆上的齿厚与齿槽距相等,其值为$\frac{\pi m}{2}$,因此被加工出来的齿轮为标准齿轮(图 4－19(a))。

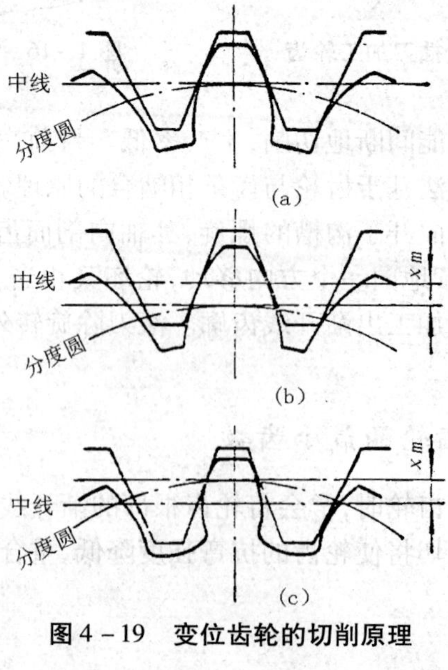

图 4－19　变位齿轮的切削原理

若刀具与轮坯的相对运动关系不变，但刀具相对轮坯中心离开或靠近一段距离 xm（图4－19 (b)、(c)），则轮坯的分度圆不再与刀具中线相切，而是与中线以上或以下的某一分度线相切。这时与轮坯分度圆相切并作纯滚动的刀具分度线上的齿厚与齿槽宽不相等，因此被加工的齿轮在分度圆上的齿厚与齿槽宽也不相等。当刀具远离轮坯中心移动时，被加工齿轮的分度圆齿厚增大。当刀具向轮坯中心靠近时，被加工齿轮的分度圆齿厚减小。这种由于刀具相对于轮坯位置发生变化而加工的齿轮，称为变位齿轮。齿条刀具中线相对于被加工齿轮分度圆所移动的距离，称为变位量，用 xm 表示，m 为模数，x 为变位系数。刀具中线远离轮坯中心称为正变位，这时的变位系数为正数，所切出的齿轮称为正变位齿轮。刀具靠近轮坯中心称为负变位，这时的变位系数为负数，所加工的齿轮称为负变位齿轮。

采用变位齿轮加工方法可以切制出齿数少于 z_{min} 而不发生根切的齿轮，可以实现非标准中心距的无侧隙传动，可以使大小齿轮的抗弯能力接近相等。

§4－7　直齿圆柱齿轮强度设计

一、轮齿的失效形式

轮齿的主要失效形式有以下5种：

1. 轮齿折断

齿轮工作时；若轮齿危险剖面的应力超过材料所允许的极限值，轮齿将发生折断。

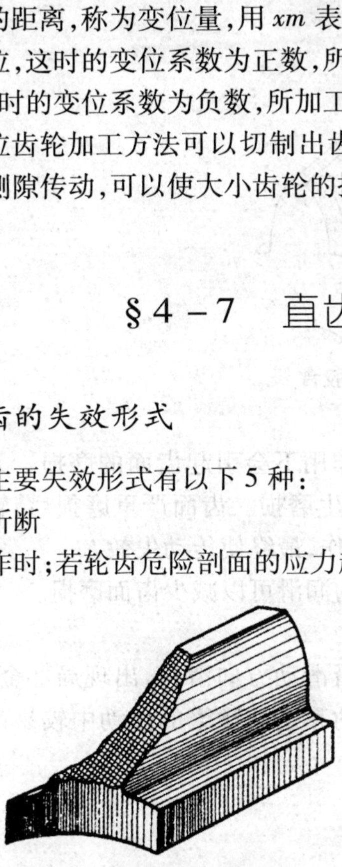

图4－20　轮齿折断

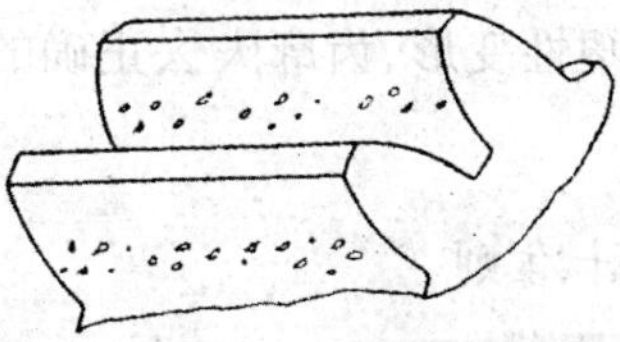

图4－21　齿面点蚀

轮齿的折断有两种情况，一种是因短时意外的严重过载或受到冲击载荷时突然折断，称为过载折断；另一种是由于循环变化的弯曲应力的反复作用而引起的疲劳折断。轮齿折断一般发生在轮齿根部（图4－20）。

2. 齿面点蚀

在润滑良好的闭式齿轮传动中，当齿轮工作了一定时间后，在轮齿工作表面上会产生一些细小的凹坑，称为点蚀（图4－21）。点蚀的产生主要是由于轮齿啮合时，齿面的接触应力按脉动循环变化，在这种脉动循环变化接触应力的多次重复作用下，由于疲劳，在轮齿表面层会产生疲劳裂纹，裂纹的扩展使金属微粒剥落下来而形成疲劳点蚀。通常疲劳点蚀首先发生在节线附近的齿根表面处。点蚀使齿面有效承载面积减小，点蚀的扩展将会严重损坏齿廓表面，引起冲击和噪音，造成传动的不平稳。齿面抗点蚀能力主要与齿面硬度有关，齿面硬度越高，抗点蚀能力越强。点蚀是闭式软齿面（$HBS \leqslant 350$）齿轮传动的主要失效形式。

而对于开式齿轮传动，由于齿面磨损速度较快，即使轮齿表层产生疲劳裂纹，但还未扩展到金属剥落时，表面层就已被磨掉，因而一般看不到点蚀现象。

3. 齿面胶合

在高速重载传动中，由于齿面啮合区的压力很大，润滑油膜因温度升高容易破裂，造成齿面金属直接接触，其接触区产生瞬时高温，致使两轮齿表面焊粘在一起，当两齿面相对运动时，较软的齿面金属被撕下，在轮齿工作表面形成与滑动方向一致的沟痕（图 4－22），这种现象称为**齿面胶合**。

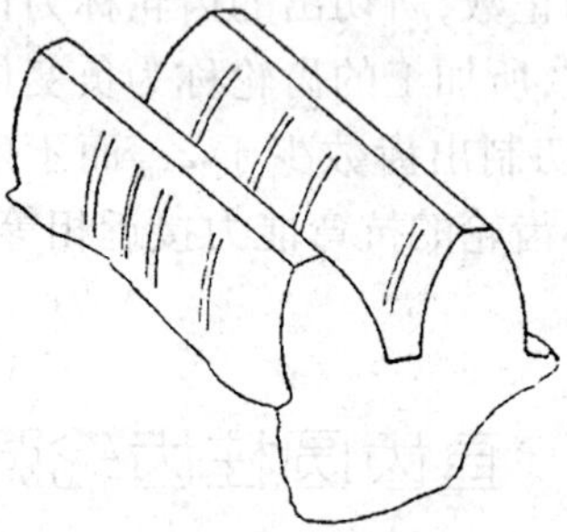

图 4－22　齿面胶合

4. 齿面磨损

互相啮合的两齿廓表面间有相对滑动，在载荷作用下会引起齿面的磨损。尤其在开式传动中，由于灰尘、砂粒等硬颗粒容易进入齿面间而发生磨损。齿面严重磨损后，轮齿将失去正确的齿形，会导致严重噪音和振动，影响轮齿正常工作，最终使传动失效。

采用闭式传动，减小齿面粗糙度值和保持良好的润滑可以减少齿面磨损。

5. 齿面塑性变形

在重载的条件下，较软的齿面上表层金属可能沿滑动方向滑移，出现局部金属流动现象，使齿面产生塑性变形，齿廓失去正确的齿形。在起动和过载频繁的传动中较易产生这种失效形式。

二、设计准则

齿轮在具体的工作情况下，必须具有足够的工作能力，以保证在整个工作寿命期间内不发生失效。齿轮传动的设计准则是根据齿轮可能出现的失效形式来进行的，但是对于齿面磨损、塑性变形等，尚未形成相应的设计准则，所以目前在齿轮传动设计中，通常只按保证齿根弯曲疲劳强度和齿面接触疲劳强度进行计算。而对于高速重载齿轮传动，还要按保证齿面抗胶合能力的准则进行计算（参阅 *GB*6413－1986）。

在设计齿轮传动时，应根据具体的工作情况，分析其可能发生的失效形式，选择适当的齿轮强度设计方法。在闭式齿轮传动中，对于软齿面（$HBS \leqslant 350$）齿轮，按接触疲劳强度进行设计，弯曲疲劳强度校核；而对于硬齿面（$HBS > 350$）齿轮，按弯曲疲劳强度进行设计，接触疲劳强度校核。开式（半开式）齿轮传动，按弯曲疲劳强度进行设计，不必校核齿面接触疲劳强度。

三、齿轮材料

对齿轮材料的要求：齿面有足够的硬度和耐磨性，轮齿心部有较强韧性，以承受冲击载荷和变载荷。常用的齿轮材料是各种牌号的优质碳素钢、合金结构钢、铸钢和铸铁等，一般多采用锻件或轧制钢材。当齿轮直径在 400～600*mm* 范围内时，可采用铸钢；低速齿轮可采用灰铸铁。表 4－5 列出了常用齿轮材料及其热处理后的硬度。

表 4－5　　常用的齿轮材料

材料	机械性能 / *MPa*		热处理方法	硬度	
	σ_b	σ_s		*HBS*	*HRC*
45	580	290	正火	160～217	
	640	350	调质	217～255	
			表面淬火	40～50	
40*Cr*	700	500	调质	240～286	
			表面淬火		48～55
35*SiMn*	750	450	调质	217～269	
42*SiMn*	785	510	调质	229～286	
20*Cr*	637	392	渗碳、淬火、回火		56～62
20 *CrMnTi*	1100	850	渗碳、淬火、回火		56～62
40*MnB*	735	490	调质	241～286	
*ZG*45	569	314	正火	163～197	
*ZG*35*SiMn*	569	343	正火、回火	163～217	
	637	412	调质	197～248	
*HT*200	200			170～230	
*HT*300	300			187～255	
*QT*500－5	500			147～241	
*QT*600－2	600			229～302	

齿轮常用的热处理方法有以下几种：

1. 表面淬火

表面淬火一般用于中碳钢和中碳合金钢。表面淬火处理后齿面硬度可达 *HRC*52～56，耐磨性好，齿面接触强度高。表面淬火的方法有高频淬火和火焰淬火等。

2. 渗碳淬火

渗碳淬火用于处理低碳钢和低碳合金钢，渗碳淬火后齿面硬度可达 *HRC*56～62，齿面接触强度高，耐磨性好，而轮齿心部仍保持有较高的韧性，常用于受冲击载荷的重要齿轮传动。

3. 调质

调质处理一般用于处理中碳钢和中碳合金钢。调质处理后齿面硬度可达 *HBS*220～260。

4. 正火

正火能消除内应力、细化晶粒，改善力学性能和切削性能。中碳钢正火处理可用于机械强度要求不高的齿轮传动中。

经热处理后齿面硬度 *HBS*≤350 的齿轮称为软齿面齿轮，多用于中、低速机械。当大小齿轮都是软齿面时，考虑到小齿轮齿根较薄，弯曲强度较低，且受载次数较多，因此应使小齿轮齿面硬度比大齿轮高 20～50*HBS*。

齿面硬度 *HBS*＞350 的齿轮称为硬齿面齿轮，其最终热处理在轮齿精切后进行。因热处理后轮齿会产生变形，故对于精度要求高的齿轮，需进行磨齿。当大小齿轮都是硬齿面时，小齿轮的硬度应略高，也可和大齿轮相等。

近年，由于齿轮材质和齿轮加工工艺技术的迅速发展，越来越广泛地选用硬齿面齿轮。

四、直齿圆柱齿轮轮齿的受力分析和计算载荷

1. 轮齿的受力分析

为了计算轮齿的强度以及设计轴和轴承装置等，需确定作用在轮齿上的力。

图 4－23 所示为一对直齿圆柱齿轮啮合传动时的受力情况。若忽略齿面间的摩擦力，则轮齿之间的总作用力 F_n 将沿着轮齿啮合点的公法线 N_1N_2 方向，故也称法向力。法向力 F_n 可分解为两个分力：圆周力 F_t 和径向力 F_r。

圆周力 $$F_t=\frac{2T_1}{d_1}\quad N \tag{4-16}$$

径向力 $$F_r=F_t tan\alpha\ N \tag{4-17}$$

法向力 $$F_n=\frac{F_t}{cos\alpha}\quad N \tag{4-18}$$

式中：T_1 为小齿轮上的转矩，$T_1=9.55\times10^6\dfrac{P_1}{n_1}\quad N\cdot mm$；$P_1$ 为小齿轮传递的功率，单位 kW；d_1 为小齿轮的分度圆直径，单位 mm；α 为分度圆压力角，单位度。

圆周力 F_t 的方向，在主动轮上与圆周速度方向相反，在从动轮上与圆周速度方向相同。径向力 F_r 的方向对两轮都是由作用点指向轮心。

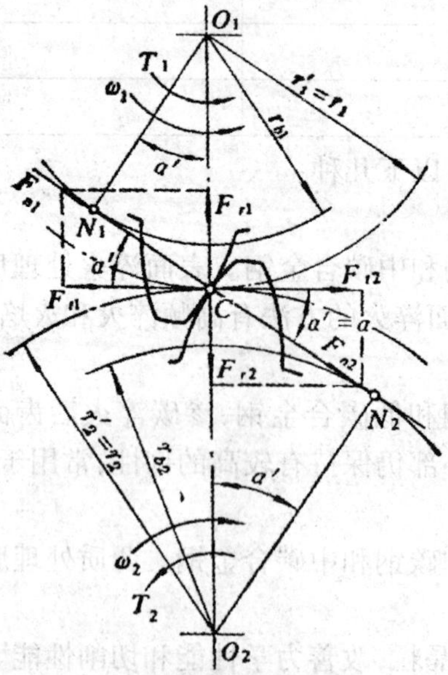

图 4－23　直齿圆柱齿轮传动的作用力

2. 计算载荷

上述受力分析是在载荷沿齿宽均匀分布的理想条件下进行的。但实际运转时，由于齿轮、轴、支承等存在制造、安装误差，以及受载时产生变形等，使载荷沿齿宽不是均匀分布，造成载荷局部集中。轴和轴承的刚度越小、齿宽 b 越宽，载荷集中越严重。此外，由于各种原动机和工作机的特性不同（例如机械的起动和制动、工作机构速度的突然变化和过载等），导致在齿轮传动中还将引起附加动载荷。因此在齿轮强度计算时，通常用计算载荷 F_nK 代替名义载荷 F_n。K 为载荷系数，其值由表 4－6 查取。

表 4－6　　载荷系数 K

原动机	工作机特性		
	工作平稳	中等冲击	较大冲击
电动机、透平机	1～1.2	1.2～1.5	1.5～1.8
多缸内燃机	1.2～1.5	1.5～1.8	1.8～2.1
单缸内燃机	1.6～1.8	1.8～2.0	2.1～2.4

注：斜齿圆柱齿轮、圆周速度低、精度高、齿宽系数小时取小值；直齿圆柱齿轮、圆周速度高、精度低、齿宽系数大时取大值。齿轮在两轴承之间对称布置时取小值，不对称布置及悬臂布置时取较大值。

五、齿面接触强度计算

为避免齿面发生点蚀，应限制齿面的接触应力。齿面接触应力的计算是以两圆柱体接触时的最大接触应力为基础进行的。

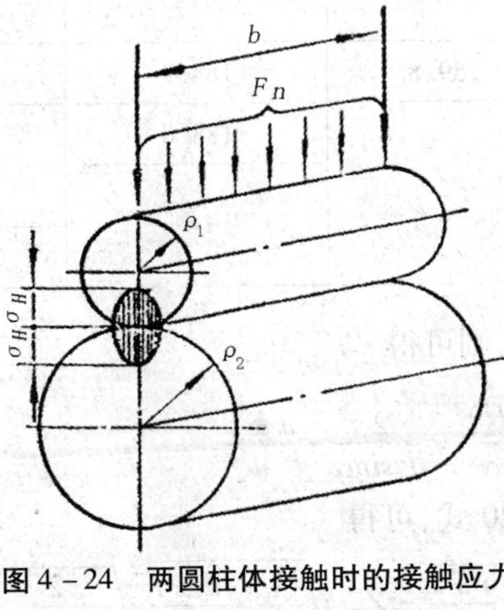

图 4－24　两圆柱体接触时的接触应力

图 4－24 所示的两圆柱体，在载荷作用下接触区产生的最大接触应力可根据弹性力学的赫芝公式导出：

$$\sigma_H = \sqrt{\frac{F_n\left(\frac{1}{\rho_1} \pm \frac{1}{\rho_2}\right)}{b\pi\left(\frac{1-\mu_1^{\ 2}}{E_1} + \frac{1-\mu_2^{\ 2}}{E_2}\right)}} \quad MPa \tag{4-19}$$

式中，F_n 为作用在轮齿上的法向力，单位 N；b 为轮齿接触宽度，单位 mm；ρ_1、ρ_2 为两轮轮齿在节点处的曲率半径，单位 mm；μ_1、μ_2 为两齿轮材料的泊松比；E_1、E_2 为两轮材料的弹性模量，单位 MPa。式中“＋”号用于外啮合，“－”号用于内啮合。

因 μ，E 都与齿轮的材料有关，故令

$$Z_E=\sqrt{\frac{1}{\pi\left(\frac{1-\mu_1^{\ 2}}{E_1}+\frac{1-\mu_2^{\ 2}}{E_2}\right)}}$$

Z_E 称为齿轮材料的弹性系数，单位 MPa；它反映了一对齿轮材料的弹性模量和泊松比对接触应力的影响，其值见表 4－7。则可得

$$\sigma_H=Z_E\sqrt{\frac{F_n}{b}\left(\frac{1}{\rho_1}\pm\frac{1}{\rho_2}\right)} \tag{4－20}$$

实践证明，点蚀通常首先发生在齿根部分靠近节线处，故取节点处的接触应力为计算依据。由图 4－23 可知，节点处的齿廓曲率半径分别为：

$$\rho_1=N_1C=\frac{d_1}{2}sin\alpha,\rho_2=N_2C=\frac{d_2}{2}sin\alpha$$

式中：d_1、d_2 为两齿轮的分度圆直径，单位 mm，α 为分度圆压力角，$\alpha=20°$。

表 4－7　**弹性系数 $Z_E\ \sqrt{MPa}$**

齿轮二材料 / 齿轮一材料	锻钢	铸铁	球墨铸铁	灰铸铁
弹性模量 E MPa	20.6×10^4	20.2×10^4	17.3×10^4	11.8×10^4
泊松比 μ	0.3	0.3	0.3	0.3
锻钢	189.8	188.9	181.4	162.0
铸铁	－	188.0	180.5	161.4
球墨铸铁	－	－	173.9	156.6
灰铸铁	－	－	－	143.7

两轮的齿数比 $u=\frac{Z_2}{Z_1}=\frac{d_2}{d_1}$，则可得

$$\frac{1}{\rho_1}\pm\frac{1}{\rho_2}=\frac{\rho_2\pm\rho_1}{\rho_1\rho_2}=\frac{2(d_1\pm d_2)}{d_1d_2sin\alpha}=\frac{2}{d_1sin\alpha}\cdot\frac{u\pm1}{u}$$

将上式及 4－18 代入 4－20 式，可得

$$\sigma_H=Z_E\sqrt{\frac{F_{t1}}{bcos\alpha}}\sqrt{\frac{2}{d_1sin\alpha}\cdot\frac{u\pm1}{u}}=Z_E\sqrt{\frac{F_{t1}}{bd_1}\cdot\frac{u\pm1}{u}}\sqrt{\frac{2}{sin\alpha cos\alpha}}$$

令 $Z_H=\sqrt{\frac{2}{sin\alpha cos\alpha}}=\sqrt{\frac{4}{sin2\alpha}}$对于标准齿轮

$$Z_H=\sqrt{\frac{4}{sin40°}}=2.49$$

Z_H 称为节点区域系数。它考虑了节点处齿廓曲率半径对接触应力的影响，并将分度圆上切向力折算为法向力。于是得

$$\sigma_H=2.49Z_E\sqrt{\frac{F_{t1}}{bd_1}\cdot\frac{u\pm1}{u}} \tag{4－21}$$

考虑影响齿轮载荷的各种因素，引入载荷系数 K，即用计算载荷 $F_{tc}=KF_t$ 代替 F_t，并将(4-16)式代入上式，则根据强度条件可得齿面接触疲劳强度的校核公式为

$$\sigma_H=3.52Z_E\sqrt{\frac{KT_1(u\pm1)}{bd_1^{\,2}u}}\leqslant[\sigma_H] \tag{4-22}$$

令齿宽系数 $\Psi_d=\dfrac{b}{d_1}$(其值见表4-9)，则 $b=\Psi_d d_1$，并代入上式可得齿面接触疲劳强度的设计公式为

$$d_1\geqslant\sqrt[3]{\frac{KT_1(u\pm1)}{\Psi_d u}\left(\frac{3.52Z_E}{[\sigma_H]}\right)^2} \tag{4-23}$$

式中：$[\sigma_H]$ 为许用接触应力，单位 GPa；其余符号意义同前。

若两齿轮的材料都选用钢时，$Z_E=189.8\ \sqrt{MPa}$，将其代入式(4-22)及(4-23)，可得一对钢齿轮齿面接触疲劳强度的校核公式为：

$$\sigma_H=668\sqrt{\frac{KT_1(u\pm1)}{bd_1^{\,2}u}}\leqslant[\sigma_H] \tag{4-24}$$

设计公式为

$$d_1\geqslant76.43\sqrt[3]{\frac{KT_1(u\pm1)}{\Psi_d u[\sigma_H]^2}} \tag{4-25}$$

应用上述公式时应注意以下几点：

(1)当两轮的许用接触应力 $[\sigma_H]_1$ 与 $[\sigma_H]_2$ 不同时，应代入其中较小值。

(2)当齿轮材料、传递扭矩 KT_1、齿宽 b 和齿数比 u 确定后，两轮的接触应力 σ_H 随小齿轮分度圆直径 d_1(或中心距 a)而变化，如果 d_1 或 a 减小，则 σ_H 就增大，齿面接触强度相应减小。即齿轮的齿面接触疲劳强度取决于小齿轮直径 d_1 或中心距 a 的大小，而与模数不直接相关。

(3)一般情况下，两轮齿面接触应力 σ_{H1} 与 σ_{H2} 大小相同。

六、轮齿的弯曲强度计算

为了防止齿轮在工作时发生轮齿折断，应限制在轮齿根部的弯曲应力。

进行轮齿弯曲应力计算时，假定全部载荷由一对轮齿承受且作用于齿顶处，这时齿根所受的弯曲力矩最大。计算轮齿弯曲应力时，将轮齿看作宽度为 b 的悬臂梁(图4-25)。

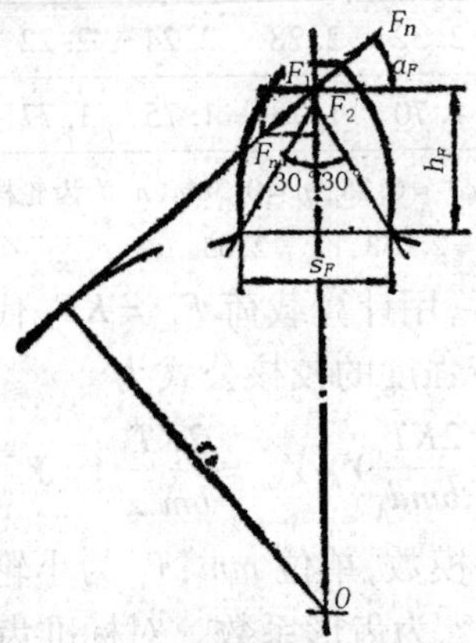

图4-25　轮齿受力分析

其危险截面可用30°切线法确定，即作与轮齿对称中心线成30°夹角并与齿根圆角相切的斜线，两切点的连线是危险截面位置。设法向力 F_n 移至轮齿中线并分解成相互垂直的两个分力，即 $F_1 = F_n cos\alpha_F$，$F_2 = F_n sin\alpha_F$，其中 F_1 使齿根产生弯曲应力，F_2 则产生压缩应力。因压应力数值较小，为简化计算，在计算轮齿弯曲强度时只考虑弯曲应力。危险截面的弯曲应力，可由材料力学的弯曲应力公式得：

$$\sigma_F = \frac{M}{W} = \frac{F_n h_F cos\alpha_F}{\frac{bs_F^{\ 2}}{6}} = \frac{6F_n h_F cos\alpha_F}{bs_F^{\ 2}} = \frac{6F_t h_F cos\alpha_F}{bS_F^{\ 2} cos\alpha} = \frac{F_t 6\left(\frac{h_F}{m}\right) cos\alpha_F}{bm\left(\frac{S_F}{m}\right)^2 cos\alpha} \tag{4-26}$$

式中：M 为轮齿根部承受的弯矩，单位 $N \cdot mm$；W 为齿根危险截面的抗弯截面系数，单位 mm^3。

令
$$Y_{Fa} = \frac{6 \cdot \left(\frac{h_F}{m}\right) \cdot cos\alpha_F}{\left(\frac{S_F}{m}\right)^2 \cdot cos\alpha}$$

Y_{Fa} 称为齿形系数，由于 h_F、s_F 都与模数 m 成正比，故 Y_{Fa} 只与齿廓形状有关与模数大小无关。由渐开线特性可知，对标准齿轮而言，Y_{Fa} 仅与齿数 z 有关。齿数减小，Y_{Fa} 越大，若其他条件不变时，则齿根的弯曲应力也越大。同时考虑由于齿根过渡曲线引起的应力集中，以及齿根危险截面上的压应力、剪切应力等的影响，而引入应力修正系数 Y_{Sa}。

则式(4－26)可写成

$$\sigma_F = \frac{F_t}{bm} Y_{Fa} Y_{Sa} \tag{4-27}$$

齿形系数 Y_{Fa} 和应力修正系数 Y_{Sa} 的值由表4－8查取。

表4－8　标准外齿轮的齿形系数 Y_{Fa} 及应力修正系数 Y_{Sa}

z	17	18	19	20	21	22	23	24	25	26	27	28	29
Y_{Fa}	2.97	2.91	2.85	2.80	2.76	2.72	2.69	2.65	2.62	2.60	2.57	2.5	2.53
Y_{Sa}	1.52	1.53	1.54	1.55	1.56	1.57	1.575	1.58	1.59	1.595	1.60	1.61	1.62
z	30	35	40	45	50	60	70	80	90	100	150	200	∞
Y_{Fa}	2.52	2.45	2.40	2.35	2.32	2.28	2.24	2.22	2.20	2.18	2.14	2.12	2.06
Y_{Sa}	1.625	1.65	1.67	1.68	1.70	1.73	1.75	1.77	1.78	1.79	1.83	1.865	1.97

注：基准齿形的参数为 $\alpha = 20°$，$h_a^* = 1$，$c^* = 0.25$，$\rho = 0.38m$（m 为齿轮模数、ρ 为齿根圆角曲率半径）；对内齿轮：当 $\alpha = 20°$，$h_a^* = 1$，$c^* = 0.25$，$\rho = 0.15m$ 时，$Y_{Fa} = 2.053$，$Y_{Sa} = 2.65$。

考虑影响齿轮载荷的各种因素，用计算载荷 $F_{tc} = KF_t$ 代替 F_t，并将(4－16)式代入上式，则根据强度条件可得齿根弯曲疲劳强度的校核公式为

$$\sigma_F = \frac{2KT_1}{bmd_1} Y_{Fa} Y_{Sa} = \frac{2KT_1}{bm^2 z_1} Y_{Fa} Y_{Sa} \leqslant [\sigma_F] \tag{4-28}$$

式中，b 为齿宽，单位 mm；m 为模数，单位 mm；T_1 为小轮传递转矩，单位 $N \cdot mm$；K 为载荷系数（表4－6）；z_1 为小齿轮齿数；Y_{Fa} 为齿形系数。对标准齿轮，Y_{Fa} 只与齿数有关（表4－8）。

通常两轮的齿数不相等，故两轮的齿形系数 Y_{Fa1}，Y_{Fa2} 和应力修正值 Y_{Sa1}，Y_{Sa2} 都不相等，两

齿轮的材料的许用弯曲应力$[\sigma_F]_1$、$[\sigma_F]_2$也不一定相等。因此必须充分校核两齿轮的齿根弯曲强度。

当两齿轮齿宽相等时，由式(4－28)得

$$\sigma_{F1}=\frac{2KT_1}{bm^2z_1}Y_{Fa1}Y_{Sa1}\leqslant[\sigma_F]_1$$

$$\sigma_{F2}=\sigma_{F1}\frac{Y_{Fa2}Y_{Sa2}}{Y_{Fa1}Y_{Sa1}}=\leqslant[\sigma_F]_2 \tag{4-29}$$

引入齿宽系数$\Psi_d=b/d_1$，并代入式（4－28），则可得到齿根弯曲疲劳强度的设计公式

$$m\geqslant1.26\sqrt[3]{\frac{KT_1Y_{Fa}Y_{Sa}}{\psi_d z_1{}^2[\sigma_F]}} \tag{4-30}$$

计算时应将$\frac{Y_{Fa1}Y_{Sa1}}{[\sigma_F]_1}$和$\frac{Y_{Fa2}Y_{Sa2}}{[\sigma_F]_2}$两比值中的大值代入上式，并将计算的模数$m$按表4－1选取标准值。

综上所述，齿轮强度计算是为了避免齿轮在使用期限内失效。因此，对于闭式齿轮传动中的软齿面（硬度≤350*HBS*）齿轮，由于常因齿面点蚀而失效，故通常先按齿面接触疲劳强度设计公式计算，确定其主要参数和尺寸。然后再用弯曲疲劳强度校核公式，验算其齿根弯曲强度。对于闭式齿轮传动中的硬齿面（硬度>350*HBS*）齿轮或铸铁齿轮，由于常因齿根折断而失效，故通常先按齿根弯曲疲劳强度设计公式进行计算，确定齿轮的模数和尺寸，然后再用接触疲劳强度校核公式，验算其齿面接触强度。

对于开式（或半开式）齿轮传动，因其主要失效形式是齿面磨粒磨损和因磨损导致的轮齿折断。故通常按照齿根弯曲疲劳强度设计，确定齿轮的模数，并用预留磨损裕量的方法，考虑磨损失效的影响。即计算出的模数，视具体需要加大10%～15%，以考虑由于磨损而使齿根弯曲疲劳强度降低的影响。

七、齿轮传动的许用应力

齿轮的许用应力$[\sigma]$是以试验齿轮（$m=3\sim5$ mm，$\alpha=20°$，$b=10\sim50$ mm，$v=10m/s$，齿轮精度4～6或7级的直齿圆柱齿轮副）按失效概率为1%测定其疲劳极限σ_{lim}，并考虑其他影响因素而确定的。对一般齿轮传动、因绝对尺寸、齿面粗糙度、圆周速度、润滑等对实际齿轮的疲劳极限影响不大，通常忽略其影响。只考虑应力循环次数对实际疲劳极限的影响，将计算$[\sigma]$的方法予以简化。

1. 许用接触应力$[\sigma_H]$

许用接触应力$[\sigma_H]$计算公式为

$$[\sigma_H]=\frac{\sigma_{Hlim}Z_{NT}}{S_H} \tag{4-31}$$

式中：σ_{Hlim}为某种材料的试验齿轮经长期持续的重复载荷作用后（应力循环次数为5×10^7），齿面不出现扩展性点蚀时的极限应力，称为试验齿轮的接触疲劳极限应力，由图4－26查取；Z_{NT}为接触疲劳强度寿命系数，由图4－27查取；S_H为接触疲劳强度安全系数。

（1）试验齿轮的接触疲劳极限应力σ_{Hlim}

图4－26给出了几种常见材质的试验齿轮在失效概率为1%时的齿面接触疲劳极限应

力。通常 σ_{Hlim} 值按 *MQ* 级质量要求(有经验的工业齿轮制造者以合理的生产成本所能达到的中等要求),根据齿面硬度值,由图 4－26 查取。大量疲劳强度试验证明,国产齿轮材料的接触疲劳极限应力接近 *MQ* 线。对于工业齿轮,通常在 *MQ* 线以下选值。查图时,*HV*10 可按 *HBS* 对待。若齿面硬度超出图中荐用范围,可大体按外插法取相应的 σ_{Hlim} 值。

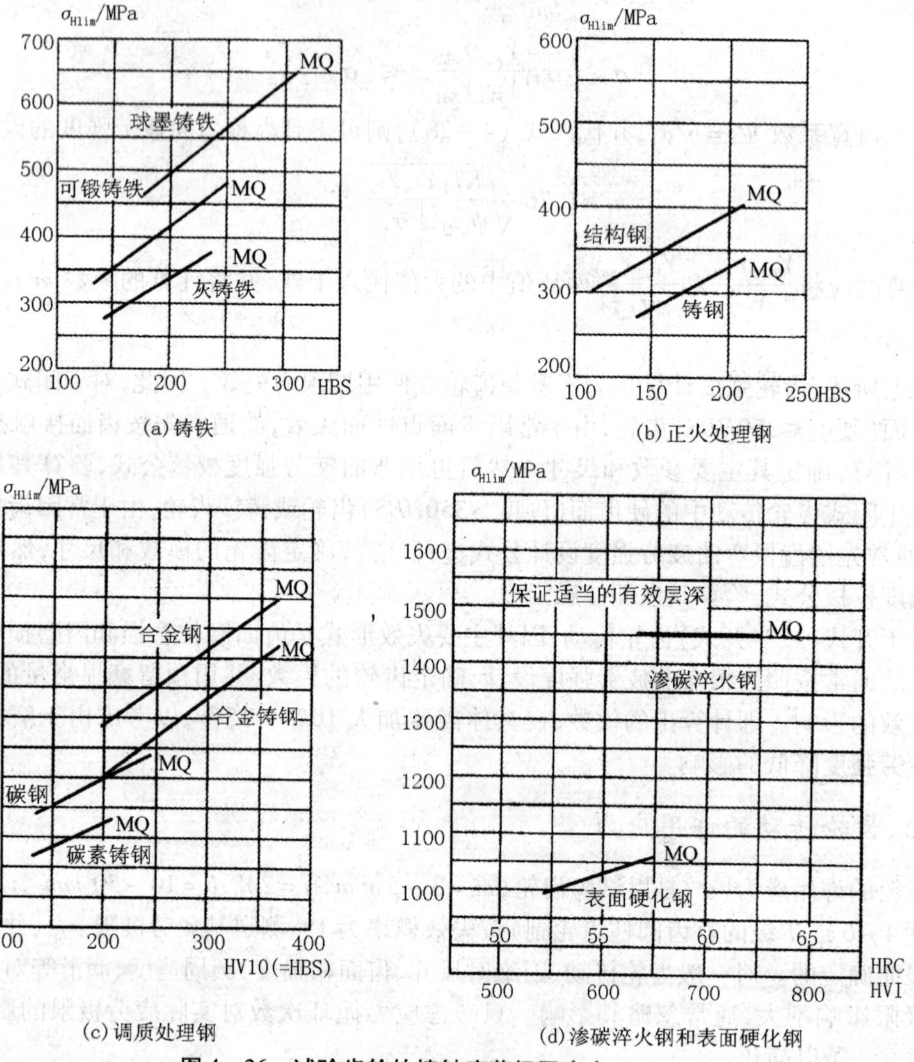

图 4－26　试验齿轮的接触疲劳极限应力 σ_{Hlim}

(2) 接触强度计算的寿命系数 Z_{NT}

Z_{NT} 是考虑当齿轮寿命小于或大于持久寿命条件循环次数 N_C 时,齿轮可承受的接触应力与疲劳极限应力的比例系数,其值可由图 4－27 查取。

对于稳定载荷下工作的齿轮,其应力循环次数为:

$$N_L = 60nrt_h \tag{4-32}$$

式中:n 为齿轮转速,单位 r/min;r 为齿轮每转 1 周,轮齿同一侧齿面啮合的次数(双向工作时,按啮合次数较多一侧计算);t_h 为齿轮的总工作小时数,单位 h。

(3) 接触疲劳强度的安全系数 S_H

*GB/T*3840－1997 规定，齿轮强度计算的安全系数 S_H 及 S_F 应分别大于最小安全系数 S_{Hmin} 及 S_{Fmin}。由于点蚀破坏首先导致噪声、振动增大，并不立即使齿轮停止工作，所以对于一般可靠度（99%）取 $S_{Hmin}=1.00\sim1.10$；较高可靠度（99.9%）取 $S_{Hmin}=1.25\sim1.30$；高可靠度（99.99%）取 $S_{Hmin}=1.50\sim1.60$。

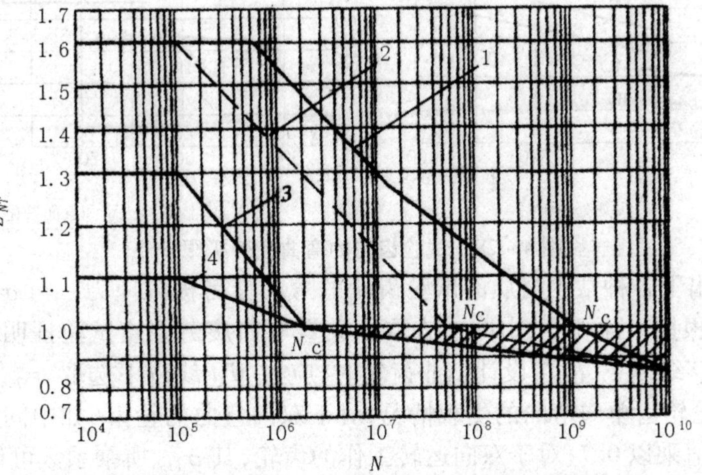

1. 允许一定点蚀的结构钢，调质钢，球墨铸铁（珠光体、贝氏体），珠光体可锻铸铁，渗碳淬火钢的渗碳钢；
2. 材料同1，不允许出现点蚀；火焰或感应淬火的钢；
3. 灰铸铁，球墨铸铁（铁素体），渗氮的渗氮钢，调质钢、渗碳钢；
4. 碳氮共渗的调质钢，渗碳钢。

图 4－27　接触疲劳寿命系数 Z_{NT}

2. 许用弯曲应力［σ_F］

许用弯曲应力［σ_F］计算公式为

$$[\sigma_F]=\frac{\sigma_{Flim}Y_{ST}Y_{NT}}{S_F} \tag{4-33}$$

式中：σ_{Flim} 指某种材料的试验齿轮经长期的重复载荷作用后（对大多数材料其应力循环次数为 3×10^6），齿根保持不破坏时的应力，称为试验齿轮的弯曲疲劳极限应力。由图 4－28 查取；Y_{ST} 是试验齿轮的应力修正系数，其值为 $Y_{ST}=2$；Y_{NT} 为弯曲疲劳强度寿命系数，由图 4－29 查取；S_F 为弯曲疲劳强度安全系数。

（1）试验齿轮的弯曲疲劳极限应力 σ_{Flim}

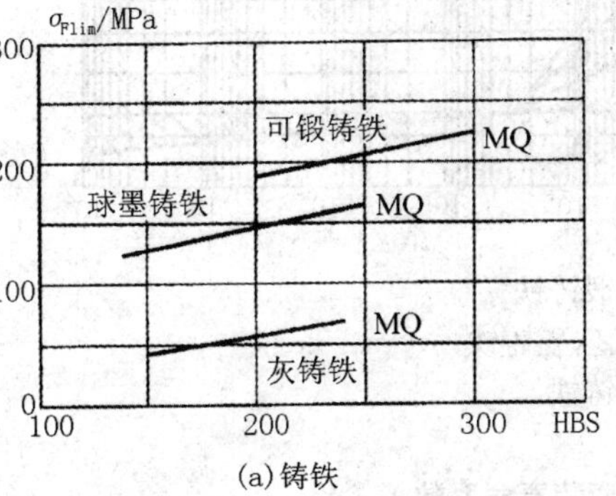

(a) 铸铁

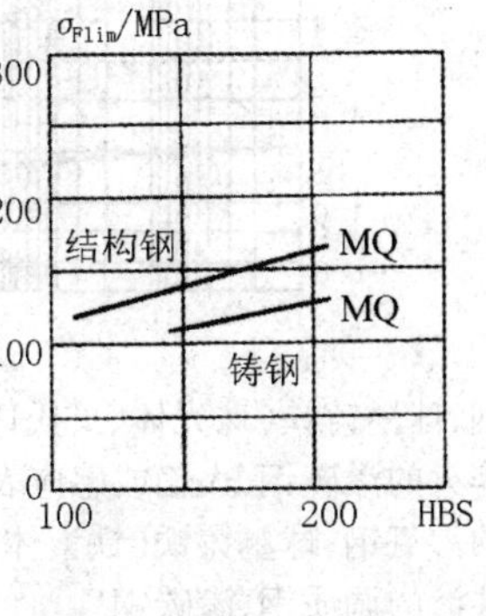

(b) 正火处理钢

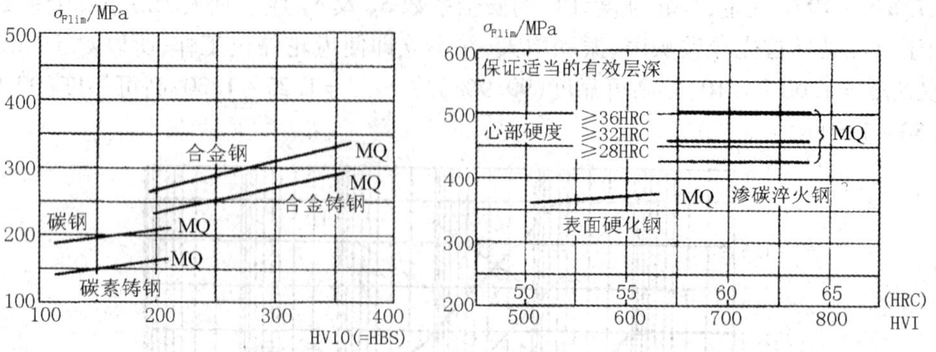

(c) 调质处理钢　　　　(d) 渗碳淬火钢和表面硬化钢

图 4－28　试验齿轮的弯曲疲劳极限 σ_{Flim}

图 4－28 给出了各种常用材质的试验齿轮的弯曲疲劳极限应力。与 σ_{Hlim} 相似，σ_{Flim} 值按 *MQ* 级质量要求，根据齿面硬度，由图中查取。大量弯曲疲劳强度试验证明，大部分国产材料的 σ_{Flim} 值处于 *MQ* 线以下，故在设计工业齿轮时，应在 *MQ* 线以下选取 σ_{Flim} 值。此外，图中的 σ_{Flim} 值适用于齿轮轮齿单向弯曲的受载情况，对于双向弯曲的轮齿（如中间轮、行星轮），应将图中查得的 σ_{Flim} 值乘以 0.7；对于双向运转工作的齿轮，其 σ_{Flim} 所乘系数可稍大于 0.7。

（2）齿根弯曲疲劳强度计算的寿命系数 Y_{NT}

Y_{NT} 是考虑齿轮寿命小于或大于持久寿命条件循环次数 N_c 时（见图 4－29），其可承受的弯曲应力值与疲劳极限应力的比例系数。其值可根据应力循环次数 N_L 由图 4－29 查取。N_c 值按（4－32）式计算。

（3）弯曲疲劳强度的安全系数 S_F

由于齿轮在使用过程中一旦发生断齿，就会引起严重事故，所以一般情况下弯曲安全系数应大于接触安全系数。*GB/T*3840－1997 推荐最小安全系数 S_{Fmin} 为：一般可靠度时 1.25，较高可靠度时 1.60，高可靠度时 2.00。

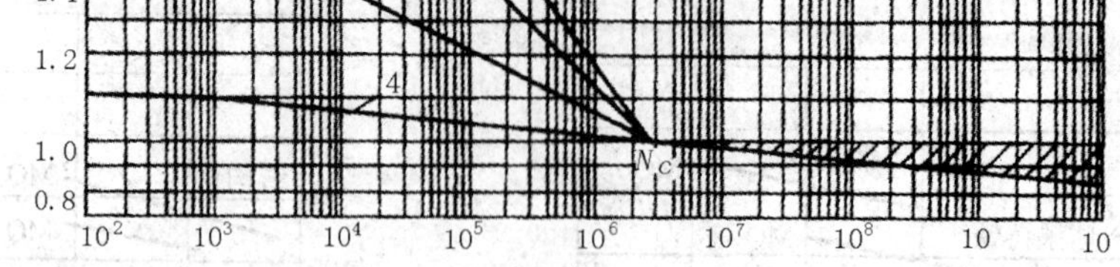

1. 调质钢，球墨铸铁（珠光体、贝氏体），珠光体可锻铸铁
2. 渗碳淬火的渗碳钢，火焰或感应表面淬火的钢、球墨铸铁
3. 渗氮的渗氮钢，球墨铸铁（铁素体），结构钢，灰铸铁
4. 碳氮共渗的调质钢、渗碳钢

图 4－29　弯曲疲劳寿命系数 Y_{NT}

八、齿轮主要参数的选择

1. 模数 m 和齿数 z

由式(4－25)和(4－30)知,齿轮的接触疲劳强度取决于小齿轮的分度圆直径 d_1,而弯曲疲劳强度取决于模数 m。若保持齿轮的分度圆直径不变,增加齿数,不仅能增大传动的重合度,改善传动的平稳性,而且可以减小模数,降低齿高,减少金属切削量,节省制造费用。另外,降低齿高还可减小轮齿齿廓间的相对滑动,提高抗磨损和抗胶合能力。但模数减小,则要降低轮齿的弯曲强度。因此,在满足弯曲强度的前提下,宜选取较多的齿数和较小的模数。

闭式齿轮传动一般转速较高,为了提高传动的平稳性,以齿数多些为好,小齿轮的齿数可取 $z_1=20\sim40$,对高速传动 $z_1\geqslant25$。开式(半开式)齿轮传动,由于轮齿主要为磨损失效,为使轮齿不致过小,z_1 应取较小值,一般取 $z_1=17\sim20$。为使齿轮免于根切,应使 $z_1\geqslant17$。对于传递动力的齿轮,为防止因过载而断齿,一般应使模数 $m\geqslant1.5mm$。大齿轮的齿数 $z_2=iz_1$。

2. 齿数比 u

由于齿数比是大齿轮齿数 z_2 与小齿轮齿数 z_1 之比值,故其值恒大于1。而传动比 i 为主动轮转速与从动轮转速之比值,其值可以大于1,也可以小于1。所以在数值上当减速传动时,一对齿轮的 $u=i$;增速传动时,$u=1/i$。

设计时,u 值不宜选取过大,以免因大齿轮的直径大,而使整个传动装置外廓尺寸过大。通常应取 $u<7$。当 $u>7$ 时,可采用多级传动。

一般齿轮传动中,实际传动比 i(或 u)与理论传动比允许有 2.5%($i\leqslant4.5$)或 4%($i\geqslant4.5$)的误差。

3. 齿宽系数 ψ_d

齿宽系数 $\psi_d=b/d_1$,即齿宽与分度圆直径之比。在一定的载荷作用下,增大齿宽系数,便可以减小齿轮直径和中心距,从而降低了齿轮的圆周速度,且可使齿轮传动结构紧凑。但是,齿宽越大,载荷沿齿宽分布不均匀,载荷集中越严重。因此,必须考虑各方面的影响因素,合理地选择齿宽系数 ψ_d。齿宽系数 ψ_d 可以由表4－9选取。

对于标准圆柱齿轮减速器,齿宽系数可取 $\psi_a=b/a$,a 为中心距,$\psi_a=\left(\frac{2}{1+u}\right)\psi_d$。$\psi_a$ 的标准值为:0.2,0.25,0.3,0.4,0.5,0.6,0.8,1.0,1.2等。对于一般用途的减速器可取 $\psi_a=0.4$;开式齿轮传动由于精度低,齿宽系数可取小些,$\psi_a=0.1\sim0.3$。

对于多级齿轮减速器,由于转矩 T 从高速级向低速级递增,因此,设计时应使低速级的齿宽系数比高速级的大些,以便协调各级的传动尺寸。

在圆柱齿轮减速器中为了便于装配和调整,设计时通常使小齿轮的齿宽 b_1 比大齿轮的齿宽 b_2 大5～10mm,并将大齿轮的齿宽 b_2 代入公式计算。

九、齿轮精度等级的选择

在渐开线圆柱齿轮的精度标准($GB10095-88$)中,规定了12个精度等级,其中1级精度最高,精度依次降低,12级最低。常用的为6～9级。

齿轮精度等级的选择,应根据齿轮的用途、使用条件、传递的圆周速度和功率的大小,以及其他技术、经济指标等要求来确定。表4－10列出几种常见机器中齿轮精度等级的选用范围。

表4－11列出常用几种精度等级的齿轮加工方法及其应用范围。

关于齿轮精度等级的内容、规定及其相应公差值的大小，可直接查阅有关设计手册。

表4－9　　齿宽系数 ψ_d

两轴承相对齿轮的布置情况	载荷情况	软齿面或软硬齿面		硬齿面	
		推荐值	最大值	推荐值	最大值
对称布置	变动小	0.8～1.4	1.8	0.4～0.9	1.1
	变动大		1.4		0.9
非对称布置	变动小	0.6～1.2	1.4	0.3～0.6	0.9
	变动大		1.15		0.7
小齿轮悬臂	变动小	0.3～0.4	0.8	0.2～0.25	0.55
	变动大		0.6		0.44

注：1. 软齿面指两齿轮皆为软齿面，软硬齿面指仅大齿轮为硬齿面，硬齿面指两齿轮皆为硬齿面。
2. 直齿圆柱齿轮取小值，斜齿轮取大值，人字齿轮可取更大值。
3. 载荷平稳、轴刚度大时取大值，反之取小值。
4. 对于金属切削机床，若传递功率不大时，ψ_d 可小到0.2。
5. 对于非金属齿轮，可取 $\psi_d=0.5～1.2$。
6. 对于开式齿轮，可取 $\psi_d=0.3～0.5$。

表4－10　　常见机器中齿轮的精度等级

机器名称	精度等级	机器名称	精度等级
汽轮机	3～6	通用减速器	6～8
金属切削机床	3～8	锻压机床	6～9
轻型汽车	5～8	起重机	7～10
载重汽车	7～9	矿山用卷扬机	8～10
拖拉机	6～8	农业机械	8～11

表4－11　　常用精度等级的齿轮的加工方法及其应用范围

	齿轮的精度等级			
	6级（高精度）	7级（较高精度）	8级（普通）	9级（低精度）
加工方法	用范成法在精密机床上精磨或精剃	用范成法在精密机床上精插或精滚，对淬火齿轮需磨齿或研齿等	用范成法插齿或滚齿	用范成法或仿形法粗滚或型铣
齿面粗糙度 $R_a/\mu m$ ≤	0.80～1.60	1.6～3.2	3.2～6.3	6.3
用　　途	用于分度机构或高速重载的齿轮，如机床、精密仪器、汽车、船舶、飞机中的重要齿轮	用于高、中速重载齿轮，如机床、汽车、内燃机中的较重要齿轮、标准系列减速器中的齿轮	一般机械中的齿轮，不属于分度系统的机床齿轮，纺织机械、农业机械中的重要齿轮	用于轻载传动的不重要齿轮，或低速传动、对精度要求低的齿轮
圆周速度　圆柱齿轮　直齿	≤15	≤10	≤5	≤3
圆周速度　圆柱齿轮　斜齿	≤25	≤17	≤10	≤3.5
圆周速度　圆锥齿轮　直齿	≤9	≤6	≤3	≤2.5

例4－3　设计铣床中的一对标准直齿圆柱齿轮传动。已知：传递功率 $P=7.5kw$、小齿轮

转速 $n_1=1450r/min$、传动比 $i=2.08$，小齿轮相对轴承为不对称布置，两班制，每年工作 $300d$（天），使用期限为 $5a$（年）。

解：1. 选择齿轮材料及精度等级

考虑此对齿轮传递的功率不大，故大小齿轮都选用软齿面。小齿轮选用 $40Cr$，调质，齿面硬度为 $240\sim286HBS$；大齿轮选用 45 钢，调质，齿面硬度为 $217\sim255HBS$（表 4－5）。因是机床用齿轮由表 4－11 选 7 级精度，要求齿面粗糙度 $Ra\leqslant1.6\sim3.2\mu m$。

2. 按齿面接触疲劳强度设计

因两齿轮均为钢制齿轮，所以由（4－25）式得

$$d_1\geqslant76.43\sqrt[3]{\frac{KT_1(u+1)}{\Psi_d u[\sigma_H]^2}}$$

确定有关参数如下：

（1）齿数 z 和齿宽系数 ψ_d

取小齿轮齿数 $z_1=30$，则大齿轮齿数 $z_2=iz_1=2.08\times30=62.4$，圆整 $z_2=62$。

实际传动比　$i_0=\frac{z_2}{z_1}=\frac{62}{30}=2.067$

传动比误差　$\frac{i-i_0}{i}=0.6\%<2.5\%$ 可用。

齿数比　$u=i_0=2.067$

（由表 4－9）　取 $\psi_d=0.9$（因非对称布置及软齿面）

（2）转矩 T_1

$$T_1=9.55\times10^6\frac{p_1}{n_1}=9.55\times10^6\times\frac{7.5}{1450}=4.94\times10^4N\cdot mm$$

（3）载荷系数 K

由表 4－6　取 $K=1.35$

（4）许用接触应力 $[\sigma_H]$

$$[\sigma_H]=\frac{\sigma_{Hlim}Z_{NT}}{S_H}$$

由图 4－26（c）查得 $\sigma_{Hlim1}=725MPa$，$\sigma_{Hlim2}=570MPa$

由式（4－32）计算应力循环次数 N_L

$$N_{L1}=60n_1rt_h=60\times1450\times1\times(16\times300\times5)=2.09\times10^9$$

$$N_{L2}=\frac{N_{L1}}{i}=\frac{2.09\times10^9}{2.076}=1.01\times10^9$$

由图 4－27 查得接触疲劳的寿命系数 $Z_{NT1}=0.89$，$Z_{NT2}=0.93$

通用齿轮和一般工业齿轮，按一般可靠度要求选取安全系数 $S_H=1.0$。所以计算两轮的许用接触应力

$$[\sigma_H]_1=\frac{\sigma_{Hlim1}Z_{NT1}}{S_H}=\frac{725\times0.89}{1.0}MPa=645.25MPa$$

$$[\sigma_H]_2=\frac{\sigma_{Hlim2}Z_{NT2}}{S_H}=\frac{570\times0.93}{1.0}MPa=530.1MPa$$

故得

$$d_1 \geqslant 76.43\sqrt[3]{\frac{KT_1(u+1)}{\Psi_d u[\sigma_H]^2}} = 76.43 \times \sqrt[3]{\frac{1.35 \times 4.94 \times 10^4 \times (2.076+1)}{0.9 \times 2.07 \times 530.1^2}} mm = 55.93mm$$

计算模数 $m = \dfrac{d_1}{z_1} = \dfrac{55.93}{30}mm = 1.86mm$

由表 4-1 取标准模数 $m = 2mm$。

3. 校核齿根弯曲疲劳强度

由式(4-28)　　$\sigma_F = \dfrac{2KT_1}{bm^2 z_1} Y_{Fa} Y_{Sa} \leqslant [\sigma_F]$

确定有关参数和系数

(1)分度圆直径

$$d_1 = mz_1 = 2 \times 30mm = 60mm$$
$$d_2 = mz_2 = 2 \times 60mm = 124mm$$

(2)齿宽　$b = \Psi_d d_1 = 0.9 \times 60mm = 54mm$

取 $b = 55mm, b_1 = 60mm$

(3)齿形系数 Y_{Fa} 和应力修正系数 Y_{Sa}

根据齿数 $z_1 = 30, z_2 = 62$，由表 4-8 查得：$Y_{Fa1} = 2.52$、$Y_{Sa1} = 1.625$

$Y_{Fa2} = 2.288$、$Y_{Sa2} = 1.734$。

(4)许用弯曲应力 $[\sigma_F]$

由式(4-33) $[\sigma_F] = \dfrac{\sigma_{Flim} Y_{ST} Y_{NT}}{S_F}$

由图 4-28(c)查得：$\sigma_{Flim1} = 290MPa$；$\sigma_{Flim2} = 210MPa$

由图 4-29 查得：$Y_{NT1} = 0.88$；$Y_{NT2} = 0.9$

试验齿轮的应力修正系数 $Y_{ST} = 2$

按一般可靠度选取安全系数 $S_F = 1.25$

计算两轮的许用弯曲应力

$$[\sigma_F]_1 = \frac{\sigma_{Flim1} Y_{ST} Y_{NT1}}{S_F} = \frac{290 \times 2 \times 0.88}{1.25} MPa = 408.32MPa$$

$$[\sigma_F]_2 = \frac{\sigma_{Flim2} Y_{ST} Y_{NT2}}{S_F} = \frac{210 \times 2 \times 0.9}{1.25} MPa = 302.4MPa$$

将求得的各参数代入式(4-29)

$$\sigma_{F1} = \frac{2KT_1}{bm^2 z_1} Y_{Fa1} Y_{Sa1} = \frac{2 \times 1.35 \times 4.94 \times 10^4}{55 \times 2^2 \times 30} \times 2.52 \times 1.625MPa = 82.76MPa < [\sigma_F]_1$$

$$\sigma_{F2} = \frac{2KT_2}{bm^2 z_2} Y_{Fa2} Y_{Sa2} = \sigma_{F1} \frac{Y_{Fa2} Y_{Sa2}}{Y_{Fa1} Y_{Sa1}} = 82.76 \times \frac{2.288 \times 1.734}{2.52 \times 1.625} MPa = 80.18MPa < [\sigma_F]_2$$

故轮齿齿根弯曲疲劳强度足够。

4. 计算齿轮传动的中心距 a

$$a = m/2(z_1 + z_2) = 2/2 \times (30+62)mm = 92mm$$

5. 计算齿轮的圆周速度 v

$$v=\frac{\pi d_1 n_1}{60\times1000}=\frac{3.14\times60\times145}{60\times1000}m/s=4.55m/s$$

由表4－11可知，可选用7级或8级精度的齿轮，因该对齿轮为机床用，所以选用7级精度合适。

6. 计算齿轮的几何尺寸并绘制齿轮零件工作图（略）

§4－8　斜齿圆柱齿轮传动

一、斜齿圆柱齿轮的形成及啮合特性

前面论述的直齿圆柱齿轮的齿廓形成及啮合特点，都是就其端面即垂直于齿轮轴线的平面来讨论。实际上，齿轮具有一定的宽度。当发生线在基圆上作纯滚动时，发生线上任一点的轨迹为该圆的渐开线。而对于具有一定宽度的直齿圆柱齿轮，其齿廓侧面是发生面 S 在基圆柱上作纯滚动时，平面 S 上任一与基圆柱母线 NN 平行的直线 KK 所形成的渐开线曲面，如图4－30所示，直齿圆柱齿轮啮合时，其接触线是与轴线平行的直线，因而一对齿廓沿齿宽同时进入啮合或退出啮合，容易引起冲击和噪音，传动平稳性差，不适宜用于高速齿轮传动。

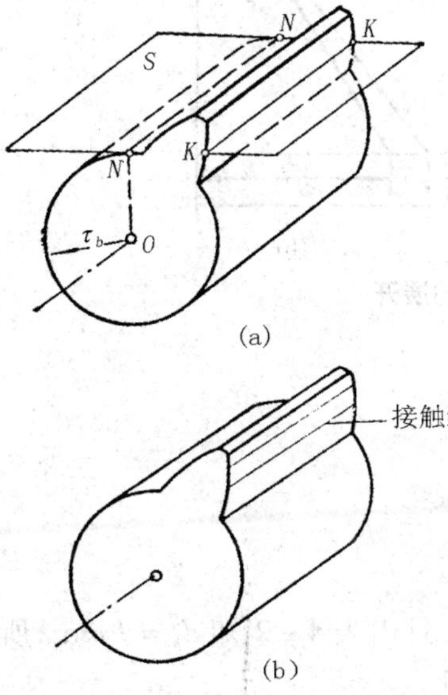

图4－30　直齿轮齿廓曲面的形成

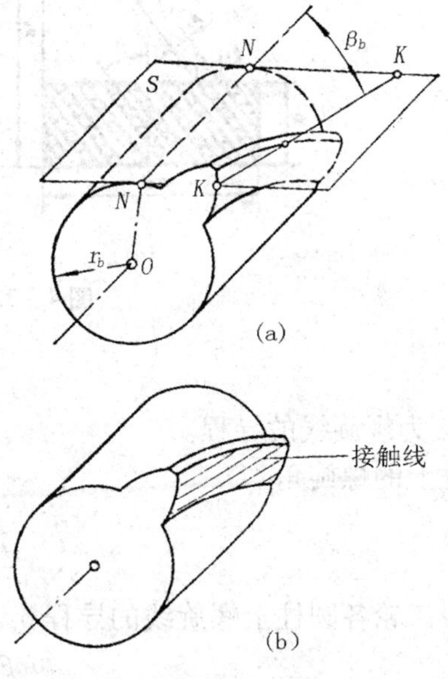

图4－31　斜齿轮齿廓曲面的形成

斜齿圆柱齿轮是发生面在基圆柱上作纯滚动时，平面 S 上直线 KK 不与基圆柱母线 NN 平行，而是与 NN 成一角度 β_b，当 S 平面在基圆柱上作纯滚动时，斜直线 KK 的轨迹形成斜齿轮的齿廓曲面，如图4－31所示 KK 与基圆柱母线的夹角 β_b 称为基圆柱上的**螺旋角**。斜齿圆柱齿轮啮合时，其接触线都是平行于斜直线 KK 的直线，因齿高有一定限制，故在两齿廓啮合过程中，接触线长度由零逐渐增长，从某一位置以后又逐渐缩短，直至脱离啮合，即斜齿轮进入和脱离接触都是逐渐进行的，故传动平稳，噪音小，此外，由于斜齿轮的轮齿是倾斜的，同时啮合的轮齿对数比直齿轮多，故重合度比直齿轮大。

二、斜齿圆柱齿轮的几何参数及几何尺寸计算

由于斜齿圆柱齿轮的齿廓曲面是渐开螺旋面,因此,在垂直于齿轮轴的端面上和垂直于齿廓螺旋面方向的法面上的参数是不同的,故计算斜齿轮的几何尺寸时,必须注意端面和法面参数的换算关系。

1. 螺旋角

在斜齿圆柱齿轮各个不同的圆柱面上,其螺旋角是不同的。通常用分度圆柱上的螺旋角 β 进行几何尺寸计算。螺旋角 β 愈大,齿轮越倾斜,则传动的平稳性越好,但轴向力也越大。一般设计时可取 $\beta=8°\sim20°$。近年来,为增大重合度,增加传动平稳性和降低噪声,在螺旋角参数选择上,有大螺旋角化倾向。对于人字齿轮,因其轴向力可以抵消,常取 25°~45°,但其加工较困难,精度较低,一般用于重型机械的齿轮传动中。

斜齿轮按其齿廓渐开螺旋面的旋向,可以分为右旋和左旋两种,若将斜齿轮沿分度圆柱面展开成一个矩形,如图 4－32,则矩形的高就是斜齿轮的宽度 b,矩形的长即为分度圆的周长 πd:

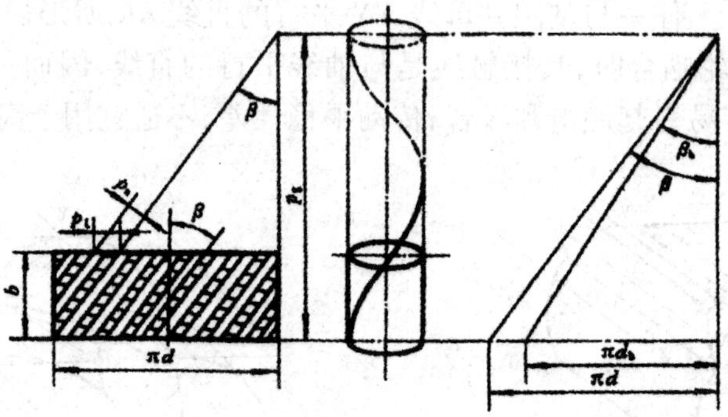

(a)　　　　　　　　(b)

图 4－32　斜齿轮的展开

$$tan\beta=\frac{\pi d}{p_s}$$

式中 p_s 为螺旋线的导程。

基圆柱上的螺旋角

$$tan\beta_b=\frac{\pi d_b}{p_s}$$

由于斜齿轮各圆柱上螺旋线的导程 p_s 是相同的,且由表 4－2 知 $d_b=dcos\alpha_t$,所以

$$\frac{tan\beta}{tan\beta_b}=\frac{d}{d_b}=\frac{1}{cosa_t}$$

故
$$tan\beta_b=tan\beta cos\alpha_t \tag{4-34}$$

式中 α_t 为斜齿轮分度圆的端面压力角。

2. 模数

图 4－32 所示,其中阴影部分表示斜齿轮展开后的齿厚,空白部分表示齿槽宽。由图 4－32 可知,端面齿距 p_t 与法面齿距 p_n 是不相等的,

$$p_t=\frac{p_n}{cos\beta}$$

即 $\pi m_n = \pi m_t cos\beta$，故法面模数 m_n 和端面模数 m_t 之间的关系为

$$m_n = m_t cos\beta \tag{4-35}$$

式中：β 为螺旋角。下角字 n 代表法向，t 代表端面。

3. 压力角

图 4－33 是端面（ABD 平面）压力角和法面（A_1B_1D 平面）压力角的关系。

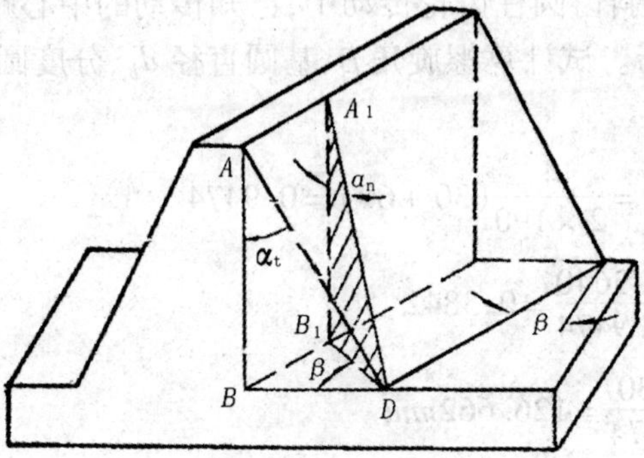

图 4－33 端面压力角和法面压力角

由图可见

$$tan\alpha_t = \frac{BD}{AB}$$

$$tan\alpha_n = \frac{B_1D}{A_1B_1}$$

及 $B_1D = BDcos\beta$，故

$$tan\alpha_n = tan\alpha_t cos\beta \tag{4-36}$$

4. 齿顶高系数及顶系系数

由图 4－33 可知，$AB = A_1B_1$，即在端面上和法面上的全齿高 h、齿顶高 h_a、齿根高 h_f 以及顶隙 c 是相等的。即：

$h_a = h_{at}^* m_t = h_{an}^* m_n$

$$h_f = (h_{at}^* + c_t^*)m_t = (h_{an}^* + c_n^*)m_n$$

$$c = c_t^* m_t = c_n^* m_n$$

因为

$$m_n = m_t cos\beta$$

所以

$$h_{at}^* = h_{an}^* cos\beta$$
$$c_t^* = c_n^* cos\beta \tag{4-37}$$

采用铣刀或滚刀切削加工斜齿轮时，由于刀具的进刀方向是垂直于轮齿法面的，因此，斜齿轮的法向参数与刀具参数相同。所以一般规定斜齿轮的法面模参数：m_n、a_n、h_{an}^* 和 c_n^* 为标准值，且与直齿圆柱齿轮的参数标准值相同，即 m_n 值查表 4－1，$\alpha_n = 20°$， $h_{an}^* = 1$，$c_n^* = 0.25$（$0.1 < m_n < 1$ 时，$c_n^* \geq 0.35$）。

5. 斜齿轮（外啮合）的几何尺寸计算

由于一对斜齿轮的啮合，在端面上相当于一对直齿轮的啮合，，故可将直齿轮几何尺寸计算公式应用于斜齿轮端面的计算，见表 4－12。

斜齿轮传动的中心距与螺旋角 β 有关。当一对斜齿轮的模数、齿数一定时，可以通过改变

其螺旋角 β 的大小来配凑给定的实际安装中心距。对标准斜齿轮不发生根切的最少齿数为

$$z_{min}=\frac{2h_{at}^*}{sin^2\alpha_t}$$

若螺旋角 $\beta=15°, a_n=20°, h_{at}^*=1$，则不发生根切的最少齿数为 $z_{min}=15.5$。

由此可知，标准斜齿轮比标准直齿轮少，其结构比直齿轮紧凑。

例 4-4 在一对标准斜齿圆柱齿轮传动中，已知传动的中心距 $a=190mm$，齿数 $z_1=30$，$z_2=60$，法向模数 $m_n=4mm$。试计算螺旋角 β、基圆直径 d_b、分度圆直径 d 及齿顶圆直径 d_a 的大小。

解：$cos\beta=\frac{m_n}{2a}(z_1+z_2)=\frac{4}{2\times190}(30+60)=0.9474$

所以 $tan\alpha_t=\frac{tan\alpha_n}{cos\beta}=\frac{0.3640}{0.9474}=0.3842$

$$d_1=\frac{m_n}{cos\beta}z_1=\frac{4\times30}{0.9474}=126.662mm$$

$$d_2=\frac{m_n}{cos\beta}z_2=\frac{4\times60}{0.9474}=253.325mm$$

$$d_{a1}=d_1+2m_n=126.662+2\times4=134.662mm$$

$$d_{a2}=d_2+2m_n=253.325+2\times4=261.325mm$$

$$d_{b1}=d_1cos\alpha_t=126.662\times0.9335=118.239mm$$

$$d_{b2}=d_2cos\alpha_t=253.325\times0.9335=236.479mm$$

表 4-12　外啮合标准斜齿圆柱齿轮传动的几何尺寸计算

名称	符号	公式（内齿轮齿数为 z_2）
螺旋角	β	$\beta=8\sim20°$
基圆柱螺旋角	β_b	$tan\beta_b=tan\beta cos\alpha_t$
法面压力角	α_n	$\alpha_n=20°$
法面模数	m_n	$m_n=m$（直齿轮模数）
端面模数	m_t	$m_t=m_n/cos\beta$
端面压力角	α_t	$tan\alpha_t=tan\alpha_n/cos\beta$
齿顶高	h_a	$h_a=h_{an}{}^*m_n$
齿根高	h_f	$h_f=(h_{an}{}^*+c_n{}^*)m_n$
齿全高	h	$h=h_a+h_f$
基圆直径	d_b	$d_b=mzcos\alpha_t$
齿顶圆直径	d_a	$d_a=d+2ha$
齿根圆直径	d_f	$d_f=d-2h_f$
分度圆直径	d	$d=m_tz=(m_n/cos\beta)z$

续表

名称	符号	公式(内齿轮齿数为 z_2)
法面齿距	p_n	$p_n = \pi m_n$
端面齿距	P_t	$P_t = \pi m_t$
标准中心距	a	$a = \frac{1}{2}(d_2 + d_1) = \frac{1}{2}(z_2 + z_1)m_t = \frac{m_n}{2cos\beta}(z_1 + z_2)$
当量齿数	Zv	$Zv = \frac{z}{cos^3\beta}$

三、斜齿圆柱齿轮传动的正确啮合条件

由斜齿轮齿廓曲面的形成可知,为保证斜齿轮正确啮合传动,除像直齿轮那样保证两轮的模数、压力角相等外,两轮的螺旋角也应匹配。对外啮合传动,两轮的螺旋角应大小相等,方向相反;对内啮合传动,两轮的螺旋角应大小相等,方向相同。

因此,斜齿轮传动的正确啮合条件是:

(1) $\beta_1 = -\beta_2$(外啮合);$\beta_1 = \beta_2$(内啮合)

(2) $m_{n1} = m_{n2} = m_n$;($m_{t1} = m_{t2}$)

(3) $\alpha_{n1} = \alpha_{n2} = \alpha_n$。($\alpha_{t1} = \alpha_{t2}$)

四、斜齿圆柱齿轮的当量齿数

加工斜齿轮时,铣刀是沿着螺旋线方向进刀的,故应当按照齿轮的法面齿形来选择铣刀。另外,在计算轮齿的强度时,因为力作用在法面内,所以也需要知道法面的齿形。通常采用近似方法确定。

如图 4-34 所示,过分度圆柱面上 C 点作轮齿螺旋线的法平面 nn,它与分度圆柱面的交线为一椭圆。

其长半轴 $a = \frac{d}{2cos\beta}$,短半轴 $b = \frac{d}{2}$,椭圆在 C 点的曲率半径

$$\rho = \frac{a^2}{b} = \frac{d}{2cos^2\beta} \qquad (4-38)$$

以 ρ 为分度圆半径,以斜齿轮的法面模数 m_n 为标准模数,$\alpha_n = 20°$,作一直齿圆柱齿轮,它与斜齿轮的法面齿形十分接近。这个假想的直齿圆柱齿轮称为斜齿圆柱齿轮的当量齿轮。它的齿数 z_v 称为**当量齿数**。

$$z_v = \frac{2\rho}{m_n} = \frac{d}{m_n cos^2\beta} = \frac{m_n z}{m_n cos^3\beta} = \frac{z}{cos^3\beta} \qquad (4-39)$$

式中,z 为斜齿轮的实际齿数,当量齿数 Z_v 可用来选择盘形铣刀号数及计算斜齿轮轮齿的强度。

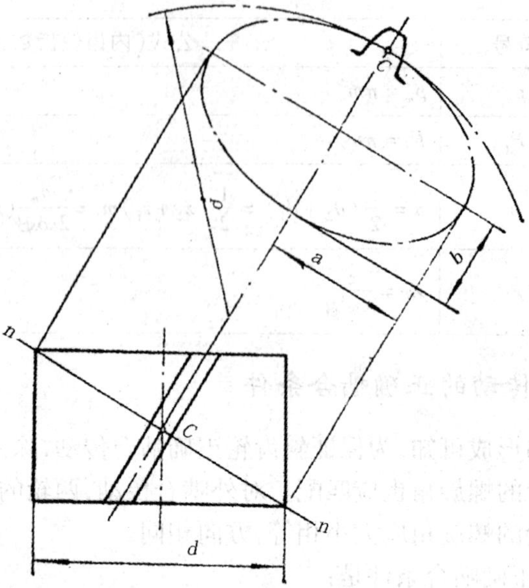

图 4-34　斜齿轮的当量齿轮

* 五、斜齿圆柱齿轮强度设计

1. 轮齿上的作用力

如图 4-35 所示，作用在斜齿圆柱齿轮轮齿上的法向力 F_n 可以分解为三个互相垂直的分力，即圆周力 F_t，径向力 F_r 和轴向力 F_a。由图 4-35(*b*)可得三个分力的计算方式。

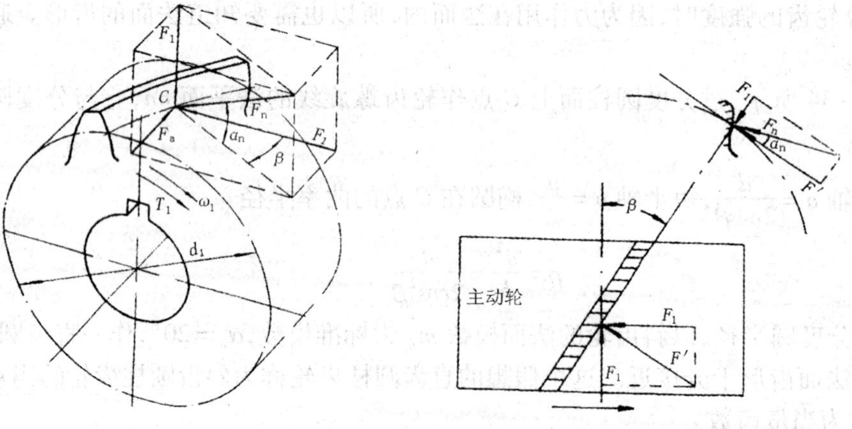

(a)　　　　(b)

图 4-35　轮齿上的作用力

$$F_t = \frac{2T_1}{d_1} \quad N \tag{4-40}$$

$$F_r = \frac{F_t tan\alpha_n}{cos\beta} \quad N \tag{4-41}$$

$$F_a = F_t tan\beta \quad N \tag{4-42}$$

圆周力 F_t 和径向力 F_r 的方向与直齿圆柱齿轮相同；轴向力 F_a 的方向取决于轮齿螺旋线

的方向和齿轮的转动方向。确定主动轮的轴向力方向可利用左、右手定则，例如对于主动右旋齿轮，以右手四指弯曲方向表示它的旋转方向，则大拇指的指向表示它所受轴向力的方向。从动轮上所受各力的方向与主动轮相反，但大小相等。

2. 强度计算

(1)轮齿弯曲强度计算

斜齿轮轮齿的弯曲应力是在轮齿的法面内进行分析的，方法与直齿圆柱齿轮中所述的方法相似。

因为斜齿轮啮合时重合度较大，同时啮合的轮齿对数较多，而且轮齿的接触线是倾斜的，有利于降低斜齿轮的弯曲应力，因此斜齿轮轮齿的抗弯能力比直齿轮高。考虑到斜齿轮的上述特点，可得斜齿轮轮齿弯曲强度的校核方式和设计公式

$$\sigma_F=\frac{1.6KT_1Y_{Fa}Y_{Sa}}{bm_nd_1z_1}=\frac{1.6KT_1Y_{Fa}Y_{Sa}cos\beta}{bm_n{}^2z_1}\leqslant[\sigma_F]MPa \tag{4-43}$$

$$m_n\geqslant1.17\sqrt[3]{\frac{KT_1cos\beta}{\psi_dz_1{}^2[\sigma_F]}Y_{Fa}Y_{Sa}}mm \tag{4-44}$$

式中，计算时应将$\frac{Y_{Fa1}Y_{Sa1}}{[\sigma_{F1}]}$和$\frac{Y_{Fa2}Y_{Sa2}}{[\sigma_{F2}]}$两比值中的大值代入上式，并将计算得的法面模数 m_n 按表4－1中选取标准值；齿形系数 Y_{Fa} 和应力修正系数 Y_{Sa} 应根据当量齿数 z_v 由表4－8查得，齿轮许用弯曲应力$[\sigma_F]$的确定方法与直齿轮相同，其余各参数的意义和单位同前述。

(2)齿面接触强度计算

斜齿轮传动除了重合度较大之外，还因为在法面内斜齿轮当量齿轮的分度圆半径增大，齿廓的曲率半径增大，而使斜齿轮的齿面接触应力也较直齿轮有所降低。因此斜齿轮轮齿的抗点蚀能力也较直齿轮高，由于上述特点，可得一对钢制标准斜齿轮传动齿面接触强度的校核公式和设计公式。

$$\sigma_H=3.17Z_E\sqrt{\frac{(u\pm1)KT_1}{\mu bd_1{}^2}}\leqslant[\sigma_H]MPa \tag{4-45}$$

$$d_1\geqslant\sqrt[3]{(\frac{3.17Z_E}{[\sigma_H]})^2\cdot\frac{KT_1(u\pm1)}{\psi_d\mu}}mm \tag{4-46}$$

式中 K 为载荷系数(表4－6)；T_1 为小齿轮的转矩，单位 $N\cdot mm$；u 为齿数比($u\geqslant1$)；ψ_d 为齿宽系数(表4－9)；Z_E 为材料的弹性系数(表4－7)，单位 MPa；b 为轮齿的接触宽度，单位 mm；$[\sigma_H]$为许用接触应力(式4－31)；d_1 小齿轮分度圆直径，单位 mm。

例4－5　试设计带式运输机减速器的高速级圆柱齿轮传动。已知输入功率 $P=40KW$，小齿轮转速 $n_1=970r/min$，传动比 $i=2.5$，使用寿命为10年(设每年工作300天)，单班制，电动机驱动，带式运输机工作平稳、转向不变，齿轮相对轴承为非对称布置。

解：(1)选择齿轮类型、材料、热处理方法及精度等级。

考虑此对齿轮传递的功率较大，故选用斜齿圆柱齿轮。

为使齿轮传动结构紧凑，大、小齿轮均选用硬齿面。由表4－5大、小齿轮材料均采用40Cr，经表面淬火，齿面硬度为55HRC。

由表4－11初选齿轮为7级精度，要求齿面粗糙度 $Ra\leqslant1.6\sim3.2\mu m$。

(2)按齿根弯曲疲劳强度设计

因两轮均为钢制齿轮，由式(4-44)

$$m_n \geqslant 1.17\sqrt[3]{\frac{KT_1\cos^2\beta}{\psi_d z_1^{\ 2}[\sigma_F]}Y FaY_{Sa}}$$

确定有关参数和系数：

①齿数 Z、螺旋角 β 和齿宽系数 ψ_d

取小齿轮齿数 $Z_1=24$，则 $Z_2=iZ_1=2.5\times24=60$

初选螺旋角 $\beta=15°$

计算当量齿数 Z_v

$$z_{v1}=\frac{z_1}{\cos^3\beta}=\frac{24}{\cos^3 15°}=\frac{24}{0.96593}=24.84$$

$$z_{v2}=\frac{z_2}{\cos^3\beta}=\frac{60}{\cos^3\beta}=\frac{60}{0.96593}=62.11$$

由表4-8查齿形系数 Y_{Fa} 和应力修正系数 Y_{Sa}

$Y_{Fa1}=2.62$，　$Y_{Sa1}=1.59$

$Y_{Fa2}=2.29$，　$Y_{Sa2}=1.73$

由表4-9选取齿宽系数 ψ_d

$$\psi_d=b/d_1=0.6$$

②计算转矩 T_1

$$T_1=9.55\times10^6\frac{p}{n_1}=9.55\times10^6\times\frac{40}{970}=3.94\times10^5 N\cdot mm$$

③载荷系数 K　　由表4-6查取 $K=1.10$

④许用弯曲应力 $[\sigma_F]$

由式4-33　　$[\sigma_F]=\dfrac{\sigma_{Flim}Y_{ST}Y_{NT}}{S_F}$

由图4-28查 σ_{Flim}　$\sigma_{Flim1}=\sigma_{Flim2}=370MPa$

计算应力循环次数 N_L

$N_{L1}=60n_1rt_h=60\times970\times(10\times300\times8)=1.4\times10^9$

$N_{L2}=\dfrac{N_{L1}}{i}=\dfrac{1.4\times10^9}{2.5}=5.9\times10^8$

由图4-29查弯曲疲劳寿命系数 Y_{NT}　　$Y_{NT1}=0.88$，$Y_{NT2}=0.9$

按一般可靠度要求选取安全系数 $S_F=1.25$

$[\sigma_{F1}]=\dfrac{\sigma_{Flim}Y_{ST}Y_{NT1}}{S_F}=\dfrac{370\times2\times0.88}{1.25}=521MPa$

$[\sigma_{F2}]=\dfrac{\sigma_{Flim}Y_{ST}Y_{NT2}}{S_F}=\dfrac{370\times2\times0.9}{1.25}=533.2MPa$

$\dfrac{Y_{Fa1}Y_{Sa1}}{[\sigma_{F1}]}=\dfrac{2.26\times1.59}{521}=0.006897$

$\dfrac{Y_{Fa2}Y_{Sa2}}{[\sigma_{F2}]}=\dfrac{2.29\times1.73}{533}=0.00743$

将$\frac{Y_{Fa1}Y_{Sa1}}{[\sigma_{F1}]}$代入设计公式得

$$m_n \geqslant 1.17\sqrt[3]{\frac{KT_1 cos^2\beta}{\psi_d z_1{}^2[\sigma]}Y_{Fa1}Y_{Sa1}} = 1.17\sqrt[3]{\frac{1.10\times 3.94\times 10^5\times cos^2 15°\times 2.62\times 1.59}{0.6\times 24^2\times 521}}$$

$$=2.465mm$$

由表4－1取 $m_n = 2.5mm$

计算中心距并修正螺旋角

$$a = \frac{m_n(z_1+z_2)}{2cos\beta} = \frac{2.5\times(24+60)}{2\times cos15°} = 108.70mm$$

取 $a = 110mm$。确定螺旋角

$$cos\beta = \frac{m_n(z_1+z_2)}{2a} = \frac{2.5\times(24+60)}{2\times 110} = 0.95454545mm$$

$$\beta = arccos0.9545454545 = 17°20'$$

(3)校核齿面接触疲劳强度

由式(4－45)

$$\sigma_H = 3.17Z_E\sqrt{\frac{(\mu\pm 1)KT_1}{\mu bd_1{}^2}} \leqslant [\sigma_H]$$

确定有关参数和系数：

①分度圆直径

$$d_1 = \frac{m_n z_1}{cos\beta} = \frac{2.5\times 24}{0.9545} = 62.86mm$$

$$d_2 = \frac{m_n z_2}{cos\beta} = \frac{2.5\times 60}{0.9545} = 157.15mm$$

②齿宽 b　　$b = \psi_d d_1 = 0.6\times 62.86 = 37.72mm$

取 $b_2 = 40mm, b_1 = 45mm$

③齿数比 u　减速传动 $u = i = 2.5$

④许用接触应力$[\sigma_H]$

由式(4－31) $[\sigma_H] = \frac{\sigma_{Hlim}Z_{NT}}{S_H}$

由图4－26查 $\sigma_{Hlim1} = \sigma_{Hlim2} = 1025MPa$

应力循环次数 $N_{L1} = 1.4\times 10^9, N_{L2} = 5.9\times 10^8$

由图4－27查接触疲劳寿命系数 $Z_{NT1} = 0.9$　$Z_{NT2} = 0.93$

按一般可靠度选取安全系数 $S_H = 1.0$，所以有

$$[\sigma_{H1}] = \frac{\sigma_{Hlim1}Z_{NT1}}{S_H} = \frac{1025\times 0.90}{1.0} = 922.5MPa$$

$$[\sigma_{H2}] = \frac{\sigma_{Hlim2}Z_{NT2}}{S_H} = \frac{1025\times 0.93}{1.0} = 953.25MPa$$

由表4－7查得 $Z_E = 189.9\sqrt{MPa}$

故 $\sigma_H = 3.17Z_E\sqrt{\frac{(u\pm 1)KT_1}{ubd_1{}^2}} = 3.17\times 189.9\sqrt{\frac{1.10\times 3.94\times 10^5\times(2.5+1)}{40\times 2.5\times 62.86^2}} = 1179.47MPa$

$>[\sigma_H]$ 不可使用,返回步骤(2),重新取 $m=3mm,A=130mm$,并重新校核,校核过程同前。

(4)齿轮的圆周速度

$$v=\frac{\pi d_1 n_1}{60\times1000}=\frac{3.14\times74.29\times970}{60\times1000}=3.77m/s$$

由表4-10、4-11知,可选用7级精度

(5)计算齿轮的几何尺寸并绘制齿轮工作图(略)。

§4-9 圆锥齿轮传动

一、直齿圆锥齿轮传动特性

圆锥齿轮用于相交两轴之间的传动,其中应用最广泛的是两轴交角 $\Sigma=\delta_1+\delta_2=90°$ 的直齿圆锥齿轮。

与圆柱齿轮不同,圆锥齿轮的轮齿是沿圆锥面分布的,其轮齿尺寸朝锥顶方向逐渐缩小。

圆锥齿轮的运动关系相当于一对节圆锥作纯滚动。除节圆锥外,圆锥齿轮还有分度圆锥、齿顶圆锥、齿根圆锥、基圆锥。

图4-36所示为一对标准直齿圆锥齿轮,其节圆锥与分度圆锥重合,δ_1、δ_2 为节锥角,为两节圆锥几何轴线的夹角,d_1、d_2 为大端节圆直径。当 $\Sigma=\delta_1+\delta_2=90°$时,其传动比

$$i=\frac{n_1}{n_2}=\frac{d_2}{d_1}=\frac{z_2}{z_1}=\frac{sin\delta_2}{sin\delta_1}=tan\delta_2=cot\delta_1 \tag{4-47}$$

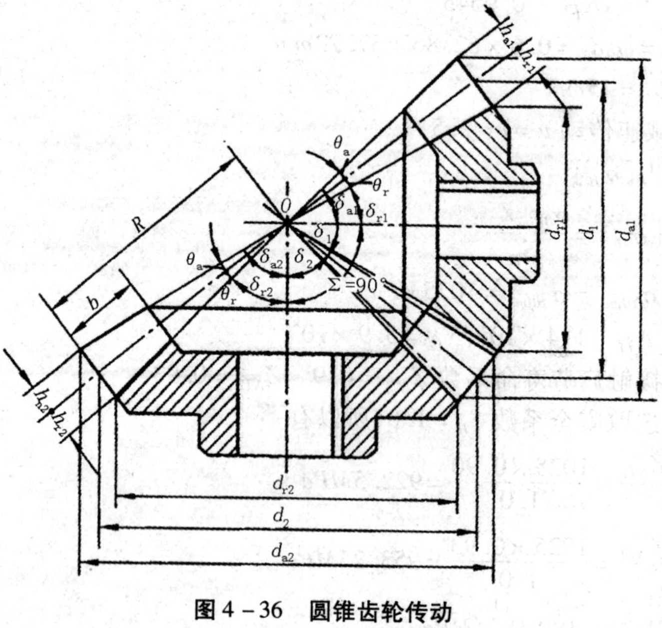

图4-36 圆锥齿轮传动

二、直齿圆锥齿轮的齿廓曲线、背锥和当量齿数

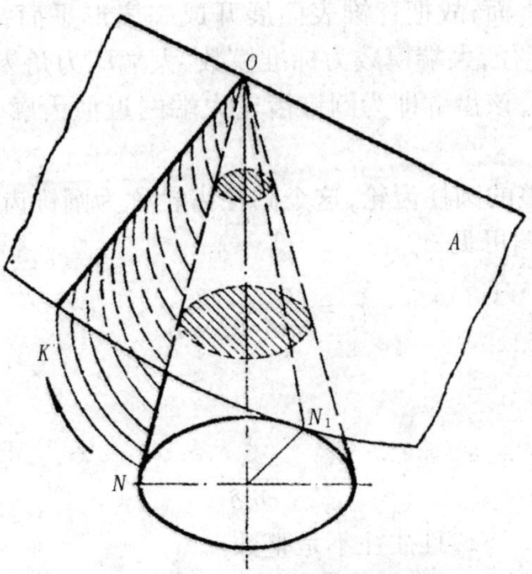

图 4－37　球面渐开线的形成

如图 4－37 所示，当发生面 A 沿基圆锥作纯滚动时，平面上一条通过锥顶的直线 OK 将形成一渐开线曲面，此曲面即为直齿圆锥齿轮的齿廓曲面，直线 OK 上各点的轨迹都是渐开线。渐开线 NK 上各点与锥顶 O 的距离均相等，所以该渐开线必在一个以 O 为球心，OK 为半径的球面上，因此圆锥齿轮的齿廓曲线理论上是以锥顶 O 为球心的球面渐开线。但因球面渐开线无法在平面上展开，给设计和制造造成困难，故常用背锥上的齿廓曲线来代替球面渐开线。

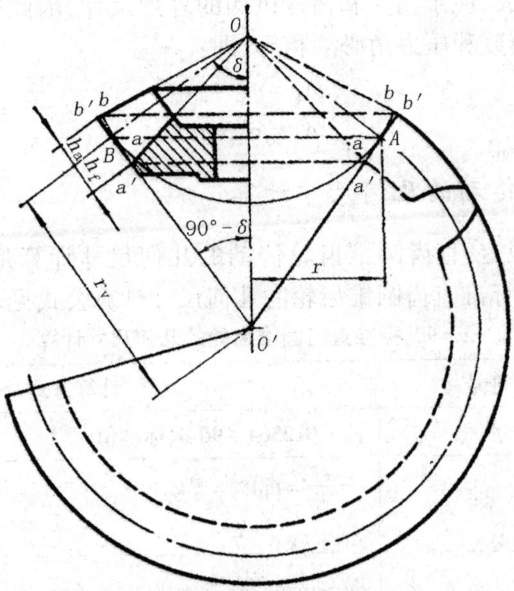

图 4－38　圆锥齿轮的背锥和当量齿数

图 4－38 所示为一圆锥齿轮的轴线平面，△OAB、△Obb、△Oaa 分别表示其分度圆锥、顶圆锥和根圆锥与轴线平面的交线。过 A 点作 OA 的垂线，与圆锥齿轮的轴线交于 O' 点，以 OO'

为轴线，$O'A$为母线作圆锥，这个圆锥称为背锥。若将球面渐开线的轮齿向背锥上投影，则a、b点的投影为a'、b'点，由图可见$a'b'$和ab相差很小，因此可以用背锥上的齿廓曲线来代替圆锥齿轮的球面渐开线。

因圆锥面可以展开成平面，故把背锥表面展开成一扇形平面，扇形的半径r_v就是背锥母线的长度，以r_v为分度圆半径，大端模数为标准模数，大端压力角为20°，按照圆柱齿轮的作图方法画出扇形齿轮的齿形。该齿廓即为圆锥齿轮大端的近似齿廓，扇形齿轮的齿数为圆锥齿轮的实际齿数。

将扇形齿轮补足为完整的圆柱齿轮，这个圆柱齿轮称为圆锥齿轮的当量齿轮，当量齿轮的齿数z_v称为当量齿数。由图可见

$$r_v = \frac{r}{cos\delta} = \frac{mz}{2cos\delta}$$

而$r_v = \frac{mz_v}{2}$，故

$$z_v = \frac{z}{cos\delta} \tag{4-48}$$

因δ总是大于零度，故$z_v > z$，且往往不是整数。

综上所述，一对圆锥齿轮的啮合相当于一对当量圆柱齿轮的啮合，因此可把圆柱齿轮的啮合原理运用到圆锥齿轮。

三、正确啮合条件

由于直齿圆锥齿轮的大端齿形可以近似地用当量齿轮（直齿圆柱齿轮）的齿形代替，所以圆柱齿轮传动的啮合原理可以用于直齿圆锥齿轮传动。圆锥齿轮通常是以大端参数为标准的，这是由于大端尺寸较大，便于测量和估计机构的外形尺寸，因此得到一对啮合的圆锥齿轮的正确啮合条件为大端模数和压力角必须相等，即：

$$m_1 = m_2 = m$$
$$\alpha_1 = \alpha_2 = \alpha$$

四、直齿圆锥齿轮传动的几何尺寸计算

按$GB12369-1990$规定，直齿圆锥齿轮传动的几何尺寸计算是以其大端参数为标准参数。当轴交角$\Sigma = 90°$时，标准直齿圆锥齿轮的几何尺寸计算公式见表4－13。

表4－13　**$\Sigma = 90°$标准直齿圆锥齿轮的几何尺寸计算**

名称	符号	计算方式及说明
大端模数	m_e	按$GB12364-90$取标准值
传动比	i	$i = \frac{z_2}{z_1} = tan\delta_2 = cot\delta_1$ 单级$i < 6 \sim 7$
分度圆锥角	δ_1、δ_2	$\delta_2 = arctan\frac{z_2}{z_1}$，$\delta_1 = 90° - \delta_2$
分度圆直径	d_1、d_2	$d_1 = m_e z_1$，$d_2 = m_e z_2$

续表

名称	符号	计算方式及说明
齿顶高	h_a	$h_a = m_e$
齿根高	h_f	$h_f = 1.2m_e$
全齿高	h	$h = 2.2m_e$
顶隙	c	$c = 0.2m_e$
齿顶圆直径	d_{a1}, d_{a2}	$d_{a1} = d_1 + 2m_e cos\delta_1, d_{a2} = d_2 + 2m_e cos\delta_2$
齿根圆直径	d_{f1}, d_{f2}	$d_{f1} = d_1 - 2.4m_e cos\delta_1, d_{f2} = d_2 - 2.4m_e cos\delta_2$
外锥距	R_e	$R_e = \sqrt{r_1^2 + r_2^2} = \frac{m_e}{2}\sqrt{z_1^2 + z_2^2} = \frac{d_1}{2sin\delta_1} = \frac{d_2}{2sin\delta_2}$
齿宽	b	$b \leqslant \frac{R_e}{3}$，$b \leqslant 10m_e$
齿顶角	θ_a	$\theta_a = arctan\frac{h_f}{R_e}$（不等顶隙齿） $\theta_a = \theta_f$（等顶隙齿）
齿根角	θ_f	$\theta_f = arctan\frac{h_f}{R_e}$
根锥角	δ_{f1}、δ_{f2}	$\delta_{f1} = \delta_1 - \theta_f$、$\delta_{f2} = \delta_2 - \theta_f$
顶锥角	δ_{a1}, δ_{a2}	$\delta_{a1} = \delta_1 + \theta_a$、$\delta_{a2} = \delta_2 + \theta_a$

＊五、直齿圆锥齿轮强度计算

1. 直齿圆锥齿轮轮齿上的作用力

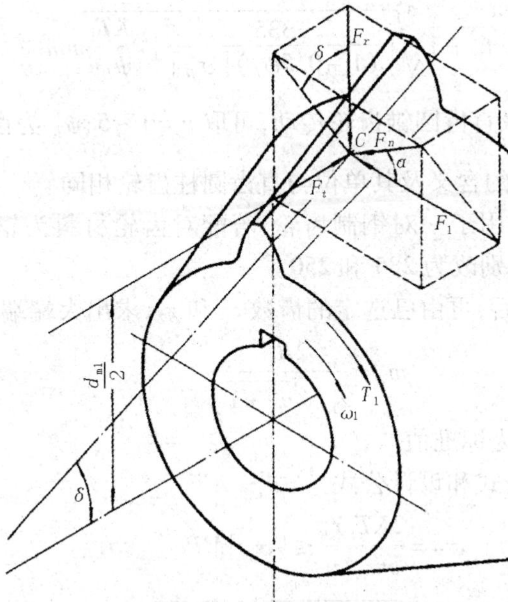

图 4－39　直齿圆锥齿轮受力分析

图4-39所示为直齿圆锥齿轮轮齿受力情况。由于圆锥齿轮的轮齿厚度和高度向锥顶方向逐渐减小,故轮齿各剖面上的弯曲强度都不相同,为简化起见,通常假定载荷集中作用在齿宽中部的节点上。法向力 F_n 可分解为三个分力:

圆周力

$$F_t = \frac{2T_1}{d\,m1} \tag{4-49}$$

径向力

$$F_r = F_t tan\alpha cos\delta \tag{4-50}$$

轴向力

$$F_a = F_t tan\alpha sin\delta \tag{4-51}$$

式中 d_{m1} 为小齿轮齿宽中点的分度圆直径,$d_{m1} = d_1 - bsin\delta_1$。

圆周力 F_t 和径向力 F_r 的方向判断与直齿圆柱齿轮相同。轴向力 F_a 的方向对两个齿轮都是背着锥顶。当两轴夹角 $\Sigma = 90°$时,因 $sin\delta_1 = cos\delta_2, cos\delta_1 = sin\delta_2$,故

$$F_{r1} = -F_{a2} \tag{4-52}$$

$$F_{a1} = -F_{r2} \tag{4-53}$$

$$F_{t1} = -F_{t2} \tag{4-54}$$

2. 直齿圆锥齿轮强度计算

直齿圆锥齿轮传动的强度计算与直齿圆柱齿轮传动基本相同。由前述可知,直齿圆锥齿轮传动的强度可近似地按齿宽中部处的当量直齿圆柱齿轮的参数与公式进行计算。

(1)齿面接触强度的校核公式和设计公式

$$\sigma_H = \frac{335}{R_e - 0.5b}\sqrt{\frac{\sqrt{(u^2+1)^3}KT_1}{ub}} \leqslant [\sigma_H]MPa \tag{4-55}$$

$$R_e \geqslant \sqrt{u^2+1}\sqrt[3]{\left[\frac{335}{(1-0.5\psi_R)[\sigma_H]}\right]^2\frac{KT_1}{\psi_R u}}mm \tag{4-56}$$

式中,u 为齿数比,对于单级直齿圆锥齿轮传动,可取 $u = 1 \sim 5$;ψ_R 为齿宽系数,$\psi_R = \frac{b}{R_e}$,一般取 $\psi_R = 0.25 \sim 0.3$;其余参数的含义及其单位与直齿圆柱齿轮相同。

式(4-55)和(4-56)仅适用于一对钢制齿轮,若配对齿轮材料为钢对铸铁或铸铁对铸铁,则应将公式中的系数335分别改为285和250。

由式(4-56)求出锥距 R_e 后,再由已选定的齿数 z_1 和 z_2,求出大端端面模数

$$m_e = \frac{2R_e}{z_1\sqrt{u^2+1}} \tag{4-57}$$

并按 $GB12364-1990$ 圆整为标准值。

(2)齿根弯曲强度的校核公式和设计公式

$$\sigma_F = \frac{2KT_1Y_F}{bm_m{}^2z_1} \leqslant [\sigma_F]MPa \tag{4-58}$$

$$m_m \geqslant \sqrt[3]{\frac{4KT_1Y_F(1-0.5\psi_R)}{\sqrt{u^2+1}\psi_R z_1{}^2[\sigma_F]}}mm \tag{4-59}$$

式中，m_m 为平均模数，$m_m = m_e(1-0.5\psi_R)$；Y_F 为齿形系数，按当量齿数 z_v 由图 4－23 查取。由 m_m 可求出 m_e，并圆整为标准值。

§4－10　齿轮的结构

齿轮强度计算和几何尺寸计算，主要是确定齿轮的模数、分度圆直径、齿顶圆直径、齿根圆直径、齿宽等；而轮缘、轮辐和轮毂等结构尺寸和结构形式，则需通过结构设计来确定。齿轮的结构有锻造、铸造、装配式及焊接齿轮等结构形式，具体的结构应根据工艺要求及经验公式确定。

当齿顶圆直径与轴径接近时，应将齿轮与轴做成一体，称为齿轮轴（图 4－40）。

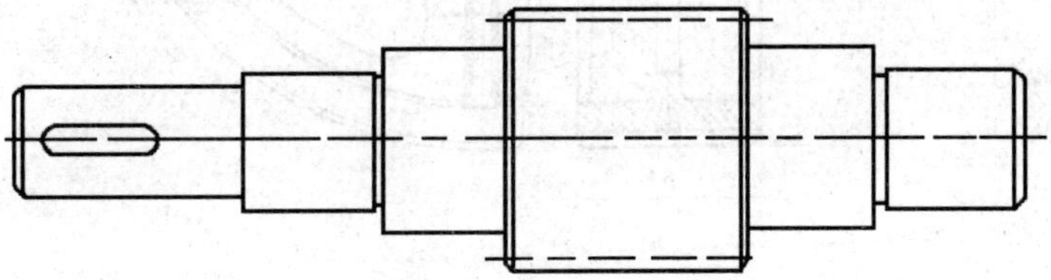

图 4－40　齿轮轴

当齿顶圆直径 $d_a \leqslant 500mm$ 时，一般都用锻造齿轮（图 4－41）；当 $d_a > 500mm$ 时，一般都用铸造齿轮（图 4－42）。

对于大型齿轮（$d_a > 600mm$），为节省贵重材料，可用优质材料做的齿圈套装于铸钢或铸铁的轮心上（图 4－43）。

对于单件或小批量生产的大型齿轮，可做成焊接结构的齿轮（图 4－44）。

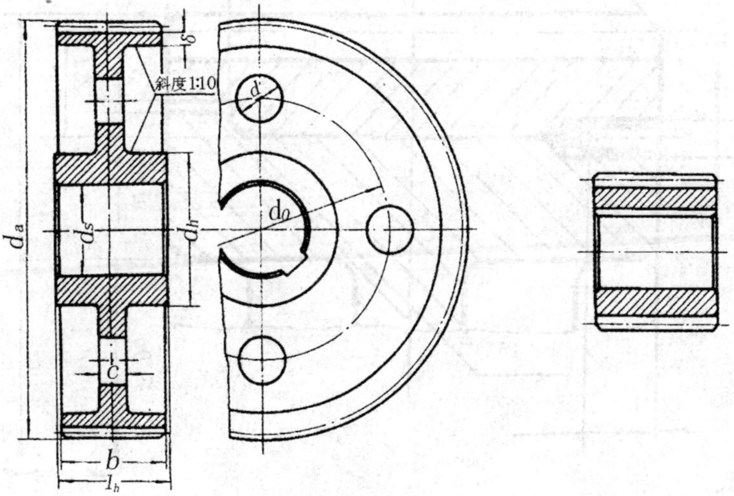

(a)　　　　(b)

$d_h=1.6d_s$；$l_h=(1.2\sim1.5)d_s$，并使 $l_h \geqslant b$；
$c=0.3b$；$\delta=(2.5\sim4)m_n$，但不小于8mm；
d_0和d按结构取定，当d较小时可不开孔．

图 4－41　锻造齿轮结构

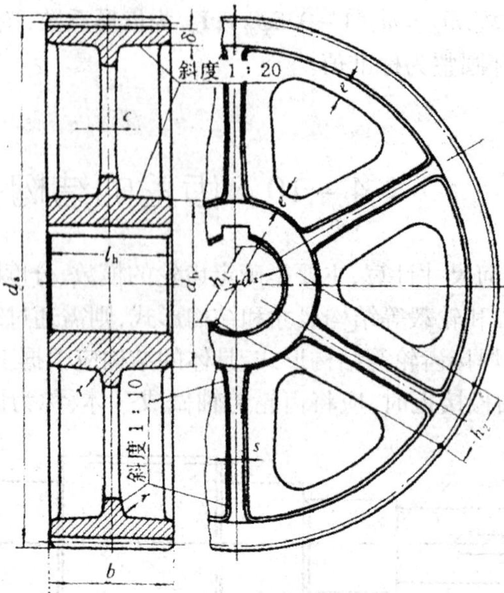

$d_h=1.6d_s$（铸钢），$d_h=1.8d_s$（铸铁）　$l_h=(1.2\sim1.5)d_s$，并使 $L_h \geq b$

$c=0.2b$，但不小于10mm　$\delta=(2.5\sim4)m_n$，但不小于8mm

$b_1=0.8d_s$；$h_2=0.8h_1$　$s=0.15h_1$，但不小于10mm

$e=0.8\delta$

图4－42　铸造齿轮结构

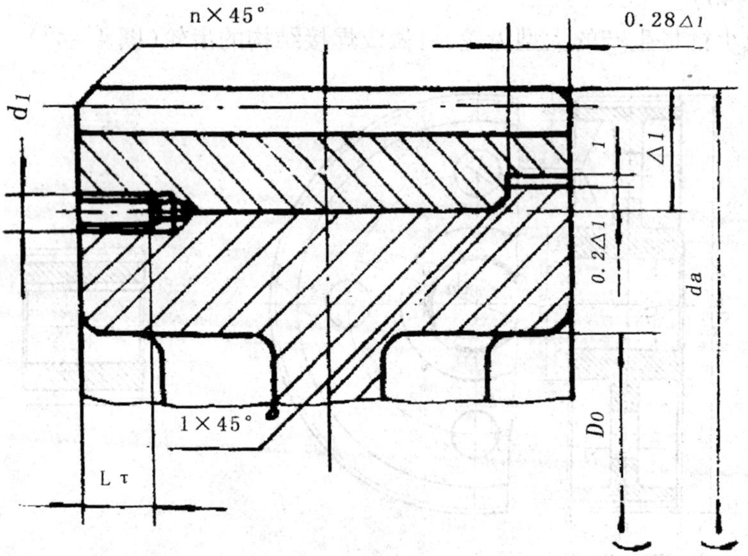

$D_o=d_o-18m_n$；$\triangle_1=5m_n$；

$d_1=0.05_{sh}$；$l\ \tau=0.15_{sh}$

骑缝螺钉数为4~8个dsh——齿轮孔径

图4－43　装配式齿轮

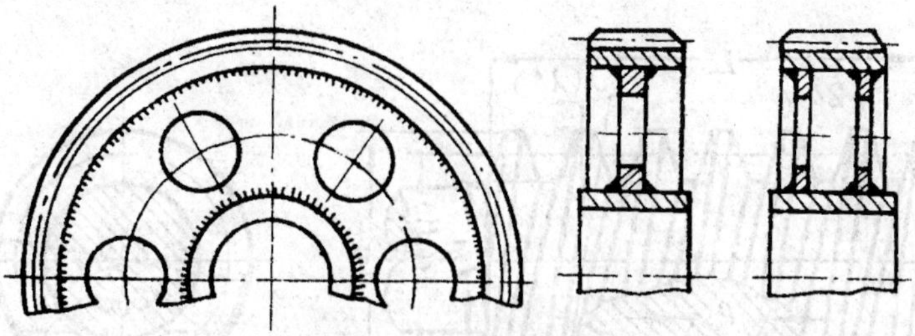

图 4－44　焊接式齿轮

§4－11　齿轮传动的润滑

半开式及开式齿轮传动，或速度较低的闭式齿轮传动，可采用人工定期添加润滑油或润滑脂进行润滑。

闭式齿轮传动通常采用油润滑，其润滑方式根据齿轮的圆周速度 v 而定，当 $v \leq 12m/s$ 时可用油浴式（图 4－45），大齿轮浸入油池一定的深度，齿轮转动时把润滑油带到啮合区。齿轮浸油深度可根据齿轮的圆周速度大小而定，对圆柱齿轮通常浸油深度约为 1～2 个齿高，但一般亦不应小于 10mm；对圆锥齿轮应浸入全齿宽，至少应浸入齿宽的一半。多级齿轮传动中，当几个大齿轮直径不相等时，可采用惰轮的油浴润滑（图 4－46）。当齿轮的圆周速度 $V>12m/s$ 时，应采用喷油润滑（图 4－47），用油泵以一定的压力供油，借喷嘴将润滑油喷到齿面上。

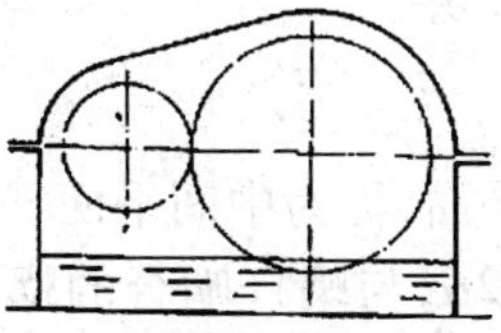

图 4－45　油浴润滑

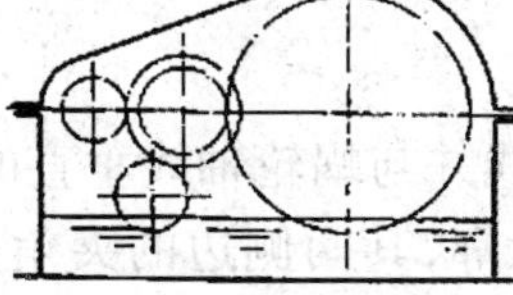

图 4－46　采用惰轮的油浴润滑

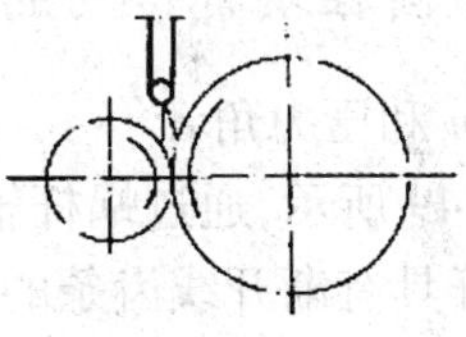

图 4－47　喷油润滑

§4－12　蜗杆传动

蜗杆传动主要由蜗杆 1 和蜗轮 2 组成（图 4－48），蜗杆传动用于传递空间交错成 90°的两轴之间的运动和动力，通常蜗杆为主动件。与其他机械传动比较，蜗杆传动具有传动比大、结构紧凑、运转平稳、噪声较小等优点，因此广泛应用于各种机器和仪器中。

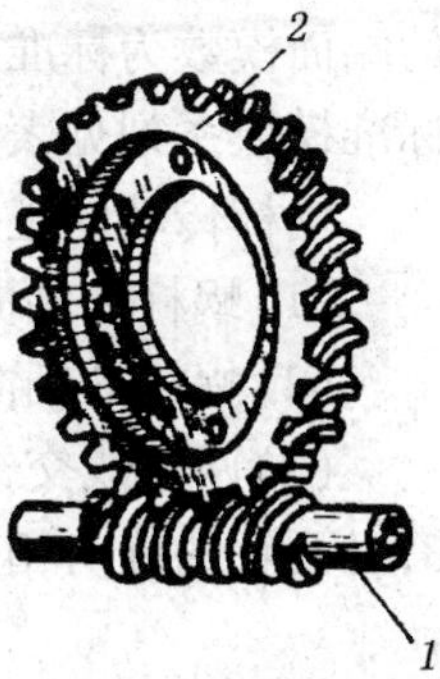

图 4－48　蜗杆传动

机械中常用的为普通圆柱蜗杆传动。根据蜗杆螺旋面的形状，可分为阿基米德蜗杆、渐开线蜗杆及延伸渐开线蜗杆等三种。由于阿基米德蜗杆容易加工制造，应用最广，本节主要讨论这种蜗杆传动。

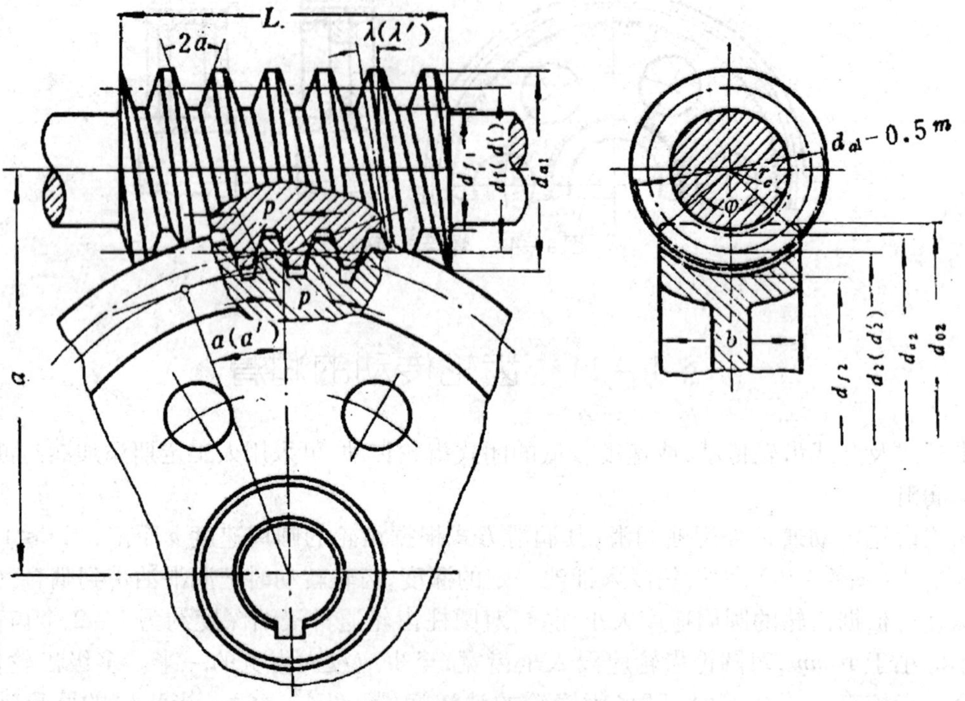

图 4－49　蜗杆传动的中间平面

一、普通圆柱蜗杆传动的主要参数和几何尺寸计算

1. 模数 m 和压力角 α

如图 4－49 所示，通过蜗杆轴线并与蜗轮轴线垂直的平面，称为中间平面。在中间平面内阿基米德蜗杆具有渐开线齿条的齿廓，其两侧边的夹角为 2α，与蜗杆啮合的蜗轮齿廓可认为是渐开线。所以在中间平面内蜗轮与蜗杆的啮合传动相当于渐开线齿条与齿轮的啮合传动。因此，蜗杆传动以中间平面内蜗轮与蜗杆的参数为标准参数。即规定蜗杆的轴向模数和蜗轮的端面模数为标准模数，蜗杆轴向压力角和蜗轮端面压力角为标准压力角且标准值为 20°。标准模数系列见表 4－14。

蜗杆传动的正确啮合条件为：

（1）蜗杆的轴向模数 m_{x1} 与蜗轮的端面模数 m_{t2} 必须相等。

（2）蜗杆的轴向压力角 α_{x1} 与蜗轮的端面压力角 α_{t2} 必须相等。

（3）两轴线交错角为 90°时，蜗杆分度圆柱上的导程角 γ 应等于蜗轮分度圆柱上的螺旋角 β，且两者的旋向相同。即：

$$m_{x1} = m_{t2} = m$$

$$\alpha_{x1} = \alpha_{t2} = \alpha$$

$$\gamma = \beta$$

表 4－14　　圆柱蜗杆的基本尺寸和参数

m mm	d_1 mm	z_1	q	m^2d_1 mm^3	m mm	d_1 mm	z_1	q	m^2d_1 mm^3
1	18	1	18.000	18	6.3	363	1、2、4、6	10.000	2500
1.25	20	1	16.000	31.25	8	80	1、2、4、6	10.000	5120
1.6	20	1、2、4	12.500	51.2	10	90	1、2、4、6	9.000	9000
2	22.4	1、2、4、6	11.200	89.6	12.5	112	1、2、4	8.960	17500
2.5	28	1、2、4、6	11.200	175	16	140	1、2、4	8.750	35840
3.15	35.5	1、2、4、6	11.270	352	20	160	1、2、4	8.000	64000
4	40	1、2、4、6	10.000	640	25	200	1、2、4	8.000	125000
5	50	1、2、4、6	10.000	1250					

注：本表取材于 GB 10085－1988，本表所得的 d_1 数值为国际规定的优先使用值。

2. 蜗杆头数 z_1、蜗轮齿数 z_2 和传动比 i

选择蜗杆头数 z_1 时，主要考虑传动比、效率及加工等因素。通常蜗杆头数 $z_1=1$、2、4。若要得到大的传动比且要求自锁时，可取 $z_1=1$；当传递功率较大时，为提高传动效率，可采用多头蜗杆，通常取 $z_1=2$ 或 4。

蜗轮齿数 $z_2=iz_1$，为了避免蜗轮轮齿发生根切，z_2 不应小于 26，但不宜大于 80。因为 z_2 过大，会使结构尺寸增大，蜗杆长度也随之增加，致使蜗杆刚度降低而影响啮合精度。

对于蜗杆为主动件的蜗杆传动，其传动比为：

$$i=\frac{n_1}{n_2}=\frac{z_2}{z_1} \tag{4-60}$$

式中：n_1、n_2 分别为蜗杆和蜗轮的转速，单位 r/min；z_1、z_2 分别为蜗杆头数和蜗轮齿数。

3. 蜗杆直径系数 q 和导程角 γ

加工蜗轮的滚刀，其参数（m、α、z_1）和分度圆直径 d_1 必须与相应的蜗杆相同，故 d_1 不同的蜗杆，必须采用不同的滚刀。为减少滚刀数量并便于刀具的标准化，制定了蜗杆分度圆直径的标准系列（见表 4－10）。

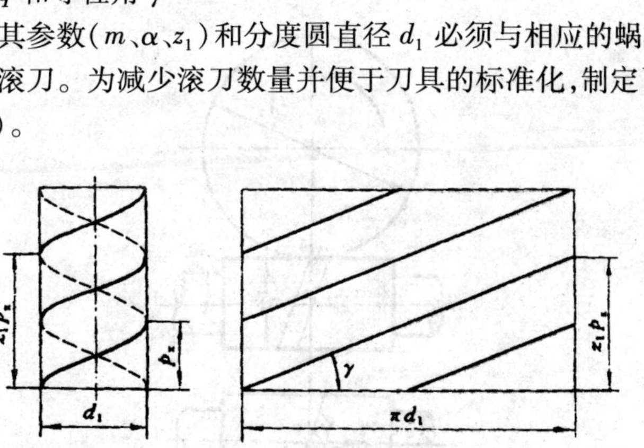

图 4－50　蜗杆展开

如图 4－50 所示，蜗杆螺旋面和分度圆柱的交线是螺旋线，γ 为蜗杆分度圆柱上的螺旋线导程角，p_x 为轴向齿距，由图可得

$$\tan\gamma=\frac{z_1p_x}{\pi d_1}=\frac{z_1m}{d_1}=\frac{z_1}{q} \tag{4-61}$$

上式中 $q=\frac{d_1}{m}$，称为蜗杆直径系数，表示蜗杆分度圆直径与模数的比。当 m 一定时，q 增大，则 d_1 变大，蜗杆的刚度和强度相应提高。

又因 $tan\gamma=\frac{z_1}{q}$，当 q 较小时，γ 增大，效率 η 随之提高，在蜗杆轴刚度允许的情况下，应尽可能选用较小的 q 值，q 和 m 的搭配列于表 4－14。

4. 圆柱蜗杆传动的几何尺寸计算

圆柱蜗杆传动的几何尺寸计算可参考表 4－15 和图 4－49。

表 4－15　　圆柱蜗杆传动的几何尺寸计算

名称	计算公式	
	蜗杆	蜗轮
分度圆直径	$d_1=mq$	$d_2=mz_2$
齿顶高	$h_a=m$	$h_a=m$
齿根高	$h_f=1.2m$	$h_f=1.2m$
顶圆直径	$d_{a1}=m(q+2)$	$d_{a1}=m(z_2+2)$
根圆直径	$d_{f1}=m(q-2.4)$	$d_{f2}=m(z_2-2.4)$
径向间隙	$c=0.2m$	
中心距	$a=0.5m(q+z_2)$	
蜗杆轴向齿距，蜗轮端面齿距	$p_{x1}=p_{t2}=\pi m$	

5. 蜗杆传动的滑动速度

如图 4－51 所示，蜗杆传动即使在节点 C 处啮合，齿廓之间也有较大的相对滑动。设蜗杆的圆周速度为 v_1，蜗轮的圆周速度为 v_2，v_1 和 v_2 呈 90°角，而使齿廓之间产生很大的相对滑动，相对滑动速度 v_s 为

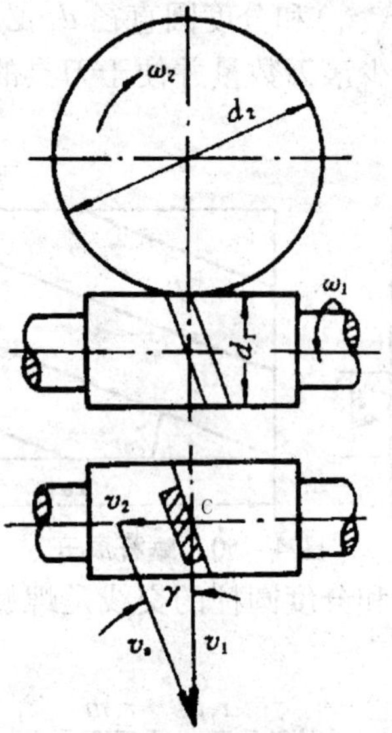

图 4－51　蜗杆传动的滑动速度

$$v_s = \sqrt{v_1^{\ 2} + v_2^{\ 2}} = \frac{v_1}{cos\gamma} \qquad m/s \tag{4-62}$$

由图可见，相对滑动速度 v_s 沿蜗杆螺旋线方向。齿廓之间的相对滑动引起磨损和发热，导致传动效率降低。

6. 蜗杆蜗轮传动转向判定方法

蜗杆蜗轮传动中的蜗杆旋向、转向和蜗轮转向三者具有确定关系，如果已知两者可以判定出第三者。

左右手定则法，其步骤为：

(1)判定蜗杆的旋向：伸开左(右)手，掌心向外，四指并拢并指向蜗杆的轴线，大拇指与四指呈自然状态(小于90度状态)，若蜗杆的齿的旋向与大拇指的指向一致，则为左(右)旋。如图4－52(a)、(b)和(d)中的蜗杆旋向即为右旋；图(c)中的蜗杆旋向为左旋。

(2)蜗杆左旋时用左手，右旋时用右手。大拇指与四指垂直，半握拳，四指指向蜗杆回转方向，大拇指所指方向的相反方向即为蜗轮的回转方向。如图4－52中所示各蜗轮的转向。

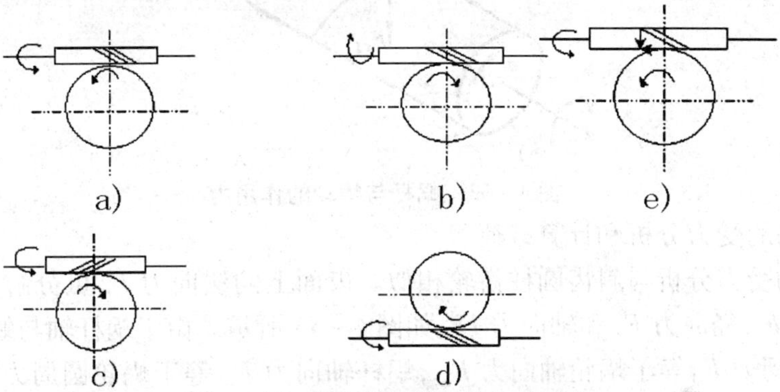

图4－52　蜗杆蜗轮传动转向的判定

图(b)和图(a)相比较：蜗杆的旋向相同，转向不同，蜗轮的转向不同。

图(c)和图(a)相比较：蜗杆的转向相同，旋向不同，蜗轮的转向不同。

图(d)和图(a)相比较：蜗杆的旋向相同，转向相同，蜗杆蜗轮的相对位置不同，蜗轮的转向不同。

可见，蜗轮的转向与蜗杆的旋向、蜗杆的转向和蜗杆与蜗轮的相对位置有关。

蜗杆蜗轮传动时，还可以利用直角三角形法确定蜗杆蜗轮传动的方向。如图4－52 (e)所示，根据构成直角三角形斜边(蜗杆旋向)，一直角边(蜗杆或蜗轮的速度方向)箭头方向即可判断出另一直角边(蜗轮或蜗杆的速度方向)箭头的方向，从而确定蜗杆蜗轮传动的方向。这种方法，只需要画一直角三角形，记住八个字："箭头相对，箭头相背"就可以判断了。

＊三、蜗杆传动强度计算

1. 蜗杆传动的主要失效形式

由于材料方面的原因，蜗杆螺旋部分的强度总是高于蜗轮轮齿的强度，故失效常发生在蜗轮齿上。因此轮齿强度计算是针对蜗轮进行的。蜗杆传动的相对滑动速度大，因摩擦引起的发热量大、效率低，故主要失效形式为胶合，其次才是点蚀和磨损。目前对于胶合和磨损，还没有完善的计算方法，故只能参照圆柱齿轮进行齿面及齿根强度的计算，而在选择许用应力时，适当考虑胶合与磨损失效的影响。由于蜗杆传动轮齿间有较大的滑动，工作时发热大，若闭式蜗杆传动散热不够，可能引起润滑失效而导致齿面胶合，故对闭式蜗杆传动还要进行热平衡计算。

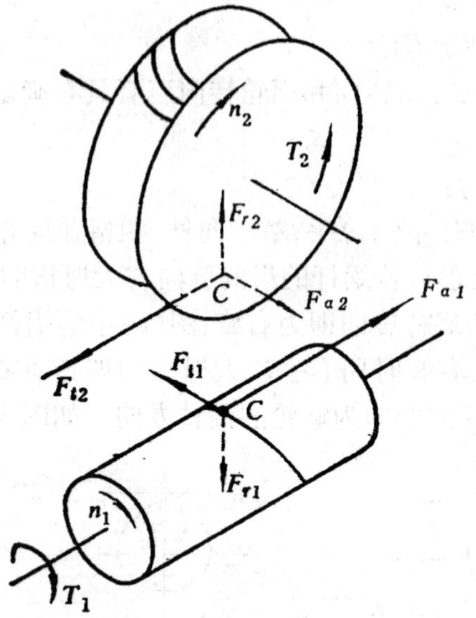

图 4-53 蜗杆与蜗轮的作用力

2. 蜗杆传动的受力分析和计算载荷

蜗杆传动的受力分析与斜齿圆柱齿轮相似。齿面上的法向力 F_n 可分解为三个相互垂直的分力：圆周力 F_t，径向力 F_r 和轴向力 F_α，如图 4-53 所示。由于蜗杆轴与蜗轮轴交错成 90°角，所以蜗杆圆周力 F_{t1} 等于蜗轮轴向力 $F_{\alpha2}$，蜗杆轴向力 $F_{\alpha1}$ 等于蜗轮圆周力 F_{t2}，蜗杆径向力 F_{r1} 等于蜗轮径向力 F_{r2}，即

$$
\begin{aligned}
F_{t1} &= -F_{\alpha2} = \frac{2T_1}{d_1} \\
F_{t2} &= -F_{\alpha1} = \frac{2T_2}{d_2} \\
F_{r1} &= -F_{r2} = F_{t2} tan\alpha
\end{aligned}
\tag{4-63}
$$

式中：T_1、T_2 分别为作用于蜗杆和蜗轮上的转矩，单位 $N \cdot m$，$T_2 = T_1 i\eta$，η 为蜗杆传动效率；d_1、d_2 分别为蜗杆和蜗轮的节圆直径，单位 m。

蜗杆和蜗轮轮齿上的作用力（圆周力、径向力、轴向力）方向的决定方法，与斜齿圆柱齿轮相同。

与齿轮传动相似，在进行蜗杆传动强度计算时也应考虑载荷系数 K，则计算载荷 F_{nc} 为

$$F_{nc} = KF_n \tag{4-64}$$

一般取 $K=1 \sim 1.4$，当载荷平稳，滑动速度 $v_s \leq 3m/s$ 时取小值，否则取大值。

3. 圆柱蜗杆传动的强度计算

（1）蜗轮齿面的接触强度计算

蜗轮齿面的接触强度计算与斜齿轮相似，以蜗杆蜗轮在节点处啮合的相应参数代入赫芝公式，可得青铜或铸铁蜗轮轮齿齿面接触强度的校核公式：

$$\sigma_H = 500\sqrt{\frac{KT_2}{m^2 d_1 z_2^{\ 2}}} \leqslant [\sigma_H] \tag{4-65}$$

而设计公式为

$$m^2 d_1 \geqslant [\frac{500}{z_2[\sigma_H]}]^2 KT_2 \tag{4-66}$$

式中：$[\sigma_H]$、σ_H 分别为蜗轮材料的许用接触应力和齿面接触应力。$[\sigma_H]$ 值见表 4－16 和表 4－17。

设计计算时可按 $m^2 d_1$ 值由表 4－14 确定模数 m 和蜗杆分度圆直径 d_1，最后按表 4－15 计算出蜗杆和蜗轮的主要几何尺寸及中心距。

表 4－16　锡青铜蜗轮的许用接触应力 $[\sigma_H]$　　*MPa*

蜗轮材料	铸造方法	适用滑动速度 v_s (m/s)	蜗杆齿面硬度	
			$HBS \leqslant 350$	$HRC > 45$
10－1 锡青铜	砂型	≤12	180	200
	金属型	≤25	200	220
5－5－5 锡青铜	砂型	≤10	110	125
	金属型	≤12	135	150

表 4－17　铝青铜及铸铁蜗轮的许用接触应力 $[\sigma_H]$　　*MPa*

蜗轮材料	蜗杆材料	滑动速度 v_s (m/s)						
		0.5	1	2	3	4	6	8
10－3 铝青铜	淬火钢	250	230	210	180	160	120	90
*HT*150、*HT*200	渗碳钢	130	115	90	–	–	–	–
*HT*150	调质钢	110	90	70	–	–	–	–

(2)蜗轮轮齿弯曲强度计算

由蜗轮轮齿接触强度和热平衡计算所限定的承载能力，通常都能满足弯曲强度的要求，因此只有对于受强烈冲击、振动的传动，或蜗轮采用脆性材料时，才需要考虑蜗轮轮齿的弯曲强度。其计算公式可参阅有关资料。

四、蜗杆传动的材料和结构

1. 蜗杆传动的材料

蜗杆传动的相对滑动速度大，因摩擦引起的发热量大、效率低，故主要失效形式为胶合，其次才是点蚀和磨损。因此，选用蜗杆传动材料时不仅要满足强度要求，更重要的是具有良好的减摩性、抗磨性和抗胶合的能力。蜗杆一般用碳素钢或合金钢制造。对于高速重载的蜗杆，可用 15*Cr*,20*Cr*,20*CrMnTi* 和 20*MnVB* 等，经渗碳淬火至硬度为 56～63*HRC*，也可用 40、45、40*Cr*、40*CrNi* 等经表面淬火至硬度为 45～50*HRC*。对于不太重要的传动及低速中载蜗杆，常用 45、40 等钢经调质或正火处理，硬度为 220～230*HBS*。

蜗轮常用锡青铜、无锡青铜或铸铁制造。锡青铜用于滑动速度 $v_s > 3m/s$ 的传动，常用牌

号有 $ZQSn10-1$ 和 $ZQSn6-6-3$；无锡青铜一般用于 $v_s \leq 4m/s$ 的传动，常用牌号为 $ZQAl\,8-4$；铸铁用于滑动速度 $v_s < 2m/s$ 的传动，常用牌号有 $HT150$ 和 $HT200$ 等。近年来，随着塑料工业的发展，也可用尼龙或增强尼龙来制造蜗轮。

2. 蜗杆和蜗轮的结构

蜗杆通常与轴做成一体，除螺旋部分的结构尺寸取决于蜗杆的几何尺寸外，其余的结构尺寸可参考轴的结构尺寸而定。图 4－54(*a*) 为铣制蜗杆，在轴上直接铣出螺旋部分，刚性较好。图 4－54 (*b*) 为车制蜗杆，刚性稍差。

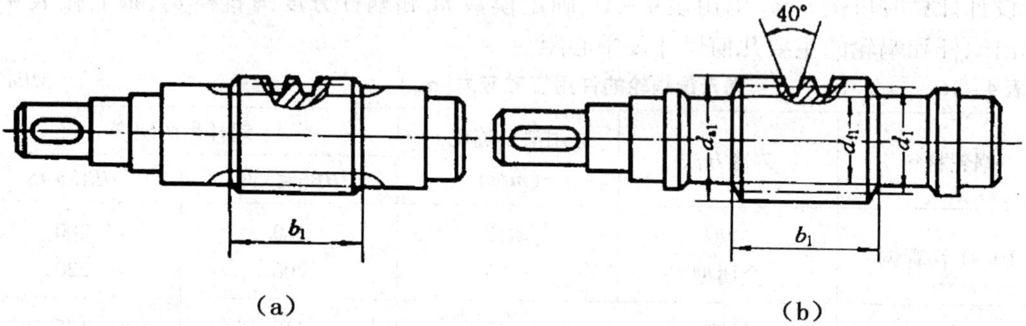

图 4－54　蜗杆的结构形式

蜗轮的结构有整体式和组合式两类。图 4－55(*a*) 所示为整体式结构，多用于铸铁蜗轮或尺寸很小的青铜蜗轮。为了节省有色金属，对于尺寸较大的青铜蜗轮一般制成组合式结构，为防止齿圈和轮心因发热而松动，常在接缝处再拧入 4～6 个螺钉，以增强联接的可靠性（图 4－55(*b*)），或采用螺栓联接（图 4－55(*c*)），也可在铸铁轮心上浇注青铜齿圈图（4－55(*d*)）。

$$a \approx 1.6m + 1.5mm, c \approx 1.5m, B = (1.2 \sim 1.8)d, b = a,$$

$$d_3 = (1.6 \sim 1.8)d, d_4 = (1.2 \sim 1.5)m, l_1 = 3d_4 \text{（}m\text{ 为蜗轮模数）}$$

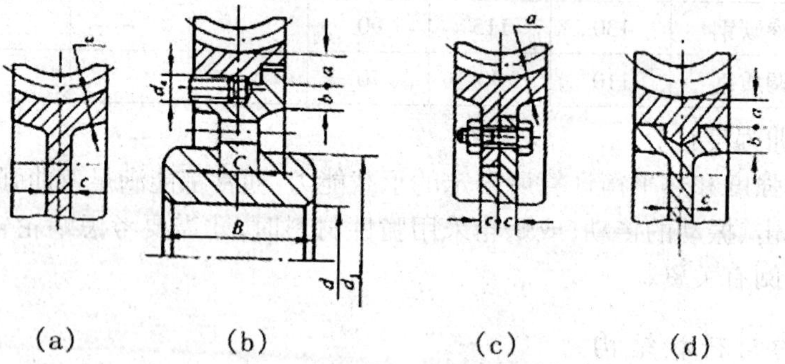

图 4－55　蜗轮的结构形式

五、蜗杆传动的效率、润滑和散热

1. 蜗杆传动的效率

闭式蜗杆传动工作时，功率的损耗有三部分：轮齿啮合损耗、轴承摩擦损耗和箱体内润滑油搅动的损耗。所以闭式蜗杆传动的总效率为：

$$\eta = \eta_1 \eta_2 \eta_3 \tag{4-67}$$

式中：η_1 为考虑轮齿啮合损耗的效率；η_2 为考虑轴承摩擦损耗的效率；η_3 为考虑搅油损

耗的效率。

上述三部分效率中，最主要的是轮齿啮合效率 η_1，当蜗杆主动时，η_1 可近似按螺旋副的效率计算，即

$$\eta_1 = \frac{tan\gamma}{tan(\gamma + \rho_v)} \tag{4-68}$$

式中，ρ_v 为当量摩擦角，$\rho_v = tan^{-1}f_v$，f_v 为当量摩擦系数。

由式 4－68 可知，η_1 随 ρ_v 的减小而增大，而 ρ_v 与蜗杆蜗轮的材料、表面质量、润滑油的种类、啮合角以及齿面相对滑动速度 v_s 有关，并随 v_s 的增大而减小。在一定范围内 η_1 随 γ 增大而增大，故动力传动常用多头蜗杆以增大 γ，但 γ 过大时，蜗杆制造困难，效率提高很少，故通常取 $\gamma < 30°$。

2. 蜗杆传动的润滑

由于蜗杆传动的相对滑动速度 v_s 大，效率低，发热量大，因此必须注意蜗杆传动的润滑；否则会进一步导致效率显著降低，并会带来剧烈的磨损，甚至产生胶合。蜗杆传动的润滑方法和润滑油粘度可参考表 4－18。

表 4－18　**蜗杆传动润滑油粘度及润滑方法**

滑动速度 $v_s(m/s)$	<1	<2.5	<5	5～10	10～15	15～25	>25
工作条件	重载	重载	中载	–	–	–	–
运动粘度 r/cst，40℃	900	500	350	220	150	100	80
润滑方式	油池润滑			油池润滑或喷油润滑	用压力喷油润滑		
					0.7	0.2	0.3

3. 蜗杆传动的热平衡计算

由于蜗杆传动的效率较低，工作时将产生大量的热。若散热不良，会引起温升过高而降低油的粘度，使润滑不良，导致蜗轮齿面磨损和胶合。所以对连续工作的闭式蜗杆传动要进行热平衡计算。

在闭式传动中，热量由箱体散发，要求箱体内的油温 t 和周围空气温度 t_0 之差 Δt 不超过允许值，即

$$\Delta t = t - t_0 = \frac{1000P_1(1-\eta)}{\alpha_s A} \leqslant [\Delta t] \tag{4-69}$$

式中 P_1 为蜗杆传递功率，单位 kW；η 为传动效率；α_s 为散热系数，通常取 $\alpha_s = 10 \sim 17W/(m^2 \cdot ℃)$；$A$ 为散热面积，单位 m^2；$[\Delta t]$ 为温差允许值，一般为 60～70℃。

若计算的温差超过允许值，可采取以下措施来改善散热条件：

（1）在箱体上加散热片以增大散热面积；

（2）在蜗杆轴上装风扇进行吹风冷却（图 4－56（a））；

（3）在箱体油池内装设蛇形水管，用循环水冷却（图 4－56（b））；

（4）用循环油冷却（图 4－56（c））。

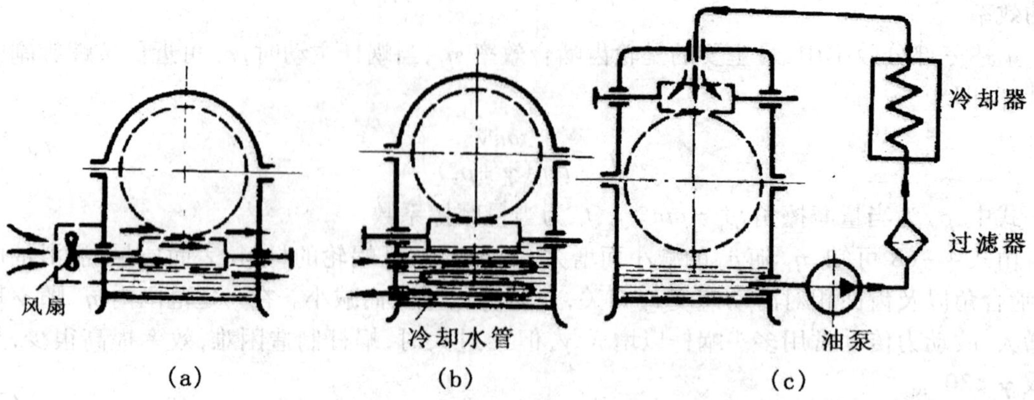

图4-56 蜗杆传动的散热

例4-6 已知一传递动力的蜗杆传动，蜗杆为主动件，它所传递的功率 $P=3kW$，转速 $n_1=960r/min$，$n_2=70r/min$，载荷平稳，试设计此蜗杆传动。

解：由于蜗杆传动的强度计算是针对蜗轮进行的，而且对载荷平稳的传动，蜗轮轮齿接触强度和热平衡计算所限定的承载能力，通常都能满足弯曲强度的要求，因此，本题只需进行接触强度和热平衡计算。

1. 蜗轮轮齿齿面接触强度计算

(1)选材料，确定许用接触应力 $[\sigma_H]$，蜗杆用45钢，表面淬火45～50HRC；蜗轮用 $ZCuSn10P1$(10-1锡青铜)砂型铸造。表4-16查得 $[\sigma_H]=200$。

(2)选蜗杆头数 z_1，确定蜗轮齿数 z_2，传动比 $i=n_1/n_2=960/70=13.71$，因传动比不算大，为了提高传动效率，可选 $z_1=2$，则 $z_2=iz_1=13.71\times2=27.42$，取 $z_2=27$。

(3)确定作用在蜗轮上的转矩 T_2，因 $z_1=2$，故初步选取 $\eta=0.80$，则

$$T_2=9.55\times10^6\times\frac{P_2}{n_2}=9.55\times106\times\frac{P_1\eta}{n_2}$$

$$=9.55\times10^6\times\frac{3\times0.8}{70}=327428.4\ N\cdot mm$$

(4)确定载荷系数 K，因载荷平稳，速度较低，取 $K=1.1$，由式(4-66)得

$$m^2d_1\geqslant\left(\frac{500}{z_2[\sigma_H]}\right)^2KT_2\geqslant\left(\frac{500}{27\times200}\right)^2\times1.1\times327428.4=3087.6\ mm^3$$

由表4-14取 $m=8$，$d_1=80mm$。

(5)计算主要几何尺寸

蜗杆分度圆直径 $d_1=80\ mm$

蜗轮分度圆直径 $d_2=mz_2=8\times27=216\ mm$

中心距 $a=\frac{1}{2}(d_1+d_2)=0.5\times(80+216)=148\ mm$

2. 热平衡计算

由式(4-69)得

$$\Delta t=t-t_0=\frac{1000P_1(1-\eta)}{A\alpha_s}$$

(1)取 $\alpha_s=15\ W/(m^2\cdot ℃)$；

(2)取散热面积 $A \approx 1.1m^2$；

(3)效率 $\eta = 0.8$。

$$[\Delta t] = t - t_0 = \frac{1000 \times 3 \times (1 - 0.8)}{1.1 \times 15} = 36.36℃ < [\Delta t] = 60 \sim 70℃$$

故满足热平衡要求。

3. 其他几何尺寸计算(略)

4. 绘制蜗杆和蜗轮零件工作图(略)

本章要点

1. 渐开线齿轮的啮合原理和运动特性

(1)齿廓啮合基本定律。渐开线及其性质。渐开线齿轮的正确啮合条件、可分性和啮合过程。

(2)齿轮各部分名称及标准齿轮的几何尺寸计算。

(3)渐开线齿轮加工原理、根切和最少齿数。

(4)斜齿圆柱齿轮齿廓形成原理、啮合特点、当量齿数和几何尺寸计算。

(5)直齿圆锥齿轮的齿廓曲面、背锥、当量齿数和几何尺寸计算。

2. 齿轮的动力分析和强度设计

(1)齿轮传动的受力分析,特别是对斜齿轮轴向力或螺旋线方向的判断。

(2)轮齿的失效形式。

(3)强度计算准则、强度公式的物理意义和参数选择。

3. 蜗杆传动

(1)在中间平面内,蜗轮与蜗杆的啮合相当于渐开线齿轮与齿条的啮合,因此蜗杆传动的设计计算均以中间平面的参数和几何关系为基准,并由此可得其正确啮合条件。

(2)蜗杆直径与它的头数没有直接关系。在模数相同的情况下,直径大,不一定头数多。

(3)蜗杆直径系数是蜗杆的重要参数之一。同一模数 m 值,可有不同的 q 值。

(4)蜗杆材料的选择主要考虑蜗杆传动的效率低,连续传动时发热严重,蜗轮易于磨损和胶合,因此重要的蜗轮齿圈常用贵重的青铜制造。

(5)蜗杆传动中,因两轴交错,所以蜗杆与蜗轮的旋向相同。

习　题

4-1　齿轮传动的基本要求是什么?渐开线有哪些特性?为什么渐开线齿轮能满足齿廓啮合基本定律?

4-2　解释下列名词:分度圆、节圆、基圆、压力角、啮合角、啮合线、重合度。

4-3　在什么条件下分度圆与节圆重合?在什么条件下压力角与啮合角相等?

4-4　渐开线齿轮正确啮合与连续传动的条件是什么?

4-5　为什么要限制最少齿数?对于 $\alpha = 20°$ 正常齿制直齿圆柱齿轮和斜齿圆柱齿轮的

z_{min}各等于多少?

4-6　为修配两个损坏的标准直齿圆柱齿轮,现测得

齿轮1的参数为:$h=4.5mm$,$d_a=44mm$

齿轮2的参数为:$p=6.28mm$,$d_a=162mm$

试计算两齿轮的模数m和齿数z。

4-7　若已知一对标准安装的直齿圆柱齿轮的中心距$a=188mm$,传动比$i=3.5$,小齿轮齿数$z_1=21$,试求这对齿轮的m、d_1、d_2、d_{a1}、d_{a2}、d_{f1}、d_{f2}、p。

4-8　试根据渐开线特性说明一对模数相等,压力角相等,但齿数不等的渐开线标准直齿圆柱齿轮,其分度圆齿厚、齿顶圆齿厚和齿根圆齿厚是否相等?哪一个较大?

4-9　已知一对外啮合正常齿标准斜齿圆柱齿轮传动的中心距$a=200mm$,法面模数$m_n=2mm$,法面压力角$\alpha_n=20°$,齿数$z_1=30$,$z_2=166$,试计算该对齿轮的端面模数m_t,分度圆直径d_1、d_2,齿根圆直径d_{f1}、d_{f2}和螺旋角β。

4-10　在一个中心距$a=155mm$的旧箱体内,配上一对齿数为$z_1=23$、$z_2=76$,模数$m_n=3mm$的斜齿圆柱齿轮,试问这对齿轮的螺旋角β应为多少?

4-11　斜齿圆柱齿轮的齿数z与其当量齿数z_v有什么关系?在下列几种情况下应分别采用哪一种齿数?

(1)计算斜齿圆柱齿轮传动的传动比;

(2)用成形法加工斜齿轮时选盘形铣刀;

(3)计算斜齿轮的分度圆直径;

(4)进行弯曲强度计算时查取齿形系数Y_F。

4-12　若一对齿轮的传动比和中心距保持不变而改变其齿数,试问这对于齿轮的接触强度和弯曲强度各有何影响?

4-13　有一直齿圆柱齿轮传动,原设计传递功率P,主动轴转速n_1,若其他条件不变,轮齿的工作应力也不变,当主动轴转速提高一倍,即$n_1'=2n_1$时,该齿轮传动能传递的功率P'应为多少?

4-14　试设计单级直齿圆柱齿轮减速器中的齿轮转动。已知公称功率$P=8KW$,低速轴转速$n_2=200r/mm$,齿数此$u=3.6$,单向运转,载荷为中等冲击,用电动机驱动。单班工作,使用寿命为10年。

第五章　螺纹联接和螺旋传动

在生产实践中，螺纹零件是大量应用的一种零件。螺纹零件按它的功用可分为两种：一种是利用带螺纹的零件把需要相对固定在一起的零件联接起来，称为螺纹联接；另一种是利用螺纹把回转运动变为直线运动，称为螺旋传动。

螺纹联接是一种可拆联接，其结构简单，装拆方便，联接可靠，且多数螺纹零件已标准化，生产率高，成本低廉，因而应用广泛。

§5－1　螺纹的主要参数及类型

一、螺纹的形成和分类

如图5－1所示，将一直角三角形 *abc* 绕在直径为 d_2 圆柱体表面上，使三角形底边 *ab* 与圆柱体的底边重合，则三角形的斜边 *amc* 在圆柱体表面形成一条螺旋线。三角形 *abc* 的斜边与底边的夹角 λ，称为螺纹升角。如果取一平面图形，使其平面始终通过圆柱体的轴线并沿着螺旋线运动，则这个平面在空间形成一个螺旋形体，称为螺纹。根据平面图形的形状，螺纹牙型有矩形（图5－2(*a*)）、三角形（图5－2(*b*)）、梯形（图5－2(*c*)）和锯齿形（图5－2(*d*)）等。

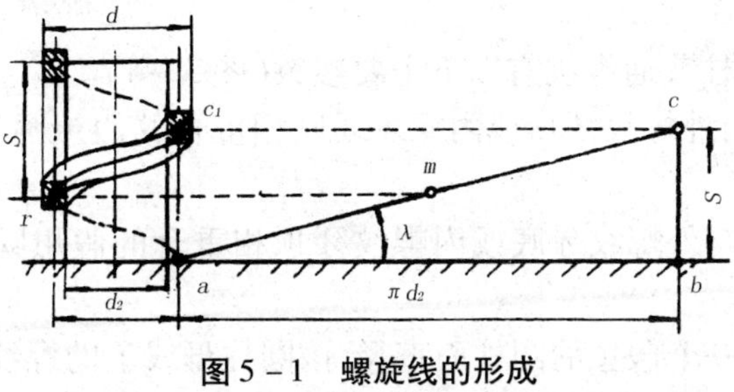

图5－1　螺旋线的形成

根据螺旋线的绕行方向，螺纹可分为右旋螺纹（图5－3(*a*)）和左旋螺纹（图5－3(*b*)）；根据螺纹线的数目，螺纹又可以分为单线螺纹（图5－3(*a*)）、双线螺纹（图5－3(*b*)）和多线螺纹（图5－3(*c*)）；在圆柱体外表面上形成的螺纹称为外螺纹，在圆柱体孔壁上形成的螺纹称为内螺纹（图5－4）。

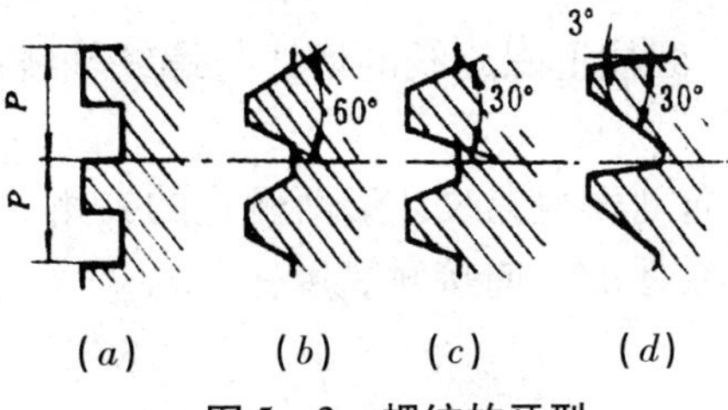

图5－2　螺纹的牙型

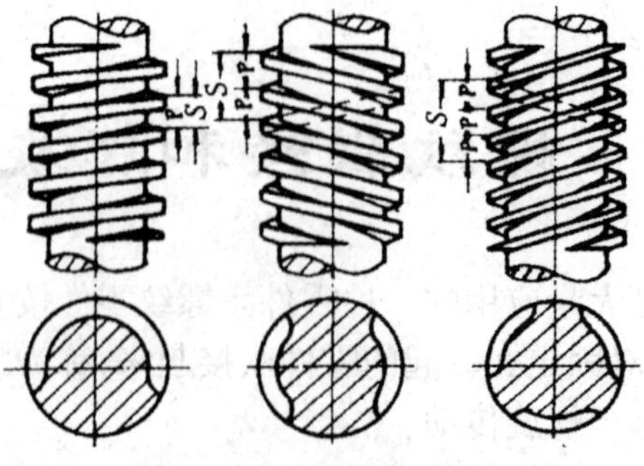

(a)　　　(b)　　　(c)

图 5－3　螺纹的旋向和线数

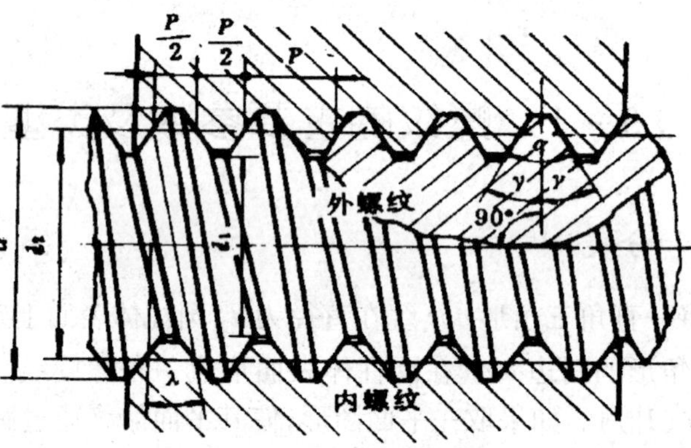

图 5－4　螺纹主要参数

二、螺纹的主要参数

以三角螺纹为例,圆柱普通螺纹有以下主要参数(图 5－4)。

1. 大径 d——它是与外螺纹牙顶或内螺纹牙底相重合的假想圆柱面的直径,一般为螺纹的公称直径。

2. 小径 d_1——它是与外螺纹牙底或内螺纹牙顶相重合的假想圆柱面的直径。一般为外螺纹的危险剖面的直径。

3. 中径 d_2——它是一个假想的圆柱面直径,该圆柱母线上的螺纹牙厚等于牙间宽。

4. 螺距 P——表示相邻两螺纹牙在中径线上对应两点间的轴向距离。

5. 线数 n——表示螺纹的螺旋线数目。

6. 导程 S——表示在同一条螺旋线上相邻两螺纹牙型在中径线上对应两点之间的轴向距离,$S = nP$。

7. 螺纹升角 λ——中径 d_2 圆柱上螺旋线的切线与螺纹轴线的垂直平面间的夹角,如图 5－1 所示,$S = \pi d_2 tan\lambda$。

8. 牙形角 α——在螺纹轴向剖面内螺纹牙形两侧边的夹角。

9. 工作高度 H——内外螺纹牙的径向接触高度。

三、常用螺纹的类型和特点

表 5 –1 列出了常用螺纹的类型和特点。

表 5 – 1　　常用螺纹的类型和特点

螺纹类型	牙　形	特　点
普通螺纹	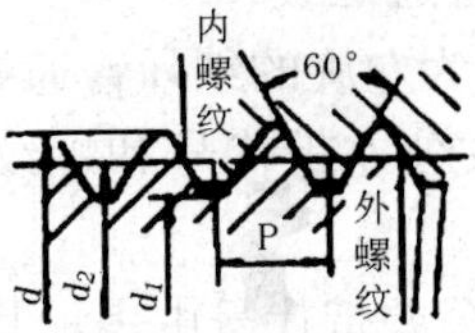	牙形为等边三角形，牙形角为 60°，外螺纹牙根允许有较大的圆角，以减少应力集中。同一公称直径的螺纹，可按螺距大小分为粗牙螺纹和细牙螺纹。一般的静联接常采用粗牙螺纹。细牙螺纹自锁性能好，但不耐磨，常用于薄壁件或者受冲击、振动和变载荷的联接中，也可用于微调机构的调整螺纹。
非螺纹密封的管螺纹	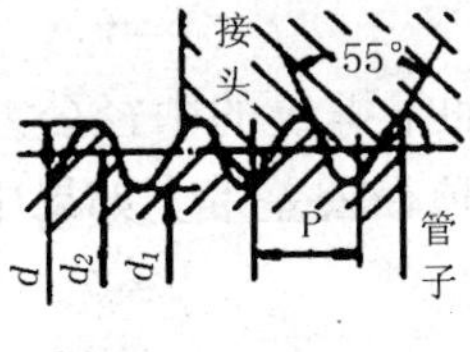	牙形为等腰三角形，牙形角为 55°，牙顶有较大的圆角。管螺纹为英制细牙螺纹，尺寸代号为管子内螺纹大径。 适用于管接头、旋塞、阀门用附件。
用螺纹密封的管螺纹		牙形角为等腰三角形，牙形角为 55°，牙顶有较大的圆角。螺纹分布在锥度为 1 ： 16 的圆锥管壁上。包括圆锥内螺纹与圆锥外螺纹和圆锥外螺纹与圆柱内螺纹两种联接形式。螺纹旋合后，利用本身的变形来保证联接的紧密性。 适用于管接头、旋塞、阀门及附件。
矩形螺纹	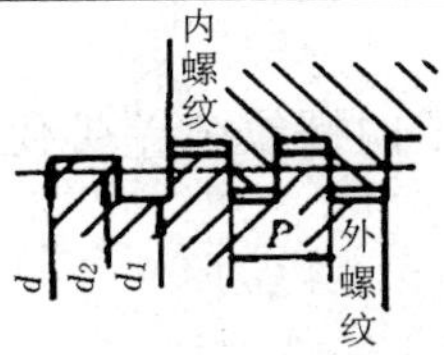	牙形为正方形。传动效率高，但牙根强度低，螺旋副磨损后，间隙难以修复和补偿。矩形螺纹无国家标准。 应用较少，目前逐渐被梯形螺纹所代替。
梯形螺纹	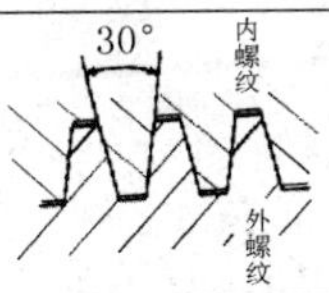	牙形为等腰梯形，牙形角为 30°，传动效率低于矩形螺纹，但工艺性好，牙根强度高，对中性好。采用剖分螺母时，可以补偿磨损间隙。梯形螺纹是最常用的传动螺纹。
锯齿形螺纹	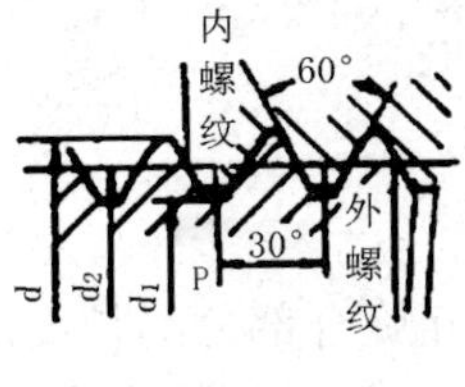	牙形为不等腰梯形，工作面的牙形角为 3°，非工作面的牙形角为 30°。外螺纹的牙根有较大的圆角，以减少应力集中。内、外螺纹旋合后大径处无间隙，便于对中，传动效率高，而且牙根强度高。 适用于承受单向载荷的螺旋传动。

注：公称直径相同的普通螺纹有不同大小的距离，其中螺距最大的称粗牙螺纹，其他的则称细牙螺纹。普通粗牙螺纹常用尺寸（包括 d 、P 、d_1、d_2 查有关手册（GB196 – 81））。

四、螺纹代号与标记

1. 普通螺纹的代号与标记

(1)普通螺纹代号。粗牙普通螺纹用字母 M 及公称直径表示；细牙普通螺纹用字母 M 及公称直径×螺距表示。当螺纹为左旋时，在螺纹代号之后加“LH”字。例如：

$M24$　表示公称直径为 24mm 的粗牙普通螺纹；

$M24\times1.5$　表示公称直径为 24mm、螺距为 1.5mm 的细牙普通螺纹；

$M24\times1.5LH$　表示公称直径为 24mm、螺距为 1.5mm、方向为左旋的细牙普通螺纹。

(2)普通螺纹标记。普通螺纹的完整标记由螺纹代号、螺纹公差带代号和螺纹旋合长度代号所组成。

螺纹公差带代号包括中径公差带代号和顶径公差带代号。公差带代号由表示其大小的公差等级数字和表示其位置的字母所组成，例如 $6H$，$6g$ 等。其中：“6”为公差等级数字。“H”或“g”为基本偏差代号。

螺纹公差带代号标注在螺纹代号之后，中间用“－”分开。如果螺纹的中径公差带与顶径公差带代号不同，则分别注出。前者表示中径公差带，后者表示顶径公差带。如果中径公差带与顶径公差带相同，则只标注一个代号。

例如 $M10-5g6g$：

$M10$ - 表示公称直径 10mm 的粗牙普通螺纹

$5g$ 中径公差带代号

$6g$ 顶径公差带代号

$M10\times1-6H$：

$M10\times1$ 公称直径 10mm、螺距为 1mm 的细牙普通螺纹

$6H$ 中径和顶径公差带代号(相同)

内、外螺纹装配在一起，其公差带 代号用斜线分开，左边表示内螺纹公差带代号，右边表示外螺纹公差带代号。

例如：$M20\times2$——$6H/6g$：

$M20\times2$ 公称直径 20mm、螺距 2mm 的细牙普通螺纹

$6H$ 内螺纹中径和顶径公差带代号

$6g$ 外螺纹中径和顶径公差带代号

$M20\times2LH$——$6H/5g6g$：

20×2 公称直径 20mm、螺距 2mm、方向左旋的细牙普通螺纹

$6H$ 内螺纹中径和顶径公差带代号

$5g$ 外螺纹中径公差带代号

$6g$ 外螺纹顶径公差带代号

螺纹旋合长度是指两个相互配合的螺纹沿螺纹轴线方向相互旋合部分的长度。螺纹的旋合长度分为三组，分别称为短旋合长度、中旋合长度和长旋合长度，相应的代号为 S，N，L。

在一般情况下，不标注螺纹旋合长度，使用时按中等旋合长度确定。必要时，在螺纹公差带之后加注旋合长度代号 S 或 L，中间用“－”分开。特殊需要时，可注明旋合长度的数值，中间用“－”分开。例如：

$M10-5g6g-S$

$M10-7H-L$

$M20\times2-7g6g-40$

2. 管螺纹的标记

(1)用螺纹密封的管螺纹的标记。用螺纹密封的管螺纹的标记由螺纹特征代号和尺寸代号组成。螺纹特征代号有3个:字母 Rc 表示圆锥内螺纹;字母 Rp 表示圆柱内螺纹;字母 R 表示圆锥外螺纹。当螺纹为左旋时,在尺寸代号后加注"LH",用"-"分开,内、外螺纹的装配在一起时,内、外螺纹的标记用斜线分开,左边表示内螺纹,右边表示外螺纹其标记示例如下:

圆锥内螺纹　$R_c1\frac{1}{2}$

左旋圆锥外螺纹　$R\,1\frac{1}{2}$ —— LH

圆柱内螺纹与圆锥外螺纹的配合　$R_p2\frac{1}{2}/R\,2\frac{1}{2}$

左旋圆锥内螺纹与圆锥外螺纹的配合　$R_c1\frac{1}{4}/R\,1\frac{1}{4}$ —— LH

(2)非螺纹密封的管螺纹的标记。非螺纹密封的管螺纹的标记由螺纹特征代号、尺寸代号和公差等级代号组成。螺纹代号特征用字母表示。螺纹公差等级代号,对外螺纹分两极;对内螺纹则不标记。当螺纹为左旋时,在公差等级代号后加注"LH",用"-"分开。内、外螺纹在一起时,内、外螺纹的标记用斜线分开,左边表示内螺纹,右边表示外螺纹。其标记如下:

内螺纹　$G1\frac{1}{2}$

A 级外螺纹　$G1\frac{1}{2}A$

左旋 B 级外螺纹　$G1\frac{1}{2}B$—LH

右旋螺纹副　$G1\frac{1}{2}/G1\frac{1}{2}A$

左旋螺纹副　$G1\frac{1}{2}/G1\frac{1}{2}A$—$LH$

3. 梯形螺纹的代号与标记

(1)梯形螺纹代号。符合 GB5796.1—1986 标准的梯形螺纹用"Tr"表示。单线螺纹的尺寸规格用"公称尺寸×螺距"表示;多线螺纹用"公称直径×导程(P 螺距)"表示。当螺纹为左旋时,在尺寸规格之后加注"LH"。示例如下:

单线螺纹 $Tr40\times7$

Tr　螺纹种类代号

40　公称直径 40mm

7　螺距 7mm

多线左旋螺纹 $Tr40\times14(P7)LH$

Tr　螺纹种类代号

40　公称直径 40mm

14　导程 14mm

($P7$)　螺距 7mm

LH 左旋螺纹

(2)梯形螺纹标记。梯形螺纹的标记由梯形螺纹代号、公差带代号及旋合长度代号组成。梯形螺纹的公差带代号只标注中径公差带(由表示公差等级的数字及公差带位置的字母组成）。

旋合长度分 N、L 两组。当旋合长度为 N 组时，不标注组别代号 N；当旋合长度为 L 组时，应将组别代号 L 写在公差带代号的后面，并用“ - ”隔开。特殊需要时可用具体旋合长度数值代替组别代号 L。

梯形螺旋副的公差带要分别标注出内、外螺纹的公差带代号。前面的是内螺纹公差带代号，后面的是外螺纹公差带代号，中间用“/”分开。标记示例如下：

内螺纹 $Tr40\times7-7H$

外螺纹 $Tr40\times7-7e$

左旋外螺纹 $Tr40\times7LH-7e$

螺旋副 $Tr40\times7-7H/7e$

旋合长度为 L 组的多线外螺纹 $Tr40\times14(P7)-8e-L$

旋合长度为特殊需要的外螺纹 $Tr40\times7-7e-140$

§5-2 螺纹联接的基本类型和标准螺纹联接件

一、螺纹联接的基本类型

螺纹联接的基本类型有螺栓联接、双头螺栓联接、螺钉联接和紧定螺钉联接，如表 5-2 所示。

表 5-2 **螺纹联接的基本类型及其应用**

类型	结构图	尺寸关系	特点与应用
普通螺栓联接	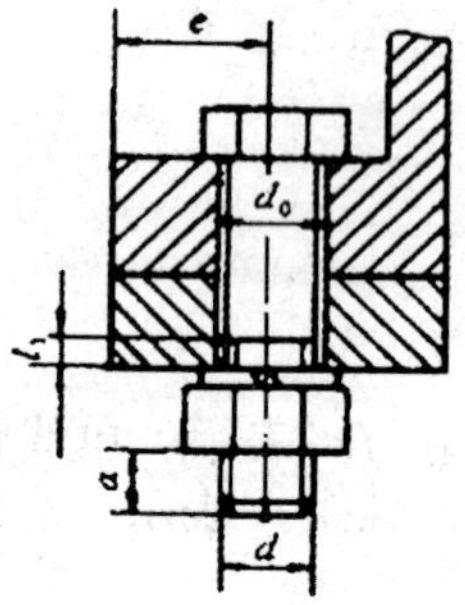	普通螺栓的螺纹余量长度 L_1 为 静载荷 $L_1\geqslant(0.3\sim0.5)d$ 变载荷 $L_1\geqslant0.75d$ 铰制孔用螺栓联接 L_1 尽可能小 螺纹伸出长度 a $a=(0.2\sim0.3)d$ 螺纹轴线到边沿的距离 e $e=d+(3\sim6)mm$ 螺栓孔直径 d_0 普通螺栓：$d_0=1.1d$； 铰制孔用螺栓：d_0 按 d 查有关标准。	结构简单，装拆方便，对通孔加工精度要求低，应用最广泛。
铰制孔用螺栓联接	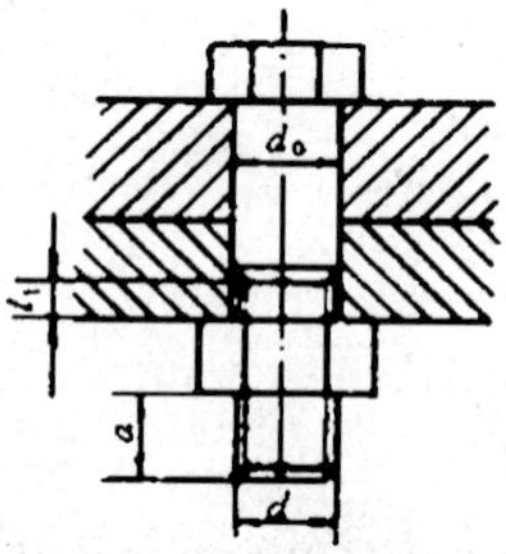		孔与螺栓杆之间没有间隙采用基孔制过渡配合。用螺栓杆承受横向载荷或者固定被联接件的相对位置。

续表

类型	结构图	尺寸关系	特点与应用
螺钉联接	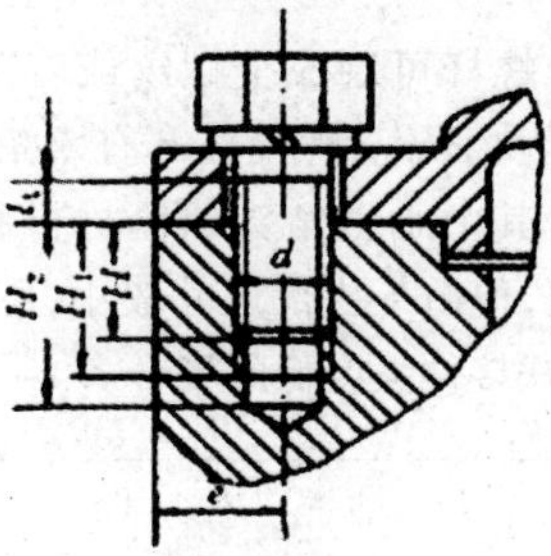	螺纹拧入深度 H 为 钢或青铜：$H = d$ 铸铁：$H = (1.25 \sim 1.5)d$ 铝合金：$H = (1.5 \sim 2.5)d$ 螺纹孔深度： $H_1 = H + (2 \sim 2.5)P$ 钻孔深度： $H_2 = H_1 + (0.5 \sim 1)d$ l_1、a、e 值与普通螺栓联接相同	螺钉联接不用螺母，而是直接把螺钉的螺纹部分拧进被联接件之一的螺纹孔中实现联接。其主要用于被联接件之一太厚或结构上受限制而不能采用螺栓联接、且不需经常装拆的场合。
双头螺栓联接	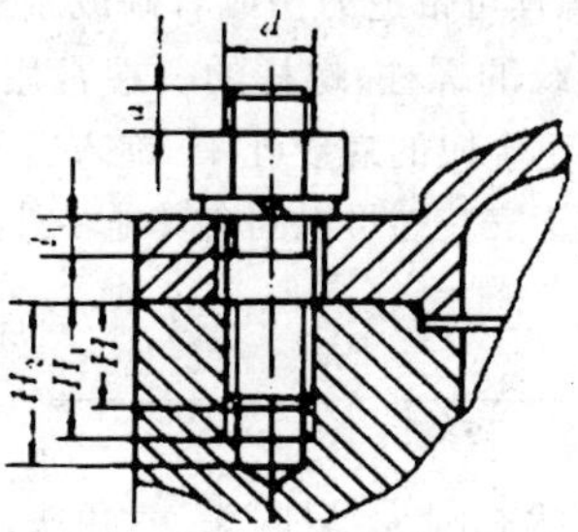		双头螺栓的两端均有螺纹。其一端的螺纹紧固在被联接件之一的螺纹孔中，另一端则穿过另一被联接件的孔并用螺母拧紧，从而将被联接件联在一起。拆卸时只须旋下螺母，螺栓仍留在螺纹孔内，故螺纹孔不易损坏。主要用于被联接件太厚而需经常装拆或结构上受限制不能采用螺栓联接的场合。
紧定螺钉联接	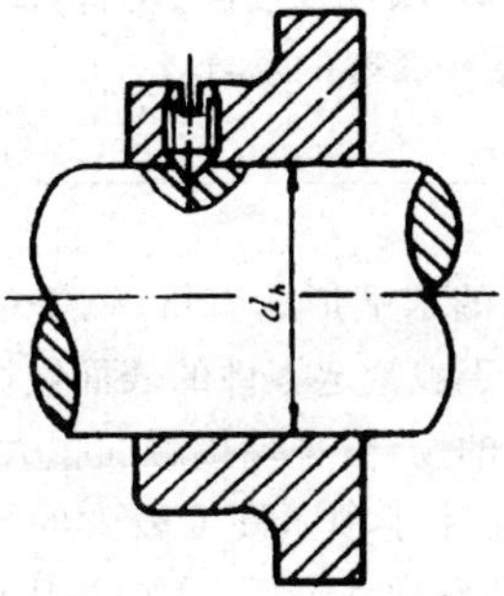	$d = (0.2 \sim 0.3)d_h$，当力和转矩较大时取较大值	螺钉的末端顶住零件的表面或者顶入该零件的凹坑中，将零件固定；它可以传递不大的载荷。

二、标准螺纹联接件

螺纹联接件的结构形式和尺寸已经标准化，设计时查有关标准选用即可。常用螺纹联接件的类型、结构特点和应用如表 5－3 所示。

表 5－3　　常用螺纹联接件的类型、结构特点及应用

类型	图　例	结构特点及应用
六角头螺栓	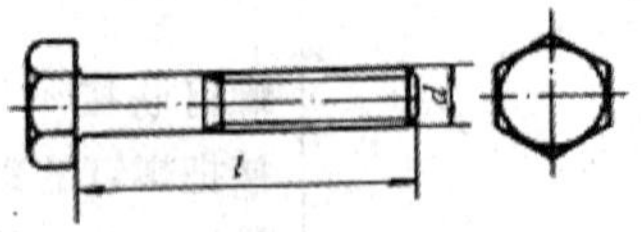	应用最广。螺杆可制成全螺纹或者部分螺纹，螺距有粗牙和细牙。螺栓头部有六角头和小六角头两种。其中小六角头螺栓材料利用率高、机械性能好，但由于头部尺寸较小，不宜用于装拆频繁、被联接件强度低的场合。
双头螺栓	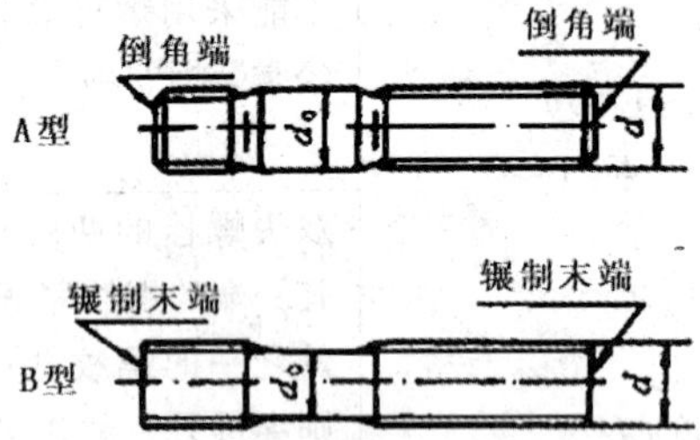	螺栓两头都有螺纹，两头的螺纹可以相同也可以不相同，螺栓可带退刀槽或者制成腰杆，也可以制成全螺纹的螺柱，螺柱的一端常用于旋入铸铁或者有色金属的螺纹孔中，旋入后不拆卸，另一端则用于安装螺母以固定其他零件。
螺钉	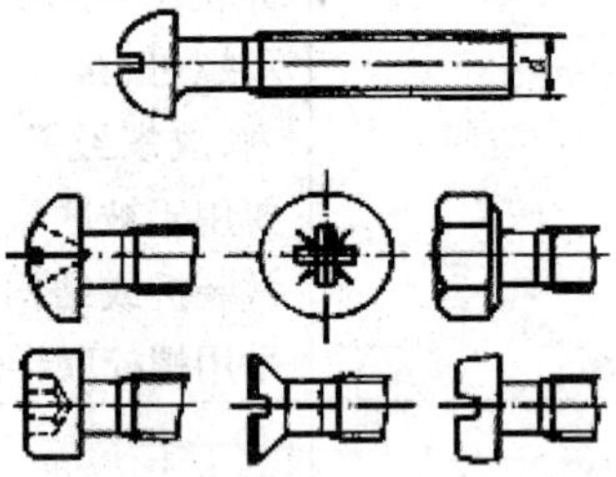	螺钉头部形状有圆头、扁圆头、六角头、圆柱头和沉头等。头部的起子槽有一字槽、十字槽和内六角孔等形式。十字槽螺钉头部强度高、对中性好，便于自动装配。内六角孔螺钉可承受较大的扳手扭矩，联接强度高，可替代六角头螺栓，用于要求结构紧凑的场合。
紧定螺钉	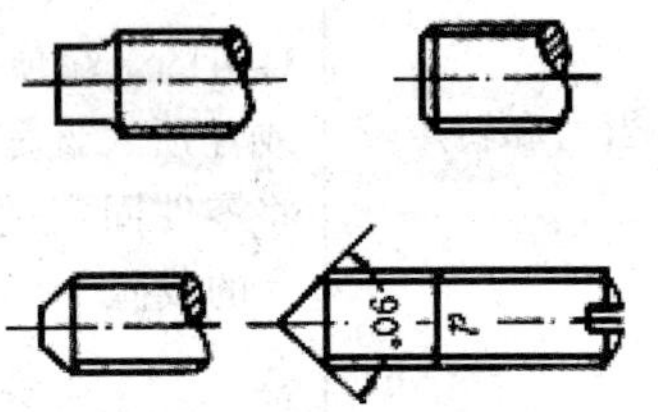	紧定螺钉常用的末端形式有锥端、平端和圆柱端。锥端适用于被紧定零件的表面硬度较低或者不经常拆卸的场合；平端接触面积大，不会损伤零件表面，常用于顶紧硬度较大的平面或者经常装拆的场合；圆柱端压入轴上的凹槽中，适用于紧定空心轴上的零件位置。
自攻螺钉	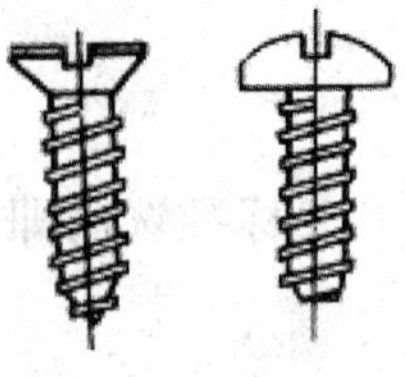	螺钉头部形状有圆头、六角头、圆柱头、沉头等。头部的起子槽有一字槽、十字槽等形式。末端形状有锥端和平端两种。多用于联接金属薄板、轻合金或者塑料零件，螺钉在联接时可以直接攻出螺纹。

续表

类型	图　例	结构特点及应用
六角螺母	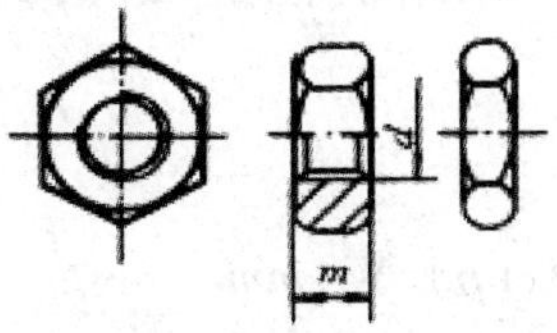	根据螺母厚度不同,可分为标准型和薄型两种。薄螺母常用于受剪力的螺栓上或者空间尺寸受限制的场合。
圆螺母	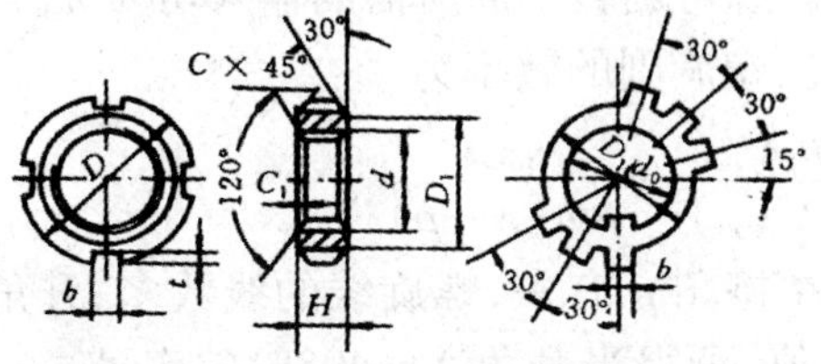	圆螺母常与止退垫圈配用,装配时将垫圈内舌插入轴上的槽内,将垫圈的外舌嵌入圆螺母的槽内,即可锁紧螺母,起到防松作用。常用于滚动轴承的轴向固定。
垫圈	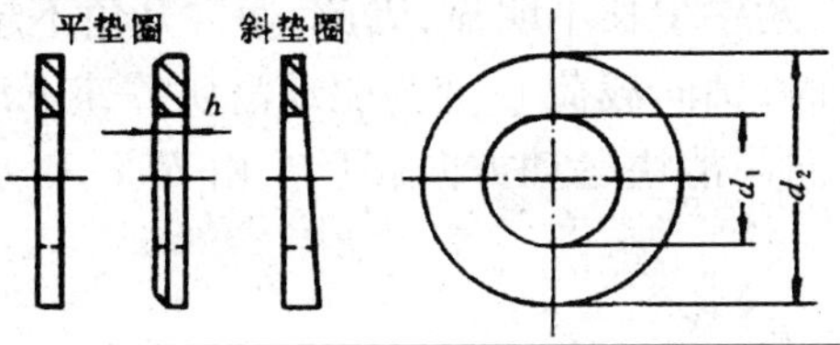	保护被联接件的表面不被擦伤,增大螺母与被联接件间的接触面积。斜垫圈用于倾斜的支承面。

§5－3　螺旋副的受力分析、效率和自锁

如图5－5(a)所示,在外力(或外力矩)作用下,螺旋副作相对运动,可看作推动滑块沿螺纹表面运动。如图5－5(b)所示,将矩形螺纹沿中径d_2处展开,得一倾斜角为λ的斜面,斜面上的滑块代表螺母,螺母与螺杆的相对运动可看成滑块在斜面上的运动。

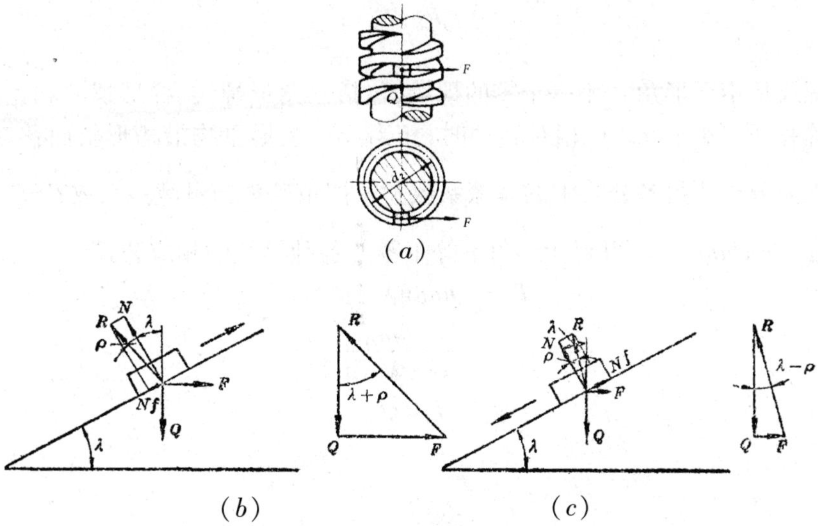

图5－5　螺旋副受力分析

如图 5－5（b）所示，当滑块沿斜面向上等速运动时，所受作用力包括轴向载荷 Q、水平推力 F、斜面对滑块的法向反力 N 以及摩擦力 F_f。N 与 F_f 的合力为 R，$F_f=fN$，f 为摩擦系数，R 与 N 的夹角为摩擦角 。由力 R、F 和 Q 组成的力多边形封闭图（图 5－5（b））得

$$F=Q\tan(\lambda+\rho) \tag{5-1}$$

转动螺纹所需的转矩为

$$T_1=F\cdot\frac{d_2}{2}=\frac{d_2}{2}\cdot Q\cdot \tan(\lambda+\rho)\ N\cdot mm \tag{5-2}$$

螺旋副的效率 η 是指有用功与输入功之比。螺母旋转一周所需的输入功为 $W_1=2\pi T_1$，有用功为 $W_2=Q\times S$，$S=\pi d_2\tan\lambda$ 为螺纹导程，因此，螺旋副的效率为

$$\eta=\frac{W_2}{W_1}=\frac{Q\pi d_2\tan\lambda}{Q\pi d_2\tan(\lambda+\rho)}=\frac{\tan\lambda}{\tan(\lambda+\rho)} \tag{5-3}$$

由式（5－3）可知，效率 η 与螺纹升角 λ 和摩擦角 ρ 有关，螺旋线的线数多、升角大，则效率高，反之亦然。当 ρ 一定时，对式（5－3）求极值，可得当升角 $\lambda\approx40°$时效率最高。但是，螺纹升角过大，螺纹制造很困难，而且当 $\lambda>25°$后，效率增长不明显，因此，通常升角不超过 25°。

如图 5－5（c）所示，当滑块沿斜面等速下滑时，轴向载荷 Q 变为驱动滑块等速下滑的驱动力，F 为阻碍滑块下滑的支持力，摩擦力 F_f 的方向与滑块运动方向相反。由 R、F 和 Q 组成的力多边形封闭图得

$$F=Q\tan(\lambda-\rho)\ N \tag{5-4}$$

此时，螺母反转一周时的输入功为 $W_1=QS$，$S=\pi d_2\tan\lambda$，输出功为 $W_2=F\pi d_2$，螺旋的效率为

$$\eta'=W_2/W_1=\frac{Q\tan(\lambda-\rho)\pi d_2}{Q\pi d_2\tan\lambda}=\frac{\tan(\lambda-\rho)}{\tan\lambda} \tag{5-5}$$

由式（5－5）可知，当 $\lambda\leqslant\rho$ 时，$\eta'\leqslant0$，说明无论 Q 力多大，滑块（即螺母）都不能运动，这种现象就称为螺旋副的自锁。$\eta'=0$ 表明螺旋副处于临界自锁状态。因此矩形螺旋副的自锁条件是

$$\lambda\leqslant\rho \tag{5-6}$$

非矩形螺旋副

非矩形螺纹是指牙形角 α 不等于零的螺纹，包括三角形螺纹、梯形螺纹和锯齿形螺纹等。在轴向载荷作用下，螺母与螺杆相对转动时，相当于一楔形重物沿槽形斜面移动（图 5－6）。将矩形螺纹受力分析所得各公式中的摩擦系数和摩擦角改为当量摩擦系数 f'（$f'=f/\cos\frac{\alpha}{2}$）和当量摩擦角（$\rho=\arctan f'$），便得到牙形角不等于零的各种螺纹的相应公式：

$$T_1=Q\tan(\lambda+\rho')d_2$$

$$\eta=\frac{\tan\lambda}{\tan(\lambda+\rho')}$$

$$F=Qt$$

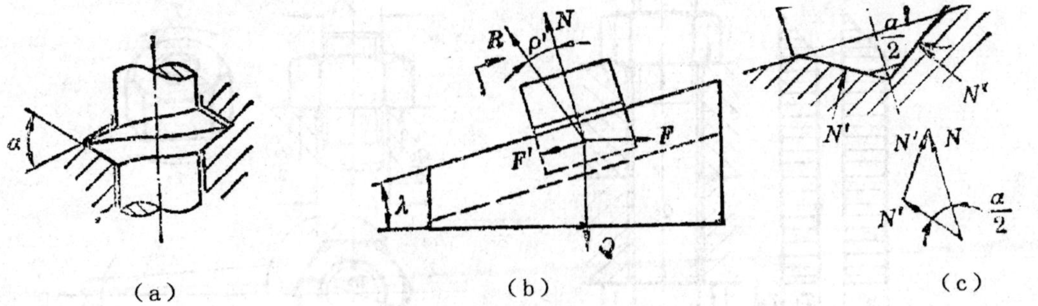

图5-6　非矩形螺旋副受力分析

很显然,非矩形螺纹的牙形角 α 越大,螺纹的效率越低。由于三角螺纹的自锁性能比矩形螺纹好,静联接螺纹要求自锁,故多采用牙形角大的三角螺纹。传动螺纹要求螺旋副的效率 η 要高,因此,一般采用牙形角较小的梯形螺纹。此外,因自锁螺纹的 $\lambda \leqslant \rho'$,所以自锁螺纹的效率总小于0.5。

§5-4　螺纹联接的预紧和防松

一、螺纹联接的预紧

螺纹联接装配时,一般都要拧紧螺纹,使联接螺纹在承受工作载荷之前,受到预先作用的力,这就是螺纹联接的预紧,预先作用的力称为预紧力。螺纹联接预紧的目的在于:(1)防止联接在工作中松动;(2)确保联接在受到工作载荷后,仍能使被联接件的接合面具有足够的紧密性;(3)在被联接件的接合面间产生正压力,以便当被联接件受到横向载荷时,被联接件间不产生相对滑动。

如图5-7所示,在拧紧螺母时,需要克服螺纹副相对扭转的阻力矩 T_1 和螺母与支承面之间的摩擦阻力矩 T_2,即拧紧力矩 $T=T_1+T_2$。

对于 $M10$——$M64$ 的粗牙普通螺栓,若螺纹联接的预紧力为 Q_0,螺栓直径为 d,则拧紧力矩 T 可以按近似公式(5-8)计算

$$T=0.2Q_0d \quad (N \cdot mm) \tag{5-8}$$

预紧力的大小根据螺栓所受载荷的性质、联接的刚度等具体工作条件而确定。对于一般联接用的钢制普通螺栓联接,其预紧力 Q_0 大小按式(5-9)计算

$$Q_0=(0.5\sim0.7)\sigma_s A \quad (N) \tag{5-9}$$

式(5-9)中,σ_s 为螺栓材料的屈服极限,N/mm^2;A 为螺栓危险截面的面积,$A=\dfrac{\pi d^2}{4}mm^2$,N 为牛顿。

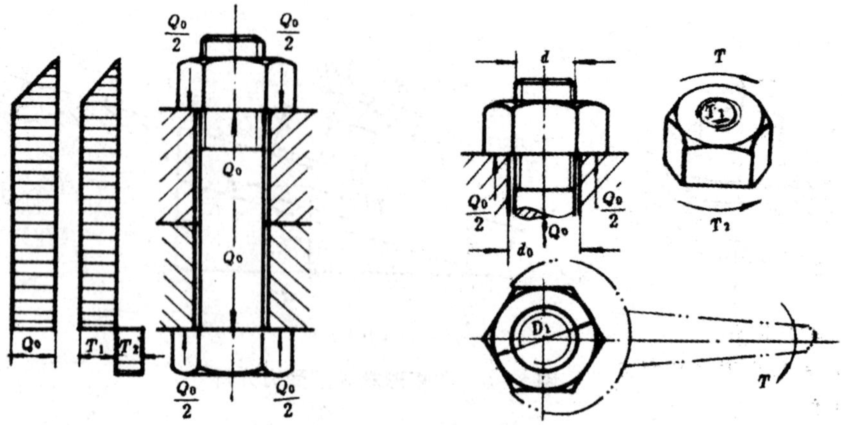

图 5－7　螺纹联接的预紧

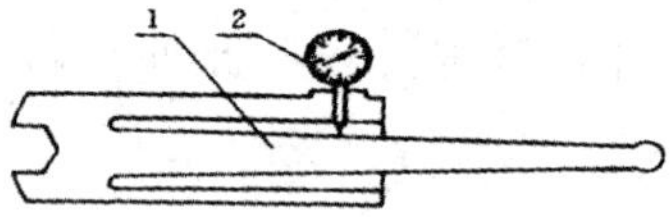

1. 弹性组件;2. 力矩读数

图 5－8　测力矩扳手

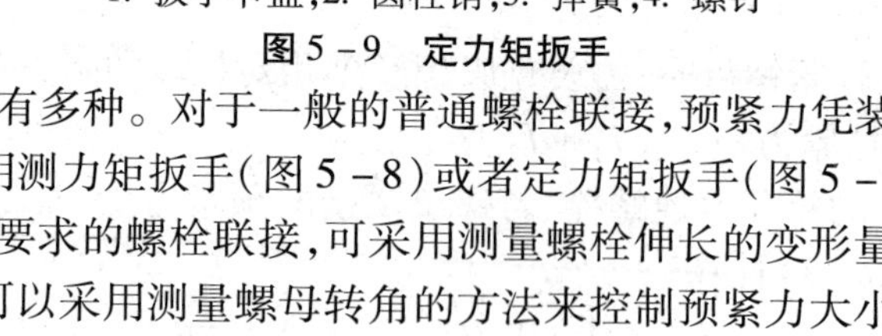

1. 扳手卡盘;2. 圆柱销;3. 弹簧;4. 螺钉

图 5－9　定力矩扳手

预紧力的控制方法有多种。对于一般的普通螺栓联接,预紧力凭装配经验控制;对于较重要的普通螺栓联接,可用测力矩扳手(图 5－8)或者定力矩扳手(图 5－9)来控制预紧力大小;对于预紧力控制有精确要求的螺栓联接,可采用测量螺栓伸长的变形量来控制预紧力大小;而对于高强度螺栓联接,可以采用测量螺母转角的方法来控制预紧力大小。

二、螺纹联接的防松

松动是螺纹联接最常见的失效形式之一。在静载荷条件下,普通螺栓由于螺纹的自锁性一般可以保证螺栓联接的正常工作,但是,在冲击、振动或者变载荷作用下,或者当温度变化很大时,螺纹副间的摩擦力可能减少或者瞬时消失,致使螺纹联接产生自动松脱现象,特别是在交通、化工和高压密闭容器等设备、装置中,螺纹联接的松动可能会造成重大事故的发生。为了保证螺纹联接的安全可靠,许多情况下螺栓联接都采取一些必要的防松措施。

螺纹联接防松的本质就是防止螺纹副的相对运动。按照工作原理来分：螺纹防松有摩擦防松、机械防松、破坏性防松以及粘合法防松等多种方法。常用螺纹防松方法见表5－4。

表5－4　　　　　　　　　　　**螺纹联接的常用防松方法**

摩擦力防松	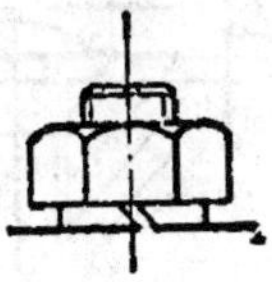 弹簧垫圈	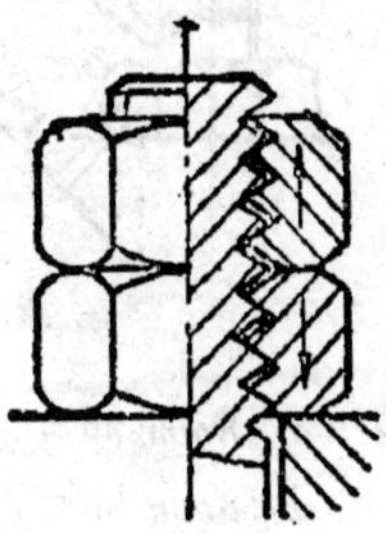 对顶螺母	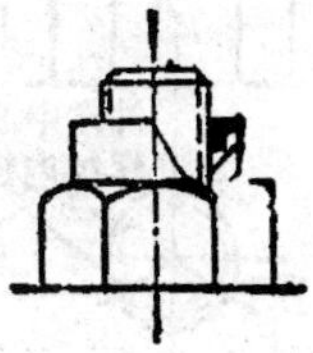 弹性圈螺母
	弹簧垫圈材料为弹簧钢，装配后垫圈被压平，其反弹力使螺纹间保持压紧力和摩擦力	利用螺母的作用使螺栓始终受到附加的拉力和附加的摩擦力。由于多用一个螺母，且工作并不十分可靠，目前已很少采用	螺栓旋入处嵌入纤维或尼龙来增加摩擦力。该弹性圈还起防止液体泄漏的作用
机械防松	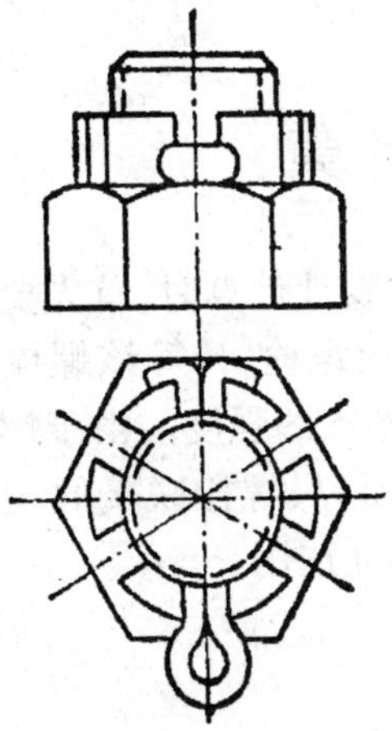 槽形螺母和开口销	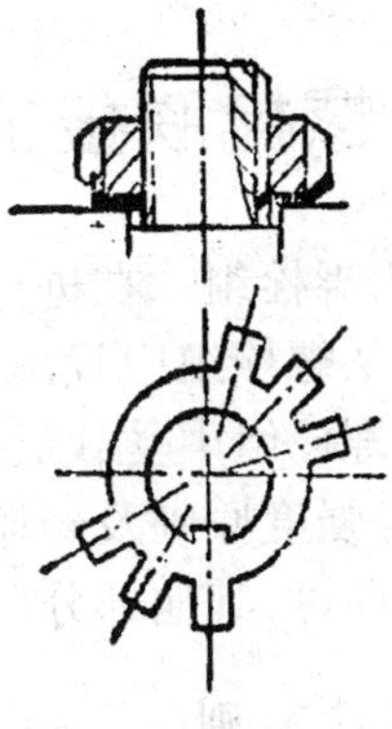 螺母用止动垫圈	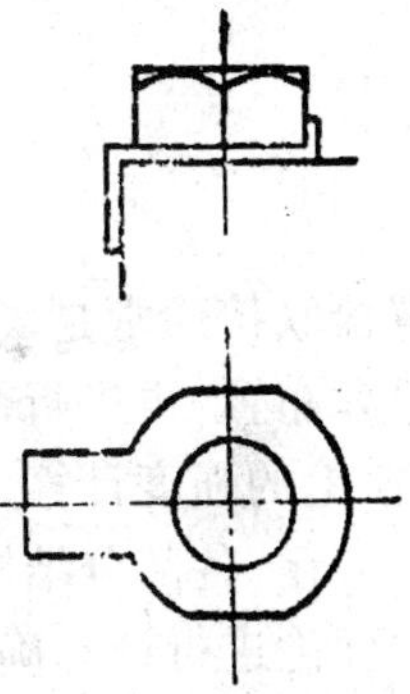 单耳止动垫圈
	槽形螺母拧紧后，用开口销穿过螺栓尾部小孔和螺母的槽，也可以用普通螺母，拧紧后再配钻开口销孔	使垫圈内舌嵌入螺栓（轴）的槽内，拧紧螺母后将垫圈外舌之一褶嵌于螺母的一个槽内	将垫圈褶边以固定螺母和被联接件相对应位置

续表

冲边法防松	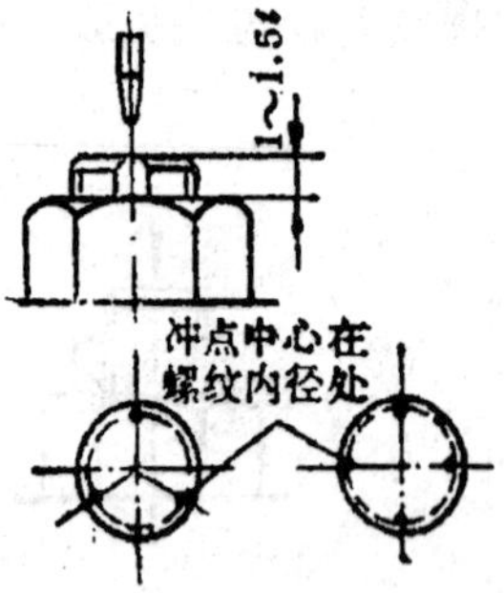 端面冲点	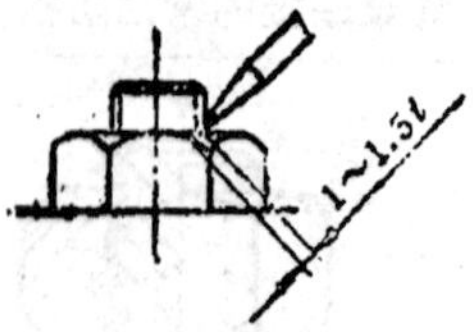 $d>8mm$ 冲三点 $d<8mm$ 冲二点 侧面冲点	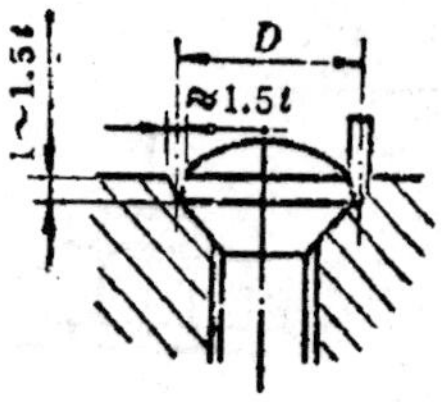 冲点中心在钉头直径上
粘合法防松	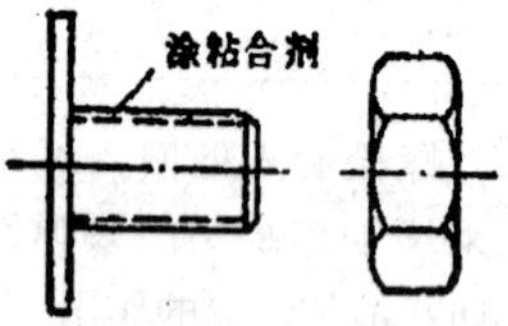	通常采用厌氧性粘合剂涂于螺纹旋合表面，拧紧螺母后粘合剂能自行固化，防松效果良好	

§5－5　螺栓联接的强度计算

螺栓联接通常是成组使用的，称为螺栓组。在进行螺栓组的设计计算时，首先要确定螺栓的数目和布置，再进行螺栓受载分析，从螺栓组中找出受载最大的螺栓，计算该螺栓所受的载荷，螺栓组的强度计算，实际上是计算螺栓组中受载最大的单个螺栓的强度。由于螺纹联接件已经标准化，各部分结构尺寸是根据等强度原则及经验确定的，所以，螺栓联接的设计只需根据强度理论进行计算确定其螺纹直径即可，其他部分尺寸可查标准选用。

一、螺栓联接的失效形式和设计准则

螺栓联接中的单个螺栓受力分为轴向载荷（受拉螺栓）和横向载荷（受剪螺栓）两种。受拉力作用的普通螺栓联接，其主要失效形式是螺纹部分的塑性变形或断裂，经常装拆时也会因磨损而发生滑扣，其设计准则是保证螺栓的静力或者疲劳拉伸强度；受剪切作用的铰制孔用螺栓联接，因为其主要失效形式是螺杆被剪断，螺杆或者被联接件的孔壁被压溃，故其设计准则为保证螺栓和被联接件具有足够的剪切强度和挤压强度。

二、受轴向载荷的螺栓联接

1. 松螺栓联接

松螺栓联接装配时不需要拧紧螺母，在承受工作载荷之前，螺栓不受力。如图 5－10 所示，起重吊钩的螺栓联接就是典型的松螺栓联接。当承受工作载荷 Q 时，螺栓杆受拉，其强度条件为

$$\sigma = \frac{Q}{\pi d_1^{\ 2}/4} \leqslant [\sigma]\ N/mm^2 \tag{5-10}$$

式中：d_1 为螺纹小径，单位 mm；$[\sigma]$ 为螺栓的许用拉应力，单位 N/mm^2。

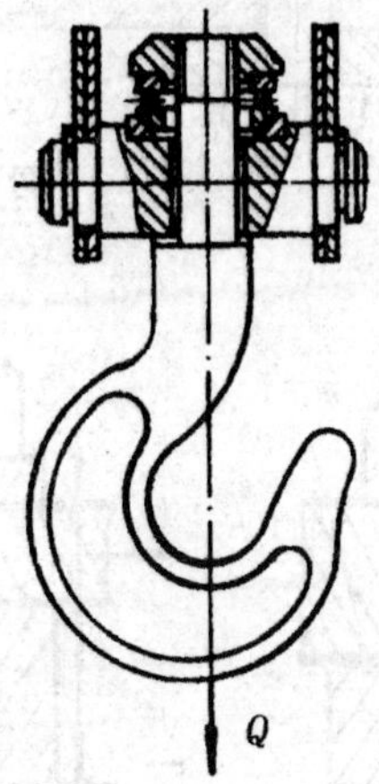

图 5－10 松螺栓联接

2. 紧螺栓联接

(1)只受预紧力的紧螺栓联接

如图 5－11 所示，紧螺栓联接装配时需要将螺母拧紧，在拧紧力矩作用下，螺栓受到预紧力产生的拉应力作用，同时还受到螺纹副中摩擦阻力矩 T_1 所产生的扭转剪切应力作用。实际计算时，为了简化计算，对 $M10 \sim M68$ 的钢制普通螺栓，只按拉伸强度计算，并将所受拉力增大 30% 来考虑剪切应力的影响。即螺栓的强度条件为

$$\sigma = 1.3\frac{4Q}{\pi d_1^{\ 2}} = \frac{5.2Q_0}{\pi d_1^{\ 2}} \leqslant [\sigma] \tag{5-11}$$

式中：Q_0 为螺栓所受的预紧力，单位 N；d_1 为螺纹小径，单位 mm；$[\sigma]$ 为紧螺栓联接的许用应用力，单位 N/mm^2。

(2)受预紧力和横向工作载荷的紧螺栓联接

如图 5－11 所示，紧螺栓联接受横向工作载荷。普通螺栓与螺栓孔之间有间隙，它是靠接合面间的摩擦力来承受工作载荷的，工作时，只有当接合面间的摩擦力足够大时，才能保证被联接件不会发生相对滑动。因此，螺栓的预紧力 Q_0 应为

$$Q_0 \geqslant \frac{K_f F}{zfm}\ N \tag{5-12}$$

式中：z 为联接螺栓数目；f 为接合面间的摩擦系数，对于钢和铸铁，$f = 0.15 \sim 0.2$；m 为摩擦接合数；F 为横向载荷，单位 N；K_f 为可靠性系数或称防滑系数，通常 $K_f = 1.1 \sim 1.3$。

按式(5－12)求出预紧力 Q_0 后，再按式(5－11)计算螺栓强度即可。

普通螺栓靠摩擦力来承受横向工作载荷需要很大的预紧力，为了防止螺栓被拉断，需要较大的螺栓直径，这将增大联接的结构尺寸。因此，对横向工作载荷较大的螺栓联接，要采用一些辅助结构，如图 5－11 所示。用键、套筒和销等抗剪切件来承受横向载荷，这时，螺栓仅起一般联接作用，不受横向载荷，联接的强度应按键、套筒和销的强度条件进行计算(图 5－12)。

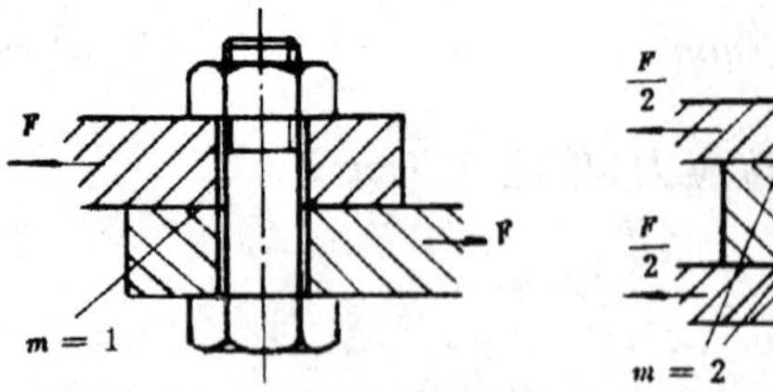

图 5－11　受横向载荷的紧螺栓联接

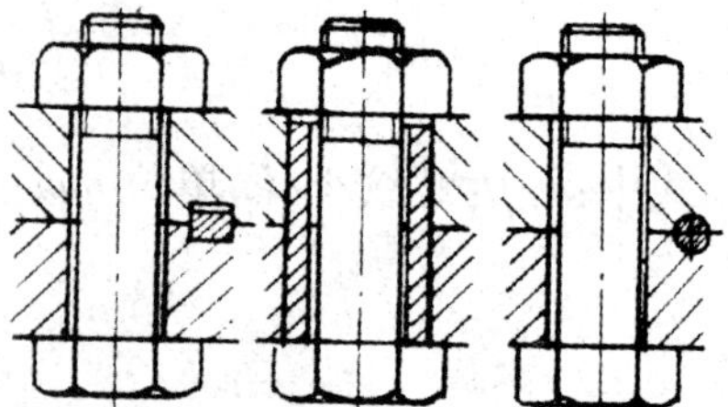

图 5－12　用键、套筒和销承受横向载荷

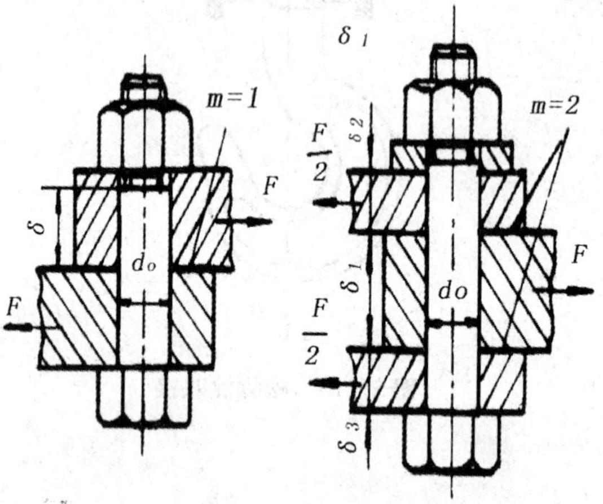

图 5－13　受剪切螺栓

(3)受剪切螺栓联接

如图 5－13 所示，受剪切螺栓通常是六角头铰制孔用螺栓，螺栓与螺栓孔多采用过盈配合或过渡配合。当联接承受横向载荷时，在联接的结合处螺栓横截面受剪切，螺栓杆和被联接件孔壁接触表面受挤压，螺栓的剪切强度条件和螺杆与孔壁接触表面的挤压强度条件分别为

$$\sigma_p = \frac{F}{zd_0\delta} \leqslant [\sigma_p] \quad (N/mm^2) \tag{5-13}$$

$$\tau = \frac{F}{zm\pi d_0{}^2/4} \leqslant [\tau] \quad (N/mm^2) \tag{5-14}$$

式中：F 为横向载荷，单位 N；z 为螺栓数目；m 为螺栓受剪面数目；d_0 为螺栓杆在剪切面处的直径，单位 mm；δ 为螺栓杆与孔壁间接触受压的最小轴向长度，单位 mm；$[\tau]$ 为螺栓材料许用剪应力，单位 N/mm^2；$[\sigma_p]$ 为螺杆或者被联接件材料的许用挤压应力，单位 N/mm^2，计算时取两者中的小值。

(4)受预紧力和轴向载荷作用的紧螺栓联接

图 5－14 所示为汽缸盖的螺栓联接，设 z 个螺栓沿圆周均布，汽缸内的气体压强为 p，则每个螺栓的工作载荷为

$$Q_F = p \cdot \frac{\pi D^2}{4z} \quad (N) \tag{5-15}$$

以上取其中的一个螺栓进行受力和变形分析。

如图 5－15(a)所示是螺栓没有拧紧时的情况，此时螺栓没有受力和变形。如图 5－15(b)所示是螺栓拧紧后只受预紧力 Q_0 作用时的情况，此时螺栓产生拉伸变形量且变形量为 λ_1，而被联接件则产生压缩变形量且变形量为 λ_2。如图 5－15(c)所示是螺栓受工作载荷作用

后的情况，此时螺栓继续受拉伸，其拉伸变形量增大，即螺栓的总拉伸变形量达到 $\lambda_1+\lambda_2$，这时，螺栓所受的总拉力为 Q；同时，根据变形协调条件，被联接件则因螺栓的伸长而回弹，即被压联接件的压缩变形量减少了 $\Delta\lambda$，被联接件的残余压缩变形量为 $\lambda_2-\lambda_1$，相对应的压力称为残余预紧力 Q_r。此时，螺栓受工作载荷和残余预紧力的共同作用，所以，螺栓的总拉伸载荷为

$$Q=Q_F+Q_r \tag{5-16}$$

为了保证联接的紧密性，防止联接受工作载荷后接合面间出现缝隙，应使 $Q_r>0$。对于有密封性要求的联接，取 $Q_r=(1.5\sim1.8)Q_F$。对于一般联接，工作载荷稳定时，取 $Q_r=(0.2\sim0.6)Q_F$。工作载荷有变化时，取 $Q_r=(0.6\sim1.0)Q_F$。

设计时，可先求出工作载荷 Q_F，再根据联接的工作要求确定残余预紧力 Q_r，然后由式(5－16)计算出总拉伸载荷 Q。同时考虑扭矩产生的剪应力的影响，故螺栓的强度条件为

$$\sigma=\frac{1.3Q}{\pi d^2/4}=\frac{5.2Q}{\pi d^2}\leqslant[\sigma]\ N/mm^2 \tag{5-17}$$

式中，Q 为螺栓总拉伸载荷，单位 N；其他符号的含义与式(5－11)相同。

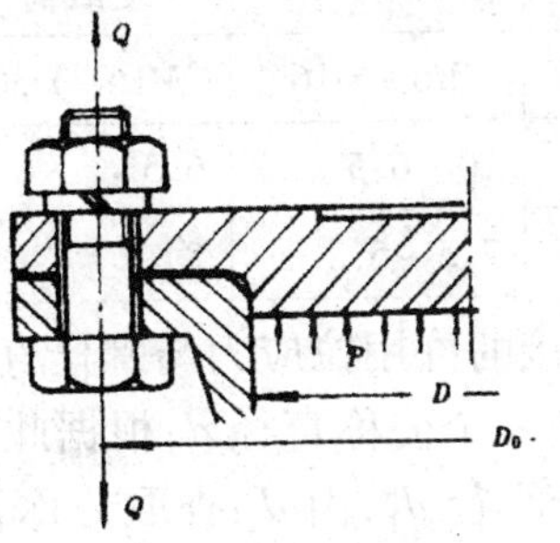

图 5－14　汽缸盖螺栓联接

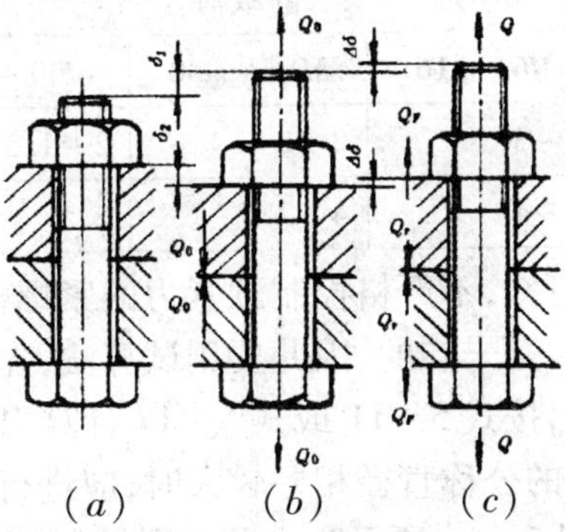

图 5－15　螺栓各阶段受力与变形

三、螺栓的材料和许用应力

螺栓材料一般采用碳素钢；对于承受冲击、振动或者变载荷的螺纹联接，可采用合金钢；对于特殊用途(如防锈、导电或耐高温)的螺栓联接，采用特种钢或者铜合金、铝合金等。

国家标准规定螺纹联接件按材料的机械性能分级。螺母的材料一般与相配合的螺栓相近而硬度略低。国家标准 GB3099.1－82 及 GB3098.2－82 把螺纹联接件按材料的机械性能分成等级，规定重要的或有特殊要求的螺纹联接件，才允许采用高性能等级材料，并经表面热处理；而且规定如采用符合性能等级的螺栓、螺母，在图纸中只标出材料的牌号。对于一般机械设计，螺纹联接件常用材料的机械性能列于表 5－5 中。

表 5－5　螺纹联接件常用材料的机械性能(GB700－88、GB 3077－88)　MPa

钢号	Q215	Q235	35	45	40Cr
强度极限 σ_b	335～410	374～460	530	600	980
屈服极限 σ_s	185～215	205～235	315	355	785

注：螺栓直径 d 小时，取较大值。

螺栓联接的许用应力与材料、制造、结构尺寸及载荷性质等因素有关。普通螺栓联接的许用应力和安全系数按表 5－6 和 5－7 选取。

表 5-6　　**螺栓联接的许用应力[σ] N/mm^2和安全系数 S**

联接情况	受载情况	许用应力[σ]和安全系数 S
松联接	轴向静载荷	[σ] = σ_S/S。S = 1.2 ~ 1.3(未淬火钢取小值)
紧联接	轴向静载荷 横向静载荷	[σ] = σ_S/S。控制预紧力时 S = 1.2 ~ 1.5;不控制预紧力时,S 查表 5-7
铰制孔用螺栓联接	横向静载荷	[τ] = σ_S/2.5。被联接件为钢时,[σ_P] = σ_S/1.25,被联接件为铸铁时,[σ_P] = σ_b/(2 ~ 2.5)
	横向变载荷	[τ] = σ_S/(3.5 ~ 5),[σ_P]按静载荷的[σ_P]值降低 20% ~ 30%

表 5-7　　**不控制预紧力时紧螺栓联接的安全系数 S**

材料	静载荷			变载荷		
	$M6-m16$	$M16-m30$	$M30-m60$	$M6-m16$	$M16-m30$	$M30-m60$
碳钢	4 ~ 3	3 ~ 2	2 ~ 1.3	10 ~ 6.5	6.5	6.5 ~ 10
合金钢	5 ~ 4	4 ~ 2.5	2.5	7.5 ~ 5	5	5 ~ 7.5

由表 5-7 可知,不严格控制预紧力的紧螺栓联接的许用拉应力与螺栓直径有关。在设计时,通常螺栓直径是未知的,因此要用试算法:先假定一个公称直径 d,根据此直径查出螺栓联接的许用拉应力,按式 5-11 或式 5-17 计算出螺栓小径 d_1,由 d_1 查取公称直径 d,若该公称直径与原先假定的公称直径相差较大时,应进行重算,直到两者相近。

例 5-1　图 5-16 所示为一凸缘联轴器,用 8 个普通螺栓联接,已知联轴器传递的转矩 $T = 1.1kN \cdot m$,$D_1 = 195mm$,试确定螺栓直径。

解:1. 螺栓组受力分析:此联接属于转矩作用在联接接合面内的螺栓组联接,且各螺栓受力均等,由式 5-12 可得每个螺栓所需的预紧力为

$$Q_0 = \frac{K_f T}{zmf} = \frac{1.2 \times 1.1 \times 1000}{8 \times \dfrac{195}{2} \times 0.15} = 11.28(KN)$$

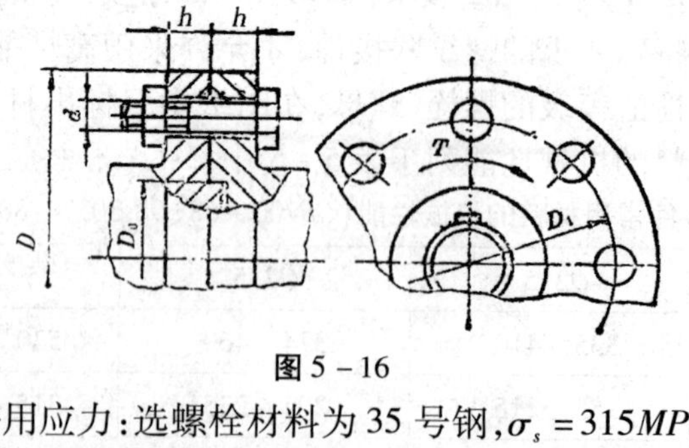

图 5-16

2. 选螺栓材料确定许用应力:选螺栓材料为 35 号钢,$\sigma_s = 315MPa$(表 5-5),设装配时不控制预紧力,按表 5-7 暂取安全系数 $S = 3$,由表 5-6 得螺栓的许用应力

$$[\sigma] = \sigma_s / s = 315/3 = 105(MPa).$$

3. 确定螺栓直径：由式 5 - 11 得螺纹的内径为 $d_1 \geqslant \sqrt{\dfrac{5.2Q_0}{\pi[\sigma]}} = \sqrt{\dfrac{5.2 \times 11.28 \times 1000}{\pi \times 105}} =$ 13.33(mm)

按国标 GB/T196 - 2003 粗牙普通螺纹标准查得：当 $M = 16$ 时，$d_1 = 13.835mm > 13.33mm$，可满足要求，故选用 $M$16 的螺栓。

对照表 5 - 7 可知所取的安全系数 $S = 3$ 是合适的。

§5 - 6　螺旋传动

在机械中，有时需要将转动变为直线移动。螺旋传动是实现这种转变经常采用的一种传动。例如机床进给机构中采用螺旋传动实现刀具或工作台的直线进给，又如螺旋压力机和螺旋千斤顶（图 5 - 17）的工作部分的直线运动都是利用螺旋传动来实现的。

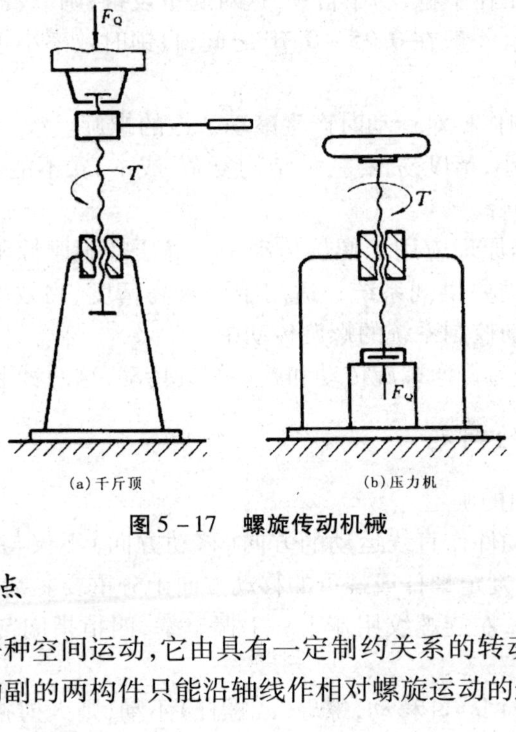

图 5 - 17　螺旋传动机械

一、螺旋传动的特点

螺旋运动是构件的一种空间运动，它由具有一定制约关系的转动及沿转动轴线方向的移动两部分组成。组成运动副的两构件只能沿轴线作相对螺旋运动的运动副称为螺旋副。螺旋副是面接触的低副。

螺旋传动是利用螺旋副来传递运动和动力的一种机械传动，可以方便地把主动件的回转运动转变为从动件的直线运动。与其他回转运动转变为直线运动的传动装置相比，螺旋传动具有结构简单，工作连续、平稳，承载能力大，传递精度高等优点，因此广泛应用于各种机械和仪器中。它的缺点是摩擦损失大，传递效率较低；但滚动螺旋传动的应用，已使螺旋传动摩擦大、易磨损和效率低的缺点得到了很大程度的改善。

二、螺旋传动的类型

螺旋传动由螺杆、螺母组成。

1. 按其用途可分为:

(1)传力螺旋:以传递动力为主,一般要求用较小的转矩转动螺杆(或螺母)而使螺母(或螺杆)产生轴向运动和较大的轴向推力。例如螺旋千斤顶等。这种传力螺旋主要是承受很大的轴向力,通常为间歇性工作,每次工作时间较短,工作速度不高,而且需要自锁。

(2)传导螺旋:以传递运动为主,要求能在较长的时间内连续工作,工作速度较高,因此,要求较高的传动精度。如精密车床的走刀螺杆。

(3)调整螺旋:用于调整并固定零部件之间的相对位置,它不经常转动,一般在空载下调整,要求有可靠的自锁性能和精度,用于测量仪器及各种机械的调整装置。如千分尺中的螺旋。

2. 螺旋传动按其摩擦性质又可分为:

(1)滑动螺旋:螺旋副作相对运动时产生滑动摩擦的螺旋。滑动螺旋结构比较简单,螺母和螺杆的啮合是连续的,工作平稳,易于自锁,这对起重设备,调节装置等很有意义。但螺纹之间摩擦大、磨损大、效率低(一般在0.25~0.70之间,自锁时效率小于50%);滑动螺旋不适宜用于高速和大功率传动。

(2)滚动螺旋:螺旋副作相对运动时产生滚动摩擦的螺旋。滚动螺旋的摩擦阻力小,传动效率高(90%以上),磨损小,精度易保持,但结构复杂,成本高,不能自锁。滚动螺旋主要用于对传动精度要求较高的场合。

(3)静压螺旋:将静压原理应用于螺旋传动中。静压螺旋摩擦阻力小,传动效率高(可达90%以上),但结构复杂,需要供油系统。适用于要求高精度、高效率的重要传动中,如数控、精密机床、测试装置或自动控制系统的螺旋传动中。

根据工作条件又可分为普通螺旋传动和差动螺旋传动,这两种形式在传动中应用较广。

三、螺旋传动方向的判定

1. 普通螺旋传动方向的确定

普通螺旋传动时,从动件作直线运动的方向(移动方向)不仅与螺纹的回转方向有关,还与螺纹的旋向有关。正确判定螺杆或螺母的移动方向十分重要。判断方法如下:

(1) 右旋螺纹用右手,左旋螺纹用左手。手握空拳,四指指向与螺杆(或螺母)回转方向相同,大拇指竖直。

(2) 若螺杆(或螺母)回转并移动,螺母(或螺杆)不动,则大拇指指向即为螺杆(或螺母)的移动方向。

(3) 若螺杆(或螺母)原位回转,螺母(或螺杆)移动,则大拇指指向的相反方向既为螺母(或螺杆)的移动方向。

2. 差动螺旋传动方向的确定

由两个螺旋副组成的使活动的螺母与螺杆产生差动(即不一致)的螺旋传动称为差动螺旋传动。

(1) 螺杆上两螺纹旋向相同时,活动螺母的移动距离减小。当机架上固定螺母的导程大于活动螺母的导程时,活动螺母移动方向与螺杆移动方向相同;当机架上固定螺母的导程小于活动螺母导程时，活动螺母移动方向与螺杆移动方向相反；当两螺纹的导程相等时，活动螺母不动（即移动距离为零）。

（2）螺杆上两螺纹旋向相反时，活动螺母移动距离增大。活动螺母移动方向与螺杆移动方向相同。

（3）在判定差动螺旋传动中活动螺母的移动方向时，应先确定螺杆的移动方向。

四、螺旋传动移动距离的确定

图5－18是最简单的滑动螺旋传动。其中螺母3相对支架1可作轴向移动。设螺杆的导程为S，螺距为p，螺纹线数为n，因此螺母的位移L和螺杆的转角$\varnothing$（rad）有如下关系：

$$L=\frac{S}{2\pi}\varnothing=\frac{np}{2\pi}\varnothing \tag{5-18}$$

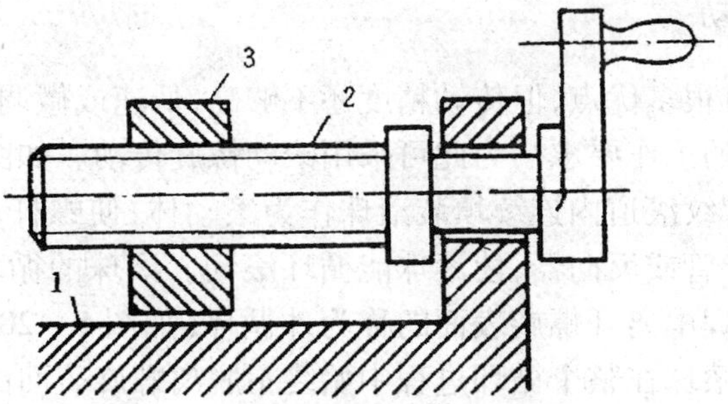

图5－18　简单的滑动螺旋传动

图5－19是一种差动滑动螺旋传动，螺杆2分别与支架1、螺母3组成螺旋副A和B，导程分别为S_A和S_B，螺母3只能移动不能转动。若左、右两段螺纹的螺旋方向相同，则螺母3的位移L与螺杆2的转角$\varnothing$（rad）有如下关系：

$$L=(S_A-S_B)\frac{\varnothing}{2\pi} \tag{5-19}$$

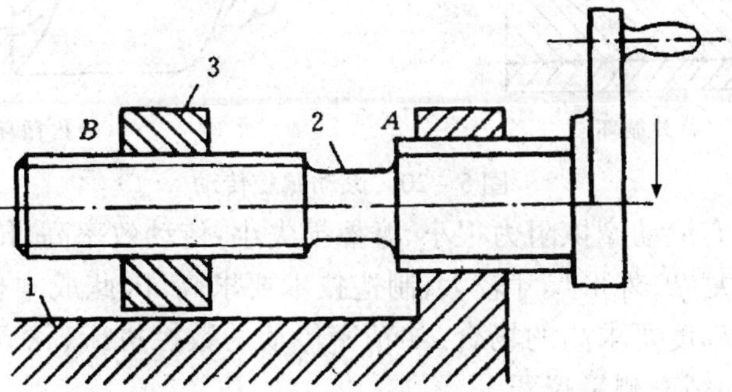

图5－19　差动滑动螺旋传动

由式（5－19）可知，若A、B两螺旋副的导程S_A和S_B相差极小时，则位移L也很小，而其螺纹的导程并不需要很小，加工容易。所以，这种差动滑动螺旋传动广泛应用于各种测微器、计算机、分度机及诸多精密切削机床、仪器和工具中。

若图5－19两段螺纹的螺旋方向相反，则螺杆2的转角$\varnothing$与螺母3的位移L之间的关系为：

$$L=(S_A+S_B)\cdot\frac{\varnothing}{2\pi} \tag{5-20}$$

这时，螺母3将获得较大的位移，它能使被联接的两构件快速接近或分开。这种差动滑动螺旋传动常用于要求快速夹紧的夹具或锁紧装置中，例如钢索的拉紧装置，某些螺旋式夹具等。

例5－2 在图5－19中，固定螺母的导程 $S_A=1.5mm$，活动螺母导程 $S_B=2mm$，螺纹均为左旋。问当螺杆顺时针回转2周时，活动螺母的移动距离是多少？移动方向如何？

解：(1)螺纹为左旋，用左手判定螺杆向右移动。

(2)因为两螺纹旋向相同，活动螺母移动距离为

$L=(S_A-S_B)\varnothing/2\pi=(1.5-2)2\times360/2\times180=-1mm$

计算结果为负值，活动螺母移动方向与螺杆移动方向相反，即活动螺母向左移动了1mm。

五、滚动螺旋传动

滑动螺旋传动虽有很多优点，但传动精度还不够高，低速或微调时可能出现运动不稳定现象，不能满足某些机械的工作要求。为此可采用滚动螺旋传动。如图5－20所示，滚动螺旋传动是在螺杆和螺母的螺纹滚道内连续填装滚珠作为滚动体，使螺杆和螺母间的滑动摩擦变成滚动摩擦。螺母上有导管或反向器，使滚珠能循环滚动。滚珠的循环方式分为外循环和内循环两种，滚珠在回路过程中离开螺旋表面的称为外循环(如图5－20(a))所示，外循环加工方便，但径向尺寸较大。滚珠在整个循环过程中始终不脱离螺旋表面的称为内循环(如图5－20(b))所示。

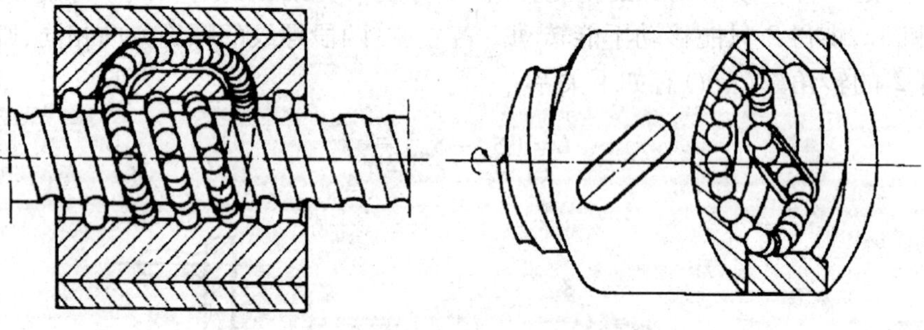

(a)外循环　　(b)内循环

图5－20　滚动螺旋传动

滚动螺旋传动具有滚动摩擦阻力很小、摩擦损失小、传动效率高、传动时运动平稳、动作灵敏等优点。但其结构复杂，外形尺寸较大，制造技术要求高，因此成本也较高。目前滚动螺旋传动主要用于对传动精度要求高的场合，如精密传动的数控机床(滚珠丝杠传动)，以及自动控制装置、升降机构和精密测量仪器等。

本章要点

(1)了解各种牙型螺纹的特点和应用，能合理选用螺纹的类型。

(2)重点掌握螺栓联接的强度计算，正确分析螺纹联接的各类工作载荷，并选择相应的计算公式。

(3)同时承受预紧力和工作拉力的紧螺栓联接的强度计算是本章的难点,关键是要找出螺栓组中受力最大的单个螺栓,并求出该螺栓所受的总载荷,然后应用强度计算公式求出直径。

(4)了解螺旋传动的特点及应用。

(5)了解螺旋传动的类型。

(6)掌握螺旋传动方向的判断及移动距离的确定。

△　习　题

5-1　螺纹主要有哪几种类型?根据什么选用螺纹类型?

5-2　螺纹的主要参数有哪些?螺距和导程有什么区别?如何判断螺纹的线数和旋向?

5-3　螺栓、双头螺柱、螺钉、紧定螺钉分别应用于什么场合?

5-4　螺纹联接防松的本质是什么?螺纹防松主要有哪几种方法?

5-5　受拉螺栓的松联接和紧联接有何区别?设计计算公式是否相同?

5-6　在受拉伸螺栓联接强度计算中,总载荷是否等于预紧力与拉伸工作载荷之和?

5-7　影响螺栓联接强度的主要因素有哪些?可以采用哪些措施提高螺栓联接强度?

5-8　已知一普通粗牙螺纹,大径 $d=24mm$,中径 $d_2=22.051mm$,螺纹副间的摩擦系数 $f=0.17$。试求:1)螺纹升角 λ;2)该螺纹副是否自锁?若用于起重,其效率为多少?

5-9　如图5-12所示,液压油缸的缸体与缸盖用8个双头螺栓联接,油缸内径 $D=250mm$,缸体内部的油压为 $p=1.0\ MPa$,螺栓材料为35号钢,采用石棉铜皮垫,试计算螺栓的直径。

5-10　普通螺纹直径是指哪个直径?普通螺纹的代号如何表示?

5-11　管螺纹的螺纹特征代号有哪几种?代号和 R_p 与 G 有什么不同?

5-12　试解释下列各螺纹标记的含义:

(1) $M24\times2—6H$

(2) $M30\times1.5—g5g6$

(3) $M12--6H—S$

(4) $Rc1/4$

(5) $Tr40\times14(P7)—7e—L$

5-13　试解释下列各螺纹副或螺旋副标记的含义:

(1) $M36\times1.5LH—6H/6g$

(2) $R_c2\frac{1}{2}/2\frac{1}{2}R—LH$

(3) $G\frac{3}{4}/G\frac{3}{4}A$

(4) $Tr52\times16(P8)—7H/7e$

5-14　什么是螺旋传动?常用的螺旋传动有哪几种?

5-15　试比较滑动螺旋传动和滚动螺旋传达的优缺点?

5-16　试比较螺旋传动和齿轮齿条的

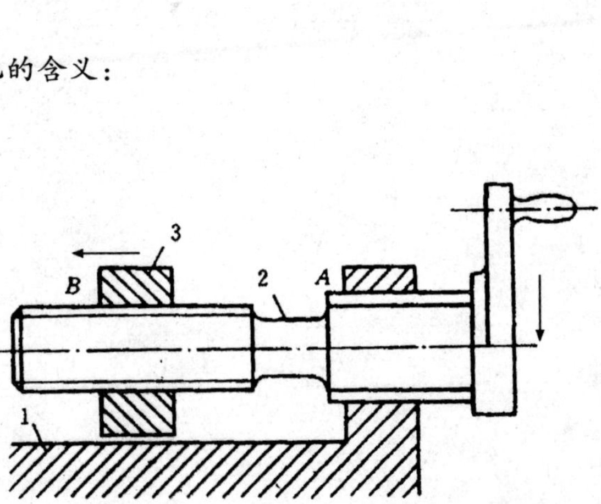

图5-21

特点与应用。

5－17　图5－21所示为一差动螺旋传动，机架1与螺杆2在A处用右旋螺纹连接，导程$Sa=4mm$，螺母3相对机架1只能移动，不能转动，摇柄4沿箭头方向转动5圈时，螺母3向左移动$5mm$，试计算螺旋副B的导程S_b和判断螺纹的旋向。

第六章　带传动 摩擦轮传动

§6－1　带传动概述

一、带传动的类型和特点

摩擦型带传动通常由主动轮、从动轮和张紧在两轮上的挠性传动带组成(图6－1)。带紧套在两个带轮上,借助带与带轮接触面间的压力所产生的摩擦力来传递运动和动力。

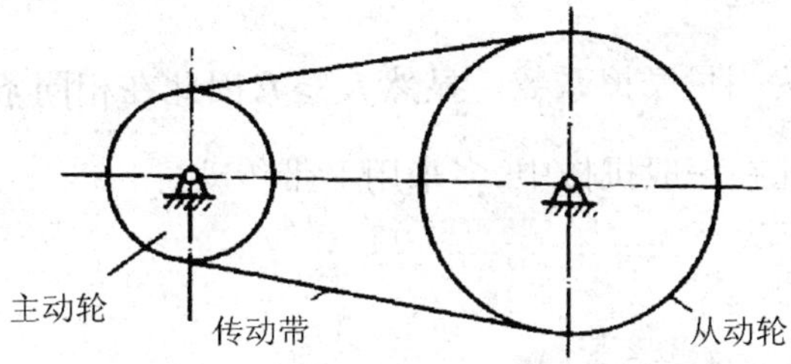

图6－1　摩擦型带传动

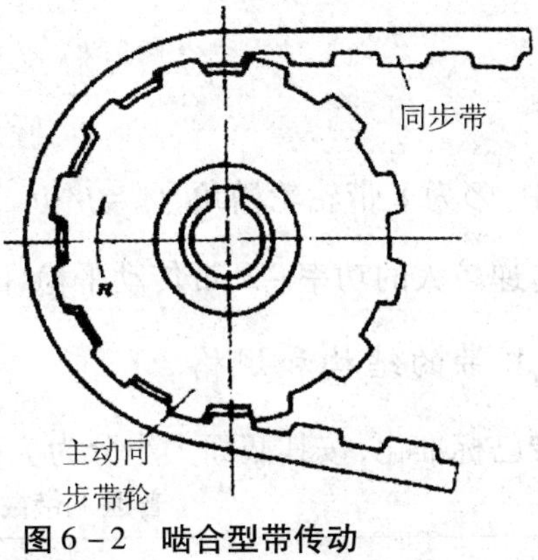

图6－2　啮合型带传动

啮合型带传动由主动同步带轮,从动同步带轮和套在两轮上的环形同步带组成(图6－2),带的工作面制成齿形,与有齿的带轮相啮合实现传动。

摩擦型带传动,按带横剖面的形状是矩形、梯形或圆形,可分为平带传动(图6－3(a))、V带传动(图6－3(b))、多楔带传动(图6－3(c))和圆带传动(图6－3(d))。

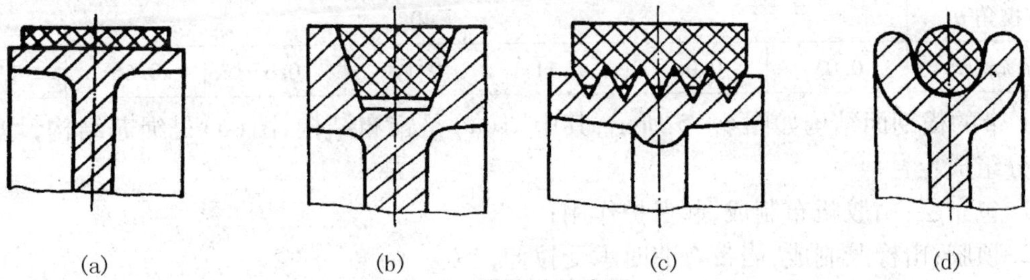

图6－3　带传动的类型

平带的横截面为扁平矩形,其工作面是与轮面相接触的内表面(图6－4(a)),而V带的横截面为等腰梯形,V带靠两侧面工作(图6－4(b))。

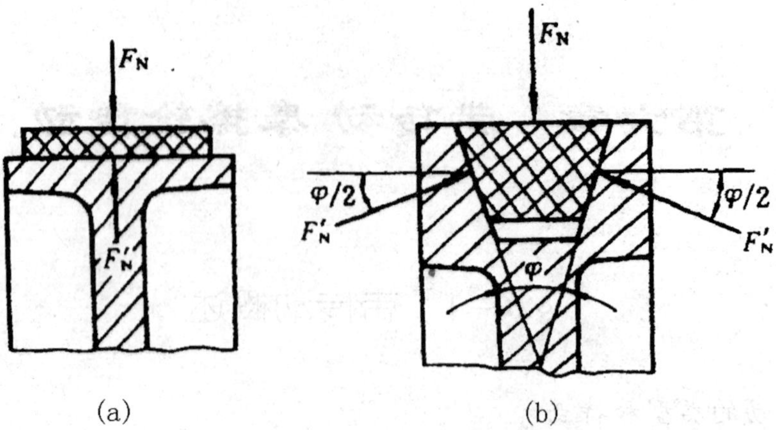

图 6－4　平带与 V 带传动的比较

当平带和 V 带受到同样的压紧力 F_N 时，它们的法向力 F_N' 却不相同。平带与带轮接触面上的摩擦力为 $F_Nf = F_N'f$，而 V 带与带轮接触面上的摩擦力为：

$$F_N'f = \frac{F_Nf}{sin\frac{\varnothing}{2}} = F_Nf' \tag{6-1}$$

式中，$\varnothing$ 为 V 带轮轮槽角，$f' = f/sin\frac{\varnothing}{2}$ 为当量摩擦系数。显然 $f' > f$，因此在相同条件下，V 带能传递较大的功率。V 带传动平稳，因此在一般机械中，多采用 V 带传动。

二、V 带的结构和规格

V 带已标准化，按其截面大小分为 7 种型号（表 6－1）。

表 6－1　普通 V 带截面尺寸（GB11544－1989）

型号	Y	Z	A	B	C	D	E
顶宽 b	6.0	10.0	13.0	17.0	22.0	32.0	38.0
节宽 b_p	5.3	8.5	11.0	14.0	19.0	27.0	32.0
高度 h	4.0	6.0	8.0	11.0	14.0	19.0	25.0
楔角 θ	40°						
$q(kg/m)$	0.03	0.06	0.11	0.19	0.33	0.66	1.02

V 带的横剖面结构如图 6－5 所示，其中图（a）是帘布结构，图（b）是绳芯结构，均由下面几部分组成：

1. 包布层：由胶帆布制成，起保护作用；
2. 顶胶：由橡胶制成，当带弯曲时承受拉伸；
3. 底胶：由橡胶制成，当带弯曲时承受压缩；
4. 抗拉层：由几层挂胶的帘布或浸胶的棉线（或尼龙）绳构成，承受基本拉伸载荷。

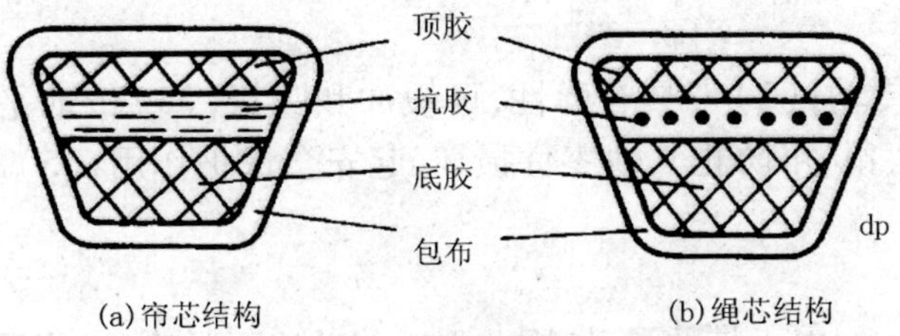

图6-5　V带结构

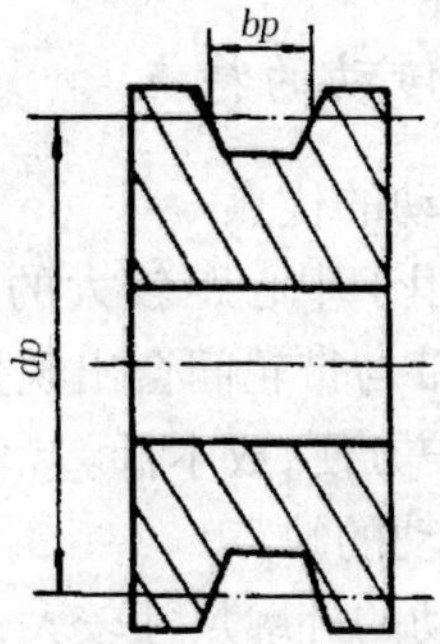

图6-6　带轮基准直径

当带受纵向弯曲时，在带中保持原长度不变的任一条周线称为节线，由全部节线构成的面称为节面，带的节面宽度称为节宽(b_p)，当带受纵向弯曲时，该宽度保持不变。在V带轮上，与所配用的节宽 b_p 相对应的带轮直径称为节径 d_p，通常它又是基准直径 d_d(图6-6)。V带在规定的张紧力下，位于带轮基准直径上的周线长度称为基准长度 L_d。普通V带的长度系列见表6-2。

表6-2　　普通V带的长度系列和带长修正系数 K_L(GB/T13575.1-1992)

基准长度 L_d/mm	K_L					基准长度 L_d/mm	K_L			
	Y	Z	A	B	C		Z	A	B	C
200	0.81					1600	1.04	0.99	0.92	0.84
224	0.82					1800	1.06	1.01	0.95	0.86
250	0.84					2000	1.08	1.03	0.98	0.89
280	0.87					2240	1.10	1.06	1.00	0.91
315	0.89					2500	1.30	1.09	1.03	0.93
355	0.92					2800		1.11	1.05	0.96
400	0.96	0.87				3150		1.13	1.07	0.98
450	1.00	0.89				3550		1.17	1.09	1.00
500	1.02	0.91				4000		1.19	1.13	1.03
560		0.94				4500			1.15	1.04
630		0.96	0.81			5000			1.18	1.07
710		0.99	0.82			5600				1.09
800		1.00	0.85			6300				1.12
900		1.03	0.87	0.82		7100				1.15
1000		1.06	0.89	0.84		8000				1.18
1120		1.08	0.91	0.86		9000				1.21
1250		1.11	0.93	0.88		10000				1.23
1400		1.14	0.96	0.90						

三、带传动的特点

1. 带传动的优点

(1)适用于中心距较大的传动;(2)带具有弹性,可缓冲和吸振;(3)传动平稳,噪音小;(4)过载时带与带轮间会出现打滑,可防止其他零件损坏,起安全保护作用;(5)结构简单,制造容易,维护方便,成本低。

2. 带传动的缺点

(1)传动的外廓尺寸较大;(2)由于带的滑动,因此瞬时传动比不准确,不能用于要求传动比精确的场合;(3)传动效率较低;(4)带的寿命较短。

带传动多用于原动机与工作机之间的传动,一般传递的功率 $P \leqslant 100kW$;带速 $v = 5 \sim 25m/s$;传动效率 $\eta = 0.90 \sim 0.95$;传动比 $i \leqslant 7$。需要指出,带传动中由于摩擦会产生电火花,故不能用于有爆炸危险的场合。

§6－2 带传动的工作能力分析

一、带传动的工作原理

如图6－7(a)所示,带必须以一定的初拉力张紧在带轮上,使带与带轮的接触面上产生正压力。带传动未工作时,带的两边具有相等的初拉力 F_0。

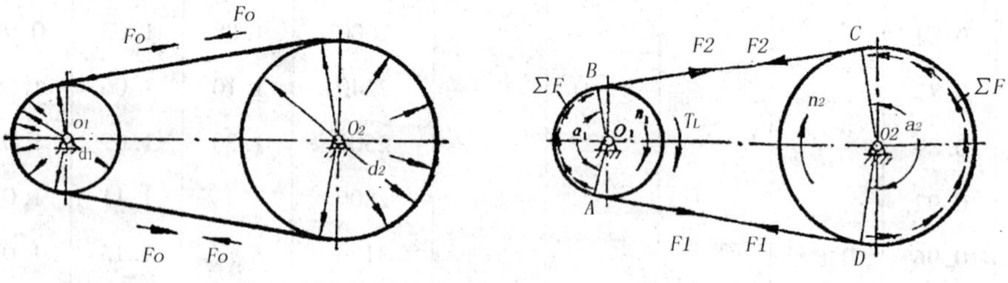

图6－7 带传动的力分析

当主动轮1在转矩作用下以转速 n_1 转动时,由图6－7(b)可知,由于摩擦力的作用,主动轮1拖动带,带又驱动从动轮2以转速 n_2 转动,从而把主动轮上的运动和动力传到从动轮上。在传动中,两轮与带的摩擦力方向如图所示,这就使进入主动轮一边的带拉得更紧,拉力由 F_0 加到 F_1,称为紧边。而卷出主动轮的一边拉力变小使带变松,称为松边。设环形带的总长不变,则在紧边拉力的增加量 $F_1 - F_0$ 应等于在松边拉力的减少量 $F_0 - F_2$,则

$$F_0 = \frac{1}{2}(F_1 + F_2) \tag{6-2}$$

带紧边和松边的拉力差应等于带与带轮接触面上产生的摩擦力的总和 ΣF_f,称为带传动的有效拉力,也就是带所传递的圆周力 F,即

$$F = \Sigma F_f = F_1 - F_2 \tag{6-3}$$

圆周力 $F(N)$,带速 $V(m/s)$ 和传递功率 $P(kW)$ 之间的关系为

$$P=\frac{Fv}{1000} \tag{6-4}$$

由式(6-4)可知，当功率 P 一定时，带速 v 越小，则圆周力 F 越大，因此通常把带传动布置在机械设备的高速级传动上，以减小带传递的圆周力；当带速一定时，传递的功率 P 愈大，则圆周力 F 愈大，需要带与带轮之间的摩擦力也愈大。实际上，在一定的条件下，摩擦力的大小有一个极限值，即最大摩擦力 ΣF_{max}，若带所需传递的圆周力超过这个极限值时，带与带轮将发生显著的相对滑动，这种现象称为打滑。出现打滑时，虽然主动轮还在转动，但带和从动轮都不能正常运动，甚至完全不动，这就使传动失效。经常出现打滑将使带的磨损加剧，传动效率降低，故在带传动中应防止出现打滑。

在一定条件下当摩擦力达到极限值时，带的紧边拉力 F_1 与松边拉力 F_2 之间的关系可用柔韧体摩擦的欧拉公式来表示

$$\frac{F_1}{F_2}=e^{fa} \tag{6-5}$$

式中，F_1、F_2——紧边和松边拉力，单位 N；

f——带与轮之间的摩擦系数；

α——带在带轮上的包角，单位 rad。

由式(6-5)可知，增大包角和增大摩擦系数，都可提高带传动所能传递的圆周力。对于带传动，在一定的条件下 f 为一定值，而且 $a_2>a_1$，所以摩擦力的最大值取决于 a_1。

二、带传动的运动分析

带是弹性体，它在受力情况下会产生弹性变形。由于带在紧边和松边上所受的拉力不相等，因而产生的弹性变形也不相同。从图6-7(b)可知，在主动轮上，带由 A 点运动到 B 点时，带中拉力由 F_1 降到 F_2，带的弹性伸长相应地逐渐减小，即带在轮上逐渐缩短并沿轮面滑动，使带的速度小于主动轮的圆周速度(即 $v_{带}<v_1$)。在从动轮上，带从 C 点到 D 点时，带中拉力由 F_2 逐渐增加到 F_1，带的弹性伸长也逐渐增大，也会沿轮面滑动，所以，从动轮的圆周速度又小于带速(即 $v_2<v_{带}$)。这种由于材料的弹性变形而产生的滑动称为**弹性滑动**。带传动中弹性滑动是不可避免的。从上述可知，由于弹性滑动的影响，从动轮的圆周速度总是小于主动轮的圆周速度。通常弹性滑动引起的从动轮的速度降低值不大于3%，若忽略弹性滑动影响，则带速为

$$V=\frac{\pi d_1 n_1}{60\times1000}=\frac{\pi d_2 n_2}{60\times1000}\ m/s \tag{6-6}$$

由式(6-6)可得出带传动的理论传动比 i

$$i=\frac{n_1}{n_2}=\frac{d_2}{d_1} \tag{6-7}$$

式中，n_1、n_2 为主动轮和从动轮的转速，单位 r/min；d_1、d_2 为主动轮和从动轮的节径，通常也是基准直径，单位 mm。

三、带的应力分析

带传动时，带中产生的应力有：

1. 由拉力产生的拉应力 σ

紧边拉应力 $$\sigma_1 = \frac{F_1}{A} MPa \tag{6-8}$$

松边拉应力 $$\sigma_2 = \frac{F_2}{A} MPa \tag{6-9}$$

式中，A 为带的横截面积，单位 mm^2。

2. 弯曲应力 σ_b

带绕过带轮时，因弯曲而产生弯曲应力 σ_b

$$\sigma_b = \frac{2Eh_a}{d} MPa \tag{6-10}$$

式中，E 为带的弹性模量，单位 MPa；

d 为 V 带轮的基准直径，单位 mm；

h_a 为从 V 带的节线到最外层的垂直距离，单位 mm。

从式(6-10)可知，带在两轮上产生的弯曲应力的大小与带轮基准直径成反比，故小轮上的弯曲应力较大。

3. 由离心力产生的应力 σ_c

当带沿带轮轮缘作圆周运动时，带上每一质点都受离心力作用。离心拉力为 $F_c = qv^2$，它在带的所有横剖面上所产生的离心拉应力 σ_c 是相等的。

$$\sigma_c = \frac{F_c}{A} = \frac{qv^2}{A} MPa \tag{6-11}$$

式中，q 为每米带长的质量，单位 kg/m；

v 为带速，单位 m/s。

图 6-8 所示为带的应力分布情况，从图中可见，带上的应力是变化的。最大应力发生在紧边与小轮的接触处。带中的最大应力为

$$\sigma_{max} = \sigma_1 + \sigma_c + \sigma_{b1} \tag{6-12}$$

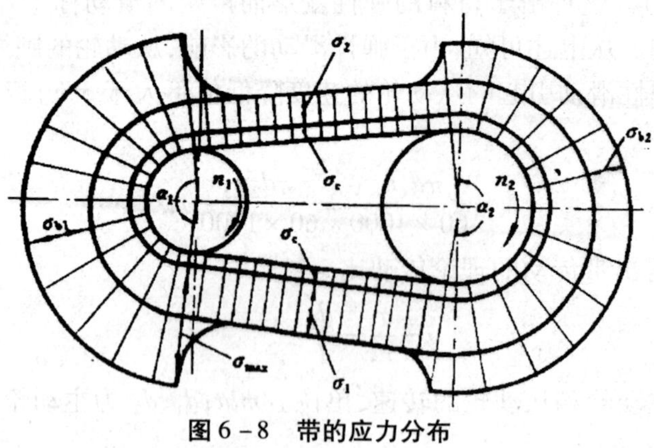

图 6-8 带的应力分布

§6-3　普通 V 带传动设计

一、带传动的主要失效形式和设计准则

1. 主要失效形式

(1)打滑——当传递的圆周力 F 超过了带与带轮接触面之间摩擦力总和的极限时,发生过载打滑,使传动失效。

(2)疲劳破坏——传动带在变应力的反复作用下,发生裂纹、脱层、松散、直至断裂。

2. 设计准则

保证带传动不发生打滑的前提下,具有一定的疲劳强度和寿命。

二、V 带传动设计计算和参数选择

普通 V 带传动设计计算时,通常已知传动的用途和工作情况;传递的功率 P;主动轮、从动轮的转速 n_1、n_2(或传动比 i);传动位置要求和外廓尺寸要求;原动机类型等。

设计时主要确定带的型号、长度和根数,带轮的尺寸、结构和材料,传动的中心距,带的初拉力和压轴力,张紧和防护等。

1. 确定计算功率 P_C

设 P 为传动的额定功率(kW),K_A 为工作情况系数(表 6-3),则

$$P_C = K_A P \tag{6-13}$$

2. 选定 V 带的型号

根据计算功率 P_C 和小轮转速 n_1,按图 6-9 选择普通 V 带的型号。若临近两种型号的交界线时,可按两种型号同时计算,通过分析比较决定取舍。

3. 确定带轮基准直径 d_{d1}、d_{d2}

表 6-4 列出了 V 带轮的最小基准直径和带轮的基准直径系列,选择小带轮基准直径时,应使 $d_{d1} > d_{min}$,以减小带内的弯曲应力。大带轮的基准直径 d_{d2} 由式(6-14)确定:

$$d_{d2} = \frac{n_1}{n_2} d_{d1} = i d_{d1} \tag{6-14}$$

d_{d2} 值应圆整为标准值。

表 6-3　　工作情况系数 K_A

载荷性质	工作机	原动机					
		I 类			II 类		
		每天工作时间(h)					
		<10	10~16	>16	<10	10~16	>16
载荷平稳	离心式水泵、通风机(≤7.5kW)、轻型输送机、离心式压缩机	1.0	1.1	1.2	1.1	1.2	1.3

载荷性质	工作机	原动机					
		I 类			*II* 类		
		每天工作时间(*h*)					
		<10	10~16	>16	<10	10~16	>16
载荷变动小	带式运输机、通风机(>7.5*kW*)、发电机、旋转式水泵、机床、剪床、压力机、印刷机、振动筛	1.1	1.2	1.3	1.2	1.3	1.4
载荷变动较大	螺旋式输送机、斗式提升机、往复式水泵和压缩机、锻锤、磨粉机、锯木机、纺织机械	1.2	1.3	1.4	1.4	1.5	1.6
载荷变动很大	破碎机(旋转式、鄂式等)、球磨机、起重机、挖掘机、辊压机	1.3	1.4	1.5	1.5	1.6	1.8

注:*I* 类-普通鼠笼式交流电动机,同步电动机,直流电动机(并激),$n \geqslant 600r/min$ 内燃机。

II 类-交流电动机(双鼠笼式,滑环式、单相、大转差率),直流电动机,$n \leqslant 600r/min$ 内燃机。

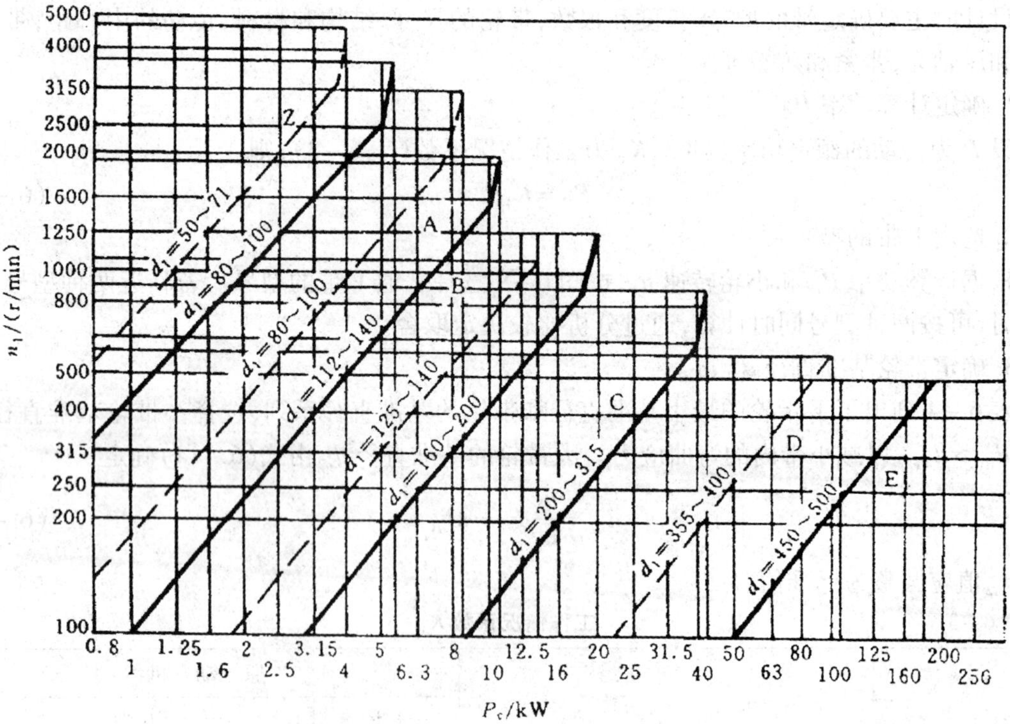

图6-9 普通 *V* 带型号选择线图

4. 验算带速 v

由式(6-6)得

$$v = \frac{\pi d_{d1} n_1}{60 \times 1000} \ m/s \tag{6-15}$$

带速 v 应在 5 ~ 25m/s 的范围内，其中以 10 ~ 20m/s 为宜，若 $v > 25m/s$，则因带绕过带轮时离心力过大，使带与带轮之间的压紧力减小，摩擦力降低而使传动能力下降，而且离心力过大降低了带的疲劳强度和寿命。而当 $v < 5m/s$ 时，在传递相同功率时带所传递的圆周力增大，使带的根数增加。

表 6-4　　　　普通 V 带轮最小基准直径　　　　mm

型　号	Y	Z	A	B	C
最小基准直径 d_{dmin}	20	50	75	125	200

注：带轮基准直径系列：20、22.4、25、28、31.5、35.5、40、45、50、56、63、71、75、80、85、90、95、100、106、112、118、125、132、140、150、160、170、180、200、212、224、236、250、265、280、300、315、335、355、375、400、425、450、475、500、530、560、600、630、670、710、750、800、900、1000、1060、1120、1250、1400、1500、1600、1800、2000、2240、2500（摘自 GB/T13575.1-1992）。

5. 确定中心距 a 和基准长度 L_d

中心距 a：当带处于规定张紧力时，两带轮轴线间的距离。如图 6-10 所示：

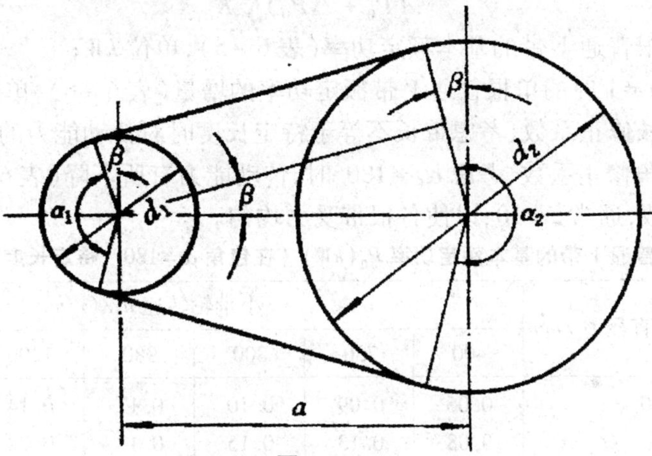

图 6-10

$$a \approx \frac{1}{8}\left\{2L - \pi(d_1 + d_2) + \sqrt{[2L - \pi(d_1 + d_2)]^2 - 8(d_2 - d_1)^2}\right\}$$

其中，L 为带长

$$L = 2a\cos\beta + (\pi - 2\beta)\frac{d_1}{2} + (\pi + 2\beta)\frac{d_2}{2} \approx 2a + \frac{\pi}{2}(d_1 + d_2) + \frac{(d_2 - d_1)^2}{4a}$$

由于带是中间挠性件，故中心距可取大些或小些。中心距增大，将有利于增大包角，但太大则使结构外廓尺寸大，还会因载荷变化引起带的颤动，从而降低其工作能力。若已知条件未对中心距提出具体的要求，一般可按下式初选中心距 a_0，即

$$0.7(d_{d1} + d_{d2}) \leqslant a_0 \leqslant 2(d_{d1} + d_{d2}) \tag{6-16}$$

由下式初定 V 带基准长度

$$L_0 = 2a_0 + \frac{\pi}{2}(d_{d1} + d_{d2}) + \frac{(d_{d2} - d_{d1})^2}{4a_0}$$

根据初定的 L_0，由表 6-2 选取相近的基准长度 L_d。最后按下式近似计算实际所需的中心距

$$a \approx a_0 + \frac{L_d - L_0}{2} \tag{6-17}$$

考虑安装和张紧的需要,应使中心距大约有 $\pm 0.03L_d$ 的调整量。

6. 验算小轮包角 α_1

包角 α:带与带轮接触弧所对的中心角。

$$\alpha = \pi \pm \frac{d_{d2} - d_{d1}}{a} = 180° \pm \frac{d_{d2} - d_{d1}}{a} \times 57.3°$$

式中" + "号用于大轮包角 α_2," - "号用于小轮包角 α_1。

由上式得

$$\alpha_1 = 180° - \frac{d_{d2} - d_{d1}}{a} \times 57.3°$$

一般要求 $\alpha \geqslant 120°$,否则可加大中心距或增设张紧轮。

7. 确定带的根数 z

$$z = \frac{P_c}{(P_0 + \triangle P_0) K_\alpha K_L} \tag{6-18}$$

式中,P_0 为单根普通 V 带的基本额定功率(表 6 - 5),单位 kW;

$\triangle P_0$ 为 $i \neq 1$ 时的单根普通 V 带额定功率的增量(表 6 - 6),单位 kW;

K_L 为带长修正系数,考虑带长不等于特定长度时对传动能力的影响(表 6 - 2);

K_α 为包角修正系数,考虑 $\alpha_1 \neq 180°$时,传动能力有所下降(表 6 - 7)。

z 应圆整为整数,通常 $z < 10$,以使各根带受力均匀。

表 6 - 5　单根普通 V 带的基本额定功率 P_0(kW)(在包角 $\alpha = 180°$、特定长度、平稳工作条件下)

带型	小带轮基准直径 D_1/mm	小带轮转速 $n_1/(r/min)$						
		400	730	800	980	1200	1460	2800
Z	50	0.06	0.09	0.10	0.12	0.14	0.16	0.26
	63	0.08	0.13	0.15	0.18	0.22	0.25	0.41
	71	0.09	0.17	0.20	0.23	0.27	0.31	0.50
	80	0.14	0.20	0.22	0.26	0.30	0.36	0.56
A	75	0.27	0.42	0.45	0.52	0.60	0.68	1.00
	90	0.39	0.63	0.68	0.79	0.93	1.07	1.64
	100	0.47	0.77	0.83	0.97	1.14	1.32	2.05
	112	0.56	0.93	1.00	1.18	1.39	1.62	2.51
	125	0.67	1.11	1.19	1.40	1.66	1.93	2.98
B	125	0.84	1.34	1.44	1.67	1.93	2.20	2.96
	140	1.05	1.69	1.82	2.13	2.47	2.83	3.85
	160	1.32	2.16	2.32	2.72	3.17	3.64	4.89
	180	1.59	2.61	2.81	3.30	3.85	4.41	5.76
	200	1.85	3.05	3.30	3.86	4.50	5.15	6.43

续表

带型	小带轮基准直径 D_1/mm	小带轮转速 $n_1/(r/min)$						
		400	730	800	980	1200	1460	2800
C	200	2.41	3.80	4.07	4.66	5.29	5.86	5.01
	224	2.99	4.78	5.12	5.89	6.71	7.47	6.08
	250	3.62	5.82	6.23	7.18	8.21	9.06	6.56
	280	4.32	6.99	7.52	8.65	9.81	10.74	6.13
	315	5.14	8.34	8.92	10.23	11.53	12.48	4.16
	400	7.06	11.52	12.10	13.67	15.04	15.51	-

表 6-6　**单根普通 V 带额定功率的增量 $\triangle P_0(kW)$**

（在包角 $\alpha=180°$、特定长度、平稳工作条件下）

带型	小带轮转速 $n_1/(r/min)$	传动比 i									
		1.00~1.01	1.02~1.04	1.05~1.08	1.09~1.12	1.13~1.18	1.19~1.24	1.25~1.34	1.35~1.51	1.52~1.99	≥2.0
Z	400	0.00	0.00	0.00	0.00	0.00	0.00	0.00	0.00	0.01	0.01
	730	0.00	0.00	0.00	0.00	0.00	0.00	0.01	0.01	0.01	0.02
	800	0.00	0.00	0.00	0.00	0.01	0.01	0.01	0.01	0.02	0.02
	980	0.00	0.00	0.00	0.00	0.01	0.01	0.01	0.02	0.02	0.02
	1200	0.00	0.00	0.01	0.01	0.01	0.01	0.02	0.02	0.02	0.03
	1460	0.00	0.00	0.01	0.01	0.01	0.02	0.02	0.02	0.02	0.03
	2800	0.00	0.01	0.02	0.02	0.03	0.03	0.03	0.04	0.04	0.04
A	400	0.00	0.01	0.01	0.02	0.02	0.03	0.03	0.04	0.04	0.05
	730	0.00	0.01	0.02	0.03	0.04	0.05	0.06	0.07	0.08	0.09
	800	0.00	0.01	0.02	0.03	0.04	0.05	0.06	0.08	0.09	0.10
	980	0.00	0.01	0.03	0.04	0.05	0.06	0.07	0.08	0.10	0.11
	1200	0.00	0.02	0.03	0.05	0.07	0.08	0.10	0.11	0.13	0.15
	1460	0.00	0.02	0.04	0.06	0.08	0.09	0.11	0.13	0.15	0.17
	2800	0.00	0.04	0.08	0.11	0.15	0.19	0.23	0.26	0.30	0.34
B	400	0.00	0.01	0.03	0.04	0.06	0.07	0.08	0.10	0.11	0.13
	730	0.00	0.02	0.05	0.07	0.10	0.12	0.15	0.17	0.20	0.22
	800	0.00	0.03	0.06	0.08	0.11	0.14	0.17	0.20	0.23	0.25
	980	0.00	0.03	0.07	0.10	0.13	0.17	0.20	0.23	0.26	0.30
	1200	0.00	0.04	0.08	0.13	0.17	0.21	0.25	0.30	0.34	0.38
	1460	0.00	0.05	0.10	0.15	0.20	0.25	0.31	0.36	0.40	0.46
	2800	0.00	0.10	0.20	0.29	0.39	0.49	0.59	0.69	0.79	0.89

续表

带型	小带轮转速 $n_1/(r/min)$	传动比 i									
		1.00 ~ 1.01	1.02 ~ 1.04	1.05 ~ 1.08	1.09 ~ 1.12	1.13 ~ 1.18	1.19 ~ 1.24	1.25 ~ 1.34	1.35 ~ 1.51	1.52 ~ 1.99	≥2.0
C	400	0.00	0.04	0.08	0.12	0.16	0.20	0.23	0.27	0.31	0.35
	730	0.00	0.07	0.14	0.21	0.27	0.34	0.41	0.48	0.55	0.62
	800	0.00	0.08	0.16	0.23	0.31	0.39	0.47	0.55	0.63	0.71
	980	0.00	0.09	0.19	0.27	0.37	0.47	0.56	0.65	0.74	0.83
	1200	0.00	0.12	0.24	0.35	0.47	0.59	0.70	0.82	0.94	1.06
	1460	0.00	0.14	0.28	0.42	0.58	0.71	0.85	0.99	1.14	1.27
	2800	0.00	0.27	0.55	0.82	1.10	1.37	1.64	1.92	2.19	2.47

表 6-7　　包角修正系数 K_α

包角 α	180°	170°	160°	150°	140°	130°	120°	110°	100°	90°
K_α	1.00	0.98	0.95	0.92	0.89	0.86	0.82	0.78	0.74	0.69

8. 确定初拉力 F_0 并计算作用在轴上的载荷 F_Q

保持适当的初拉力是带传动工作的首要条件。初拉力不足,极限摩擦力小,传动能力下降;初拉力过大,将增大作用在轴上的载荷并降低带的寿命。单根普通 V 带合适的初拉力 F_0 可按下式计算。

$$F_0=\frac{500P_c}{zv}\times(\frac{2.5}{K_\alpha}-1)+qv^2(N) \tag{6-19}$$

式中,各符号的意义同前。

F_Q 可近似地按带两边的预拉力 F_0 的合力来计算。由图 6-11 可得,作用在轴上的载荷 F_Q 为

$$F_Q=2zF_0 sin\frac{\alpha_1}{2}(N) \tag{6-20}$$

式中各符号的意义同前。

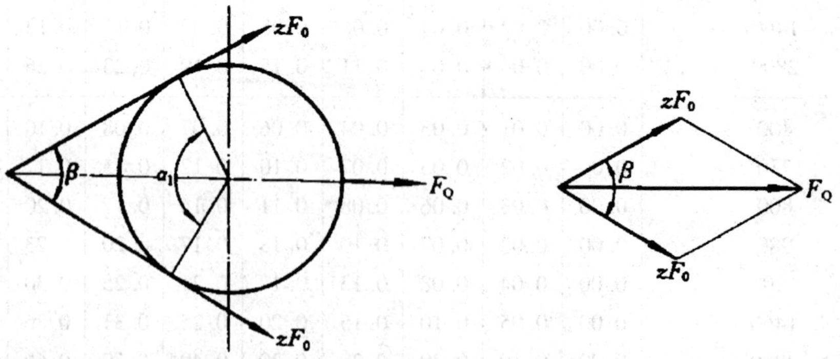

图 6-11　带传动的轴上载荷

§6－4　V带轮的结构

V带轮是普通V带传动的重要零件，它必须具有足够的强度，但又要重量轻，质量分布均匀；轮槽的工作面对带必须有足够的摩擦，又要减少对带的磨损。

V带轮的结构与齿轮类似，直径较小时可采用实心式（图6－12（a））；中等直径的带轮可采用腹板式（图6－12（b））；直径大于350mm时可采用轮辐式（图6－13）。

$$d_h=(1.8\sim2)d_s \qquad d_0=\frac{d_h+d_r}{2};$$

$$d_r=d_a-2(H+\delta),H、\delta 见表6-8,S=(0.2\sim0.3)B、S_1\geqslant1.5S,S_2\geqslant0.5S\ L=(1.5\sim2)d_s$$

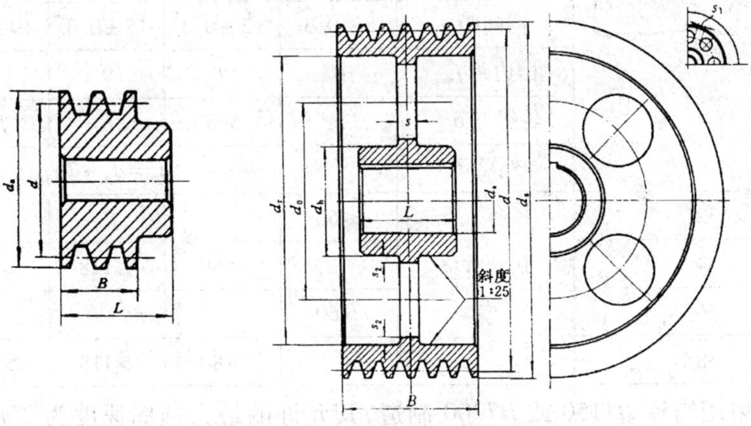

(a)实心式　　　　(b)腹板式

图6－12　实心式和腹板式带轮

$h_1=290\sqrt[3]{\frac{P}{nA}}$；$P$－传递功率，单位$kW$；$n$－带轮转速 单位$r/min$；$A$－轮辐数

$$h_2=0.8h_1;a_1=0.4h_1;a_2=0.8a_1;f_1=0.2h_1;f_2=0.2h_2$$

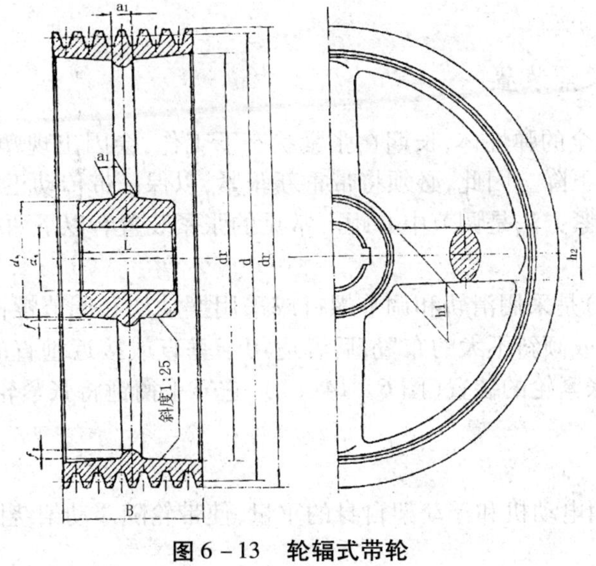

图6－13　轮辐式带轮

普通 V 带轮轮缘的截面图及轮槽尺寸，如表 6－8，普通 V 带两侧面的夹角均为 40°，由于 V 带绕在带轮上弯曲时，其截面变形使两侧面的夹角减小，为使 V 带能紧贴轮槽两侧，轮槽的楔角规定为 32°、34°、36°和 38°。

表 6－8　　普通 V 带轮的轮槽尺寸　　单位：mm

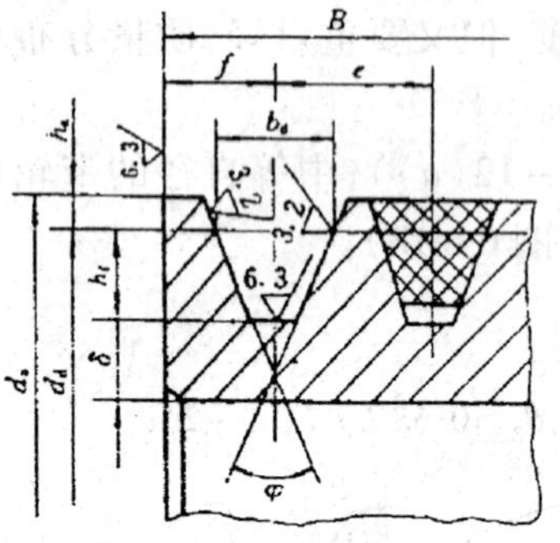

槽型	Y	Z	A	B	C
基准宽度 b_d	5.3	8.5	11	14	19
基准线上槽深 h_{amin}	1.6	2.0	2.75	3.5	4.8
基准线下槽深 h_{fmin}	4.7	7.0	8.7	10.8	14.3
槽间距 e	8 ±0.3	12 ±0.3	15 ±0.3	19 ±0.4	25.5 ±0.5
槽边距 f_{min}	6	7	9	11.5	16
轮缘厚 δ_{min}	5	5.5	6	7.5	10
外径 d_a	$d_a = d_d + 2h_a$				

φ	基准直径 d_d	Y	Z	A	B	C
32°		≤60				
34°			≤80	≤118	≤190	≤315
36°		>60				
38°			>80	>118	>190	>315

V 带轮一般采用铸铁 $HT150$ 或 $HT200$ 制造，其允许的最大圆周速度为 $25m/s$。速度更高时，可采用铸钢或钢板冲压后焊接。塑料带轮的重量轻、摩擦系数大，常用于机床中。

§6－5　带传动的张紧装置及维护

一、带传动的张紧装置

普通 V 带不是完全的弹性体，长期在张紧状态下工作，会因出现塑性变形而松弛，使初拉力 F_0 减小，传动能力下降。因此，必须将带重新张紧，以保证带传动正常工作。

带传动常用的张紧方法是调节中心距。常见的张紧装置有以下两类。

1. 定期张紧装置

图 6－14(a)、(b)是采用滑轨和调节螺钉或采用摆动架和调节螺栓改变中心距的张紧方法。前者适用于水平或倾斜不大的布置，后者适用于垂直或接近垂直的布置。若中心距不能调节时，可采用具有张紧轮的装置(图 6－14(c))，它靠平衡锤将张紧轮压在带上，以保持带的张紧。

2. 自动张紧装置

图 6－14(d)利用电动机和浮动架自身的重量，使带轮随浮动架绕固定轴摆动而改变中心距的自动张紧方法。

二、带传动的安装和使用

为了延长带的寿命,保证带传动的正常运转,必须重视正确地使用和维护保养。使用时注意:

1. 安装带时,最好缩小中心距后套上 V 带,再予以调整,不应硬撬,以免损坏胶带,降低其使用寿命。

2. 严防 V 带与油、酸、碱等介质接触,以免变质,也不宜在阳光下曝晒。

3. 带根数较多的传动,若坏了少数几根需进行更换时,应全部更换,不要只更换坏带而使新旧带一起使用;这样会造成载荷分配不匀,反而加速新带的损坏。

4. 为了保证安全生产,带传动须安装防护罩。

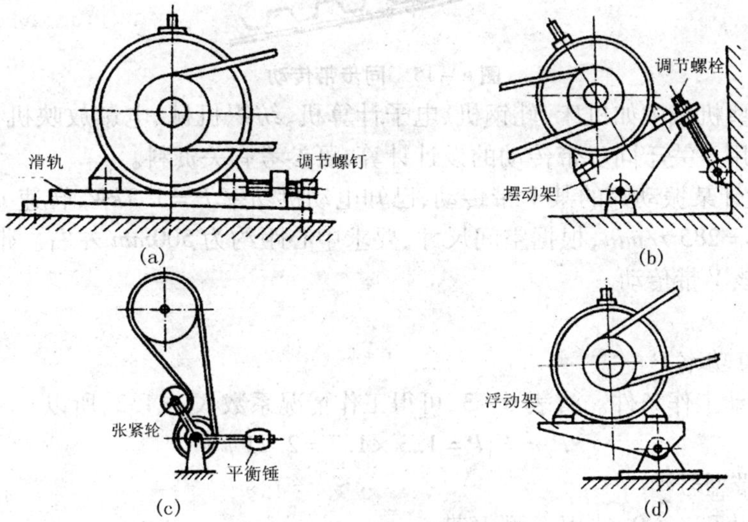

图 6－14　带传动的张紧装置

§6－6　同步带传动简介

同步带(曾称为同步齿形带)以钢丝绳为抗拉层,外面包复聚氨脂或氯丁橡胶而组成。它是横截面为矩形,带面具有等距横向齿的环形传动带(图 6－15),带轮轮面也制成相应的齿形,工作时靠带齿与轮齿啮合传动。由于带与带轮无相对滑动,能保持两轮的圆周速度同步,故称为同步带传动。与 V 带传动相比,同步带传动具有下列特点:

1. 工作时齿形带与带轮间不会产生滑动,能保证两轮同步转动,传动比准确;
2. 结构紧凑、传动比可达 10;
3. 带的初拉力较小,轴和轴承所受载荷较小;
4. 传动效率较高,$\eta = 0.98$;
5. 安装精度要求高、中心距要求严格。

齿形带传动,带速可达 $50m/s$,传动比可达 10,传递功率可达 $200kW$。

当带在纵截面内弯曲时,在带中保持原长度不变的任意一条周线称为节线(图 6－15),节线长度为同步带的公称长度。在规定的张紧力下,带的纵截面上相邻两齿对称中心线的直线

距离称为带节距 P_b，它是同步带的一个主要参数。

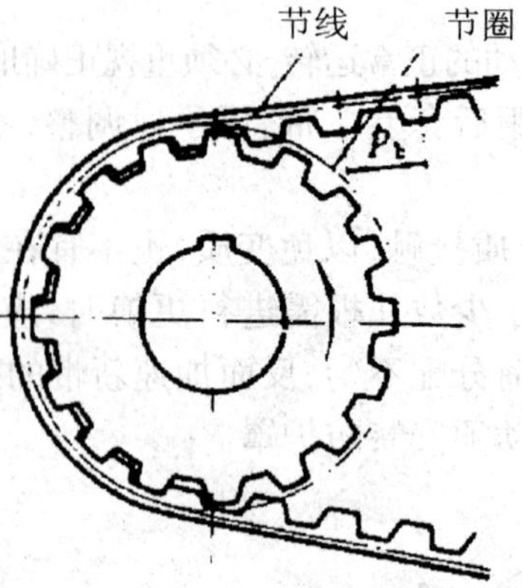

图 6-15　同步带传动

同步带在一些机械中如机床、轧钢机、电子计算机、纺织机械、电影放映机、内燃机等得到愈来愈广泛的应用。关于同步带传动的设计计算，可参考有关资料。

例 6-1　设计某振动筛的某 V 带传动，已知电动机功率 $P=1.7kW$，转速 $n_1=1430r/min$，工作机的转速 $n_2=285\ r/min$，根据空间尺寸，要求中心距约为 500mm 左右。带传动每天工作 16 小时，试设计该 V 带传动。

解：

(1)确定计算功率 P_C

根据 V 带传动工作条件。查表 6-3，可得工作情况系数 $K_A=1.3$，所以

$$P_c=K_AP=1.3\times1.7=2.21\ kW$$

(2)选取 V 带型号

根据 P_c、n_1，由图 6-9，选用 Z 型 V 带。

(3)确定带轮基准直径 d_{d1}、d_{d2}

由表 6-4 选 $d_{d1}=80mm$。

根据式(6-14)，从动轮的基准直径为

$$d_{d2}=\frac{n_1}{n_2}d_{d1}=\frac{1430}{285}\times80=401.1\ mm$$

根据表 6-4，选 $d_{d2}=400\ mm$。

(4)验算带速 v

$$v=\frac{\pi d_{d1}n_1}{60\times1000}=\frac{3.14\times80\times1430}{60\times1000}=5.99\ m/s$$

v 在 5～25 m/s 范围内，故带的速度合适。

(5)确定 V 带的基准长度和传动中心距

因题目要求中心距约为 500mm 左右，故初选中心距 $a_0=500mm$。

计算带所需的基准长度：

$$L_0=2a_0+\frac{\pi}{2}(d_{d1}+d_{d2})+\frac{(d_{d2}-d_{d1})^2}{4a_0}$$

$$=2\times500+\frac{\pi}{2}(80+400)+\frac{(400-80)^2}{4\times500}=1804.8\ mm$$

由表 6－2，选取带的基准长度 $L_d = 1800\ mm$。

计算实际中心距：

$$a = a_0 + \frac{L_d - L_0}{2} = 500 + \frac{1800 - 1804.8}{2} = 497.6\ mm$$

（6）验算主动轮上的包角 α_1

由包角公式得

$$\alpha_1 = 180° - \frac{d_{d2} - d_{d1}}{a} = 180° - \frac{400 - 80}{197.6} \times 57.3° = 143.16° > 120°$$

故主动轮上的包角合适。

（7）计算 V 带的根数 z

由式（6－18）得

$$z = \frac{P_c}{(P_0 + \triangle P_0) K_\alpha K_L}$$

由 $n_1 = 1430 r/min$，$d_{d1} = 80mm$，查表 6－6 得 $\triangle P_0 = 0.03kW$。

查表 6－7 得 $K_\alpha = 0.90$，查表 6－2 查得 $K_L = 1.06$，所以

$$z = \frac{2.21}{(0.35 + 0.03) \times 0.90 \times 1.06} = 6.09$$

取 $z = 6$ 根。

（8）计算 V 带合适的初拉力 F_0

由式（6－19）得

$$F_0 = \frac{500P_c}{zv}\left(\frac{2.5}{K_\alpha} - 1\right) + qv^2$$

查表 6－1 得 $q = 0.06kg/m$，所以

$$F_0 = \frac{500 \times 2.21}{6 \times 5.99}\left(\frac{2.5}{0.9} - 1\right) + 0.06 \times 5.99^2 = 56.8\ N$$

（9）计算作用在轴上的载荷 F_Q

由式（6－20）得

$$F_Q = 2zF_0 sin\frac{\alpha_1}{2} = 2 \times 6 \times 56.8 \times sin\frac{143.16}{2} = 646.7\ N$$

（10）带轮结构设计（略）

§6－7　摩擦轮传动

一、摩擦轮传动的工作原理和传动比

1. 摩擦轮传动工作原理

摩擦轮传动是利用两轮直接接触所产生的摩擦力来传递运动和动力的一种机械传动。图 6－16（a）所示为最简单的摩擦轮传动，由两个相互压紧的圆柱形摩擦轮组成。在正常传动时，主动轮依靠摩擦力的作用带动从动轮转动，并保证两轮面的接触处有足够大的摩擦力，使

主动轮产生的摩擦力矩足以克服从动轮上的阻力矩。如果摩擦力矩小于阻力矩,两轮面接触处在传动中会出现相对滑移现象,这种现象称为“打滑”。

增大摩擦力的途径,一是增大正压力,二是增大摩擦因数。增大正压力可以在摩擦轮上安装弹簧或其他的施力装置(图6-17(*a*))。但这样会增加作用在轴与轴承上的载荷,导致增大传动件的尺寸,使机构笨重。因此,正压力只能适当增加。增大摩擦因数的方法,通常是将其中一个摩擦轮用钢或铸铁材料制造,在另一个摩擦轮的工作表面,粘上一层石棉、皮革、橡胶布、塑料或纤维材料等。轮面较软的摩擦轮宜作主动轮,这样可以避免传动中因产生打滑,致使从动轮的轮面遭受局部磨损而影响传动质量。

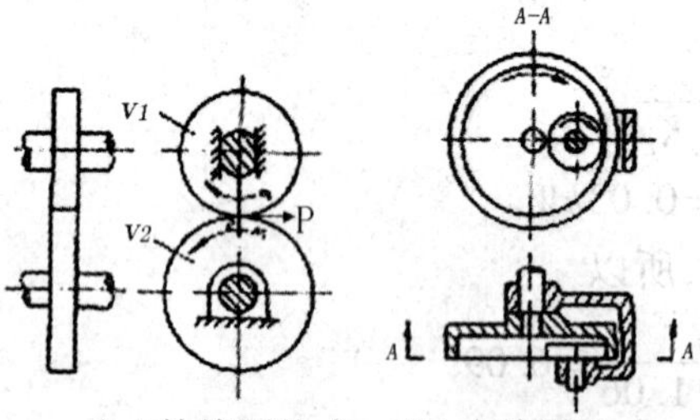

(*a*)外接圆柱式　(*b*)内接圆柱式

图6-16　两轴平行的摩擦轮传动

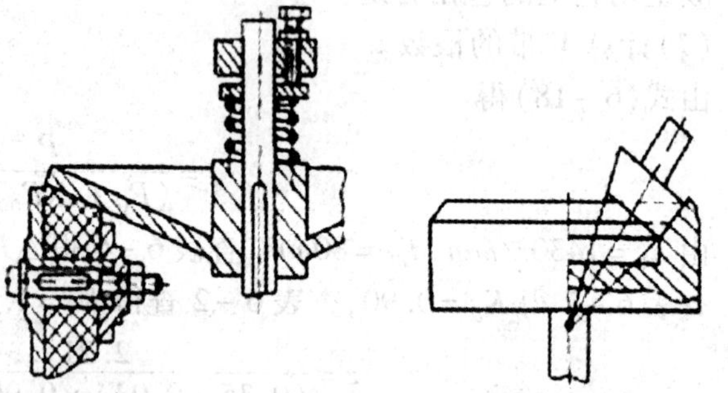

(*a*)外接圆锥式　(*b*)内接圆锥式

图6-17　两轴相交的摩擦轮传动

2. 传动比

摩擦轮机构中瞬时输入转速与输出转速的比值称为机构的传动比。对于摩擦轮传动,其传动比就是主动轮转速与从动轮转速的比值。传动比用符号 i 表示,表达式为

$$i = \frac{n_1}{n_2} \tag{6-24}$$

式中n_1——主动轮转速,单位 r/min;

n_2——从动轮转速,单位 r/min。

如图6-16(*a*)所示,传动时如果两摩擦轮在接触处 P 点没有相对滑移,则两轮在 P 点处的线速度相等,即 $v_1 = v_2$。

因为

$$v_1 = \frac{\pi D_1 n_1}{1000 \times 60}(m/s)$$

$$v_2 = \frac{\pi D_2 n_2}{1000 \times 60}(m/s)$$

所以 $n_1 D_1 = n_2 D_2$

或

$$\frac{n_1}{n_2} = \frac{D_2}{D_1}$$

由此可知:两摩擦轮的转速之比等于它们直径的反比。与式(6-24)比较,得

$$i = \frac{n_1}{n_2} = \frac{D_2}{D_1} \tag{6-25}$$

式中 D_1——主动轮直径，单位 mm；

D_2——从动轮直径，单位 mm。

二、摩擦轮传动的特点

与其他传动相比较，摩擦轮传动具有下列特点：

1. 结构简单，使用维修方便，适用于两轴中心距较近的传动。
2. 传动时噪声小，并可在运转中变速、变向。
3. 过载时，两轮接触处会产生打滑，因而可防止薄弱零件的损坏，起到安全保护作用。
4. 在两轮接触处有产生打滑的可能，所以不能保持准确的传动比。
5. 传动效率较低，不宜传递较大的转矩，主要适用于高速、小功率传动的场合。

三、摩擦轮传动的类型和应用场合

按两轮轴线相对位置摩擦轮传动可分为两轴平行和两轴相交两类。

1. 两轴平行的摩擦轮传动

两轴平行的摩擦轮传动，有外接圆柱式摩擦轮传动（图 6－16（*a*））和内接圆柱式摩擦轮传动（图 6－16（*b*））两种。前者两轴转动方向相反，后者两轴转动方向相同。

2. 两轴线相交的摩擦轮传动

两轴相交的摩擦轮传动，其摩擦轮多为圆锥形，并有外接圆锥式（图 6－17（*a*））和内接圆锥式（图 6－17（*b*））两种。圆锥形摩擦轮安装时，应使两轮的锥顶重合，以保证两轮锥面上各接触点处的线速度相等。此外，还有圆柱圆盘式结构，如图 6－18 所示。

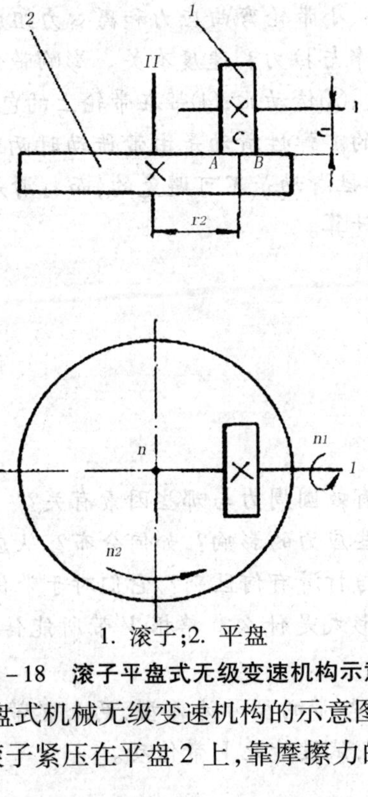

1. 滚子；2. 平盘

图 6－18　滚子平盘式无级变速机构示意图

如图 6－18 所示为滚子平盘式机械无级变速机构的示意图。当动力源带动轴 I 上的滚子 1 以恒定的转速 n_1 回转时，因滚子紧压在平盘 2 上，靠摩擦力的作用，使平盘转动并带动从动

轴 II 以转速 n_2 回转，假定滚子与平盘接触线 AB 的中点 C 处无相对滑移，为纯滚动，则滚子与平盘在点 C 处的线速度相等，可得

$$v_{1c}=v_{2c} \text{即} 2\pi r_1 n_1 = 2\pi r_2 n_2$$
$$r_1 n_1 = r_2 n_2$$

所以从动轴 II 的转速为

$$n_2=\frac{r_1}{r_2}n_1$$

传动比为

$$i=\frac{n_1}{n_2}=\frac{r_2}{r_1}$$

式中 r_1——滚子半径，单位 mm；

r_2——滚子接触线中点到从动轴轴线的距离，单位 mm。

若将滚子 1 沿平盘 2 表面作径向移动，改变 r_2，从动轴 II 的转速 n_2 随之改变。由于 r_2 可在一定范围内任意改变，所以轴 II 可以获得无级变速。

直接接触的摩擦轮传动一般应用于摩擦压力机、摩擦离合器、制动器、机械无级变速器及仪器的传动机构等场合。

本章要点

1. 带传动工作时，带上任一点均将受到变应力的作用。在紧边靠近小带轮部分，具有最大拉应力 σ_{max}，它是由紧边拉应力、小带轮弯曲应力和离心力组成。

2. 单根 V 带所能传递的功率与拉力和速度有关。影响带使用寿命的因素：①小带轮直径；②带的长度；③传动比；④带在带轮上的包角。

3. 弹性滑动和打滑是不同的。弹性滑动是由带传动时两边拉力差而产生的，而打滑是由于过载而引起的。带传动中，弹性滑动是不可避免的，而打滑是需要避免的。

4. 摩擦轮传动的传动比的计算。

5. 摩擦轮传动的特点。

习　题

6－1　带传动允许的最大有效圆周力与哪些因素有关？

6－2　带在工作时受到哪些应力的影响？如何分布？从应力分布情况说明哪些问题？

6－3　带传动中弹性滑动与打滑有何区别？它们对于带传动各有什么影响？

6－4　带传动的主要失效形式是什么？单根 V 带所能传递的功率是根据哪些条件得来的？

6－5　一普通 V 带传动，已知带的型号为 A 型，两个 V 带轮的基准直径分别为 125mm 和 250mm，初定中心距 $a_0=480mm$，试设计此 V 带传动。

6－6　如何判别带传动的紧边与松边？带传动有效圆周力 F 与紧边拉力 F_1、松边拉力 F_2 有什么关系？带传动的有效圆周力 F 与传递功率 P、转矩 T、带速 v、带轮直径 d 之间有什么关系？

6－7　摩擦轮传动中其传动比如何计算？当摩擦轮传动没有相对滑移时，两摩擦轮的转速与直径有什么关系？

6－8　有一带式输送机，异步电动机与齿轮减速器之间采用普通 V 带传动，电动机功率 $P=7kW$，转速 $n_1=1000rpm$，减速器输入轴转速 $n_2=330rpm$，允许转速误差为 $\pm5\%$，输送机工作时有轻微冲击，两班制工作，试设计此 V 带传动。

第七章 链传动

§7-1 链传动概述

一、链传动的特点和类型

链传动由装在平行轴上的链轮和跨绕在两链轮上的环形链条所组成(图7-1),以链条作中间挠性件,靠链条与链轮轮齿的啮合来传递运动和动力。

链传动结构简单,耐用,维护容易,适用于中心距较大的场合。

与带传动相比,链传动能保持准确的平均传动比;没有弹性滑动和打滑;需要的张紧力小;能在温度较高、有油污等恶劣环境条件下工作。

与齿轮传动相比,链传动的制造和安装精度要求较低;成本低廉;能实现远距离传动;但瞬时速度不均匀,瞬时传动比不恒定;传动中有一定的冲击和噪音。

链传动的传动比 $i \leqslant 8$;中心距 $a \leqslant 5 \sim 6m$;传递功率 $P \leqslant 100kW$;圆周速度 $v \leqslant 15m/s$;传动效率 $\eta = 0.92 \sim 0.96$。链传动广泛用于矿山机械、农业机械、石油机械、机床及摩托车中。

按照链条的结构不同,传递动力用的链条主要有滚子链和齿形链两种(图7-2)。其中齿形链结构复杂,价格较高,因此其应用不如滚子链广泛。

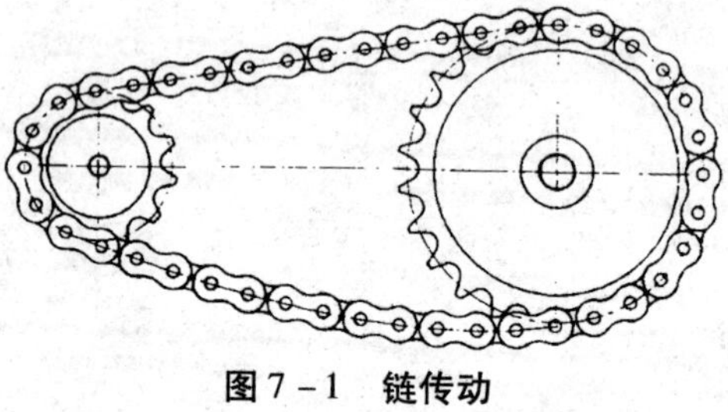

图7-1 链传动

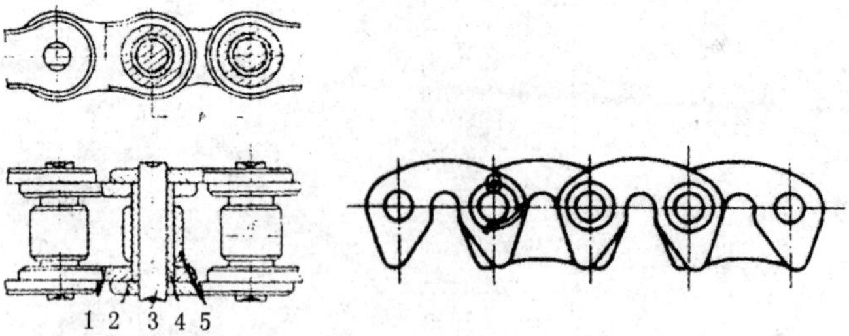

(a)滚子链 (b)齿形链

1. 内链板;2. 外链板;3. 销轴;4. 套筒;5. 滚子

图7-2 传动链的类型

二、滚子链传动的结构与选择

滚子链的结构如图7－2(a)所示，其内链板1和套筒4、外链板2和销轴3分别用过盈配合固联在一起，分别称为内、外链节。内、外链节构成铰链。滚子与套筒、套筒与销轴均为间隙配合。当链条啮入和啮出时，内、外链节作相对转动；同时，滚子沿链轮轮齿滚动，可减少链条与轮齿的磨损。

为减轻链条的重量并使链板各横剖面的抗拉强度大致相等。内、外链板均制成“∞”字形。组成链条的各零件，由碳钢或合金钢制成，并进行热处理，以提高强度和耐磨性。

滚子链相邻两滚子中心的距离称为链节距，用 p 表示，它是链条的主要参数。节距 p 越大，链条各零件的尺寸越大，所能承受的载荷越大。

滚子链可制成单排链和多排链，如双排链或三排链。排数越多，承载能力越大。由于制造和装配精度，会使各排链受力不均匀，故一般不超过4排。

滚子链已标准化，分为 A、B 两个系列，常用的是 A 系列。表7－1列出了几种 A 系列滚子链的主要参数。设计时，要根据载荷大小及工作条件等选用适当的链条型号；确定链传动的几何尺寸及链轮的结构尺寸。

表7－1　　**A 系列滚子链的主要参数**

链号	节距 p mm	排距 p_t mm	滚子外径 d_r mm	内链节内宽 b_1 mm	销轴直径 d_z mm	内链板高度 h mm	极限拉伸载荷 单排 F_Q/kN	双排 F_Q/kN	三排 F_Q/kN	每米长质量 q (单排) kg/m
			最大	最小	最大	最大	最小	最小	最小	≈
08A	12.70	14.38	7.95	7.85	3.96	12.07	13.8	27.6	41.4	0.60
10A	15.875	18.11	10.16	9.40	5.08	15.09	21.8	43.6	65.4	1.00
12A	19.05	22.78	11.91	12.57	5.94	18.08	31.1	62.3	93.4	1.50
16A	25.40	29.29	15.88	15.75	7.92	24.13	55.6	111.2	166.8	2.60
20A	31.75	35.76	19.05	18.90	9.53	30.18	86.7	173.5	260.2	3.80
24A	38.10	45.44	22.23	25.22	11.10	36.20	124.6	249.1	373.7	5.60
28A	44.45	48.87	25.40	25.22	12.70	42.24	169	338.1	507.1	7.50
32A	50.80	58.55	28.58	32.55	14.27	48.26	222.4	444.8	667.2	10.10
40A	63.50	71.55	39.68	37.85	19.84	60.33	347	693.9	1040.9	16.10
48A	76.20	87.83	47.63	47.35	23.80	72.39	500	1000.8	1501.3	22.60

注：1. 摘自 GB1234.1－1983，表中链号与相应的国际标准链号一致，链号乘以 $\frac{25.4}{16}$ 即为节距值(mm)。后缀 A 表示 A 系列。

2. 使用过渡链节时，其极限载荷按表列数值80%计算。

按照 GB1243.1－1983的规定，套筒滚子链的标记为：

链号－排数 整链节数 标准号

例如:A 级、双排、70 节、节距为 38.1mm 的标准滚子链,标记应为:

24A -2 70 GB1243.1 -1983

标记中,B 级链不标等级,单排链不标排数。

滚子链的长度以链节数 L_p 表示。链节数 L_p 最好取偶数,以便链条联成环形时正好是内、外链板相接,接头处可用开口销或弹簧夹锁紧(图 7-3)。若链节数为奇数时,则需采用过渡链节(图 7-4),过渡链节的链板需单独制造,另外当链条受拉时,过渡链节还要承受附加的弯曲载荷,使强度降低,通常应尽量避免。

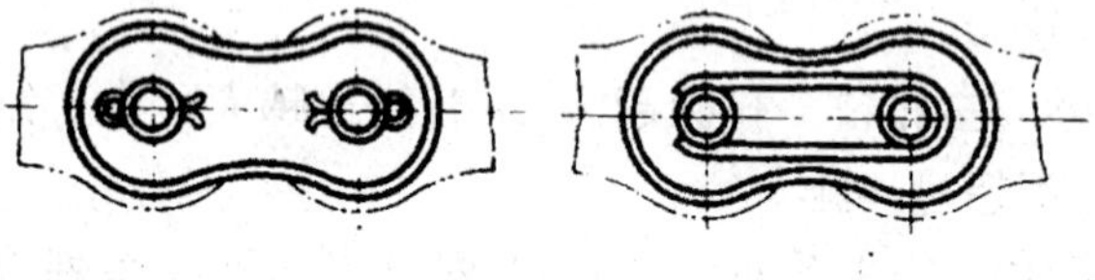

图 7-3 偶数链的链节

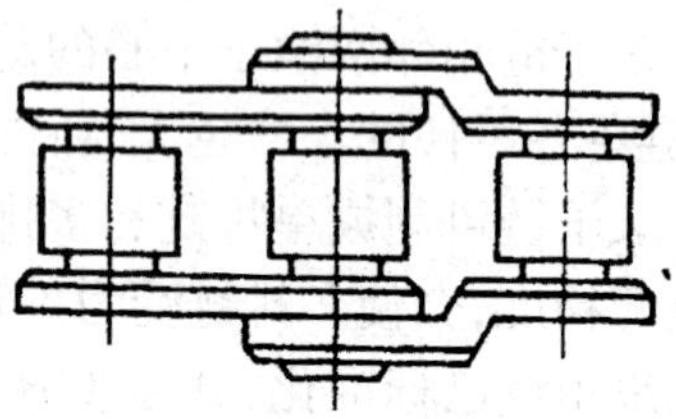

图 7-4 奇数链的过渡链节

三、齿形链

齿形传动链是由一组齿形链板并列铰接而成(图 7-5),工作时,通过链片侧面的两直边与链轮轮齿相啮合。齿形链具有传动平稳、噪音小,承受冲击性能好,工作可靠等优点。但结构复杂,重量较大,价格较高。齿形链多用于高速(链速 v 可达 40m/s)或运动精度要求较高的传动。

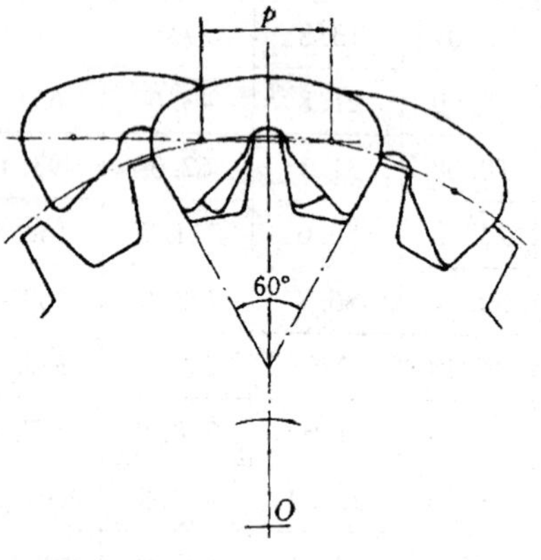

(a)

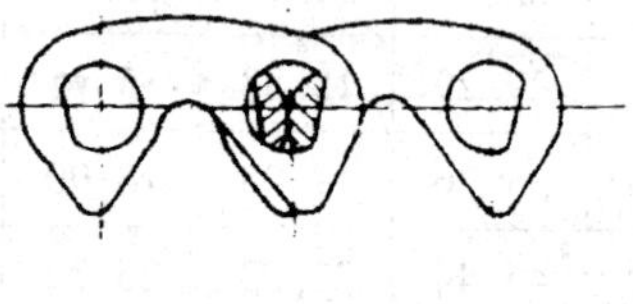

(b)

图 7-5 齿形链

四、链轮

链轮有整体式、孔板式、组合式等结构形式(图 7-6)。

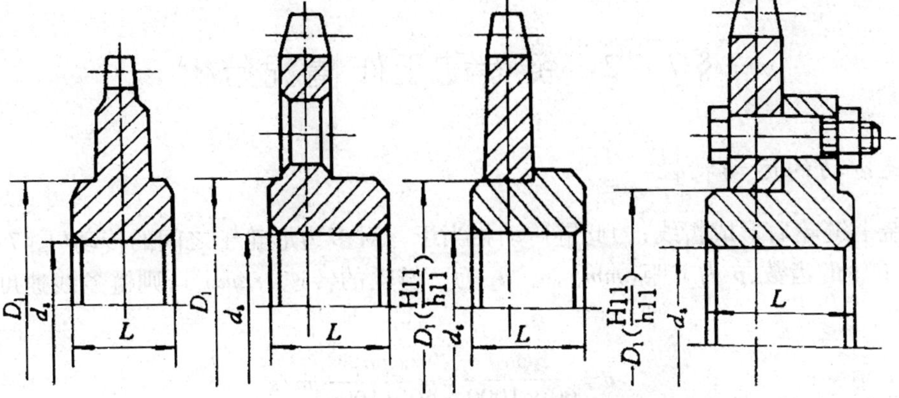

L=(1.5~2)ds；D1=(1.2~2)ds；ds为轴孔直径

图 7－6　链轮的结构

轮齿的齿形应保证链节能平稳地进入和退出啮合，受力良好，不易脱链，便于加工。

滚子链链轮的齿形已标准化（*GB*1244－1985），有双圆弧齿形（图 7－7（*a*））和三圆弧一直线齿形（图 7－7（*b*））两种，前者齿形简单，后者可用标准刀具加工。

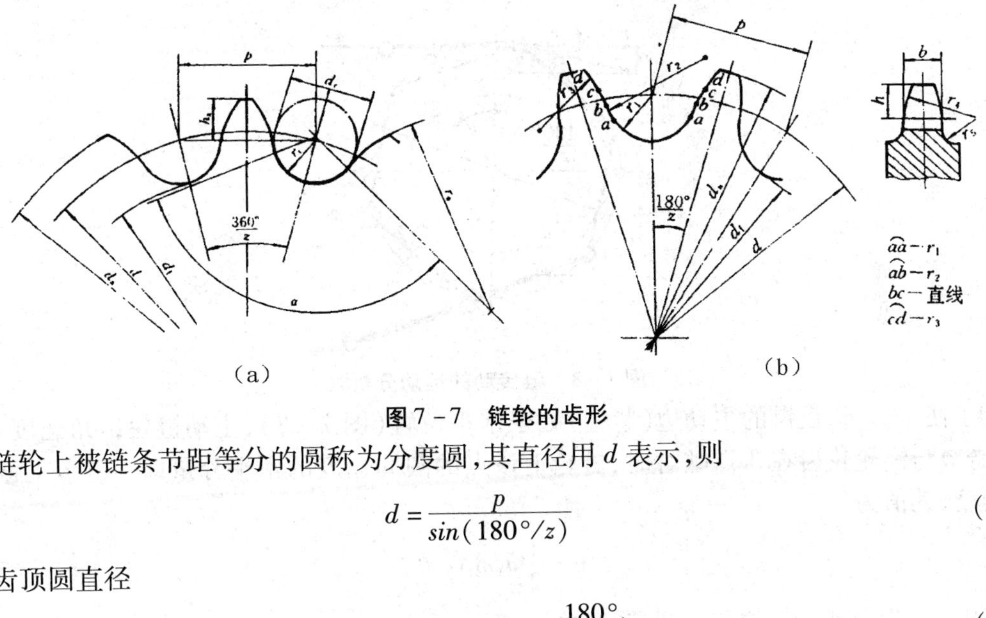

（a）　　　　　　　　（b）

图 7－7　链轮的齿形

链轮上被链条节距等分的圆称为分度圆，其直径用 d 表示，则

$$d=\frac{p}{sin(180°/z)} \tag{7-1}$$

齿顶圆直径

$$d_a=p(0.54+cot\frac{180°}{z}) \tag{7-2}$$

齿根圆直径

$$d_f=d-d_t \tag{7-3}$$

式中，d_t 为滚子外径。

链轮的轮齿应有足够的接触强度和耐磨性，故齿面多经热处理。因小链轮的啮合次数比大链轮多，所受冲击力也大，故所用材料一般优于大链轮。常用的链轮材料有碳素钢（如 *Q*235、*Q*275、45、*ZG*37－570 等），灰铸铁（如 *HT*200）等。重要的链轮可采用合金钢。

§7－2　链传动工作情况分析

一、链传动的运动特性

链条绕上链轮后形成折线,因此链传动相当于一对多边形轮子之间的传动(图7－8)。设z_1、z_2为两链轮的齿数,p为节距(mm),n_1、n_2为两链轮的转速(r/min),则链条线速度(简称链速)为

$$v=\frac{z_1pn_1}{60\times1000}=\frac{z_2pn_2}{60\times1000}\ m/s \tag{7-4}$$

链传动的传动比

$$i=\frac{n_1}{n_2}=\frac{z_2}{z_1} \tag{7-5}$$

由以上两式求得的链速和传动比均为平均值。实际上,由于多边形效应,瞬时链速和瞬时传动比都是变化的。

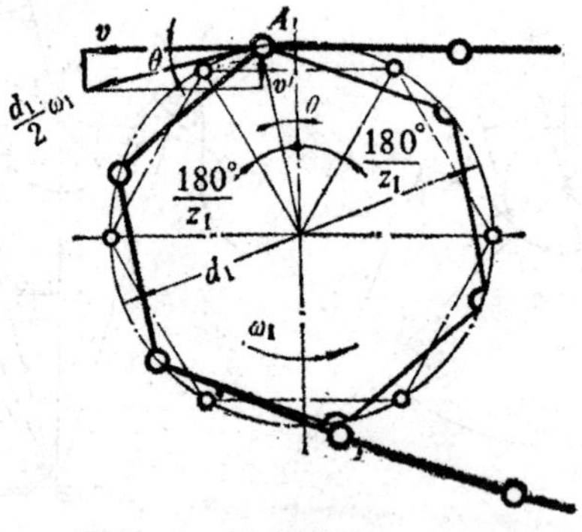

图7－8　链传动的运动分析

为了便于分析,设链的主动边(紧边)处于水平位置(图7－8),主动链轮以角速度ω_1回转,当链节与链轮轮齿在A点啮合时,链轮上该点的圆周速度的水平分量即为链节上该点的瞬时速度,其值为

$$v=\frac{1}{2}d_1\omega_1 cos\theta \tag{7-6}$$

式中,d_1为主动链轮的分度圆直径,单位mm;

θ为A点的圆周速度与水平线的夹角。

任一链节从进入啮合到退出啮合,θ角在$-\frac{180°}{z}$到$+\frac{180°}{z}$的范围内变化。

当$\theta=0°$,链速最大,$v_{max}=d_1\omega_1/2$

当$\theta=\pm\frac{180°}{z}$时,链速最小,$v_{min}=\frac{d_1\omega_1}{2}cos\frac{180°}{z_1}$

由此可知,当主动轮以角速度ω_1等速转动时,链条的瞬时速度v周期性地由小变大,又由大变小,每转过一个节距变化一次。

同理，链条在垂直于链节中心线方向的分速度 $v' = \frac{d_1\omega_1}{2}sin\theta$，也作周期性变化，从而使链条上下抖动。

由于链速是变化的，工作时不可避免地要产生振动和动载荷。

而在从动链轮上，β_2 角的变化范围为 $-\frac{180°}{z_2} \sim +\frac{180°}{z_2}$，由于链速 v 不等于常数和 β_2 角的不断变化，因此从动轮的角速度 $\omega_2 = \frac{v}{\frac{d_2}{2}cos\beta_2}$ 也是周期性变化的。即链传动的瞬时传动比 $i = \frac{\omega_1}{\omega_2} = \frac{d_2 cos\beta_2}{d_1 cos\theta_1}$ 是变化的。由于从动轮角速度 ω_2 的速度波动将引起链条与链轮轮齿的冲击，产生振动和噪音，并加剧磨损，随着链轮齿数的增加，θ_1 和 β_2 相应减小，传动中的速度波动、冲击、振动和噪音也都减小，所以链轮的最小齿数不宜太少，通常取主动链轮（即小链轮）的齿数大于 17。

二、链传动的受力分析

链传动工作时，紧边和松边的拉力不相等。若不考虑动载荷，则紧边所受的拉力 F_1 为工作拉力 F、离心拉力 F_c 和悬垂拉力 F_y 之和（图 7－9）。

$$F_1 = F + F_c + F_y (N) \tag{7-7}$$

松边拉力为

$$F_2 = F_c + F_y (N) \tag{7-8}$$

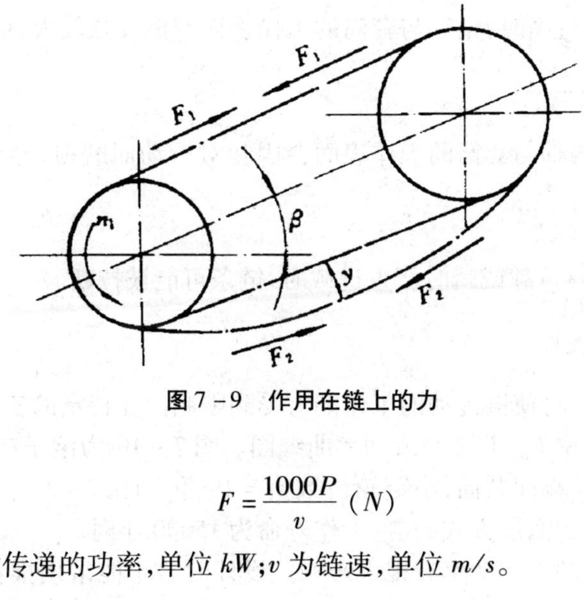

图 7－9　作用在链上的力

工作拉力为

$$F = \frac{1000P}{v}(N) \tag{7-9}$$

式中，P 为链传动传递的功率，单位 kW；v 为链速，单位 m/s。

离心拉力为

$$F_c = qv^2 (N) \tag{7-10}$$

式中，q 为每米链的质量，单位 kg/m，见表 7－1。

悬垂拉力为

$$F_y = K_y qga\ (N) \tag{7-11}$$

式中,a 为链传动的中心距,单位 m;g 为重力加速度,$g=9.81m/s^2$;K_y 为下垂度 $y=0.02a$ 时的垂度系数。K_y 值与两链轮轴线所在平面与水平面的倾斜角 β 有关。垂直布置时 $K_y=1$,水平布置时 $K_y=7$,对于倾斜布置的情况,$\beta=30°$时 $K_y=6$,$\beta=60°$时 $K_y=4$,$\beta=75°$时 $K_y=2.5$。

链作用在轴上的压力 F_Q 可近似取为

$$F_Q \approx (1.2 \sim 1.3)F \tag{7-12}$$

有冲击和振动时取大值。

§7－3　滚子链传动的设计计算

一、滚子链传动的失效形式

链传动的失效形式主要有以下几种:

1. 链板的疲劳破坏

链传动在工作中,由于链条松边、紧边拉力不同,经过一定的循环次数后,链板会发生疲劳破坏,在正常润滑条件下,链板的疲劳强度是决定链传动承载能力的主要因素。

2. 多次冲击破断

在中、高速闭式链传动中,滚子、套筒和销轴会因反复多次的啮合冲击,而发生冲击疲劳破坏或在经常启动、反转、制动的链传动中,由于过载造成冲击破断。

3. 销轴与套筒的胶合

当润滑不良或速度过高时,销轴与套筒的工作表面摩擦发热较大,而使两表面发生粘附磨损,严重时则产生胶合。

4. 链条铰链磨损

链在工作过程中,销轴与套筒的工作表面会因相对滑动而磨损,导致链节的伸长,容易引起跳齿和脱链。

5. 静强度拉断

在低速($v<0.6m/s$)重载或瞬时严重过载时,链条可能被拉断。

二、额定功率曲线图

以上各种失效形式,将使链传动的工作能力受到限制。在特定的实验条件下,可求得链传动不失效所能传递的功率 P_0,并绘制成功率曲线图。图 7－10 为滚子链在下列特定条件下制定的功率曲线图:两链轮端面共面;小链轮齿数 $z_1=19$;传动比 $i=3$;中心距 a 为 40 节;单排链;载荷平稳;采用推荐的润滑方式润滑;工作寿命为 15000 小时。

润滑情况对链传动的许用功率有很大影响。设计时若不能采用推荐的润滑方式润滑,则应将图中查得的 P_0 值降低到下列数值:当链速 $v\leqslant 1.5m/s$ 时,取图值的 50%;当 $1.5m/s\leqslant v\leqslant 7m/s$ 时,取图值的 15%～30%。

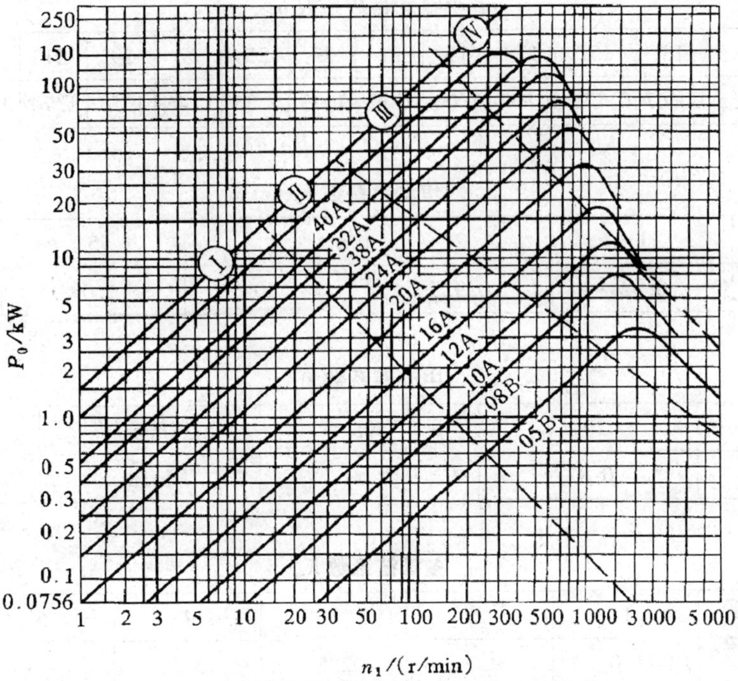

Ⅰ—油壶或油刷供油润滑区；Ⅱ—滴油润滑区；

Ⅲ—浸油润滑或飞溅润滑区；Ⅳ—油泵润滑区

图 7－10　滚子链的功率曲线

三、链传动的设计计算

1. 中、高速链传动($v \geqslant 0.6m/s$)

对于中、高速链传动，其主要失效形式是链条疲劳或冲击疲劳破坏，它可按功率曲线图进行设计。

当实际工作条件与上述特定条件不同时，应对查得的 P_0 值加以修正，则链传动所能传递的功率 P 为

$$P \leqslant \frac{P_0}{K_A} \cdot K_Z \cdot K_i \cdot K_a \cdot K_{pt} \tag{7-13}$$

式中：P 为名义功率，单位 kW；K_A 为工作情况系数，查表 7－2；K_z 为小链轮齿数，查表 7－3；K_i 为传动比系数，查表 7－4；K_a 为中心距系数，查表 7－5；K_{pt}为多排链系数，查表 7－6。

表 7－2　　工作情况系数 K_A

载荷性质 ＼ 原动机	内燃机带液力传动	电动机或汽轮机	内燃机带机械传动
平稳载荷	1.0	1.0	1.2
中等冲击	1.2	1.3	1.4
较大冲击	1.4	1.5	1.7

表 7－3　　小链轮齿数系数 K_z

z_1	9	11	13	15	17	19	21	23	25	27	29	31	33	35	37
K_z	0.446	0.555	0.667	0.775	0.893	1.00	1.12	1.23	1.35	1.46	1.58	1.70	1.81	1.94	2.12

表 7－4　　传动比系数 K_i

i	1	2	3	5	≥7
K_i	0.82	0.925	1.00	1.09	1.15

表 7－5　　中心距系数 K_a

a	$20p$	$40p$	$80p$	$160p$
K_a	0.87	1.00	1.18	1.45

表 7－6　　多排链系数 K_{pt}

排 数	1	2	3	4	5	6
K_{pt}	1.0	1.7	2.5	3.3	4.1	5.0

2. 低速链传动（$v \leqslant 0.6m/s$）

对于低速链传动，其主要失效形式为链条过载拉断，必须对其进行静强度计算。通常是校核链的静强度安全系数 S，其计算式为

$$S = \frac{F_Q K_{pt}}{K_A F} \tag{7-14}$$

式中：F_Q 为极限拉伸载荷，单位 N，见表 7－1；F 为链的工作拉力，单位 N；K_{pt} 为多排链系数，见表 7－6；K_A 为工作情况系数，见表 7－2。

四、链传动主要参数的选择

1. 链节距

链的节距 p 是决定链的工作能力、链及链轮尺寸的主要参数，正确选择 p 是链传动设计时要解决的主要问题。链节距越大，承载能力越高，但动载荷大，传动平稳性差，噪声大，且传动尺寸也大。所以设计时，在满足传递功率的情况下，应尽可能选用较小的节距，高速重载时可选用小节距多排链。

2. 链轮齿数 z_1、z_2

由链传动的运动特性得知，齿数越少，瞬时链速变化越大，而且链轮直径也较小，当传递功率一定时，链和链轮轮齿的受力也会增加，为使传动平稳，减小链传动的动载荷，提高传动的平稳性，小链轮齿数不宜过少，最少齿数应≥17；但如齿数过多，又会造成链轮尺寸过大，而且，当链条磨损后，也容易从链轮上脱落。设计时，滚子链传动的小链轮齿数 z_1 应根据链速 v 和传动比 i 参考表 7－7 选取。然后按 $z_2 = iz_1$，选取大链轮的齿数。如图 7－11 所示，链条铰链磨损后，节距变大，其增长量为 $\triangle p$，使链节沿齿面向外移动，此时，实际链节分度圆直径比标准分度圆直径增大 $\triangle d$。由图中几何关系可得：

$$\triangle d = \frac{\triangle p}{\sin \frac{180°}{z}}$$

当$\triangle p$一定时，z越大，$\triangle d$就越大，传动越易发生跳齿和脱链现象，所以应使大链轮齿数$z_2 \leqslant 120$。

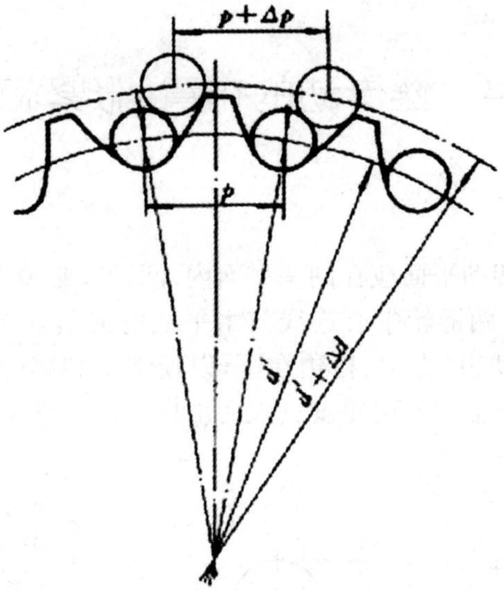

图 7－11　链节伸长后的啮合情况

因链节数常取偶数，故链轮齿数最好取奇数，以使磨损均匀。

表 7－7　小链轮齿数推荐值

传动比 i	1～2	2～3	3～4	4～5	5～6	>6
z_1	31～27	27～25	25～23	23～21	21～17	17～15

3. 中心距a和链节数L_p

若链传动中心距过小，则小链轮上的包角也小，同时啮合的链轮齿数也减少；若中心距过大，则易使链条抖动。一般可取中心距$a=(30 \sim 50)p$，初定中心距$a_0=40p$；最大中心距$a_{max}=80p$。

链的长度以链节数L_P（节距p的倍数）来表示。与带传动相似，链节数L_P与中心距a之间的关系为

$$L_P = \frac{2a_0}{p} + \frac{z_1+z_2}{2} + \left(\frac{z_2-z_1}{2\pi}\right)^2 \cdot \frac{p}{a_0} \tag{7-15}$$

计算出的L_p应圆整为整数，最好取为偶数。

如已知L_p时，也可由式（7－15）计算出实际中心距a，即：

$$a = \frac{p}{4}\left[\left(L_p - \frac{z_1+z_2}{2}\right) + \sqrt{\left(L_p - \frac{z_1+z_2}{2}\right)^2 - 8\left(\frac{z_2-z_1}{2\pi}\right)^2}\right] \tag{7-16}$$

为了便于链条的安装和调节链的张紧，通常中心距设计成可调的；若中心距不能调节而又没有张紧装置时，应将计算的中心距减小 2～5mm。使链条有小的初垂度，以保持链传动的张

紧。

4. 传动比 i

传动比受链轮最小齿数和最大齿数的限制，且传动尺寸也不能过大，因此传动比一般不大于6。传动比过大时，小链轮上的包角 α_1 将会太小，同时啮合的齿数也太少，将加速轮齿的磨损。因此，当链速 $v<3m/s$，载荷平稳时，传动比 i 允许达到10。推荐选用 $i=2\sim3.5$。

§7－4　链传动的布置、张紧和润滑

一、链传动的布置

在链传动中，两链轮的转动平面应在同一平面内，两轴线必须平行，最好成水平布置（图7－12（a）），如需倾斜布置时，两链轮中心连线与水平线的夹角 β 应小于45°（图7－12（b））。同时链传动应使紧边（即主动边）在上，松边在下，以便链节和链轮轮齿可以顺利地进入和退出啮合。如果松边在上，可能会因松边垂度过大而出现链条与轮齿的干扰，甚至会引起松边与紧边的碰撞。

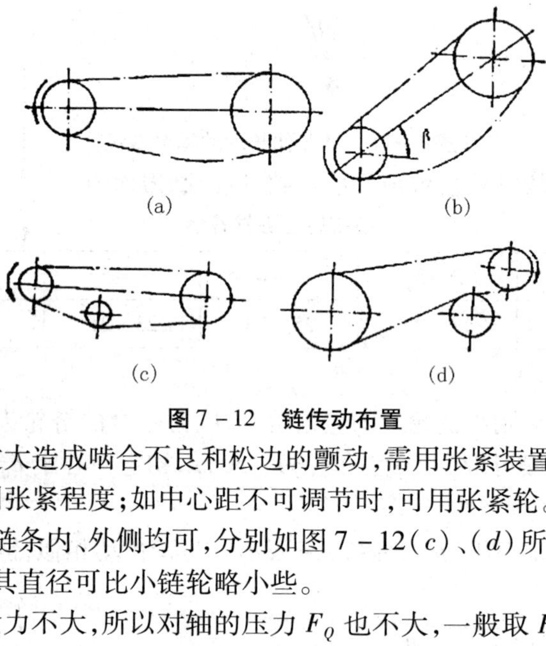

图7－12　链传动布置

为防止链条垂度过大造成啮合不良和松边的颤动，需用张紧装置。如中心距可以调节时，可用调节中心距来控制张紧程度；如中心距不可调节时，可用张紧轮。张紧轮应安装在链条松边靠近小链轮处，放在链条内、外侧均可，分别如图7－12（c）、（d）所示。张紧轮可以是链轮，也可以是无齿的滚轮，其直径可比小链轮略小些。

由于链传动的张紧力不大，所以对轴的压力 F_Q 也不大，一般取 $F_Q=(1.0\sim1.3)F$。式中 F 为圆周力，即链的工作拉力，$F=\dfrac{1000P}{v}$；P 为链传动功率，单位 kW；v 为链速，单位 m/s。有冲击和振动时取大值。

二、链传动的润滑

链传动良好的润滑将会减少磨损、缓和冲击，提高承载能力，延长使用寿命，因此链传动应合理地确定润滑方式和润滑剂种类。

常用的润滑方式有几种：

1. 人工定期润滑：用油壶或油刷给油（图 7－13（a）），每班注油一次，适用于链速 $v \leq 4m/s$ 的不重要传动。

2. 滴油润滑：用油杯通过油管向松边的内、外链板间隙处滴油，用于链速 $v \leq 10m/s$ 的传动（图 7－13（b））。

3. 油浴润滑：链从密封的油池中通过，链条浸油深度以 6～12mm 为宜，适用于链速 $v = 6 \sim 12m/s$ 的传动（图 7－13（c））。

4. 飞溅润滑：在密封容器中，用甩油盘将油甩起，经由壳体上的集油装置将油导流到链上。甩油盘速度应大于 $3m/s$，浸油深度一般为 12～15mm（图 7－13（d））。

5. 压力油循环润滑－用油泵将油喷到链上，喷口应设在链条进入啮合之处。适用于链速 $v \geq 8m/s$ 的大功率传动（图 7－13（e））。

链传动常用的润滑油有 $L-AN32$、$L-AN46$、$L-AN68$、$L-AN100$ 等全损耗系统用油。温度低时，粘度宜低；功率大时，粘度宜高。为了安全与防尘，链传动应装防护罩。

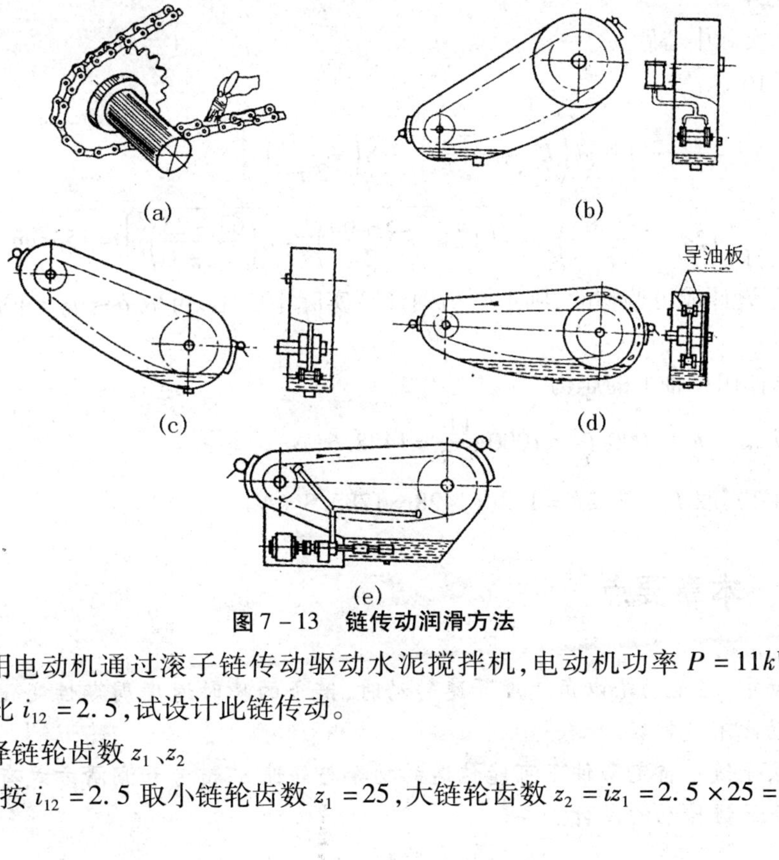

图 7－13 链传动润滑方法

例 7－1 用电动机通过滚子链传动驱动水泥搅拌机，电动机功率 $P = 11kW$，转速 $n_1 = 970r/min$，传动比 $i_{12} = 2.5$，试设计此链传动。

解：（1）选择链轮齿数 z_1、z_2

由表 7－7，按 $i_{12} = 2.5$ 取小链轮齿数 $z_1 = 25$，大链轮齿数 $z_2 = iz_1 = 2.5 \times 25 = 62.5$，取 $z_2 = 63$。

实际传动比 $i_{12} = \dfrac{63}{25} = 2.52$

（2）求特定条件下链传递的功率 P_0

由表 7－2 查得 $K_A = 1.3$（按中等冲击）；由表 7－3 查得小链轮齿数系数 $K_z = 1.0$；由表 7－4 查得传动比系数 $K_i = 0.96$；由表 7－5 查得中心距系数 $K_a = 1$；由表 7－6 查得多排链系数 $K_{pt} = 1$，由式（7－13）计算特定条件下链传递的功率

$$P_0 \geqslant \frac{K_A P}{K_z K_i K_a K_{pt}} = \frac{1.3 \times 11}{1.35 \times 0.96 \times 1 \times 1} kW = 11kW$$

由图7－10选取链号为12A，节距 $p = 19.05mm$。

(3)计算链速 v

$$v = \frac{z_1 p n_1}{60 \times 1000} = \frac{25 \times 19.05 \times 970}{60 \times 1000} m/s = 7.7m/s$$

所以，润滑方式为油浴润滑或飞溅润滑。

(4)确定中心距 a_0 及链节数 L_p

初定中心距 $a_0 = (30 \sim 50)p$，取 $a_0 = 40p$

由式(7－15)求 L_p

$$L_p = \frac{2a_0}{p} + \frac{z_1 + z_2}{2} + \left(\frac{z_2 - z_1}{2\pi}\right)^2 \frac{p}{a_0} = \frac{2 \times 40p}{p} + \frac{25 + 63}{2} + \left(\frac{63 - 25}{2\pi}\right)^2 \frac{p}{40p} = 124.9$$

取 $L_p = 124$

(5)计算实际中心距

由式7－16

$$a = \frac{p}{4}\left[\left(L_p - \frac{z_1 + z_2}{2}\right) + \sqrt{\left(L_p - \frac{z_1 + z_2}{2}\right)^2 - 8\left(\frac{z_2 - z_1}{2\pi}\right)^2}\right]$$

$$= \frac{19.05}{4}\left[\left(124 - \frac{25 + 63}{2}\right) + \sqrt{\left(124 - \frac{25 + 63}{2}\right)^2 - 8\left(\frac{63 - 25}{2\pi}\right)^2}\right] = 753mm$$

若中心距设计成可调整的，则不必精确计算实际中心距，可取 $a \approx a_0 = 40p = 40 \times 19.05 = 762mm$

(6)计算作用在轴上的压力

工作拉力　　$F = 1000\frac{p}{v} = 1000\frac{11}{7.7} = 1428.6(N)$

因载荷平稳，取 $F_Q = 1.2F = 1.2 \times 1428 = 1785.8\ (N)$

本章要点

1. 链传动中，当主动轮以角速度等速转动时，链条的瞬时速度周期性变化，从而导致链传动的瞬时传动比不是常数。

2. 套筒滚子链在特定条件下可能传递的功率与转速 n、链号和润滑方式有关。

3. 套筒滚子链传动的设计。

习　题

7－1　当传递功率较大时，可用单排大节距链条，也可用多排小节距链条，两者各有何特点，各适用于什么场合？

7－2　小链轮齿数 z_1 不允许过少，大链轮齿数 z_2 不允许过多。这是为什么？

7－3　链传动的失效形式有几种？设计链传动的主要依据是什么？

7－4　试设计一驱动运输机的链传动。已知：传递功率 $P=200kW$，小链轮转速 $n_1=720r/min$，大链轮转速 $n_2=200r/min$，运输机载荷不够平稳。

7－5　一滚子链传动，已知主动链轮齿数 $z_1=19$，中心距 $a=500mm$，水平布置；传递功率 $P=2.8kW$，主动轮转速 $n_1=110r/min$；设工作情况系数 $K_A=1.2$，试设计此链传动。

7－6　已知链传动传递的功率 $P=1.2kW$；主动轮转速 $n_1=140r/min$，主动轮齿数 $z_1=24$，采用 08A 单排滚子链，工作情况系数 $K_A=1.3$，试验算此链传动。

第八章　轮 系

齿轮机构是应用最广的传动机构之一。如果用普通的一对齿轮传动实现大传动比传动，不仅机构外廓尺寸庞大，而且大小齿轮直径相差悬殊，使小齿轮易磨损，大齿轮的工作能力不能充分发挥。为了在一台机器上获得很大的传动比，或是获得不同转速，常常采用一系列的齿轮组成传动机构，这种由一系列齿轮组成的传动系统称为轮系。采用轮系，可避免上述缺点，而且使结构较为紧凑。

§8－1　轮系的分类

一般轮系可分为：定轴轮系（图 8－1(*a*)和(*b*)）和周转轮系（图 8－2）。

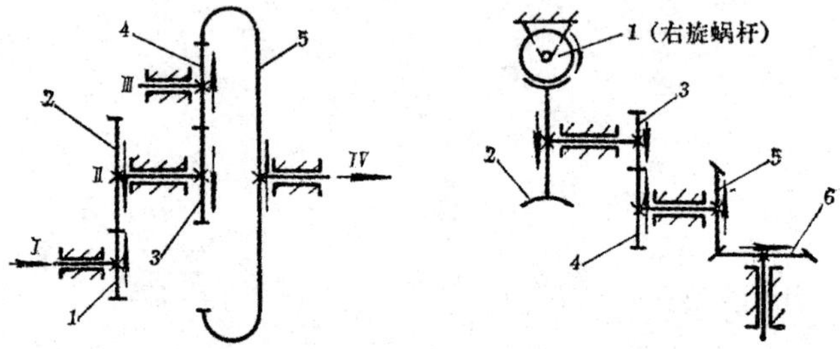

(*a*)　　(*b*)

图 8－1　定轴轮系

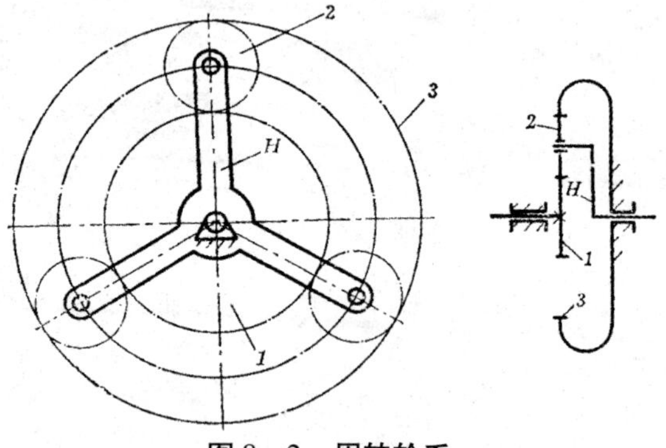

图 8－2　周转轮系

1. 定轴轮系——轮系中所有齿轮的几何轴线都是固定的，如图 8－1 所示。这种所有齿轮的几何轴线的位置都是固定的轮系称为定轴轮系。

2. 周转轮系或称为动轴轮系——轮系中，至少有一个齿轮的几何轴线是绕另一个齿轮几何轴线转动的轮系，称为周转轮系（动轴轮系）。如图 8－2 中，齿轮 2 的轴线 O_2 是绕齿轮 1 的固定轴线 O_1 转动的。轴线不动的齿轮称为中心轮，如图中齿轮 1 和 3；轴线转动的齿轮称为行星轮，如图中齿轮 2；支承行星轮并和行星轮一起固定轴线回转的构件称为系杆，如图中的

转柄 H。

§8-2　定轴轮系的传动比计算

在轮系中,首末两轮的角速度之比称为该轮系的传动比。若以 1 与 k 分别代表轮系首、末两轮的标号,则轮系的传动比

$$i_{1k}=\frac{n_1}{n_k}$$

下面首先讨论一对齿轮的传动比

一、一对齿轮的传动比

1. 传动比大小

传动比的定义为:两轴的转速之比。因为转速 $n=\frac{30}{\pi}\omega$,因此传动比又可以被表示为两轴的角速度之比。通常,传动比用 i 表示,对齿轮 a 和齿轮 b 的传动比可表示为:

$$i_{ab}=\frac{n_a}{n_b}=\frac{\omega_a}{\omega_b} \tag{8-1}$$

一对相啮合的齿轮,在同一时间内转过的齿数是相同的,因此有:

$$n_a z_a=n_b z_b \tag{8-2}$$

式中,n_a,n_b 为两齿轮的转速;z_a,z_b 为两齿轮的齿数。

因此,一对相互啮合的齿轮的传动比又可以写成:

$$i_{ab}=\frac{n_a}{n_b}=\frac{z_b}{z_a} \tag{8-3}$$

即,一对齿轮的传动比等于两齿轮齿数的反比。

2. 传动比方向

计算一对齿轮的传动比,不仅要确定它的数值的大小,而且要确定它的符号,这样才能完全表达从动轮的转速与主动轮的转速之间的关系。为此,我们先来讨论一下齿轮转向的表示方法。

(1)箭头表示

轴或齿轮的转向一般用箭头表示。当轴线垂直于纸面时,其表示方法如图 8-3 所示。当轴线在纸面内时,其表示方法如图 8-4 所示。

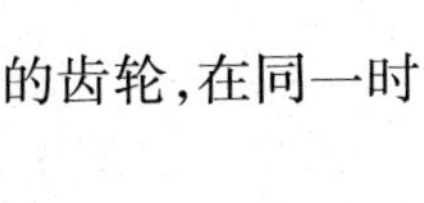

图 8-3　轴线与纸面垂直时的转向表示方法

图 8-4　轴线在纸面内时的转向表示方法

(2)符号表示

当两轴或齿轮的轴线平行时,可以用正号“+”或负号“-”表示两轴或齿轮的转向相同或相反,并直接标注在传动比的公式中。例如,$i_{ab}=10$,表明:轴 a 和 b 的转向相同,转速比为10。又如,$i_{ab}=-5$,表明:轴 a 和 b 的转向相反,转速比为 5。

$$i_{ab}=\frac{n_a}{n_b}=\frac{\omega_a}{\omega_b}=\pm\frac{z_b}{z_a} \tag{8-4}$$

符号表示法在平行轴的轮系中经常用到。由于一对内啮合齿轮的转向相同,因此它们的传动比取"+"。而一对外啮合齿轮的转向相反,因此它们的传动比取"-"。因此,两轴或齿轮的转向相同与否,由它们的外啮合次数而定。外啮合为奇数时,主、从动轮转向相反;外啮合为偶数时,主、从动轮转向相同。

注意:符号表示法不能用于轴线不平行的轮系的传动比计算中。

3. 判断从动轮转向的几个要点

(1)内啮合的圆柱齿轮的转向相同(图 8-5)。

(2)外啮合的圆柱齿轮或圆锥齿轮的转动方向要么同时指向啮合点,要么同时指离啮合点。如图 8-6 所示为圆柱或圆锥齿轮的几种情况。

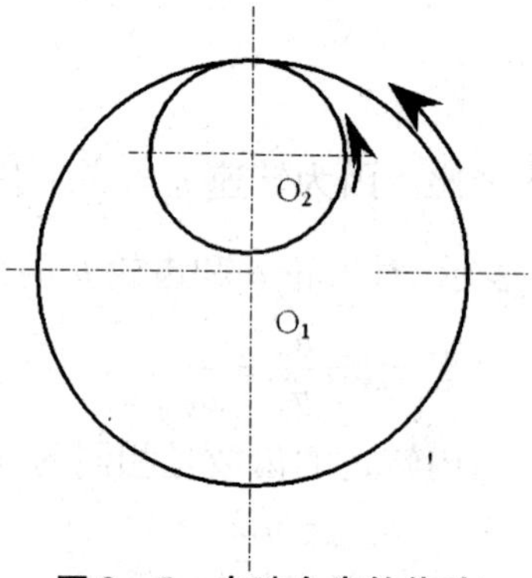

图 8-5 内啮合齿轮传动

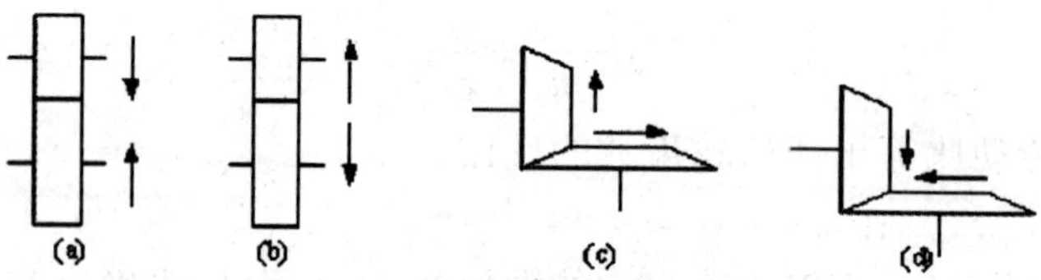

图 8-6 齿轮转动方向间的关系

(3)蜗杆蜗轮转向的表示方法(如图 8-7 所示)。

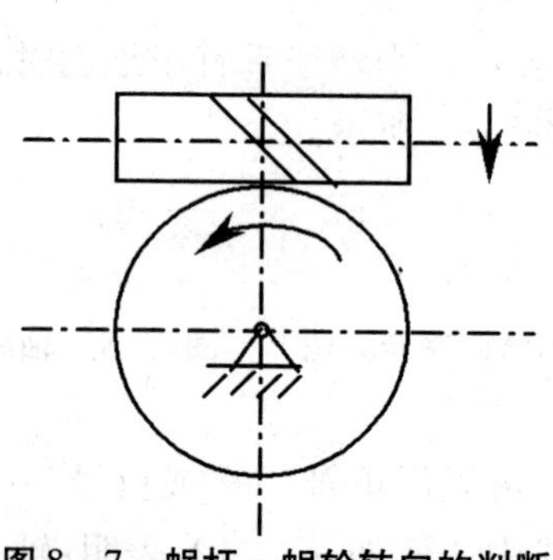

图 8-7 蜗杆-蜗轮转向的判断

二、定轴轮系传动比计算

下面分析图 8-1(*a*)所示轮系传动比与各齿轮齿数之间的关系和确定传动比正、负号的方法，然后从中概括出平行轴间定轴轮系传动比的普通计算公式。

图 8-1(*a*)所示的定轴轮系中，*I* 为第一主动轴，*IV* 为最末从动轴。设 z_1、z_2、z_3、z_4 及 z_5 分别为各齿轮的齿数；n_1、n_2、n_3、n_4 及 n_5 分别为各齿轮的转速。

轮系中各对齿轮的传动比

$$i_{12}=\frac{n_1}{n_2}=\frac{\omega_1}{\omega_2}=-\frac{z_2}{z_1}$$

$$i_{34}=\frac{n_3}{n_4}=\frac{\omega_3}{\omega_4}=-\frac{z_4}{z_3}$$

$$i_{45}=\frac{n_4}{n_5}=\frac{\omega_4}{\omega_5}=\frac{z_5}{z_4}$$

其中 $n_2=n_3$

此时：

$$i_{15}=\frac{n_1}{n_5}=\frac{n_1}{n_2}\cdot\frac{n_3}{n_4}\cdot\frac{n_4}{n_5}=\frac{\omega_1}{\omega_2}\cdot\frac{\omega_3}{\omega_4}\cdot\frac{\omega_4}{\omega_5}=i_{12}\cdot i_{34}\cdot i_{45}$$

$$=(-\frac{z_2}{z_1})\cdot(-\frac{z_4}{z_3})\cdot(\frac{z_5}{z_4})=(-1)^2\cdot\frac{z_2z_4z_5}{z_1z_3z_4}=\frac{z_2z_5}{z_1z_3}$$

由以上分析说明，该定轴轮系的传动比等于组成轮系的各对啮合齿轮传动比的连乘积，也等于各对齿轮传动中的从动轮齿数的乘积与主动轮齿数的乘积之比；首末两轮转向相同或相反(传动比的正负)，取决于齿轮外啮合的对数。

轮系传动比的正负号还可以在图上根据主动轮与从动轮的转向关系，依次画上箭头来确定，如图 8-1(*a*)所示的轮系中，齿轮 5 与齿轮 1 的转向相同，所以传动比 i_{15} 为正号。

图 8-1(*a*)所示的轮系中，齿轮 4 同时与齿轮 3 和齿轮 5 啮合，它既是前一级齿轮传动的从动齿轮，又是后一级传动的主动齿轮，齿轮 4 的齿数 z_4 在轮系传动比计算式的分子与分母中同时出现而被约去。所以齿轮 4 的齿数不影响该轮系传动比的大小，但改变齿轮外啮合的次数，从而改变传动比的正负号。这种齿轮称为**惰轮**或**介轮**。

上述结论可以推广到平行轴间定轴轮系的一般情形。设 1 与 *k* 分别代表定轴轮系第一主动齿轮(首轮)和最末从动齿轮(末轮)的标号，*m* 为外啮合的对数。则轮系传动比的普通计算公式为

$$i_{1k}=\frac{n_1}{n_k}$$

$$=(-1)^m\frac{z_2z_4z_6\cdots z_k}{z_1z_3z_5\cdots z_{k-1}}$$

$$=(-1)^m\frac{\text{所有从动轮齿数的乘积}}{\text{所有主动轮齿数的乘积}}\tag{8-5}$$

必须注意，如果定轴轮系中有圆锥齿轮，圆柱螺旋齿轮或蜗杆蜗轮等空间齿轮机构，其传动比的大小仍可用式(8-5)来计算。但由于一对空间齿轮的轴线不平行，主动齿轮与从动齿轮之间不存在转动方向相同或相反的问题，所以不能根据齿轮外啮合的对数来确定轮系首轮

与末轮的转向关系，即轮系传动比的正负，各轮的转向必须用画箭头的方法确定，如图 8－1（b）所示。

在机床传动系统的运动计算中，为了便于计算轮系末轮的转速，常定义传动比为

$$i_{k1}=\frac{n_k}{n_1}=\frac{\omega_k}{\omega_1}$$

$$=(-1)^m\frac{z_1z_3z_5\cdots z_{k-1}}{z_2z_4z_6\cdots z_k}=(1-)^m\frac{\text{所有从动轮齿数的乘积}}{\text{所有主动轮齿数的乘积}}$$

于是当首轮转速 n_1 已知时，容易求得末轮转速

$$n_k=n_1i_{k1}$$

显然，$i_{k1}=\dfrac{1}{n_{1k}}$，即 i_{k1} 与 i_{1k} 互为倒数。

例 8－1 在图 8－8 所示的车床溜板箱进给刻度盘轮系中，运动由齿轮 1 传入，由齿轮 5 传出。各齿轮齿数 $z_1=18$，$z_2=87$，$z_3=28$，$z_4=20$ 及 $z_5=84$，试计算轮系的传动比 i_{15}。

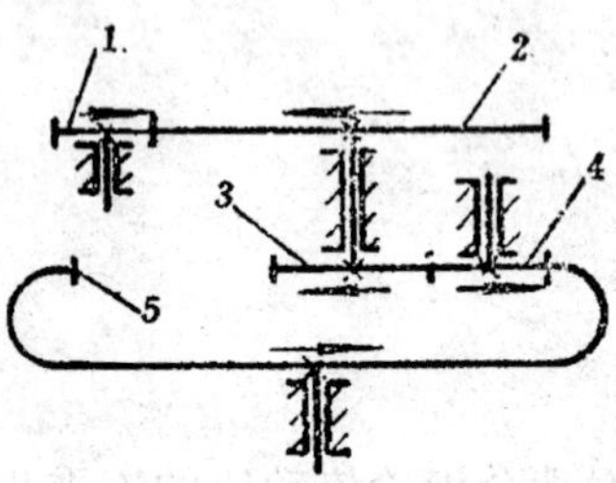

图 8－8

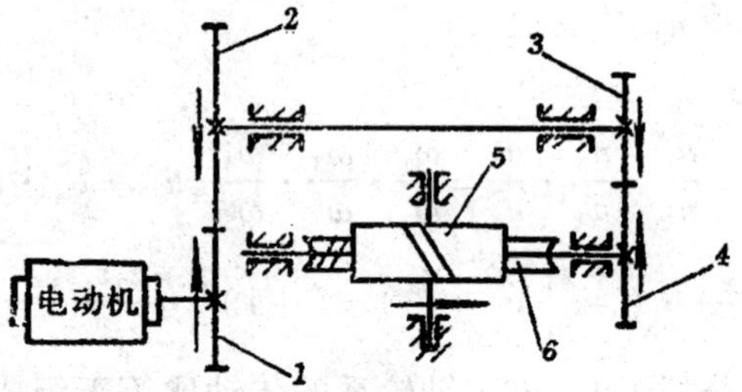

图 8－9

解：

由图 8－8 可以看出，轮系为定轴轮系，所以按式（8－5）计算传动比

$$i_{15}=\frac{n_1}{n_5}=(-1)^m\frac{z_2z_4z_5}{z_1z_3z_4}=(-1)^2\frac{87\times84}{18\times28}=14.5$$

因为传动比带正号，所以末轮 5 的转向与首轮 1 的转向相同。首、末两轮的转向关系也可以用画箭头的方法来确定，如图所示。

例 8－2 在图 8－9 所示的组合机床动力滑台轮系中，运动由电动机传入，由蜗轮 6 传出。电动机转速 $n=940rpm(n=n_1)$，各齿轮齿数 $z_1=34$，$z_2=42$，$z_3=21$ 及 $z_4=31$，蜗轮齿数 $z_6=38$，蜗杆头数 $z_5=2$，螺旋线方向为右旋，试确定蜗轮的转速和转向。

解：轮系为定轴轮系。因轮系中有蜗杆蜗轮空间齿轮机构，所以只能用式（8－5）计算传动比的大小，蜗轮转向须用画箭头的方法确定。传动比

$$i_{16}=\frac{n_1}{n_6}=\frac{z_2z_4z_6}{z_1z_3z_5}=\frac{42\times31\times38}{34\times21\times2}\approx34.64$$

或

$$i_{16}=\frac{1}{i_{16}}=\frac{n_6}{n_1}=\frac{1}{34.64}$$

于是蜗轮转速 $n_6=n_1i_{61}$

代入给定数据，求得蜗轮转速为

$$n_6=n_1i_{61}=940\times\frac{1}{36.64}\approx27.14(rpm)$$

蜗轮的转向如图中箭头所示。

例 8－3 在图 8－10 所示的轮系中，运动由齿轮 1 传入，由齿条 10 传出。各齿轮齿数 $z_1=15$，$z_2=25$，$z_3=20$，$z_4=40$，$z_5=12$，$z_6=30$ 及 $z_9=20$，蜗轮齿数 $z_8=60$，蜗杆头数 $z_7=2$（右旋），齿条模数 $m=4mm$，齿轮 1 的转速 $n_1=500rpm$，转向如图中箭头所示，试确定齿条 10 的移动速度 v_{10} 和移动方向。

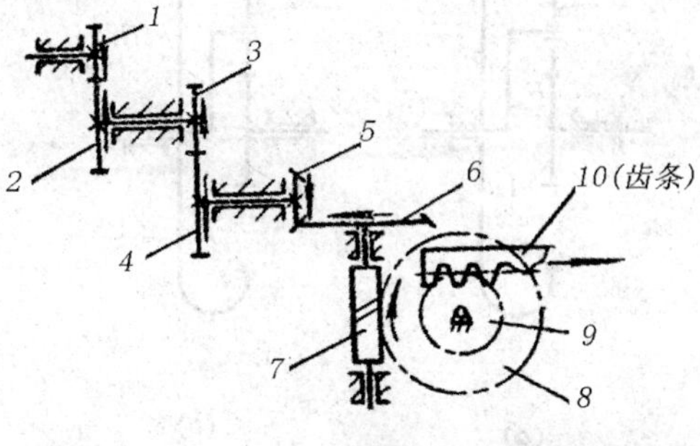

图 8－10

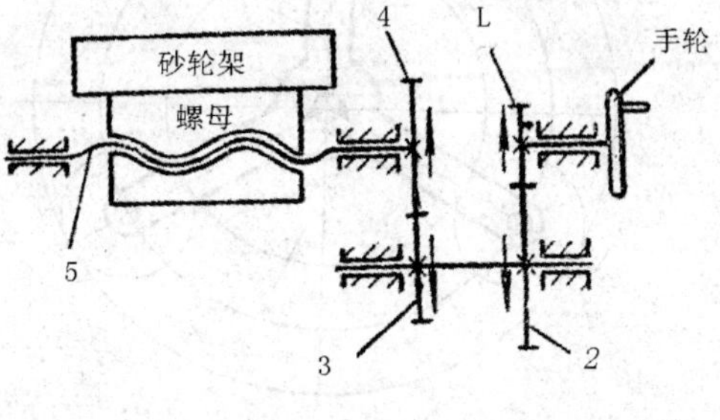

图 8－11

解：轮系为定轴轮系。先计算出蜗轮转速。

$$n_8=n_1\times i_{81}=n_1\times\frac{z_1z_3z_5z_7}{z_2z_4z_6z_8}=500\times\frac{15\times20\times12\times2}{25\times40\times30\times60}=2(rpm)$$

因齿轮 9 与蜗轮 8 的同轴，转速相同，所以 $n_9=n_8=2(rpm)$。

再计算齿条 10 的移动速度。根据齿轮与齿条啮合时节圆与节线速度相等的原理求得齿条速度为

$$v_{10}=2\pi r_9n_9=2\pi\times\frac{mz_9}{2}\times n_9=2\pi\times\frac{4\times20}{2}\times2=502.6(mm/min)$$

齿条的移动方向如图中箭头所示。

例 8－4 在图 8－11 所示外圆磨床砂轮架横向进给机构的传动系统中，转动手轮，使砂轮架沿工件作径向移动，以便靠近或离开工件。其中齿轮 1、2、3 及 4 组成定轴轮系，丝杠 5 与齿轮 4 相固联，丝杠转动时带动与螺母固联的砂轮架移动，丝杠螺距 $t=3mm$。各齿轮齿数 $z_1=28$，$z_2=56$，$z_3=38$ 及 $z_4=50$，试计算当手轮转一圈时砂轮架的移动距离 L。

解：轮系为定轴轮系。先计算出齿轮 4 的转数

$$n_4=n_1\times i_{41}=n_1\times\frac{z_1z_3}{z_2z_4}=1\times\frac{28\times38}{50\times26}=0.38\ 转$$

再计算砂轮架的移动距离。因丝杠转一圈螺母（砂轮架）移动一个螺距，所以砂轮架移动的距离

$$L=n_5t=n_4t=0.38\times3=1.14(mm)$$

§8－3 周转轮系的传动比计算

在周转轮系中，中心齿轮、行星齿轮和转臂是基本构件。中心齿轮可以全部是外齿轮，也可以兼有外齿轮与内齿轮。每一个单一的周转轮系，其中心轮的数目不超过两个，行星齿轮至

少有一个。为了平衡行星齿轮产生的离心惯性力和减小齿轮的作用力，通常采用多个对称分布的行星齿轮。如图 8－12 所示。

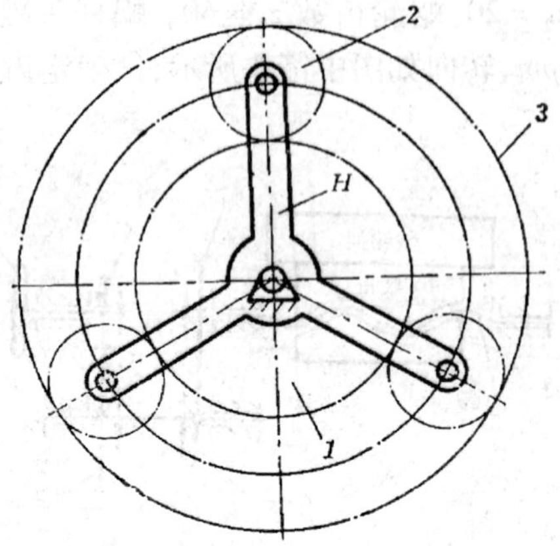

图 8－12

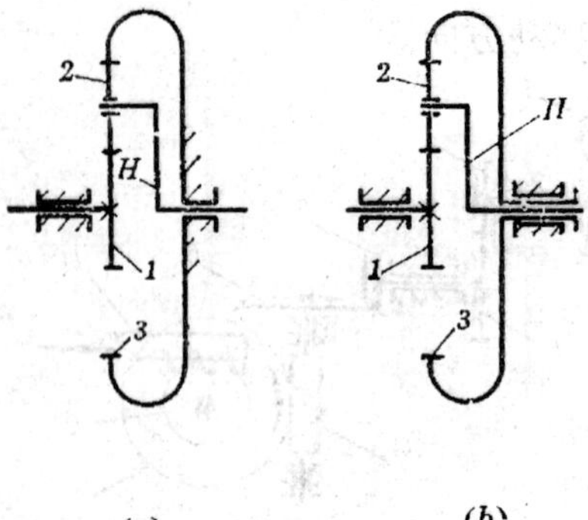

(a)　　(b)

图 8－13

一、周转轮系的分类

为便于分析机构，周转轮系按活动度（自由度）数目分为两大类：行星轮系和差动轮系。

如图 8－13(a) 所示的周转轮系中，活动件为中心齿轮 1、行星齿轮 2 和转臂 H，中心齿轮 3 固定在机架上，所以该轮系的活动件数 $n=3$。该轮系有三个回转低副，两个齿轮啮合高副。根据平面机构活动度的计算公式，可以求得该周转轮系的活动度

$$F=3n-2P_L-P_H=3\times3-2\times3-2=1$$

凡具有一个活动度的周转轮系，称为行星轮系。对于行星轮系只要有一个活动件的运动是确定的，则整个行星轮系的运动就确定了。

如图 8－13(b) 所示，若中心齿轮 1 与 3 都不固定，则周转轮系的活动件数 $n=4$，回转低副数 $P_L=4$，高副数 $P_H=2$，周转轮系的活动度

$$F=3n-2P_L-P_H=3\times4-2\times4-2=2$$

凡具有两个活动度的周转轮系，称为差动轮系。对于差动轮系必须有两个活动件的运动是确定的，整个差动轮系的运动才能确定。

二、周转轮系传动比的计算

因为周转轮系有转臂，转臂的转速与转向影响行星齿轮和中心齿轮的运动，所以不能直接用定轴轮系传动比的计算公式来计算周转轮系的传动比。但是，如果应用相对运动原理将周转轮系转化为定轴轮系后，就可以用推导定轴轮系传动比计算公式的方法推导出周转轮系的转化轮系（或转化机构）的传动比计算公式。

要得到周转轮系的转化轮系，首先要了解相对运动原理。所谓相对运动原理是指一个机构整体的绝对运动不影响机构内部各构件之间的相对运动。

下面根据相对运动原理来推导周转轮系传动比的计算公式。

在图 8－14 所示的周转轮系中，转臂、中心齿轮和行星齿轮分别以转速 n_H、n_1、n_2 及 n_3 作逆时方向转动。根据相对运动原理，当给整个轮系加上一个大小为 n_H，而方向与 n_H 相反的公

共转速（$-n_H$）后，各构件间的相对运动并不改变，而转臂 H 却静止不动了。这样，所有齿轮的几何轴线的位置全部固定，原来的周转轮系便转化为定轴轮系了（图 8－15）。

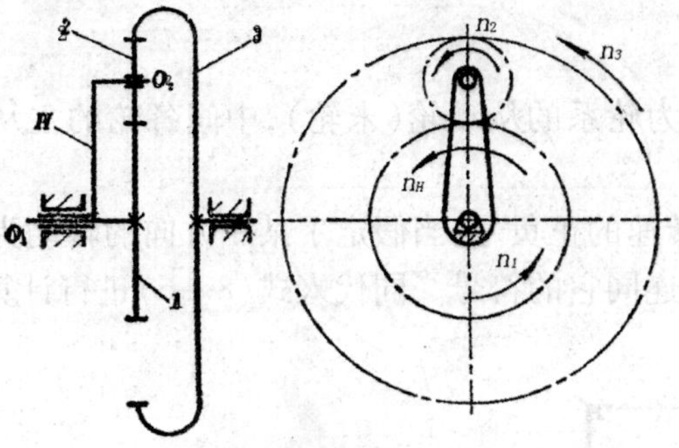

图 8－14

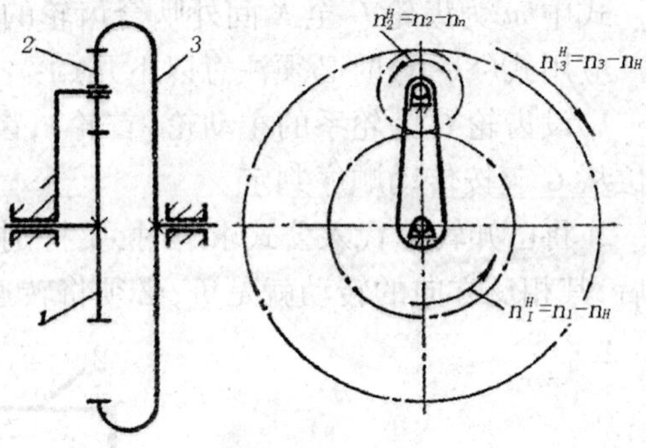

图 8－15

现将各构件转化前后的转速列表如下：

构件代号	原来的转速	转化轮系中的转速
1	n_1	$n_1{}^H = n_1 - n_H$
2	n_2	$n_2{}^H = n_2 - n_H$
3	n_3	$n_3{}^H = n_3 - n_H$
H	n_H	$n_H{}^H = n_H - n_H = 0$

转化轮系中各构件的转速 $n_1{}^H$、$n_2{}^H$、$n_3{}^H$ 及 $n_H{}^H$ 右上方标注的角标“H”，代表这些转速的各构件相对于转臂 H 的相对转速。

将周转轮系转化为定轴轮系后，就可以应用求解定轴轮系传动比的方法，求出其中任意两个齿轮的传动比来。转化轮系中齿轮 1 对齿轮 3 的传动比 $n_{13}{}^H$ 的计算公式，可以根据传动比的定义写出

$$n_{13}{}^H = \frac{n_1{}^H}{n_3{}^H} = \frac{n_1 - n_H}{n_3 - n_H}$$

由定轴轮系传动比的计算式（8－5）又得

$$n_{13}{}^H = (-1)^1 \frac{z_2 z_3}{z_1 z_2} = -\frac{z_3}{z_1}$$

所以

$$\frac{n_1 - n_H}{n_3 - n_H} = -\frac{z_3}{z_1}$$

等式右边的“－”号表示齿轮 1 与齿轮 3 在转化轮系中的转向相反。

上式为该周转轮系三个构件与轮系中有关齿轮齿数及外啮合次数间的关系，对于行星轮系，其中有一个中心齿轮是固定的，转速为零，所以根据其余两构件中任意构件的已知转速（包括大小和转向），可以求出另一构件的转速；对于差动轮系，在 n_1、n_3 及 n_H 三个转速中必须已知两个才能求出第三个。当各构件的转速确定以后，所需求的传动比便可以完全确定。

将上述结论推广到一般情形，可得到周转轮系传动比的计算通式。设 n_G、n_K 为周转轮系中任意两个齿轮 G 和 K 的转速，它们与转臂 H 的转速 n_H 之间的关系为

$$i_{GK}{}^{H}=\frac{n_G-n_H}{n_K-n_H}=(-1)^m\frac{\text{从齿轮}G\text{到齿轮}K\text{间所有从动轮齿数的乘积}}{\text{从齿轮}G\text{到齿轮}K\text{间所有主动轮齿数的乘积}} \quad (8-6)$$

式中 m 为齿轮 G 至 K 间外啮合齿轮的对数。

应用式(8－6)时必须注意以下几点：

1. 设齿轮 G 为轮系的主动轮（首轮），齿轮 K 为轮系的从动轮（末轮），中间各轮的主从动地位从 G 起按传动顺序判定。

2. 将已知转速代入公式求解时，要特别注意转速的正负号，当假定了某一方向的转动为正以后，其相反方向的转动就是负，必须将转速大小连同它的符号一同代入式(8－6)进行计算。

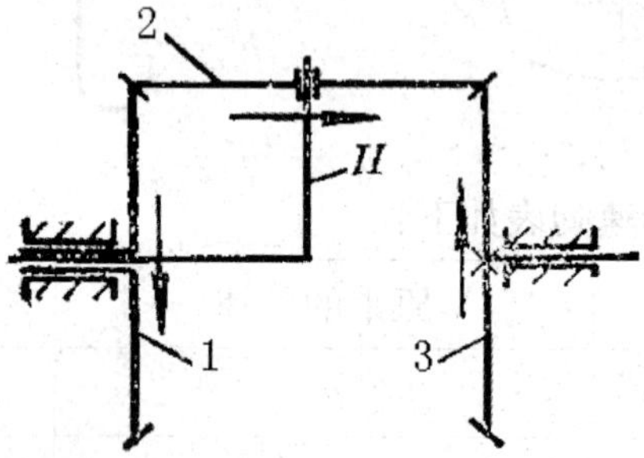

图 8－16　圆锥齿轮组成的周转轮系

3. 在推导式(8－6)时，对各构件所加的公共转速($-n_H$)与各构件原来的转速是代数相加的，所以齿轮 G、K 和转臂 H 的轴线必须互相平行。式(8－6)不仅可以用来计算转臂与中心齿轮，中心齿轮与中心齿轮之间的转速关系，而且还可以用来计算行星齿轮与其他构件之间的转速关系。但对图 8－16 所示的由圆锥齿轮组成的周转轮系，由于其行星齿轮与其他构件的转动轴线不平行，所以其转速不能作代数相加，即

$$n_2{}^H \neq n_2-n_H$$

所以

$$n_{12}{}^H \neq \frac{n_1-n_H}{n_2-n_H}$$

也就是说，不能应用式(8－6)来计算由圆锥齿轮组成的周转轮系中行星齿轮的转速。

在实际应用中，通常只需要计算中心齿轮或转臂的转速，对于这种情况，还是可以应用式(8－6)来计算圆锥齿轮组成的周转轮系中的中心齿轮或转臂的转速。

例 8－5　在图 8－14 所示的周转轮系中，各齿轮的齿数 $z_1=32$，$z_2=16$，$z_3=64$，试计算：

1. 当齿轮 1 逆时针方向转 1 转，齿轮 3 顺时针方向转 1 转时，求传动比 i_{1H}，转臂转数和齿轮 2 的转数。

2. 当齿轮 1 顺时针方向转 2 转，转臂 H 逆时针方向转 1 转时，求齿轮 3 的转数。

3. 当齿轮 1 固定，转臂顺时针方向转 1 转时，求齿轮 3 的转数。

解：

1. 当 $n_1=-1$，$n_3=1$ 求 n_H，i_{1H} 及 n_2

(1)求 n_H

将式 $\frac{n_1-n_H}{n_3-n_H}=-\frac{z_3}{z_1}$ 改写为

$$n_H = \frac{z_1 n_1 + z_3 n_3}{z_1 + z_3}$$

代入给定数据得

$$n_H = \frac{z_1 n_1 + z_3 n_3}{z_1 + z_3} = \frac{32 \times (-1) + 64 \times 1}{32 + 64} = \frac{1}{3}(\text{转})$$

转臂转向为顺时针方向。

(2)求 i_{1H}

$$i_{1H} = \frac{n_1}{n_H} = \frac{-1}{\frac{1}{3}} = -3$$

上面结果说明齿轮 1 与转臂转向相反。

(3)求 n_2

根据式(8-6)写出方程组:

$$\begin{cases} \dfrac{n_1 - n_H}{n_2 - n_H} = -\dfrac{z_2}{z_1} \\ \dfrac{n_2 - n_H}{n_3 - n_H} = \dfrac{z_3}{z_2} \end{cases}$$

由上述方程组任一方程式均可求得行星齿轮 2 的转速 n_2。

由第一个方程得

$$n_2 = -\frac{z_1}{z_2}(n_1 - n_H) + n_H = -\frac{32}{16}\left(-1 - \frac{1}{3}\right) + \frac{1}{3} = 3(\text{转})$$

由第二个方程可以得到相同的结果。

2. 当 $n_1 = 2, n_H = -1$ 时,求 n_3。

由式(8-6)得

$$n_3 = -\frac{z_1}{z_3}(n_1 - n_H) + n_H = -\frac{32}{64}[2 - (-1)] - 1 = -2\frac{1}{2}(\text{转})$$

3. 当 $n_1 = 0, n_H = 1$ 时,求 n_3。

$$n_3 = -\frac{z_1}{z_3}(n_1 - n_H) + n_H = -\frac{32}{64}(0 - 1) + 1 = 1\frac{1}{2}(\text{转})$$

例 8-6 在图 8-17 所示滚齿机差动轮系中,四个锥齿轮的齿数相等。分齿运动由齿轮 1 传入,附加运动由转臂 H 传入,合成运动由齿轮 3 传出,若已知 $n_1 = -1$ 转,$n_H = 1$ 转,试求齿轮的转数 n_3 和传动比 $i_{13}^{\ H}$。

解:

由公式(8-6)求得

$$i_{13}^{\ H} = \frac{n_1 - n_H}{n_3 - n_H} = -\frac{z_3}{z_1} = -1$$

整理得 $n_3 = 2n_H - n_1$

代入给定数据,求得

$$n_3 = 2n_H - n_1 = 2 \times 1 - (-1) = 3(\text{转})$$

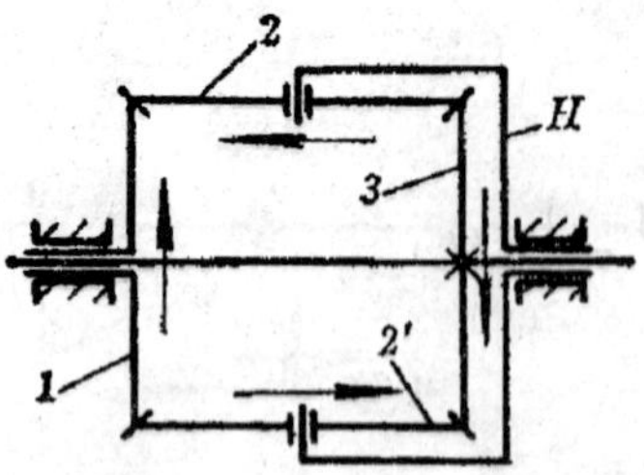

图 8－17

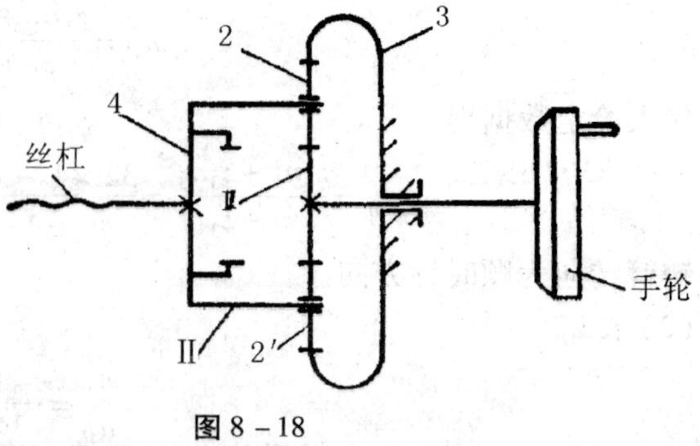

图 8－18

例 8－7　图 8－18 为某车床尾架传动简图，尾架顶尖有两种移动速度，在一般情况下，齿轮 1 与 4 啮合，这时手轮与丝杠为整体，转速相同，尾架顶尖可作快速移动。当在尾架套筒内装有钻头时，需有慢速移动钻头，这时脱开齿轮 1 与 4，使齿轮 1 与行星齿轮 2、2′啮合（图中所示啮合位置），组成行星轮系，其中齿轮 4 联同丝杠为转臂，齿轮 3 与尾架固联。若已知轮系中各齿轮齿数 $z_1=17$，$z_3=51$，试确定当轮系为行星轮系时，手轮与丝杠的转速关系。

解：

齿轮 1 与手轮转速相同，齿轮 4 与丝杠转速相同。由式（8－6）得

$$n_H=\frac{z_1n_1+z_3n_3}{z_1+z_3}$$

代入给定数据得

$$n_H=\frac{17\times n_1}{17+51}=\frac{1}{4}n_1$$

式中 n_H 等于丝杠转速，n_1 等于手轮转速。丝杠转速为手轮转速的四分之一，于是达到钻头慢速移动的目的。

例 8－8　图 8－19 所示某花键磨床的读数机构为一行星轮系，通过刻度盘转过的格数，记录手轮的转速，即丝杠的转速。若已知各齿轮齿数 $z_1=60$，$z_2=20$，$z_3=20$，$z_4=59$，齿轮 4 固定，试计算手轮（即丝杠）与刻度盘（即齿轮 1）的传动比 n_{H1}。

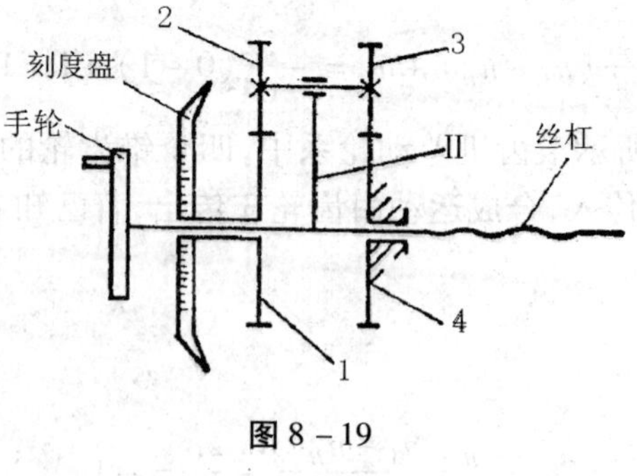

图 8－19

解：

由式（8－6）得

$$n_H=\frac{z_1z_3}{z_1z_3-z_2z_4}n_1$$

代入给定数据得

$$n_H = \frac{z_1 z_3}{z_1 z_3 - z_2 z_4} n_1 = \frac{60 \times 20}{60 \times 20 - 20 \times 59} n_1$$

从而求得传动比

$$i_{H1} = \frac{n_H}{n_1} = 60$$

若改变上述行星轮系的齿数，使 $z_1 = 100, z_2 = 99, z_3 = 100, z_4 = 101$，则传动比

$$i_{H1} = \frac{n_H}{n_1} = \frac{100 \times 100}{100 \times 100 - 99 \times 101} = 10000$$

即手轮转 10000 转，刻度盘才转一转。由此可见，这种类型的行星轮系可以获得很大的传动比。但是可以证明，这种行星轮系的机械效率很低，当传动比 $i_{H1} = 10000$ 时，机械效率 $\eta_{H1} = 0.25\%$。因此，这种行星轮系虽然能获得大的传动比，但只适用于传递运动，不宜用于传递动力。

§8－4　混合轮系的传动比计算

在机械中，除广泛采用定轴轮系和周转轮系外，还经常采用由定轴轮系和周转轮系或由几个单一的周转轮系组成的混合轮系。图 8－20 表示一混合轮系，在该轮系中，齿轮 1 与 2 组成定轴轮系，齿轮 3、4、5 与转臂 H 组成周转轮系。

在计算混合轮系的传动比时，既不能将整个轮系作为定轴轮系来处理；也不能采用转化轮系的方法计算整个轮系的传动比。因为转化后，原来的一个周转轮系虽可转化为定轴轮系，但同时却将原来的定轴轮系转化成周转轮系。即使是几个单一的周转轮系的组合，也因它们各自的转臂的转速不同，而无法转化成一个定轴轮系。因此，混合轮系传动比的计算，首先必须将其各基本轮系区分开来；然后分别列出各基本轮系计算传动比的方程，最后联立求解出所要求的传动比。

在混合轮系中正确区分各基本轮系的关键，在于找出各周转轮系。找出周转轮系的一般方法是：先找出行星齿轮，再找出转臂；而几何轴线与转臂的回转轴线相重合，且直接与行星齿轮相啮合的定轴齿轮就必然是中心齿轮。由这组行星齿轮、转臂和中心齿轮构成一基本周转轮系。区分出各周转轮系以后，剩下的就是定轴轮系了。

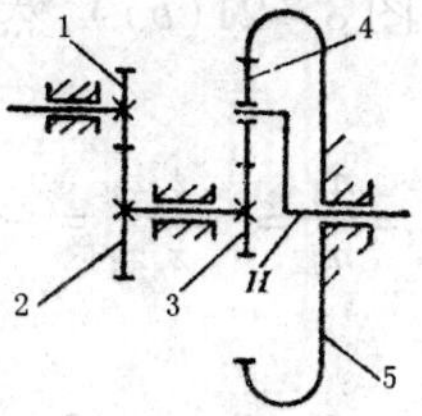

图 8－20

例 8－9　在图 8－20 所示的轮系中各齿轮齿数 $z_1 = 20, z_2 = 40, z_3 = 20, z_4 = 30, Z_5 = 80$ 试计算传动比 i_{1H}。

解：

首先将轮系划分为两个基本轮系：齿轮 1 和 2 组成定轴轮系，齿轮 3、4、5 和转臂 H 组成周

转轮系，然后计算各基本轮系的传动比。

定轴轮系的传动比为 $i_{12}=\dfrac{n_1}{n_2}=-\dfrac{z_2}{z}=-\dfrac{40}{20}=-2$

或
$$n_1=-2n_2 \tag{a}$$

周转轮系的传动比为

$$i_{35}^{\ H}=\frac{n_3-n_H}{n_5-n_H}=-\frac{z_5}{z_3}$$

代入给定数据后得

$$\frac{n_3-n_H}{0-n_H}=-\frac{80}{20}$$

或
$$n_3=n_2=5n_H \tag{b}$$

联立(a)和(b)两式得

$$n_1=-10n_H$$

$$i_{1H}=\frac{n_1}{n_H}=-10$$

例 8－10　在图 8－21(a)所示的电动卷扬机减速器轮系中，各齿轮齿数 $z_1=24$，$z_2=33$，$z_3=21$，$z_4=78$，$z_5=18$，$z_6=30$，$z_7=78$，试计算传动比 i_{17}。

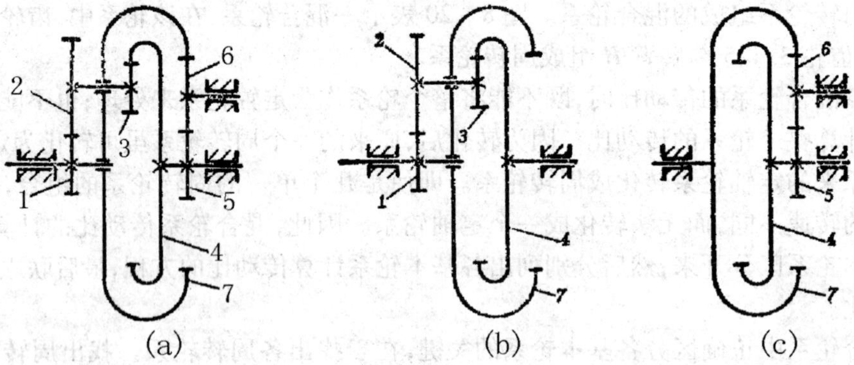

图 8－21

解：

首先将轮系划分为两个基本轮系：齿轮 5、6 和 7 组成定轴轮系（图 8－21(c)），齿轮 1、2、3、4 和转臂 H（齿轮 7）组成周转轮系（图 8－21(b)），然后计算各基本轮系的传动比。

定轴轮系的传动比

$$i_{57}=\frac{n_5}{n_7}=-\frac{z_6z_7}{z_5z_6}=-\frac{z_7}{z_5}$$

因 $n_5=n_4$，所以

$$i_{47}=\frac{n_4}{n_7}=-\frac{z_7}{z_5} \tag{a}$$

周转轮系的传动比

$$i_{14}^{\ H}=\frac{n_1-n_H}{n_4-n_H}=\frac{n_1-n_7}{n_4-n_7}=-\frac{z_2z_4}{z_1z_3} \tag{b}$$

联立(a)和(b)式得

$$\frac{n_1 - n_H}{-\frac{z_7}{z_5}n_7 - n_7} = -\frac{z_2z_4}{z_1z_3}$$

或
$$i_{17} = \frac{n_1}{n_7} = \frac{z_2z_4}{z_1z_3}(\frac{z_7}{z_5}+1)+1 = \frac{33\times78}{24\times21}(\frac{78}{18}+1)+1 = 28.24$$

§8－5　轮系的应用

轮系广泛应用于各种机械中，它主要用于以下几个方面：

一、实现相距较远的两轴间运动和动力的传递

当主动轴和从动轴的中心距离较远，而又必须采用齿轮传动时，如果只用一对齿轮来传动，如图8－22中单点划线所示的情况，很明显，齿轮尺寸很大，既增大机器结构尺寸，又浪费材料，而且给制造、安装等方面带来不便。若改用轮系来传动，如图8－22中双点划线所示的情况，便能避免上述缺点。

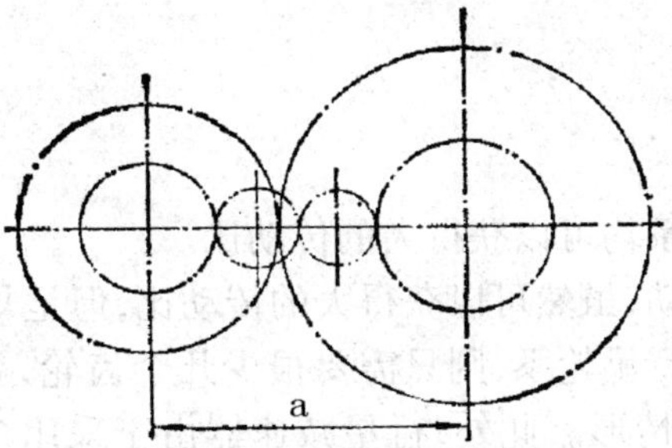

图8－22

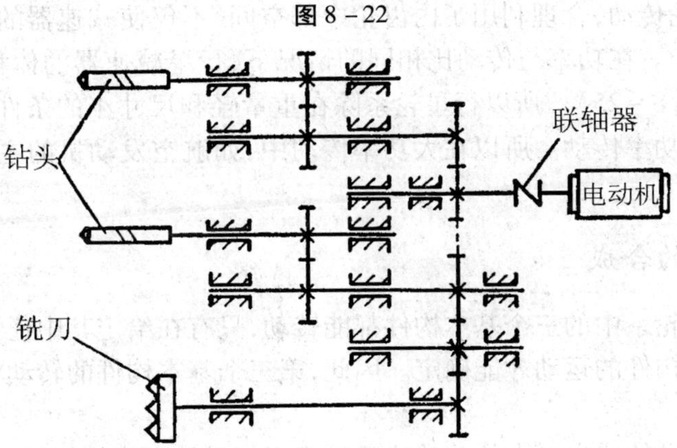

图8－23

二、实现分路传动

应用轮系可以使一根主动轴通过齿轮带动若干根从动轴同时转动。例如，图8－23所示动力头的传动系统，动力头的主动轴通过定轴轮系分成三路传出，带动钻头和铣刀同时切削工件。

三、实现变速传动

在许多机械中,需要从动轴获得若干种工作转速。例如,机床主轴就需要若干种转速以满足不同切削速度的要求;汽车需要变速箱来变换车速等等。图 8 - 24 为汽车变速箱的传动系统图,运动从轴 *I* 传入,从轴 *III* 传出,齿轮 1、3、5 和 6 固定在轴上,齿轮 2 与 4 为双联齿轮,可以在轴 *II* 上滑动分别与齿轮 1 与 3 啮合,从而使轴 *III* 得到两种不同的转速。

周转轮系也可以用来实现变速传动。

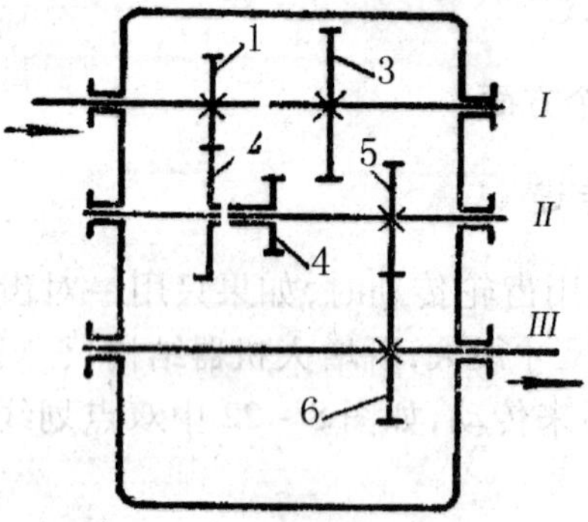

图 8 - 24

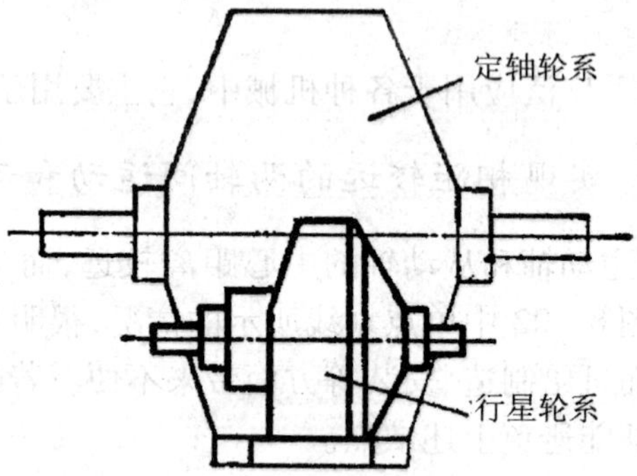

图 8 - 25

四、获得大的传动比

采用定轴轮系或周转轮系均可以获得大的传动比。

采用多级的定轴轮系传动,虽然可以获得大的传动比,但是却因齿轮和轴数量的增多而使传动装置趋于复杂。若采用行星轮系,则只需要很少几个齿轮,就可以获得很大的传动比,例 8 - 8 讨论过的轮系就是这种情形。此外,行星减速器由于采用多个行星齿轮来分担载荷,而且常采用内啮合齿轮传动,合理利用了内齿轮中部空间,不仅使减速器的承载能力大大提高,而且体积也大为减小。在功率与传动比相同的情况下,行星减速器的体积是定轴轮系减速器的 15% ~55%(见图 8 - 25)。所以行星轮系除在重量轻和尺寸小的条件下,能实现大传动比传动,还可以实现大功率传动。所以在大功率传动中,如航空发动机的主减速器等,广泛采用行星轮系。

五、用作运动的合成

如前所述,差动轮系中的三个基本构件都能转动,只有在给定其中任意两个基本构件的运动之后,第三个基本构件的运动才能确定。因此,第三个基本构件的转动将是另两个基本构件转动的合成。

例 8 - 6 中讨论过的滚齿机中的差动轮系就是用作运动合成的例子。

在解例 8 - 6 中,已经得到关系式:

$$2n_H = n_1 + n_3$$

从上面关系式中可以看出,这种轮系可以用作加(减)法机构。当由齿轮 1 及齿轮 3 的轴分别输入被加数和加数的相应转角时,转臂 H 的转角的两倍就是它们的和。

差动轮系可将运动合成的作用,在机床、计算机构和补偿装置等中得到了广泛的应用。

六、用作运动的分解

差动轮系还可以将一个基本构件的转动按所需的比例分解为另外两个基本构件的转动。

图 8－26 为汽车后桥上差速器示意图。运动由发动机传至齿轮 5，转臂 H 固定在齿轮 4 上，中心齿轮 3 和 1 与后轮车轴固联。齿轮 4 和 5 组成定轴轮系；齿轮 1、2、2′、3 和转臂 H（齿轮 4）组成差动轮系。

当汽车在平坦道路上直线行驶时，左、右车轮所转过的距离相等，所以两后轮的转速也相同。这时齿轮 1、2、2′、3 和 4（即转臂 H）如同一个固定联接的整体，一起转动，行星齿轮不绕自身轴线转动。当汽车向左拐弯时，为了使车轮和地面间不发生滑动，以减少轮胎的磨损，就要求右轮比左轮转得快，这时齿轮 1 和 3 之间便发生相对转动，齿轮 2 和 2′除随齿轮 4（即转臂 H）绕后轮轴线公转外，还绕自身轴线自转，由齿轮 1、2、2′、3 和 4（即转臂 H）组成的差动轮系便发挥作用。这个差动轮系与例 8－6 讨论过的差动轮系完全相同，所以下面关系式也成立：

$$2n_4 = n_1 + n_3 \tag{a}$$

又由图 8－26 看出，当车身绕瞬时回转中心 O 转动时，左、右两后轮走过的弧长与它们到 O 点的距离成正比，即

$$\frac{n_1}{n_3} = \frac{r-L}{r+L} \tag{b}$$

式中 r——弯道平均半径；

　　L——轮距之半。

联立（a）和（b）两式，得

$$n_1 = \frac{r-L}{r}n_4$$

$$n_3 = \frac{r+L}{r}n_4$$

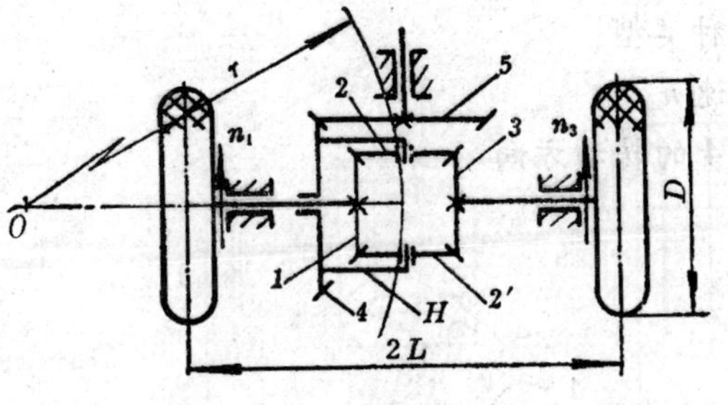

图 8－26

当转臂转速 n_4、轮距 $2L$ 和弯道平均半径 r 已知时，就可以由以上两式算出左右两轮的转速 n_1 和 n_3。

本章要点

1. 定轴轮系传动比计算

掌握传动比的计算、利用符号得到平行轴系的从动轮转向和利用箭头判断轮系各齿轮、蜗杆和蜗轮的转向。

2. 周转轮系传动比计算

掌握将周转轮系转化为定轴轮系的方法是传动比计算的关键。另外，周转轮系中的各轮转向关系要由计算结果判定，不能和转化轮系的转向关系相混淆。

3. 复合轮系传动比的计算

掌握分解复合轮系的方法和复合轮系，传动比计算。

习　题

8－1　指出定轴轮系与周转轮系的区别。

8－2　传动比的符号表示什么意义？

8－3　如何确定轮系的齿轮之间转向关系？

8－4　何谓惰轮？它在轮系中有何作用？

8－5　行星轮系和差动轮系有何区别？

8－6　为什么要引入周转轮系的五字转化轮系？

8－7　如何把复合轮系分解为简单的轮系？

8－8　在图示轮系中，已知：蜗杆为单头且右旋，转速 $n_1=2880r/min$，转动方向如图示，其余各轮齿数为 $z_2=80$，$z_2'=40$，$z_3=60$，$z_3'=36$，$z_4=108$，试：

(1)说明轮系属于何种类型；

(2)计算齿轮 4 的转速 n_4；

(3)在图中标出齿轮 4 的转动方向。

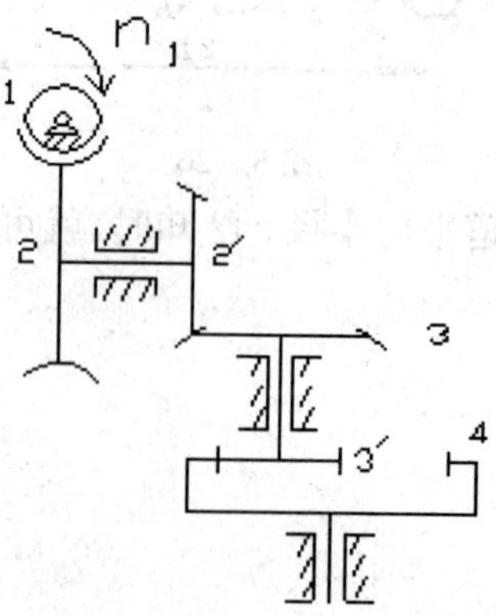

8－9　在图示轮系中，所有齿轮均为标准齿轮，又知齿数 $z_1=60$，$z_4=136$。试问：该轮系属于何种轮系？

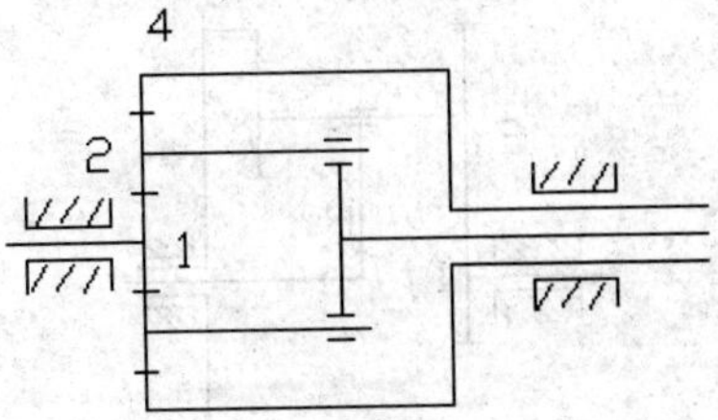

8－10　在图示轮系中，根据齿轮1的转动方向，在图上标出蜗轮4的转动方向。

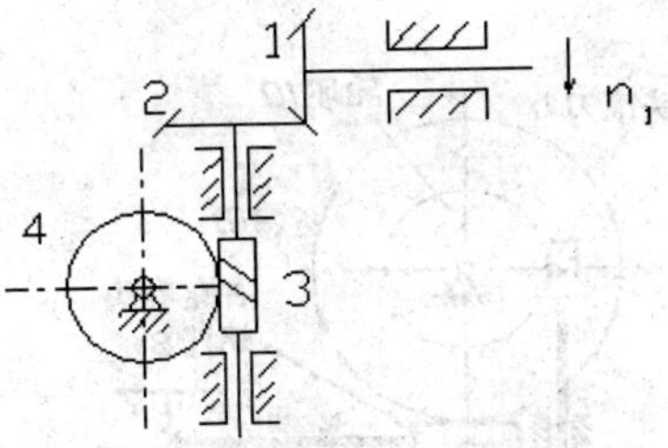

8－11　在图示万能刀具磨床工作台横向微动进给装置中，运动经手柄输入，由丝杆传给工作台。已知丝杆螺距 $P=100mm$，且单头。$z_1=z_2=38$，$z_3=26$，$z_4=40$，试计算手柄转一周时工作台的进给量 s。

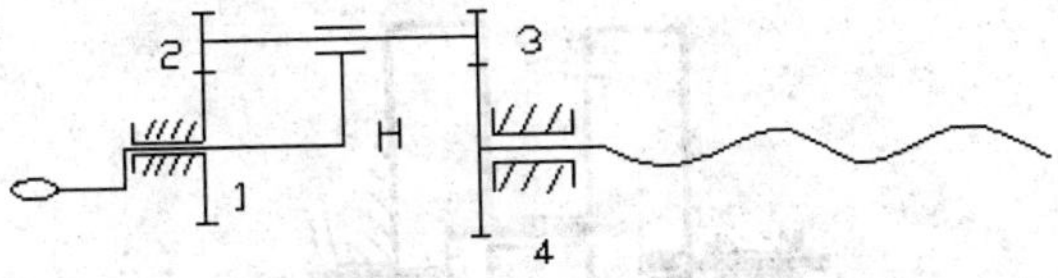

8－12　如图所示轮系中，已知各标准齿轮的齿数为 $z_1=z_2=20$，$z_3'=26$，$z_4=30$，$z_4'=22$，$z_5=34$，试计算齿轮3的齿数及传数比 i_{15}。

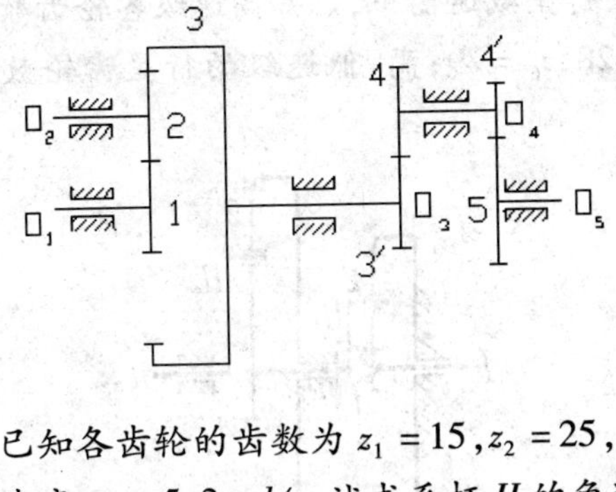

8－13　如图所示轮系，已知各齿轮的齿数为 $z_1=15$，$z_2=25$，$z_2'=20$，$z_3=60$，轮1的角速度 $\omega_1=20.9rad/s$，轮3的角速度 $\omega_3=5.2rad/s$，试求系杆 H 的角速度 ω_H 的大小和方向：

(1)当 ω_1、ω_3 转向相同时；

(2)当 ω_1、ω_3 转向相反时。

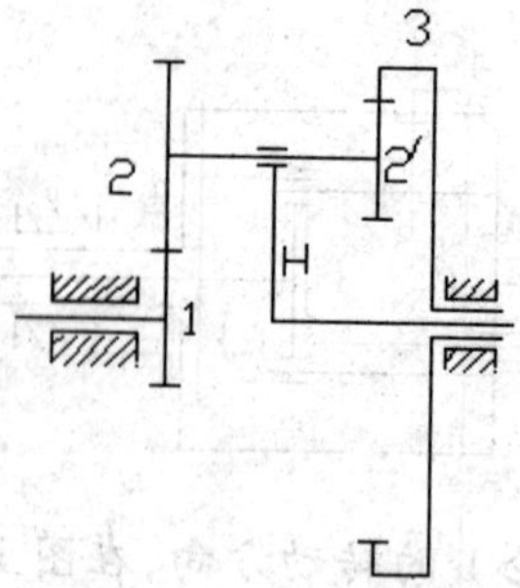

8-14　在如图所示齿机工作台传动装置中，已知各轮的齿数如图中括弧内所示。若被切齿轮为 64 齿，求传动比 i_{75}。

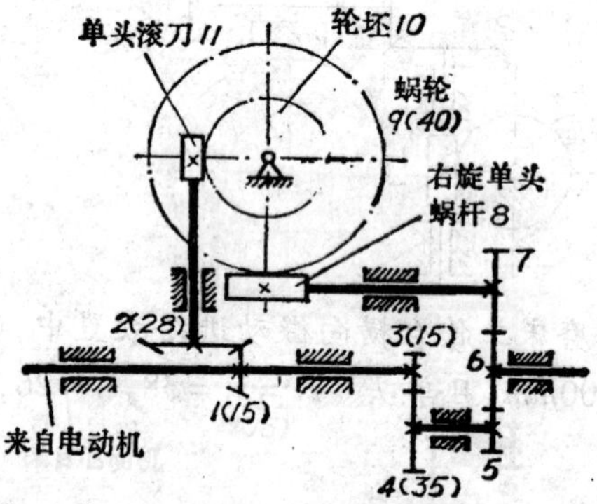

8-15　如图所示的行星轮系中，已知：$z_1=63$，$z_2=56$，$z_2{}'=55$，$z_3=62$，求传动比 i_{H3}。

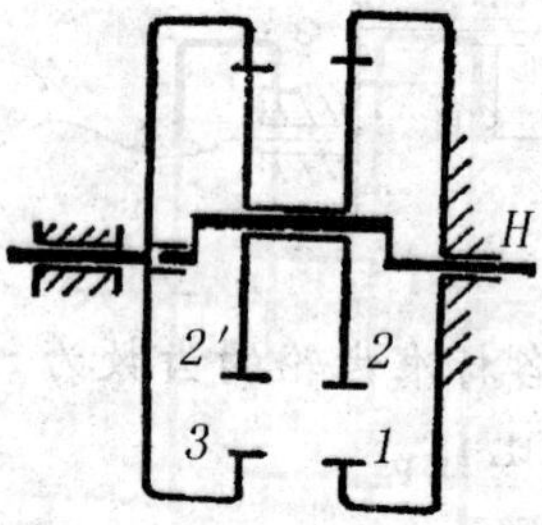

8-16　如图所示的双级行星减速器中，已知高速级各轮齿数为 $z_1=14$，$z_2=34$，$z_3=85$；低速级各轮齿数为 $z_4=20$，$z_5=28$，$z_6=79$；高、低速级的行星齿轮数均为 3。试求此行星减速器的总传动比 $i_{I,II}$。

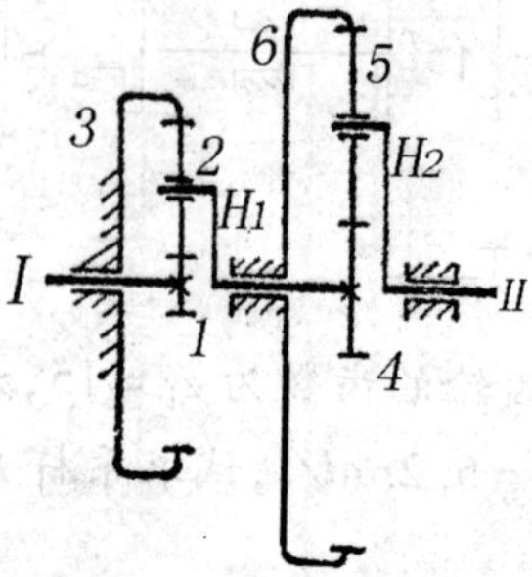

8－17　如图所示为 $Y38$ 滚齿机差动机构的机构简图，其中行星轮 2 空套在转臂（即轴 II）上，轴 II 和轴 III 的轴线重合。当铣斜齿圆柱齿轮时，分齿运动从轴 I 输入，附加转动从轴 II 输入，故轴 III 的转速（传至工作台）是两个运动的合成。已知 $z_1=z_2=z_3$ 及输入转速 n_I、n_{II} 时，求输出转速 n_{III}。

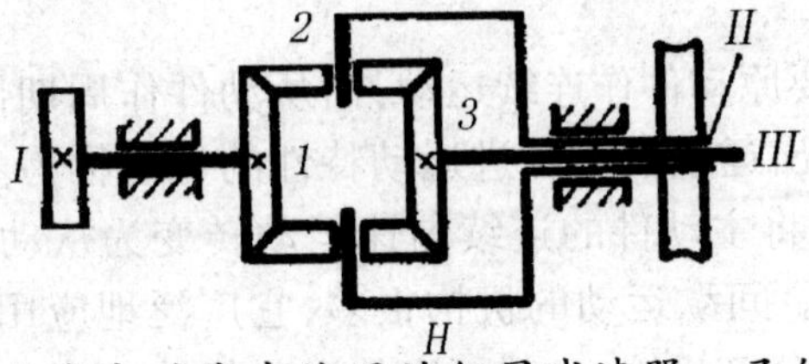

8－18　如图所示为某生产自动线中使用的行星减速器。已知各轮的齿数为 $z_1=16$，$z_2=44$，$z_2'=46$，$z_3=104$，$z_4=106$。求 i_{14}。

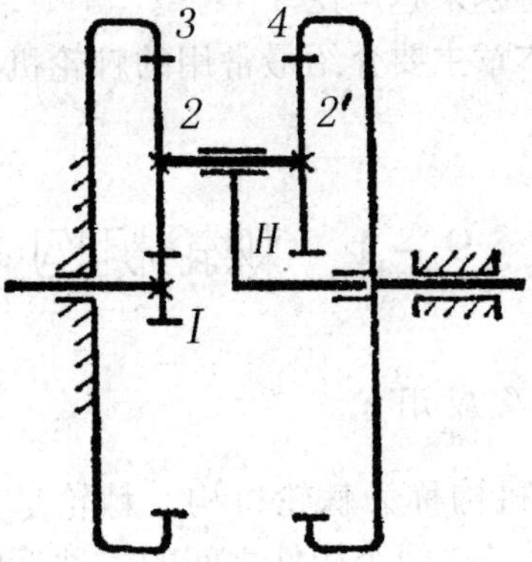

第九章　步进运动机构

在机械和仪表中,常需要原动件作连续运动,而从动件作周期性时动时停的单向运动,即步进运动(或间歇运动),输出运动具有步进运动特性的机构称为步进运动机构(或单向周期性间歇运动机构),其作用是将主动件的连续匀速运动转变为从动件的周期性时动时停的单向运动,以满足生产的要求。间歇运动的机构很多,它广泛地应用于机床设备及自动化机械中,如机床的自动进给机构、分度机构,自动机床的送料机构、刀架自动转位机构,电影机的卷片机构,精纺机的成型机构,包装机的送进机构,印刷机的进纸机构等。随着机械化、自动化程度的提高,步进运动机构的应用将越来越广泛。

步进运动机构的种类很多,本章主要介绍最常用的棘轮机构和槽轮机构。

§9－1　棘轮机构

一、棘轮机构的工作原理及应用

含有棘轮和棘爪的步进运动机构称为棘轮机构。棘轮是具有齿形表面或摩擦表面的轮子,由棘爪推动作步进运动。棘爪是在两个构件之间的一种爪形中介构件,用以推动或阻止上述两个构件在某一方向的相对运动。

图9－1所示为典型的外啮合齿式棘轮机构。该机构主要由棘轮1、棘爪2和机架组成。当曲柄4按图示方向连续回转时,摇杆(空套在棘轮轴上)作往复摆动。当摇杆向左摆动时,装在摇杆上的棘爪嵌入棘轮的齿槽内,并推动棘轮按逆时针方向转过一个角度;摇杆向右摆动时,棘爪在棘轮的齿背上滑过并回到原位,此时棘轮静止不动。为了保证棘轮的可靠静止,该机构还装有止回棘爪5。这样,当曲柄作连续回转时,摇杆带动棘爪推动棘轮作周期性停歇的单向运动——步进运动。

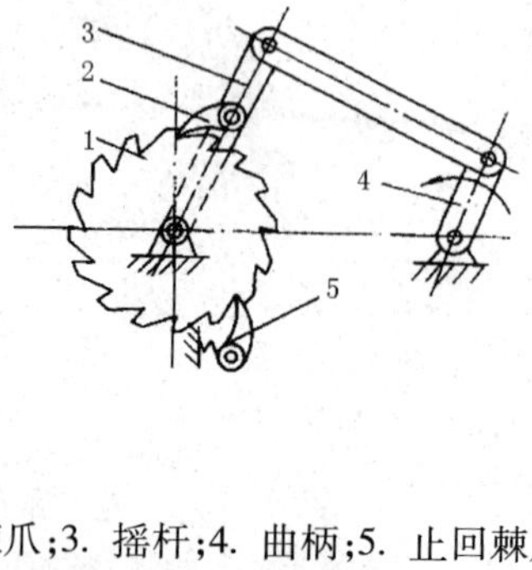

1. 棘轮;2. 棘爪;3. 摇杆;4. 曲柄;5. 止回棘爪

图9－1　齿式棘轮机构

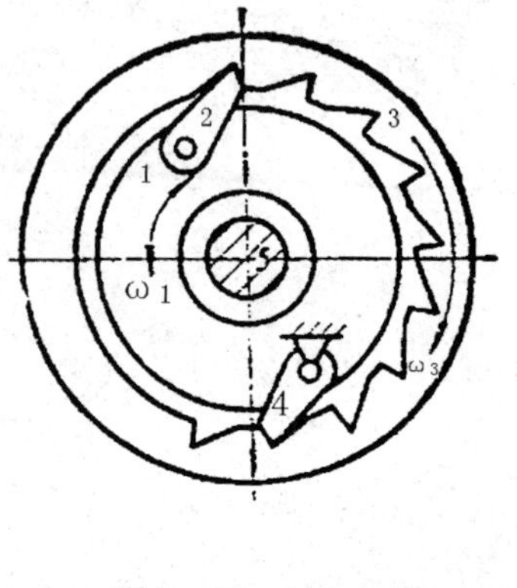

图9－2　内啮合棘轮机构

棘轮机构还可以作成内啮合形式(图9－2)或移动棘轮(即棘条)形式(图9－3),其工作原理和外啮合棘轮机构类似。

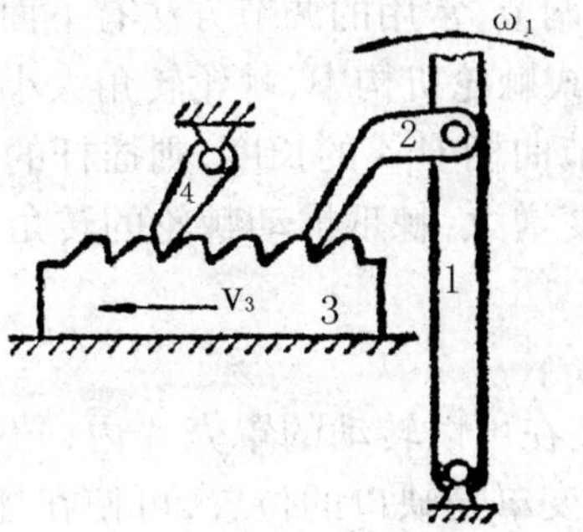

1. 摇杆;2. 棘爪;3. 棘轮;4. 止回棘爪

图 9－3　棘条机构

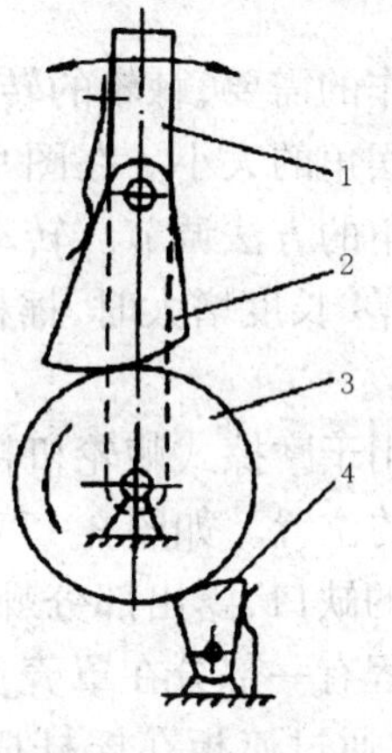

图 9－4　摩擦式棘轮机构

如图 9－4 所示为一种结构简单的摩擦式棘轮机构,当摆杆 1 作逆时针转动时,利用楔块 2 与摩擦轮 3 之间的摩擦产生自锁,从而带动摩擦轮 3 和摆杆一起转动;当摆杆作顺时针转动时,楔块 2 与摩擦轮 3 之间产生滑动。这时由于楔块 4 的自锁作用能阻止摩擦轮反转。这样,在摆杆不断作往复运动时,摩擦轮 3 便作单向的间歇运动,但实现这个过程的“棘爪”是上偏心楔块 2,“棘轮”则是一无齿的摩擦轮。与齿式棘轮机构比较,摩擦式棘轮机构具有下列特点:

1. 齿式棘轮机构的棘轮转角变化是以棘轮的轮齿为单位的(即有级变化),摩擦式棘轮机构棘轮转角大小的变化不受轮齿的限制,即属于无级变化。

2. 利用摩擦力使棘轮作步进运动,不能承受较大的载荷,否则将产生滑动。

3. 传动噪声小。

棘轮机构除了常用于实现间歇运动外,还能实现超越运动。如图 9－5 所示为自行车后轮轴上的棘轮机构。当脚蹬踏板时,经链轮 1 和链条 2 带动内圈具有棘齿的链轮 3 顺时针转动,再通过棘爪 4 的作用,使后轮轴 5 顺时针转动,从而驱使自行车前进。当自行车前进时,如果踏板不动,后轮轴 5 便会超越链轮 3 而转动,让棘爪 4 在棘轮齿背上划过,从而实现不蹬踏板的自由滑行。

图 9－5　超越式棘轮机构

二、棘轮转角的调节

根据机构工作的需要，棘轮的转角通常可以调节，常用的调节方法有下面两种：

1. 改变摇杆摆角的大小。在图 9－6 所示齿式棘轮机构中，棘轮转角大小可通过调节曲柄长度改变摇杆摆角的方法调节。转动螺杆 D 调节曲柄 O_1A 的长度，则摇杆的摆动角度将相应发生变化；曲柄 O_1A 长度增大时，摇杆摆动的角度增大，棘爪推动棘轮的转角相应增大；反之，棘轮的转角减小。

此方法也适用于摩擦式棘轮机构。

2. 改变遮板的位置。如图 9－7 所示，棘轮装在可以转动的罩壳 A 内（罩壳不随棘轮一起转动），通过罩壳的缺口，露出部分棘轮轮齿。改变罩壳缺口的位置，可使在摇杆摆动时（摆角为∅），棘爪的行程有一部分在罩壳侧面的遮板上滑过，不能与棘轮轮齿接触，从而不能推动棘轮转动。这样，通过遮板在摇杆摆角范围内遮住轮齿的不同，就可实现棘轮转角大小的控制。此方法不适用于摩擦式棘轮机构。

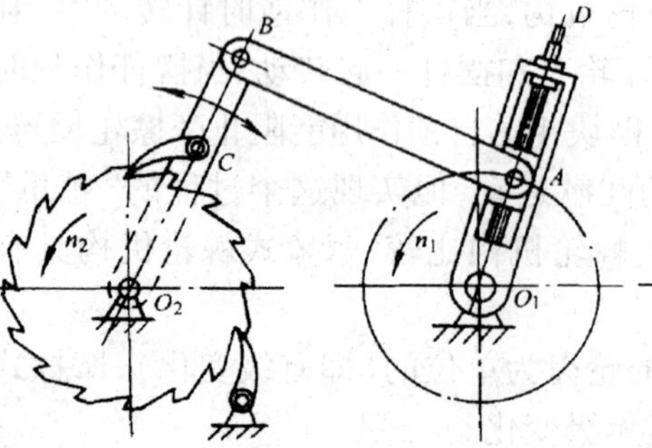

图 9－6　调节曲柄长度改变摇杆摆角

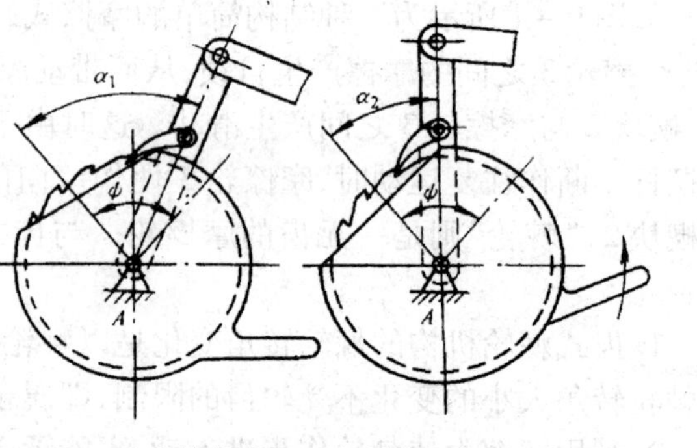

（a）转角大　（b）转角小

图 9－7 改变遮板位置调节棘轮转角

三、棘轮机构的其他应用形式

1. 可变向棘轮机构。需要经常改变棘轮回转方向的机构，可采用可变向棘轮机构。如图 9－8 所示为两种常用的可变向棘轮机构。棘轮的齿形做成对称齿形，如矩形、等腰梯形等。在图 9－8（a）所示机构中，棘爪可绕自身轴线翻转，当棘爪处于实线位置时，棘轮沿逆时针方向作步进运动，当棘爪翻转到双点画线位置时，棘轮沿顺时针方向作步进运动。在图 9－8（b）所示的机构中，只要将棘爪提起并旋转 180°后再放下，便可改变棘轮步进运动的方向。

2. 双动式棘轮机构。如图 9－9 所示为双动式棘轮机构。机构采用两个棘爪，分别与棘轮接触。当主动件作往复摆动时，两个棘爪能先后使棘轮沿同一方向作步进运动。棘爪的爪端形状分直头和钩头两种，前者推动棘轮（图 9－9（a）），后者拉动棘轮（图 9－9（b））。主动件往复摆动一次时，两棘爪先后推动或拉动棘轮共两次，因此棘轮步进运动的停歇时间较短。这种机构也可以将一个棘爪悬空，而只使一个棘爪工作。

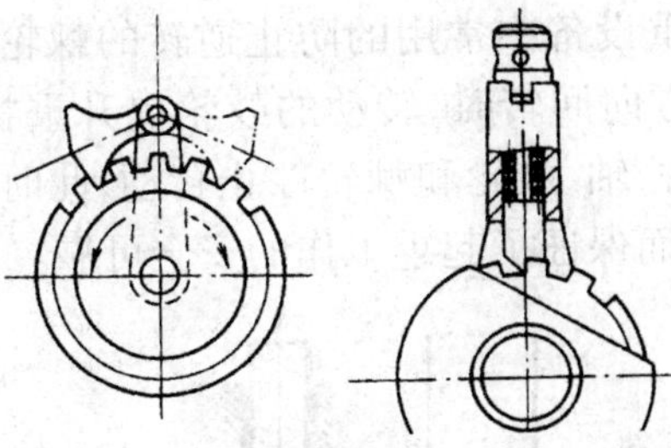
(a)　　(b)
图 9－8　变向棘轮机构

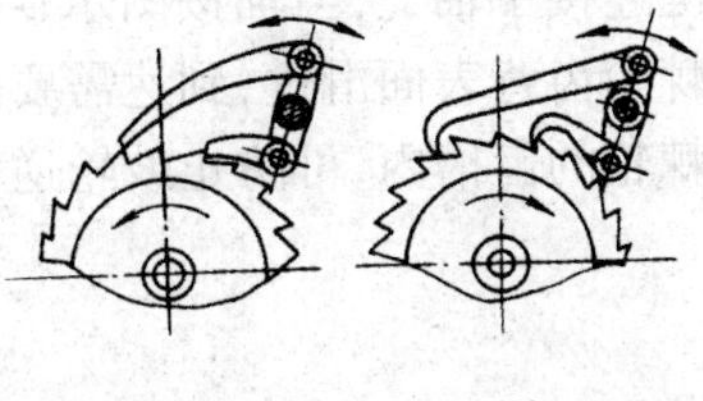
(a)　　(b)
图 9－9　动式棘轮机构

四、棘轮机构的使用特点及应用实例

1. 棘轮机构的使用特点

(1)棘轮机构结构简单,容易制造,运动可靠。常用作防止转动件反转的附加保险机构。

(2)棘轮的转角和动停时间比可调,常用于机构工况经常改变的场合。

(3)由于棘轮是在动棘爪的突然撞击下启动的,在接触瞬间,理论上是刚性冲击,平衡性较差。此外,棘爪在棘轮齿背上滑行时会产生噪声并使齿尖磨损。故棘轮机构只能用于主动件速度不大、从动件行程需要改变的步进运动场合。如机床的自动进给、送料、自动计数、制动、超越等。

当需要无级调节棘轮的转角时,则应采用摩擦式棘轮机构。摩擦式棘轮机构传递运动平稳、无噪声,但易产生打滑而使传动精度不高,常用作超越离合器。

2. 几种常见的应用实例

(1)牛头刨床的横向进给机构。如图 9－10 所示刨床主运动经过曲柄、连杆使摇杆往复摆动,装在摇杆上的棘爪推动棘轮作步进运动,刨床滑枕每往复运动一次(刨削一次),棘轮连同丝杠转动一次,实现工作台的横向进给。工作台的每次进给量的大小(即棘轮的转角的大小)通过改变遮板位置调节。由于采用了可变向棘轮机构,因此,每完成一次刨削工步后,只要将棘爪提起并回转 180°(这时工作台横向进给方向相反),就可以继续下一工步的刨削,而不必将工件空返回原位,节省了非机动时间。

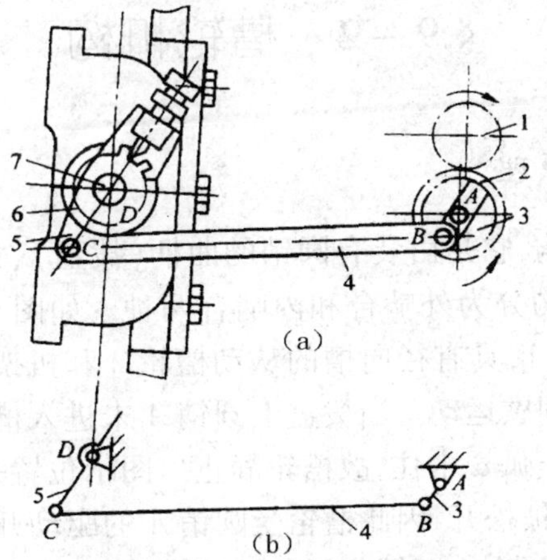

1、2 齿轮;3. 销盘(曲柄);4. 连杆;5. 摇杆;6. 棘轮;7. 丝杠

(a)进给机构　　(b)运动机构

图 9－10　牛头刨床横向进给机构

(2)防逆转棘轮机构。图9－11所示为起重设备中常用的防止逆转的棘轮机构。鼓轮3和棘轮4用键连接于轴上，当轴按图示逆时针方向回转时，转动的鼓轮提升重物5，棘爪2在同步转动的棘轮齿背表面滑过，到达需要高度时，轴、鼓轮和棘轮停止转动，此时棘爪在弹簧1作用下嵌入棘轮的齿槽内，可防止鼓轮逆转，从而保证了起重工作的安全可靠。

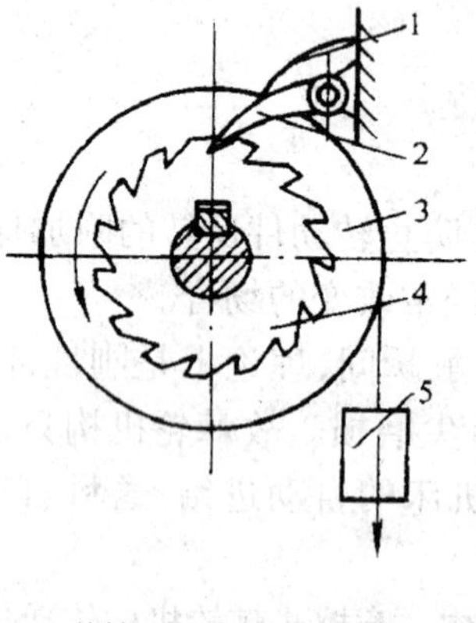

1. 弹簧；2. 棘爪；3. 鼓轮；4. 棘轮；5. 重物

图9－11　防逆转棘轮机构

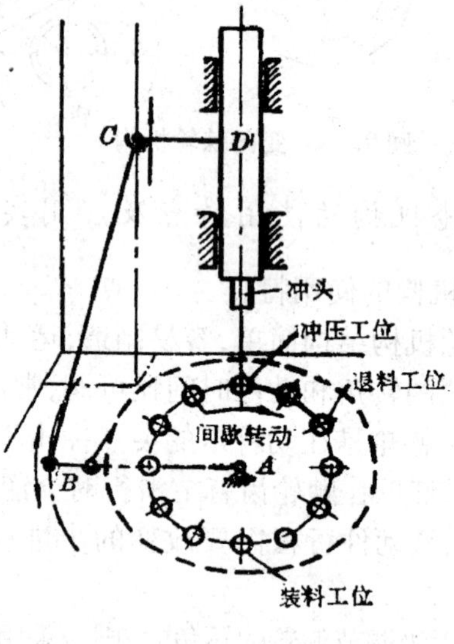

图9－12

(3)转位或分度。图9－12所示为棘轮机构用于冲床工作台自动转位的实例。在此机构中，转盘式工作台与棘轮固联；*ABCD*为一空间四杆机构。当滑块*D*(即冲头)上下运动时，通过连杆*BC*带动摇杆*AB*来回摆动。冲头上升时摇杆顺时针摆动，并通过棘爪带动棘轮和工作台送料到冲压位置。当冲头下降进行冲压时，摇杆逆时针摆动，则棘爪在棘轮齿顶上滑行，工作台不动。当冲头再上升及下降时，又重复上述工艺动作。

§9－2　槽轮机构

一、槽轮机构的工作原理

槽轮机构又称马尔他机构，它是由装有圆销的曲柄(拨盘)、具有径向槽的槽轮和机架组成的步进运动机构。槽轮机构分为外啮合和内啮合两种。如图9－13所示为外啮合槽轮机构，它由带圆销*A*的主动拨盘1，具有径向槽的从动槽轮2和机架组成。拨盘作匀速转动时，驱动槽轮作时转时停的单向间歇运动。当拨盘上圆销*A*未进入槽轮径向槽时，由于槽轮的内凹锁止弧β被拨盘的外凸锁止弧α卡住，故槽轮静止。图示位置是圆销*A*刚开始进入槽轮径向槽时的情况，这时锁止弧刚被松开，因此槽轮受圆销*A*的驱动开始沿顺时针方向转动；当圆销*A*离开径向槽时，槽轮的下一个内凹锁止弧又被拨盘的外锁止弧卡住，致使槽轮静止，直到圆销*A*在进入槽轮另一径向槽时，两者又重复上述的运动循环。

如图9－14所示为内啮合槽轮机构，其工作原理与外啮合槽轮机构相同，只是槽轮的回转方向与曲柄的回转方向相同。

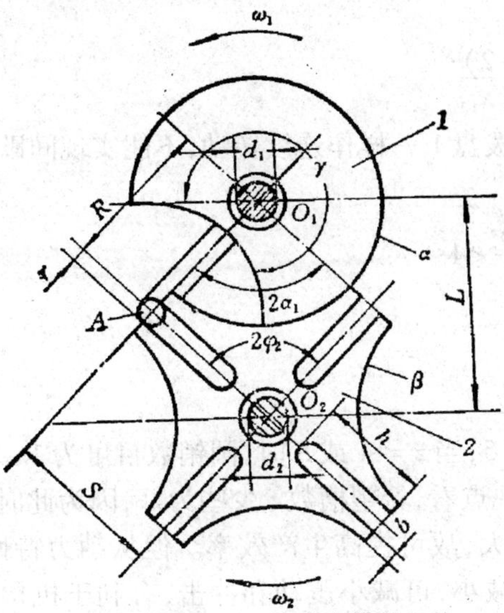

图 9－13　外啮合槽轮机构

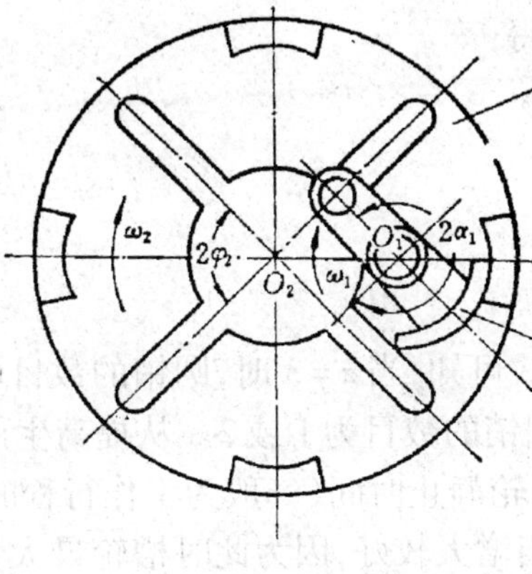

图 9－14　内啮合槽轮机构

槽轮机构结构简单，机械效率高，并且运动平稳，因此在自动机床转位机构、电影放映机卷片机构等自动机械中得到广泛的应用。

二、槽轮机构的主要参数

槽轮机构的主要参数是槽数 z 和拨盘圆销数 K。

如图 9－13 所示。为了使槽轮 2 在开始和终止转动时的瞬时角速度为零，以避免圆销 A 与槽轮发生冲击，应使圆销进入或脱出槽轮径向槽的瞬时速度的方向，沿着槽轮径向槽的中心线，即 O_2A 应与 O_1A 垂直。设 z 为均匀分布的径向槽数，当槽轮 2 转过 $2\varnothing_2=2\pi/z$ 弧度时，拨盘 1 相应转过的转角为：

$$2\alpha_1=\pi-2\varnothing_2=\pi-\frac{2\pi}{z} \tag{9-1}$$

在一个运动循环内，槽轮 2 的运动时间 t' 与主动拨盘转一周的总时间 t 之比，称为槽轮机构的**运动系数**。用 τ 表示。槽轮停止时间 t'' 与主动拨盘转一周的总时间 t 之比，称为槽轮的**静止系数**，用 τ'' 表示。当拨盘匀速转动时，时间之比可用槽轮与拨盘相应的转角之比来表示。如图 9－13 所示，只有一个圆销的槽轮机构，t'、t''、t 分别对应于拨盘的转角为 $2\alpha_1$、$(2\pi-2\alpha_1)$、2π。因此，该槽轮机构的运动系数和静止系数分别为：

$$\tau=\frac{t'}{t}=\frac{2\alpha_1}{2\pi}=\frac{\pi-\frac{2\pi}{z}}{2\pi}=\frac{z-2}{2z}=\frac{1}{2}-\frac{1}{z} \tag{9-2}$$

$$\tau''=\frac{t''}{t}=\frac{t-t'}{t}=1-\tau=\frac{z+2}{2z}=\frac{1}{2}+\frac{1}{z} \tag{9-3}$$

为保证槽轮运动，其运动系数应大于零。由式(9－2)可知，槽轮的径向槽数 z 应等于或大于3。由式(9－3)还可以看出，这种槽轮机构的运动系数 τ 恒小于 0.5，即槽轮的运动时间 t' 总小于静止时间 t''。

欲使槽轮机构的运动系数 τ 大于 0.5,可在拨盘上装数个圆销。设拨盘上均匀分布的圆销数为 K,当拨盘转一整周时,槽轮将被拨动 K 次。因此,槽轮的运动时间为单圆销时的 K 倍。即:

$$\tau = \frac{K(z-2)}{2z} \tag{9-4}$$

运动系数还应当小于1($\tau=1$ 表示槽轮2与拨盘1一样作连续转动,不能实现间歇运动),故由上式得:

$$\frac{K(z-2)}{2z} < 1$$

即

$$K < \frac{2z}{z-2} \tag{9-5}$$

由上式可知,当 $z=3$ 时,圆销的数目可为1~5,当 $z=4$ 或5时,圆销数目可为1~3,而当 $z>6$ 时,圆销的数目为1或2。从提高生产效率观点看,希望槽数 z 少些为好,因为此时 τ 也相应减小,槽轮静止时间(一般为工作行程时间)增大,故可提高生产效率。但从动力特性考虑,槽数 z 适当增大较好,因为此时槽轮最大角速度减小,可减小震动和冲击,有利于机构正常工作。但槽数 $z>9$ 的槽轮机构比较少见。因为槽数过多,则槽轮机构尺寸较大,且转动时惯性力矩也增大。另外,由式(9-3)可知,当 $z>9$ 时,槽数虽增加,运动系数 τ 的变化却不大,故 z 常取为4~8。

三、槽轮机构的特点

1. 槽轮机构结构简单,工作可靠,在圆销进入和退出啮合时没有刚性冲击,所以运动比棘轮机构平稳。

2. 槽轮的转角 $2\varnothing_2$ 与槽轮的槽数 z 有关,即 $2\varnothing_2 = 2\pi/z$。如要改变转角的大小,必须更换具有相应槽数的槽轮。另一方面,槽轮的槽数又不宜太少和过多,所以,槽轮机构只宜用在从动槽轮的每次转角较大且不需要经常调整转动角度的传动机构中。

3. 槽轮机构工作时,槽轮转动的角速度变化很大,因而惯性力也较大,不宜用于转速过高的场合。

4. 由图9-13单圆销外啮合槽轮机构可以看出,曲柄每回转一周,槽轮步进运动一次,转过的角度为 $2\pi/z$,槽轮静止不动的时间很长。如需要使静止时间短些,可采用增加圆销数量的方法。图9-15所示为双圆销槽轮机构,此时,曲柄每回转一周,槽轮步进运动两次。但应注意圆销数量不能太多。

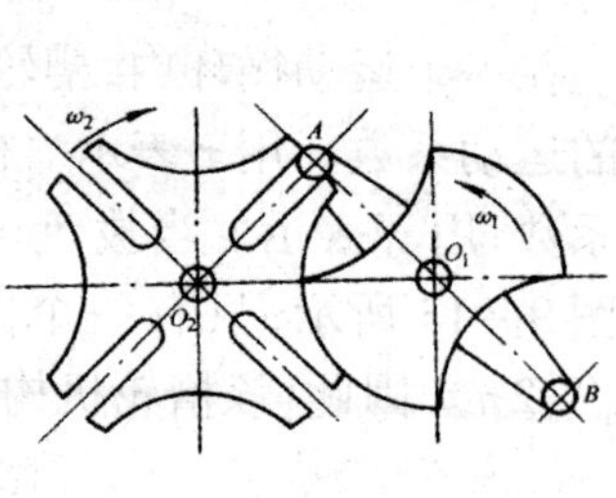

图9-15　双圆销外啮合槽轮机构

5. 内啮合槽轮机构相对外啮合槽轮机构,槽轮静止不动的时间短(同为单圆销时),且运动平稳性较好,但内啮合槽轮机构只能有一个圆销。

四、槽轮机构的应用实例

1. 电影放映机的卷片机构。放映电影时,胶片以每秒24张的速度通过镜头,每张画面在镜头前一短暂的停留，这一步进运动由槽轮机构实现，如图 9－16 所示。槽轮 1 开有 4 条径向槽，当传动轴带动拨盘 3 等角速度回转时，拨盘上的圆销 2 驱动槽轮转动。拨盘每回转一周，槽轮转过 90°，卷过胶片一张，并使画面有一段停留时间。

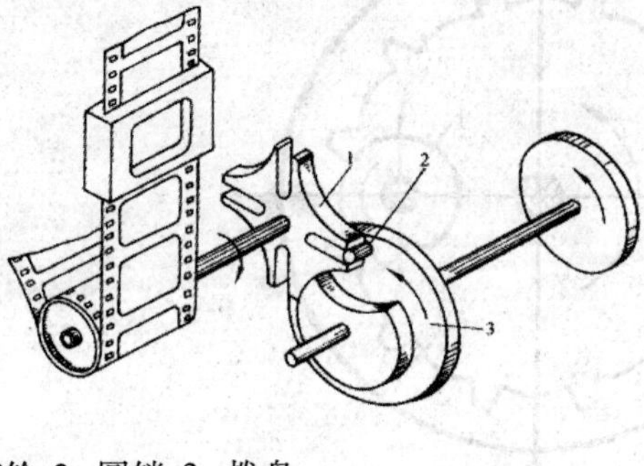

1. 槽轮；2. 圆销；3. 拨盘

图 9－16　放映机的卷片机构

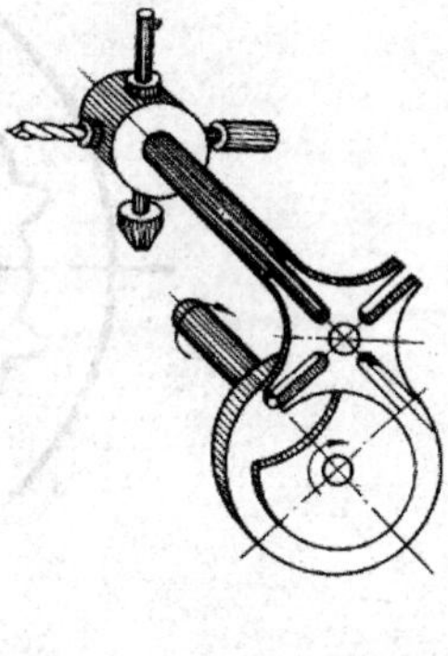

图 9－17　刀架转位机构

2. 刀架转位机构。图 9－17 所示为自动机床的刀架转位机构，该槽轮机构可根据零件加工工艺的要求，自动调换需要的刀具。

＊ §9－3　不完全齿轮机构

图 9－18 所示为不完全齿轮机构。这种机构的主动轮 1 为只有一个齿或几个齿的不完全齿轮，从动轮 2 可以是普通的完整齿轮，也可以由正常齿和带锁住弧的厚齿彼此相间地组成（图 9－18（*a*）、（*b*））。当主动轮 1 的有齿部分作用时，从动轮 2 就转动；当主动轮 1 的无齿圆弧部分作用时，从动轮停止不动，因而当主动轮连续转动时，从动轮获得时转时停的间歇运动。不难看出，每当主动轮 1 连续转过 1 周时，图 9－18（*a*）、（*b*）、（*c*）所示机构的从动轮分别间歇地转过 1/8、1/4 和 1 周。为了防止从动轮在停歇期间转动，两轮轮缘上各装有锁住弧。

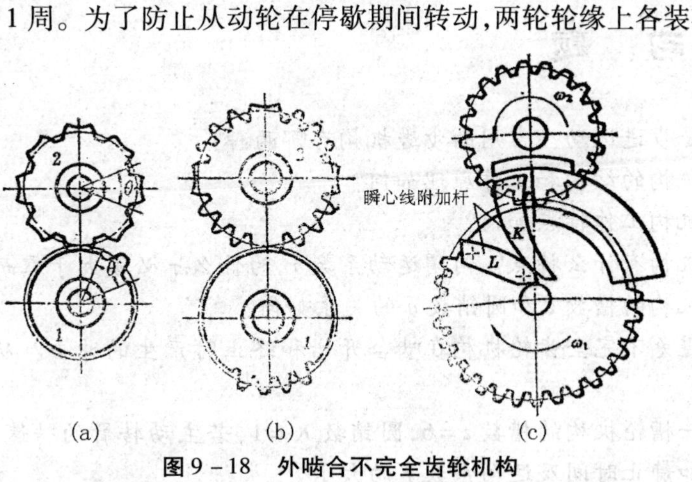

图 9－18　外啮合不完全齿轮机构

当主动轮匀速转动时，这种机构的从动轮在运动期间也保持匀速转动，但是当从动轮由停歇而突然到达某一转速，以及由某一转速突然停止时都会像等速运动规律的凸轮机构那样产生刚性冲击。因此，对于转速较高的不完全齿轮机构，可在两轮的端面分别装上瞬心线附加杆 *L* 和 *K*（图 9－18（*c*）），使从动件的角速度由零逐渐增加到某一数值从而避免冲击。

不完全齿轮机构有外啮合(图9-18)和内啮合(图9-19)两种形式,一般用外啮合形式。

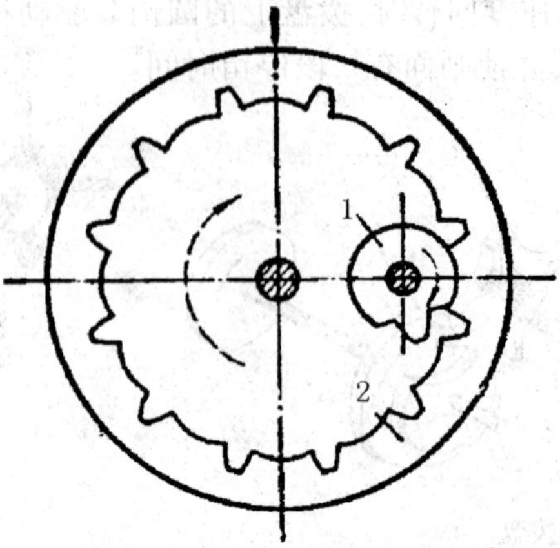

图9-19 内啮合不完全齿轮机构

与其他间歇运动机构相比,不完全齿轮机构结构简单,制造方便,从动轮的运动时间和静止时间的比例不受机构结构的限制。缺点是从动轮在转动开始和终止时,角速度有突变,冲击较大,故一般只适用于低速或轻载场合。

不完全齿轮机构常用于多工位自动机和半自动机工作台的间歇转位及某些间歇进给机构中。

本章要点

1. 棘轮机构的工作原理、应用特点、棘轮转角的调节。
2. 槽轮机构的工作原理、应用特点、圆柱销个数、运动系数。
3. 不完全齿轮机构结构简单,但在转动开始和终止时可能产生冲击。

习 题

9-1 什么是步进运动?常用的步进机构有哪两种?

9-2 棘轮机构的结构和工作原理如何?

9-3 棘轮机构工作特点如何?

9-4 槽轮机构有什么特点?何谓运动系数τ,为什么τ必须大于零而必须小于1?

9-5 槽轮机构的槽数z和圆销数n的关系如何?

9-6 如何避免不完全齿轮机构在啮合开始和终止时产生的冲击?从动轮停歇期间,如何防止其运动?

9-7 已知一槽轮机构的槽数$z=6$,圆销数$K=1$,若主动转臂的转速为$n_1=60r/min$,求槽轮的运动时间和静止时间及运动系数τ的大小。

第十章　键联接、花键联接和销联接

键联接、花键联接和销联接均为可拆联接。它们主要用以实现轴和轮毂的周向固定和传递转矩。其中，有些还能实现轴向固定以传递轴向力；有些则能构成轴向动联接。

§10－1　键联接

键联接由键、轴和轮毂组成，键联接的主要类型有：平键联接、半圆键联接、楔键联接和切向键联接。它们均已标准化。

一、平键联接

如图10－1（*a*）所示，平键的两侧面是工作面，平键的上表面与轮毂槽底之间留有间隙。这种键的定心性好，装拆方便，应用广泛。常用的平键有普通平键和导向平键。

普通平键用于静联接，按其结构可分为圆头（称为*A*型）、方头（称为*B*型）和单圆头（称为*C*型）三种。图10－1（*b*）为*A*型键，*A*型键在键槽中固定良好，但轴上键槽引起的应力集中较大。图10－1（*c*）为*B*型键，*B*型键克服了*A*型键的缺点，当键尺寸较大时，宜用紧定螺钉将键固定在键槽中，以防松动。图10－1（*d*）为*C*型键，*C*型键主要用于轴端与轮毂的联接。

图10－1（*e*）为导向平键，主要用于动联接。该键较长，键用螺钉固定在键槽中，为了卸键方便，键中部做有起键螺孔。键与轮毂之间采用间隙配合，轴上零件可沿键作轴向滑移。

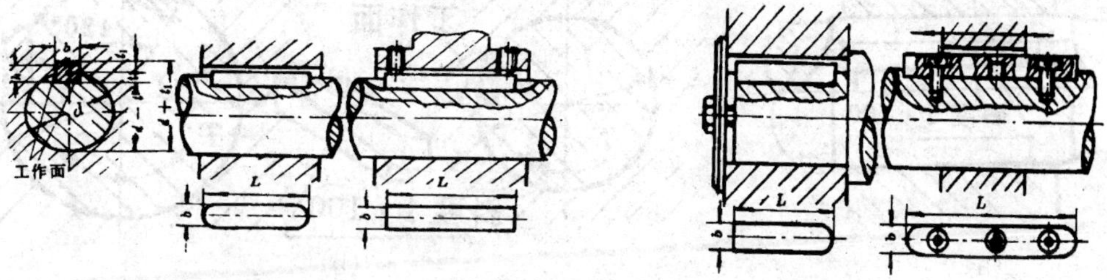

（a）　（b）　（c）　（d）　（e）

图10－1　平键联接

一、半圆键联接

图10－2所示为半圆键，半圆键的工作面也是键的两个侧面。轴上键槽用与半圆键尺寸相同的键槽铣刀铣出，半圆键可在槽中绕其几何中心摆动以适应毂槽底面的倾斜。这种键联接的特点是工艺性好，装配方便，尤其适用于锥形轴端与轮毂的联接；但键槽较深，对轴的强度削弱较大，一般用于轻载静联接。

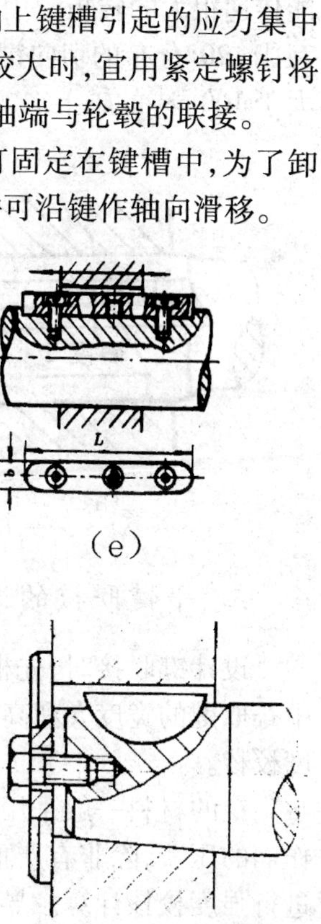

图10－2　半圆键联接

二、楔键联接和切向键联接

图 10－3 所示为楔键联接，楔键的上、下两面为工作面。楔键的上表面和与它相配合的轮毂键槽底面均有 1 ∶ 100 的斜度。装配时将楔键打入，使楔键楔紧在轴和轮毂的键槽中，楔键的上、下表面受挤压，工作时靠这个挤压产生的摩擦力传递转矩。如图 10－3 所示，楔键分为普通楔键和钩头楔键两种，钩头楔键的钩头是为了便于拆卸的。

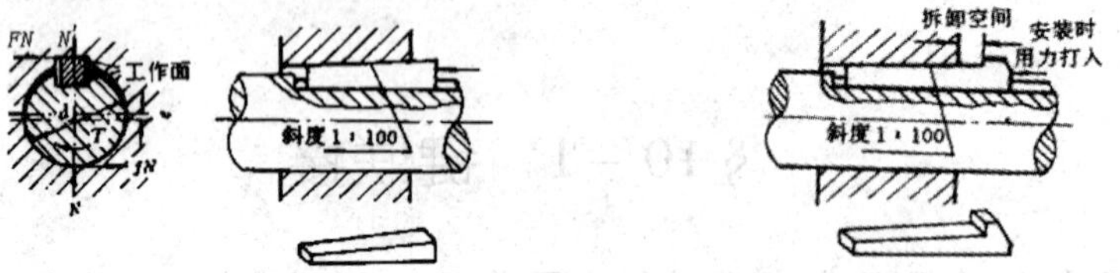

图 10－3　楔键联接

楔键联接的主要缺点是键楔紧后，轴和轮毂的配合产生偏心和偏斜，因此楔键联接一般用于定心精度要求不高和低转速的场合。

图 10－4(*a*)所示为切向键。切向键是由一对楔键组成的，装配时将切向键沿轴的切线方向楔紧在轴与轮毂之间。切向键的上、下面为工作面，工作面上的压力沿轴的切线方向作用，能传递很大的转矩。用一对切向键时，只能单向传递转矩，当要双向传递转矩时，须采用两对互成 120°分布的切向键（图 10－4 (*b*)）。由于切向键对轴的强度削弱较大，因此常用于直径大于 100*mm* 的轴上。

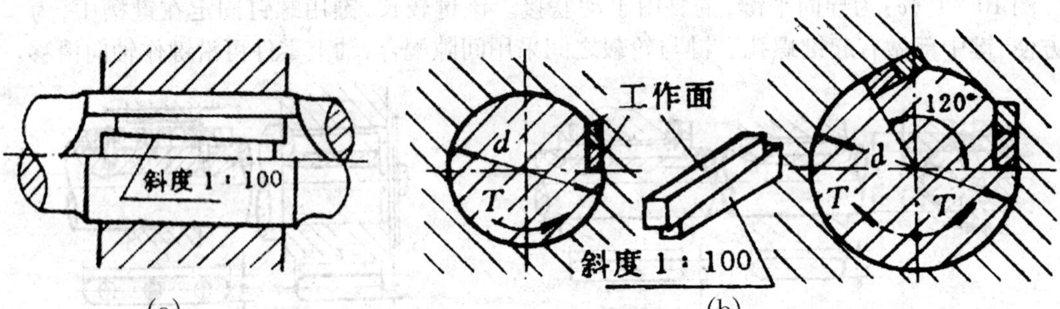

(a)　　(b)

图 10－4　切向键联接

三、平键联接的选择与计算

设计键联接时，先根据工作要求选择键的类型，再根据安装键处轴径 d 从标准（表 10－1）中查取键的宽度 b 和高度 h，并参照轮毂长度从标准中选取键的长度 L，最后进行键联接的强度校核。

键的材料一般采用抗拉强度不低于 $600N/mm^2$ 的碳素钢。平键联接的主要失效形式是工作面的压溃，除非有严重的过载，一般不会出现键的剪断。因此，通常只按工作面上挤压应力进行强度校核计算。导向平键联接的主要失效形式是过度磨损，因此，一般按工作面上的压强进行条件性强度校核计算。

表 10-1　　平键和键槽的剖面尺寸及公差(摘自 *GB/T*1095-2003)/*mm*

平链联接的剖面和键槽(GB/T1095-2003)

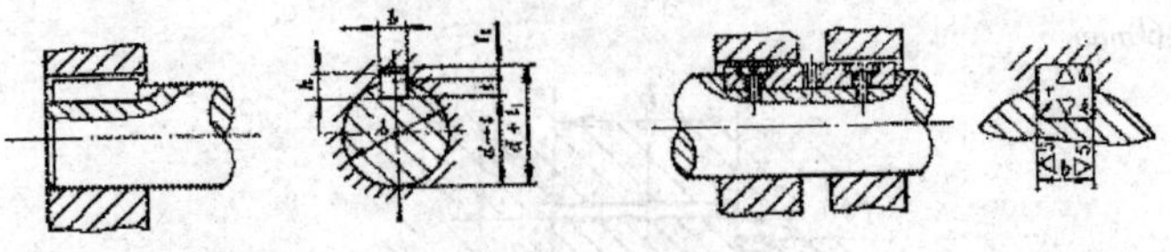

注：在工作图中，轴槽深用 t 或 (d-t) 标注，轮毂槽深用 (d+t1) 标注。

普通平键的型式和尺寸 (GB/T1096-2003)

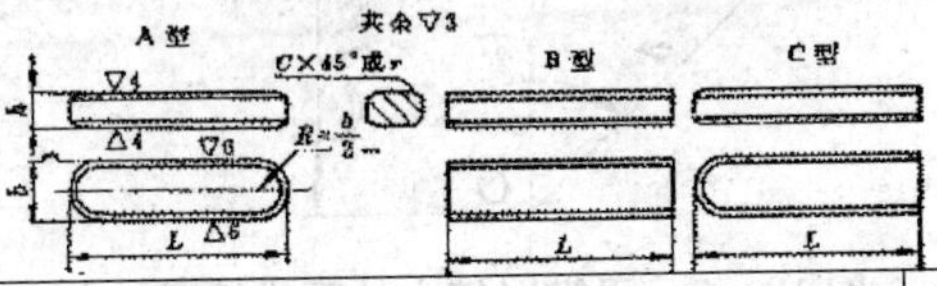

轴	键	键槽											
		宽度 *b*						深度				半径 *r*	
			极限偏差					轴 *t*		毂 *t*1			
公称直径 *d*	公称尺寸 *b*×*h*	公称尺寸 *b*	较松键联接		一般键联接		较紧键联接						
			轴 *H*9	毂 *D*10	轴 *N*9	毂 *Js*9	轴和毂 *P*9	公称尺寸	极限偏差	公称尺寸	极限偏差	最小	最大
自 6~8	2×2	2	+0.025 0	+0.060 +0.020	-0.004 -0.029	±0.0125	-0.006 -0.031	1.2		1			
8~10	3×3	3						1.8		1.4		0.08	0.16
10~12	4×4	4	+0.030 0	+0.078 +0.030	0 -0.030	±0.015	-0.012 -0.042	2.5	+0.1 0	1.8	+0.1 0		
12~17	5×5	5						3.0		2.3			
17~22	6×6	6						3.5		2.8		0.16	0.25
22~30	8×7	8	+0.036 0	+0.098 +0.040	0 -0.036	±0.018	-0.015 -0.051	4.0		3.3			
30~38	10×8	10						5.0		3.3			
38~44	12×8	12	+0.043 0	+0.120 +0.05	0 -0.043	±0.0215	-0.018 -0.061	5.0		3.3			
44~50	14×9	14						5.5		3.8		0.25	0.40
50~58	16×10	16						6.0		4.3			
58~65	18×11	18						7.0	+0.2 0	4.4	+0.2 0		
65~75	20×12	20	+0.052 0	+0.149 +0.065	0 -0.052	±0.026	-0.022 -0.074	7.5		4.9			
75~85	22×14	22						9.0		5.4			
85~95	25×14	25						9.0		5.4		0.40	0.60
95~110	28×16	28						10.0		6.4			
110~130	32×18	32	+0.062 0	+0.180 +0.080	0 -0.052	±0.031	-0.026 -0.088	11.0		7.4			

注：1. ($d-t$)和($d+t_1$)两组组合尺寸的极限偏差按相应的 t 和 t_1 的极限偏差选取，但($d-t$)极限偏差值应取负号(-)。

2. 键的长度系列：6,8,10,12,14,16,18,20,22,25,28,32,36,40,45,50,56,63,70,80,90,100,110,125,140,160,180,200,220,250,280,320,360mm.

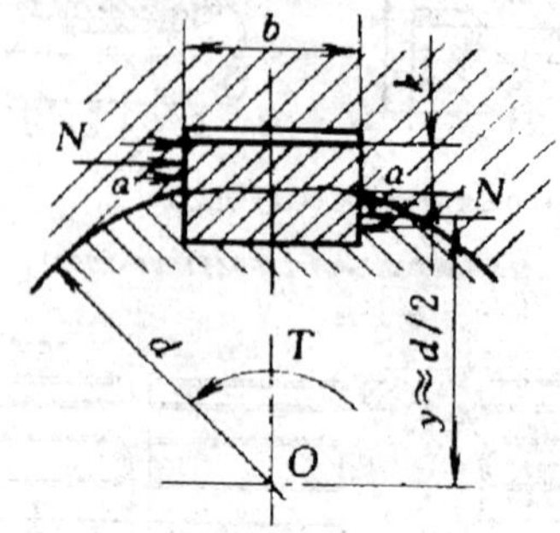

图 10-5 平键联接上的受力情况

如图 10-5 所示，假定载荷在键的工作面上均匀分布，并假设 $k\approx h/2$。则普通平键联接的挤压强度条件为

$$\sigma_p=\frac{2T/d}{L_c k}=\frac{4T}{dhL_c}\leqslant[\sigma_p]\ (N/mm) \tag{10-1}$$

对导向平键联接应限制压强 p 以避免过度磨损，即

$$p=\frac{2T/d}{L_c k}=\frac{4T}{dhL_c}\leqslant[p]\ (N/mm) \tag{10-2}$$

上两式中：T——传递的转矩，单位 $N\cdot mm$；

d——轴径，单位 mm；

h——键的高度，单位 mm；

L_c——键的计算长度，单位 mm，(对 A 型键，$L_c=L-b$，对 B 型键，$L_c=L$，对 C 型键，$L_C=L-\frac{b}{2}$)；

$[\sigma_p]$和$[p]$分别为联接的许用挤压应力和许用压强，单位 N/mm^2，见表 10-2。

表 10-2 键联接的许用挤压应力和许用压强 N/mm^2

许用值	轮毂材料	载荷性质		
		静载荷	轻微冲击	冲击
$[\sigma p]$	钢	125~150	100~120	60~90
	铸铁	70~80	50~60	30~45
$[p]$	钢	50	40	30

例 10-1 选择如图 10-6(a)所示的减速器的输出轴与齿轮间的平键联接。已知传递的转矩 $T=600N\cdot m$，齿轮材料为铸钢，载荷有轻微冲击。

解：1. 尺寸选择。根据轴的直径($d=75mm$)及轮毂长度($80mm$)，按表 10-1 选择圆头平键，其 $b=20mm$，$h=12mm$，$L=70mm$，标记为键 20×70$GB$1095-2003

2. 强度校核。$k=\frac{h}{2}$，由表 10-2 查得$[\sigma]_p=100MPa$。键的有效工作长度 $l_c=L-b=70-20=50mm$。由式 10-1 得

$$\sigma_p = \frac{2T}{dkl_c} = \frac{2 \times 600 \times 1000}{75 \times 6 \times 50} = 53.3MPa < [\sigma p]$$

故此平键联接的强度足够。

3. 键槽的尺寸。由表 10-1 查得:轴槽深 $d - t = 79.9^{+0.200}$,轮毂槽宽 $b = 20Js9 = 20 \pm 0.026$。轴槽、毂槽的标记方法见图 10-6(b)。

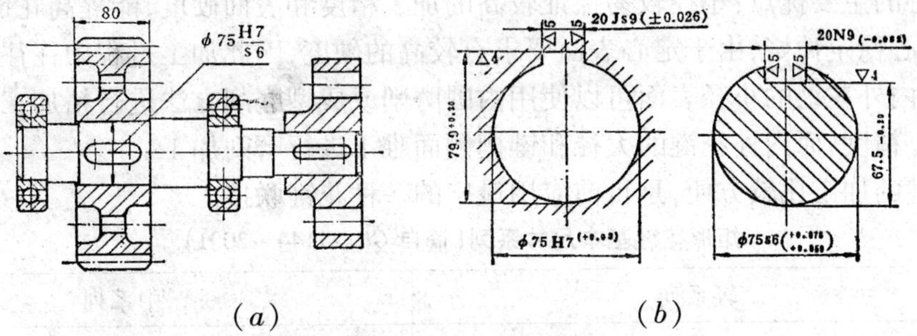

图 10-6

在设计使用中若单个键的强度不够,可采用以下措施:(1)用双键按 180°对称布置。考虑载荷分布不均匀性,在强度校核中应按 1.5 个键进行计算。(2)增大键的长度(若轮毂允许),但经验证明,当键的长度大于 2.25d 时,其多出的长度实际可认为并不承受载荷,故键长最大值不超过 2.25d,一般为(1.6~1.8)d。如果键联接的强度裕量过大时,也可考虑用剖面尺寸较小的薄型平键。

§ 10-2　花键联接

如图 10-7 所示,花键联接是由周向均布多个键齿的花键轴与带有相应键齿槽的轮毂孔相配而成。花键齿的侧面为工作面,工作时有多个键齿同时传递转矩,所以花键联接的承载能力比平键联接高得多。花键联接的导向性好,齿根处的应力集中较小,适用于传递载荷大、定心精度要求高或者经常需要滑移的联接。

一、花键联接的类型

花键按齿形可分为矩形花键(图 10-7(a))、渐开线花键(图 10-7(b)),花键可用于静联接和动联接。花键已经标准化,例如矩形花键的齿数 z、小径 d、大径 D、键宽 B 等可以根据轴径查标准选定。花键的加工需要专用设备。

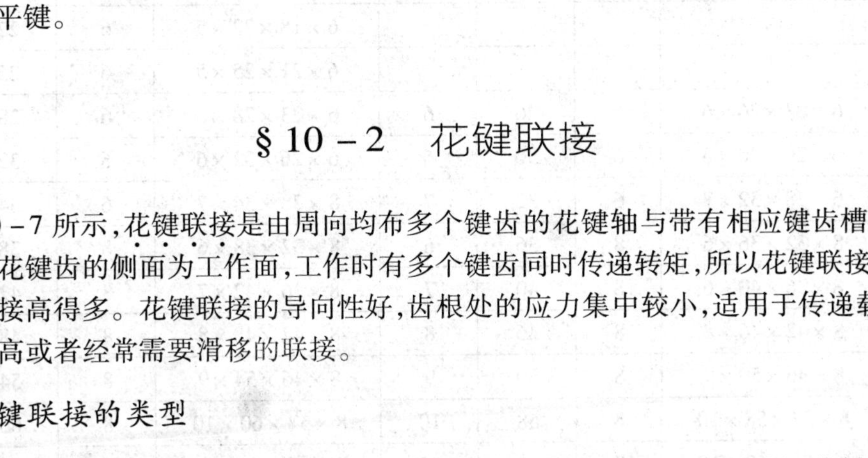

图 10-7　花键联接

1. 矩形花键

矩形花键的齿形尺寸按齿数和齿高的不同分为轻系列、中系列两种(表 10-3),轻系列多用于轻载联接或静联接，中系列多用于中载联接或空载移动的动联接。

矩形花键联接的定心方式有外径定心、内径定心和齿侧定心三种（如图10－8）。国标规定矩形花键采用小径定心，即对小径 d 选用公差等级较高的间隙配合。由于扭矩靠侧面传递，所以键（槽）宽要有足够的精度。大径 D 为非定心尺寸，公差等级应较低，并且非定心直径表面之间应有较大间隙，以保证它们不接触。

小径定心的主要优点：小径较易保证较高的加工精度和表面硬度，能提高花键的耐磨性和使用寿命，定心稳定性好，由于定心表面要求有较高的硬度，因此加工过程中往往需要热处理。在热处理后，内外花键的小径表面可以使用内圆磨削或成型磨削方法进行精加工，可获得较高的加工及定心精度，而内外花键的大径和键槽侧面难于进行磨削加工。

矩形花键的加工比较方便，是目前应用最广的一种花键联接。

表10－3　　矩形花键基本尺寸系列（摘自 *GB/T*1144－2001）

小径 (d)	轻系列				中系列			
	规格 ($Z\times d\times D\times B$)	键数 (Z)	大径 (D)	键宽 (B)	规格 ($Z\times d\times D\times B$)	键数 (Z)	大径 (D)	键宽 (B)
11					6×11×14×3	6	14	3
13					6×13×16×3.5	6	16	3.5
16					6×16×20×5	6	20	4
18					6×18×22×5	6	22	5
21					6×21×25×5	6	25	5
23	6×23×26×6	6	26	6	6×23×28×6	6	28	6
26	6×26×30×6	6	30	6	6×26×32×6	6	32	6
28	6×28×32×7	6	32	7	8×28×34×7	6	34	7
32	8×32×36×6	8	36	6	8×32×38×6	8	38	6
36	8×36×40×6	8	40	7	8×36×42×7	8	42	7
42	8×42×46×8	8	46	8	8×42×48×8	8	48	8
46	8×46×50×9	8	50	9	8×46×54×9	8	54	9
52	8×52×58×10	8	58	10	8×52×60×10	8	60	10
56	8×56×62×10	8	62	10	8×56×65×10	8	65	10
62	8×62×68×12	8	68	12	8×62×72×12	8	72	12
72	10×72×78×12	10	78	12	10×72×82×12	10	82	12
82	10×92×88×12	10	88	12	10×282×92×12	10	92	12
92	10×92×98×14	10	98	14	10×92×102×14	10	102	14
102	10×102×108×16	10	108	16	10×102×112×16	10	112	16
112	10×112×120×18	10	120	18	10×1122×125×18	10	125	18

2. 渐开线花键

渐开线花键联接（图10－8）的内花键齿形和外花键齿形都是压力角 $\alpha=30°$ 的渐开线齿形。渐开线花键可用制造齿轮的方法来加工，工艺性较好，花键齿根部较厚，强度高，应力集中小，且易于对中，所以应用已日趋广泛。特别适用于载荷较大、定心精度要求较高以及尺寸较大 的联接。渐开线花键的定心方式也有三种：(1)按渐开线齿形定心(图 10－9(*a*))；(2)按外径定心(图 10－9(*b*))；(3)按分度圆的同心圆定心(图 10－9(*c*))。渐开线齿形定心具有自动定心的特点，有利于各齿均匀承载，故应优先选用这种定心方式，以发挥渐开线花键的优点。按外径定心时，加工花键所用的滚刀或 插刀需专门制造，因此只有在特殊需要时才采用，如传动机构中径向载荷较大 的动联接。按与分度圆同心的辅助圆柱面定心的方式，适用于径向载荷较小而又要求传动平稳的联接。

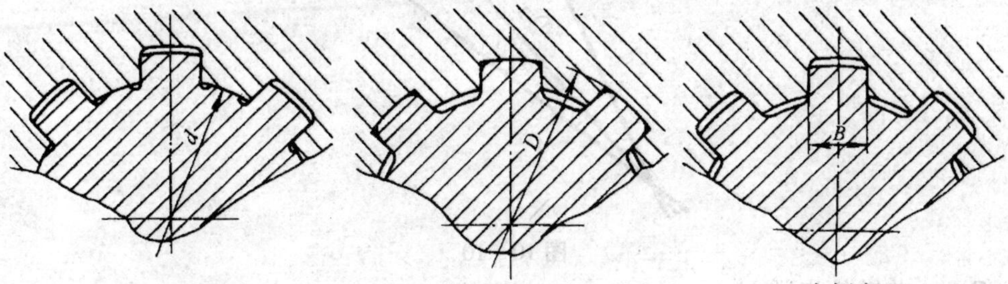

(*a*)小径定心　(*b*)大径定心　(*c*)齿侧定心

图 10－8　矩形花键连接的定心方式

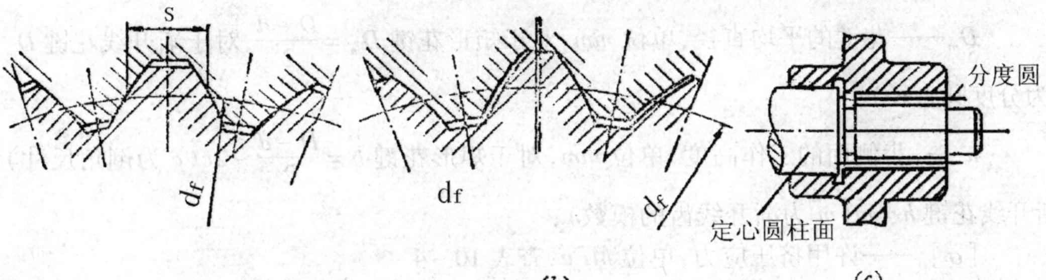

(*a*)　(*b*)　(*c*)

图 10－9

二、花键联接的选择与强度核算

花键联接的设计方法与步骤与平键联接相似，首先按联接的结构特点、尺寸、使用要求和工作条件，选择花键的类型和尺寸，然后进行强度核算。

花键传递转矩时，齿的工作面受挤压，齿的根部受剪切和弯曲。但是实践证明，齿侧的压溃和磨损是花键联接的主要失效形式，所以只作挤压强度或耐磨性计算。

图 10－10 中，设各齿压力的合力作用在平均直径上，并用载荷不均匀系数来估计实际压力分布不均匀的影响，则得到强度核算公式

$$\sigma_p = \frac{2T}{\psi Z D_m h l_c} \leqslant [\sigma]_p (MPa) \tag{10-3}$$

压强核算公式

$$p = \frac{2T}{\psi Z D_m h l_c} \leqslant [p]\ (MPa) \tag{10-4}$$

式中 T——花键传递的转矩，单位 $N \cdot mm$；

ψ——载荷分布不均匀系数，一般取 =0.7～0.8，齿数多时取小值，齿数少时取大值；

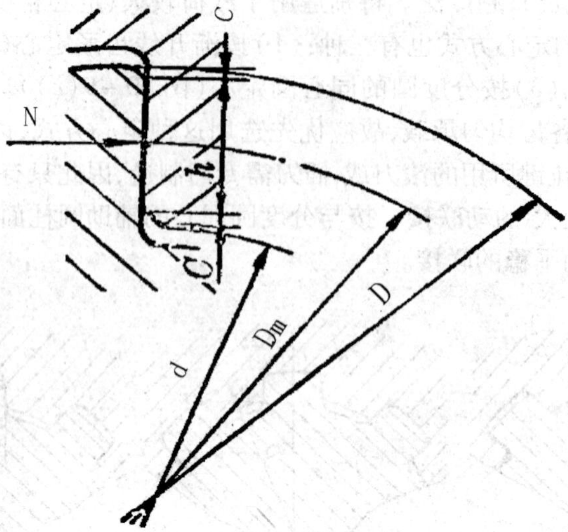

图 10－10

Z——花键的齿数；

l——齿的工作(配合)长度，单位 mm；

D_m——花键的平均直径，单位 mm，对于矩形花键 $D_m=\frac{D-d}{2}$，对于渐开线花键 $D_m=d$（d 为分度圆直径）；

h——齿侧面的工作高度，单位 mm，对于矩形花键 $h=\frac{D-d}{2}-2c$（c 为倒角尺寸），对于渐开线花键 $h=m$（m 为渐开线齿的模数）；

$[\sigma]_p$——许用挤压应力，单位 MPa，查表 10－4

$[p]$——许用压强，单位 MPa，查表 10－4

表 10－4　花键联接的许用挤压应力和许用压强

联接方式	使用和制造情况	$[\sigma]_p$ 或 $[p]$	
		齿面未经热处理	齿面经热处理
静联接 $[\sigma]_p$	不良	35－50	40－70
	中等	60－100	100－140
	良好	80－120	120－200
不在载荷作用下移动的动联接 $[p]$	不良	15－20	20－35
	中等	20－30	30－60
	良好	25－40	40－70
在载荷作用下移动的动联接 $[p]$	不良		3－10
	中等		5－15
	良好		10－20

注：1. 使用和制造不良系指受变载，有双向冲击，振动频率高和振动大，润滑不好（对动联接，材料硬度不高和精度不高等。

2. 同一情况下，$[\sigma]_p$ 的较小值用于工作时间较长和较重要的场合。

例 10－2　选择和核算图 10－11 所示机床变速箱中轴与齿轮联接的矩形花键。已知齿轮所传递的转矩 $T = 400N \cdot mm$，齿轮宽度 $b = 40mm$，根据强度条件计算出轴的直径 $d = 44mm$，轴的材料为 50 号钢，花键的工作表面经热处理，工作条件良好。

解：1. 根据轴所要求的直径（44mm），由表 10－3 选用 6－50×45×12 的补充系列矩形花键：$D = 50mm, d = 45mm, C = 0.4mm$。

2. 核算花键强度。根据 $T = 400 \times 1000N \cdot mm, Z = 6, D_m = \frac{D+d}{22} = \frac{50+45}{2} = 47.5mm, l_c = b = 40mm, h = \frac{D-d}{2} - 2C = \frac{50-45}{2} - 2 \times 0.4 = 1.7$ 并取 $\Psi = 0.75$；

由式 10－4 得

$$p = \frac{2T}{\psi Z D_m h l_c} = \frac{2 \times 400 \times 1000}{0.75 \times 6 \times 47.5 \times 1.7 \times 40} = 55(MPa)$$

根据花键联接的性质和工作条件，由表 10－4 查得花键联接的许用压强 $[p] = 40 \sim 70MPa$，因为 $p < [p]$，所以选择的花键合适。按外径定心矩形的配合由有关手册选：

内花键为 $6D - 50H7 \times 45H12 \times 12E8$

外花键为 $6D50g6 \times 45b12 \times 12f9$

花键联接为 $6D50\frac{H7}{g6} \times 45\frac{H12}{b12} \times 12\frac{E8}{f9}$

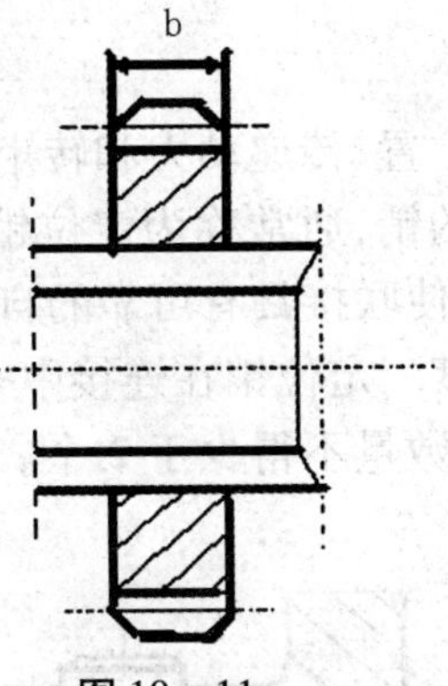

图 10－11

§10－3　销联接

一、销的基本形式

销按形状的不同，销可分为圆柱销、圆锥销和槽销等，销已标准化，其他形式都是由它们演化而来，使用时，可根据工作情况和结构要求，按标准选择其形式和规格尺寸。

图 10－12(a) 所示为普通圆柱销，按公差带不同分为 A、B、C、D 四种类型，以满足不同的使用要求。

图 10－12(b) 所示为内螺纹圆柱销，其公差带只有一种，按结构不同分 A、B 两种类型，B

型有通气平面，适用于不通孔的场合。

图 10－12(*c*)为普通圆锥销，有 1 ∶ 50 的锥度，便于安装，定位精度比圆柱销高，按加工精度不同分 *A*、*B* 两种类型，*A* 型精度较高。

图 10－12(*d*)所示为内螺纹圆锥销，也有 *A*、*B* 两种类型，其特点基本与普通圆锥销相同，只是带有螺纹孔，便于拆卸，适用于不通孔的场合。

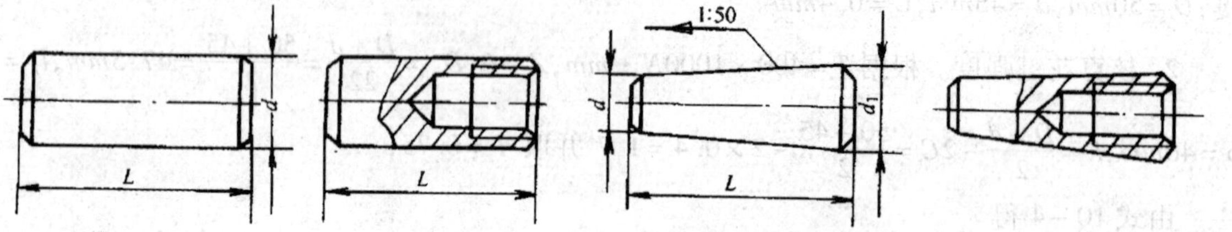

(*a*)圆柱销　(*b*)内螺纹圆柱销　(*c*)圆锥销　(*d*)内螺纹圆锥销

图 10－12　销的类型

销的材料常用 35 号或 45 号钢，并经热处理达到一定硬度，销孔一般需铰制。销的主要尺寸是直径和长度。应注意，圆锥销的公称直径是指其小头直径。

国标规定销的标记为：销的类型号、直径和长度。如：

销 *GB/T*119——1986－*A*8×30 表示直径为 8*mm*，长为 30*mm* 的 *A* 型内螺纹圆柱销。

销 *GB/T*119——1986－*B*8×30 表示直径为 8*mm*，长为 30*mm* 的 *B* 型内螺纹圆柱销。

二、销联接的应用特点

销联接可用来确定零件相对位置、传递动力和转矩，还可用作安全装置中的被切断零件。

用作确定零件之间相互位置的销，通常称为定位销。定位销常采用圆锥销(图 10－13)，因为圆锥销，具有 1 ∶ 50 的锥度，使联接具有可靠的自锁性，且可以 在同一销孔中，多次装拆而不影响联接零件的相互位置精度。定位销在连接中一般不承受或只承受很小的载荷。定位销的直径可按结构要求确定，使用数量不得少于 2 个。销在每一个联接零件内的长度约为销直径的 1～2 倍。

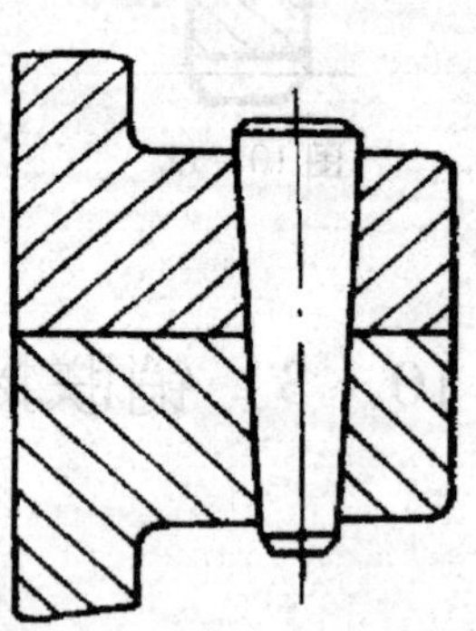

图 10－13　定位用圆锥销联接

定位销也可采用圆柱销，靠一定的配合固定在被联接零件的孔中。圆柱销如多次装拆，会降低联接的可靠性和影响定位的精度，因此，只适用于不经常装拆的定位连接中。

为方便装拆，销联接，可采用内螺纹圆锥销(图 10－14)或内螺纹圆柱销。

用来传递动力或转矩的销称为联接销(图 10－15)，可采用圆柱销和圆锥销，销孔须经铰制。联接销工作时受剪切和挤压的作用，其尺寸根据结构特点和工作情况，按经验和标准选取，必要时应作强度校核。

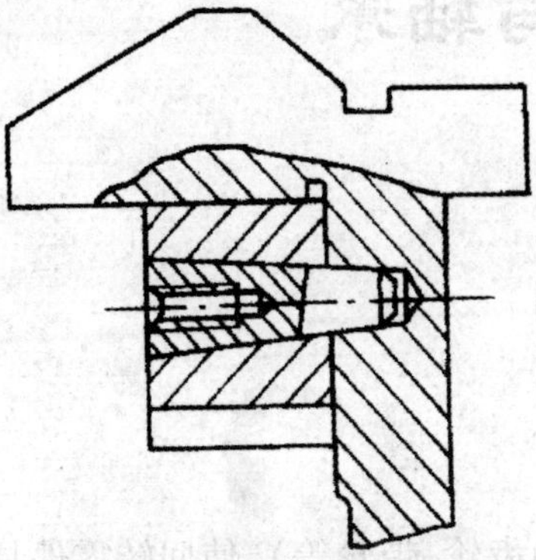

图 10－14　用内螺纹圆锥销定位

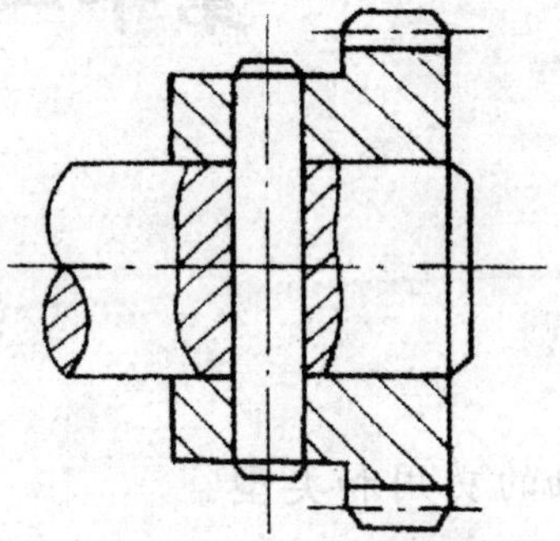

图 10－15　用作传递动力和转矩的销连接

当传递的动力或转矩过载时，用于联接的销首先被切断，从而保护被联接零件免受损坏，这种销称为安全销。销的尺寸通常以过载20%～30%时即折断为依据确定。使用时，应考虑切断后不易飞出和易于更换，为此，必要时可在销上切出槽口。

本章要点

1. 掌握键与花键联接的类型、结构、特点和应用。掌握键联接的类型和尺寸选择方法以及平键的强度计算方法。

2. 掌握销的基本类型、结构特点、用途和选择方法。

习　题

10－1　单键联接时如果强度不够应采取什么措施？若采用双键，对平键和楔键而言，分别应该如何布置？

10－2　平键和楔键的工作原理有何不同？

10－3　设计套筒联轴器与轴联接用的平键。已知轴径 $d=36mm$，联轴器为铸铁材料，承受静载荷，套筒外径 $D=100mm$。要求画出联接的结构图，并计算联接传递的转矩。

10－4　已知轴和带轮的材料分别为钢和铸铁，带轮与轴配合直径 $d=40mm$，轮毂长度 $l=80mm$，传递的功率为 $P=10kW$，转速 $n=1000r/min$，载荷性质为轻微冲击。1）试选择带轮与轴联接用的 A 型普通平键；2）按 1 ：1 比例绘制联接剖视图，并注出键的规格和键槽尺寸。

第十一章　轴与轴承

§11－1　轴

一、轴的功用和类型

轴是机器中的重要零件之一，用来支承回转零件（如齿轮、带轮等），使回转零件具有确定的工作位置，并传递运动和转矩。

根据承受载荷的不同，轴可分为转轴、传动轴和心轴三种。转轴既承受转矩又承受弯矩，如图 11－1 所示的减速箱转轴。传动轴主要承受转矩，不承受或承受很小的弯矩，如汽车的传动轴（图 11－2）通过两个万向联轴器与发动机转轴和汽车后桥相连，传递转矩。心轴只承受弯矩而不传递转矩。心轴又可分为固定心轴（图 11－3）和转动心轴（图 11－4）。

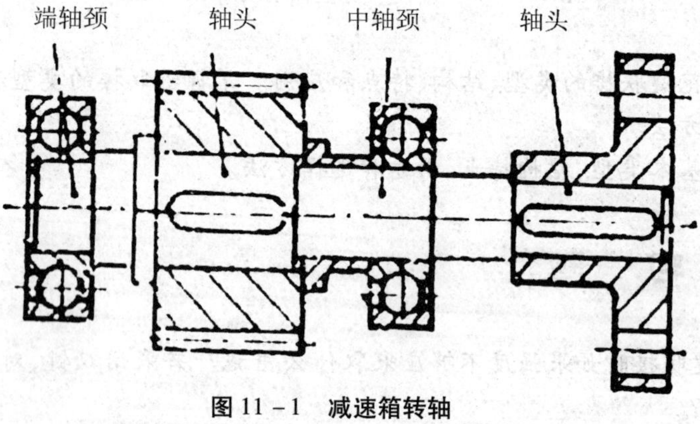

图 11－1　减速箱转轴

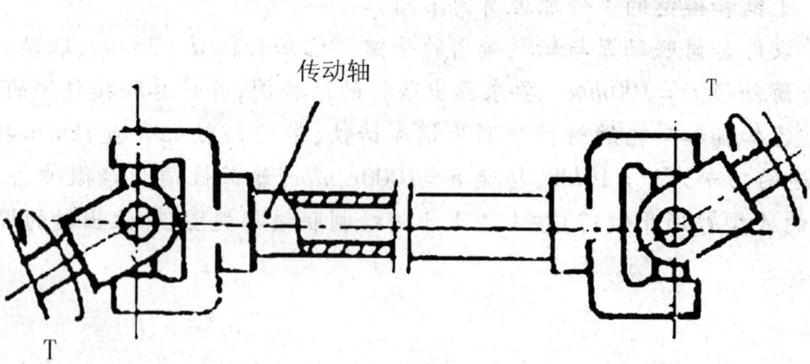

图 11－2　汽车传动轴

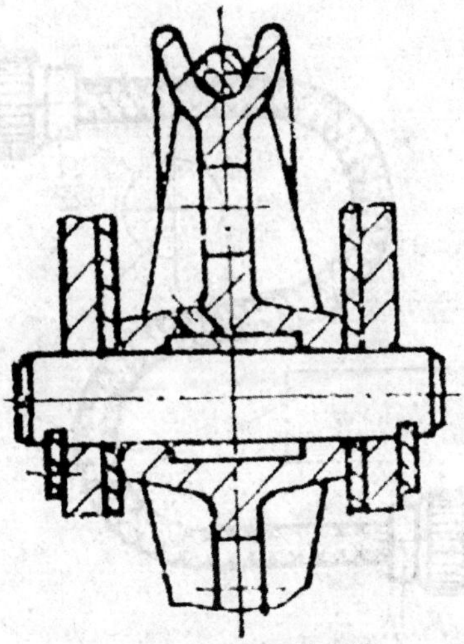

图 11－3　固定心轴

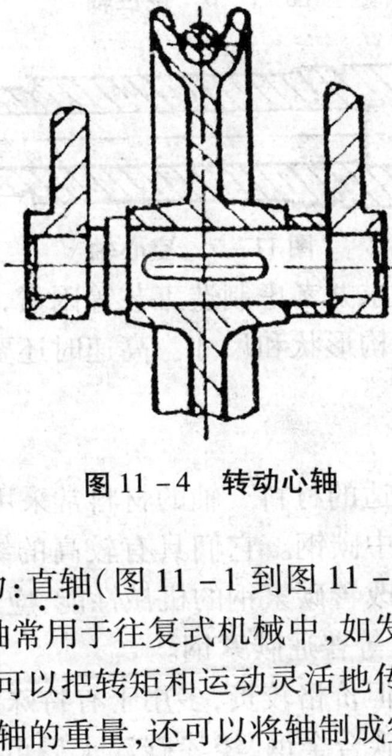

图 11－4　转动心轴

按轴线的形状不同轴可分为：直轴（图 11－1 到图 11－4）、曲轴（图 11－5）和挠性轴（图 11－6）。直轴使用最广泛。曲轴常用于往复式机械中，如发动机等。挠性钢丝轴通常是由几层紧贴在一起的钢丝层构成的，可以把转矩和运动灵活地传到任何位置。挠性轴常用于振捣器和医疗设备中。另外，为减轻轴的重量，还可以将轴制成空心的形式，如图 11－7 所示。

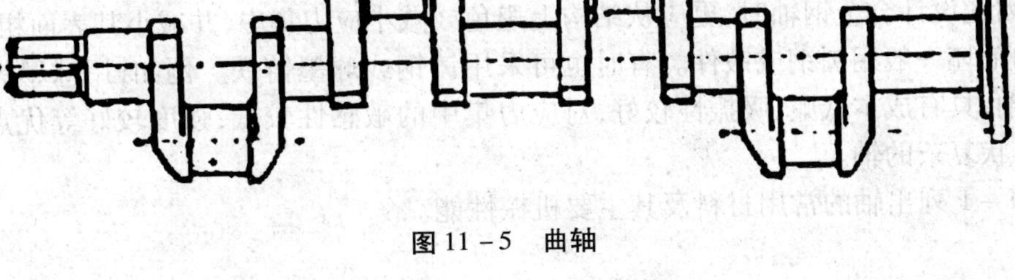

图 11－5　曲轴

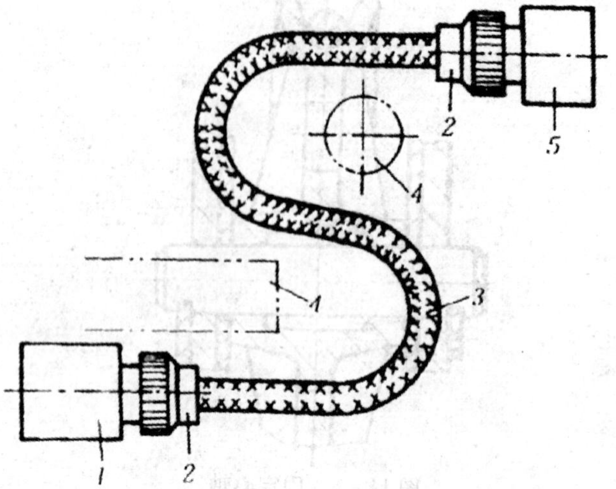

1. 动力装置;2. 接头;3. 加有外层保护套的挠性轴;4. 其他设备;5. 被驱动装置

图 11－6　挠性轴

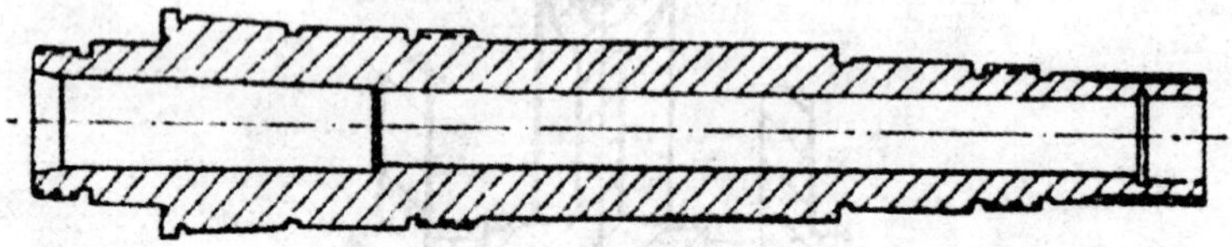

图 11－7　空心轴

轴的设计,主要是根据工作要求并考虑制造工艺等因素,选用合适的材料,进行结构设计,经过强度和刚度计算,定出轴的结构形状和尺寸。高速时还要考虑振动稳定性。

二、轴的材料

在轴的设计中,首先要选择合适的材料。轴的材料常采用碳素钢和合金钢。

碳素钢有 35、45、50 号等优质中碳钢。它们具有较高的综合机械性能,因此应用较多,特别是 45 号钢应用最为广泛。为了改善碳素钢的机械性能,应进行正火或调质处理。不重要或受力较小的轴,可采用 *Q*237,*Q*275 等普通碳素钢。

合金钢具有较高的机械性能,但价格较贵,多用于有特殊要求的轴。例如采用滑动轴承的高速轴,常用 20*Cr*、20*CrMnTi* 等低碳合金钢,经渗碳淬火后可提高轴颈耐磨性;汽轮发电机转子轴在高温、高速和重载条件下工作,必须具有良好的高温机械性能,常采用 27*Cr*2*Mo*1*V*、38*CrMoA*1*A* 等合金结构钢。值得注意的是:钢材的种类和热处理对其弹性模量的影响甚小,因此如欲采用合金钢或通过热处理来提高轴的刚度,并无实效。此外,合金钢对应力集中的敏感性较高,因此设计合金钢轴时,更应从结构上避免或减小应力集中,并减小其表面粗糙度。

轴的毛坯一般用圆钢或锻件。有时也可采用铸钢或球墨铸铁。例如,用球墨铸铁制造曲轴、凸轮轴,具有成本低廉、吸振性较好,对应力集中的敏感性较低,强度较好等优点。适合制造结构形状复杂的轴。

表 11－1 列出轴的常用材料及其主要机械性能。

表 11－1　　**轴的常用材料及其主要机械性能**

材料及热处理	毛坯直径 *mm*	硬度 *HB*	强度极限 σ_B	屈服极限 σ_s	弯曲疲劳极限 σ_{-1}	应用说明
			MPa			
*Q*235			440	240	200	用于不重要或载荷不大的轴
35 正火	≤100	149～187	520	270	250	塑性好和强度适中,可做一般曲轴、转轴等
45 正火	≤100	170～217	600	300	275	用于较重要的轴,应用最为广泛
45 调质	≤200	217～255	650	360	300	
40*Cr* 调质	25	241～286	1000	800	500	用于载荷较大,而无很大冲击的重要的轴
	≤100	241～286	750	550	350	
	>100～300	241～266	700	550	340	
40*MnB* 调质	25	207	1000	800	485	性能接近于 40*Cr*,用于重要的轴
	≤200	241～286	750	500	335	
35*CrMo* 调质	≤100	207～269	750	550	390	用于受重载荷的轴
20*Cr* 渗碳淬火回火	15	表面 *HRC*56～62	850	550	375	用于要求强度、韧性及耐磨性均较高的轴
	–		650	400	280	
*QT*400－100	–	156～197	400	300	145	结构复杂的轴
*QT*600－2	–	197～269	600	200	215	结构复杂的轴

三、轴的结构设计

轴的结构设计就是使轴的各部分具有合理的形状和尺寸。其主要要求:①满足制造安装要求,轴应便于加工,轴上零件要方便装拆;②满足零件定位要求,轴和轴上零件有准确的工作位置,各零件要牢固而可靠地相对固定;③满足结构工艺性要求,使加工方便和节省材料;④满足强度要求,尽量减少应力集中等。下面结合图 11－8 所示的单级齿轮减速器的高速轴,逐项讨论这些要求。

(一)制造安装要求

为了方便轴上零件的装拆,常将轴做成阶梯形。对于一般剖分式箱体中的轴,它的直径从轴端逐渐向中间增大。如图 11－8 所示,可依次将齿轮、套筒、左端滚动轴承、轴承盖和带轮从轴的左端装拆,另一滚动轴承从右端装拆。为使轴上零件易于安装,轴端及各轴段的端部应有倒角。

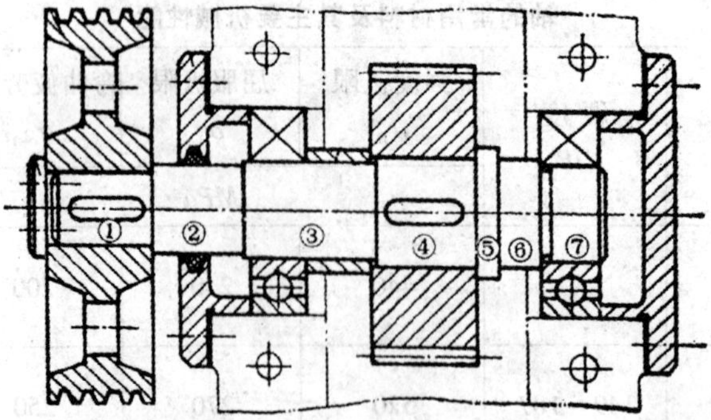

图 11－8　轴的结构

轴上磨削的轴段，应有砂轮越程槽（图 11－8 中⑥与⑦的交界处）；车制螺纹的轴段，应有退刀槽。在满足使用要求的情况下，轴的形状和尺寸应力求简单，以便于加工。

（二）零件轴向和周向定位

1. 轴上零件的轴向定位和固定

阶梯轴上截面变化处叫轴肩，利用轴肩和轴环进行轴向定位，其结构简单、可靠，并能承受较大轴向力。在图 11－8 中，①、②间的轴肩使带轮定位；轴环⑤使齿轮在轴上定位；⑥、⑦间的轴肩使右端滚动轴承定位。

有些零件依靠套筒定位。在图 11－8 中左端滚动轴承采用套筒定位。套筒定位结构简单、可靠，但不适合高转速情况。

无法采用套筒或套筒太长时，可采用圆螺母加以固定，如图 11－9 所示。圆螺母定位可靠、并能承受较大轴向力。

在轴端部可以用圆锥面定位（图 11－10），圆锥面定位的轴和轮毂之间无径向间隙、装拆方便，能承受冲击，但锥面加工较为麻烦。

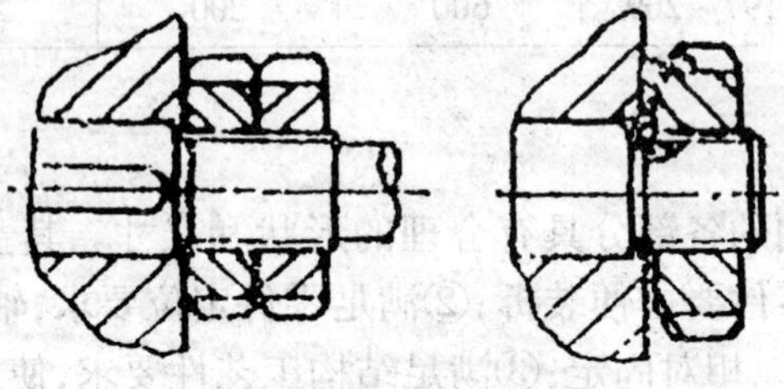

图 11－9　圆螺母定位

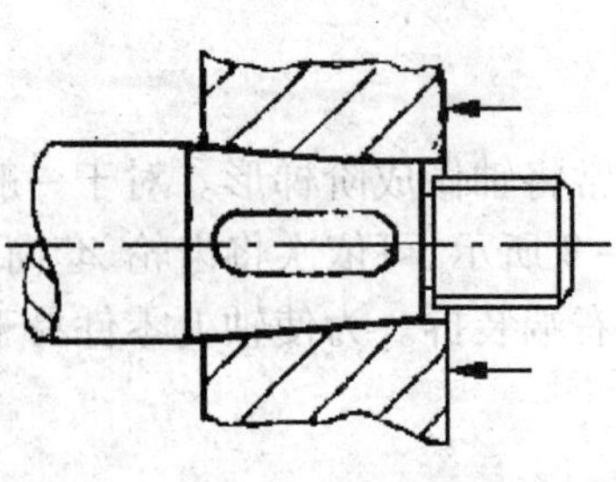

图 11－10　圆锥面定位

图 11－11 和图 11－12 中的挡圈和弹簧挡圈定位结构简单、紧凑，能承受较小的轴向力，但可靠性差，可在不太重要的场合使用。图 11－13 是轴端挡圈定位，它适用于轴端，可承受剧

烈的振动和冲击载荷。在图 11－8 中,带轮的轴向固定是靠轴端挡圈。

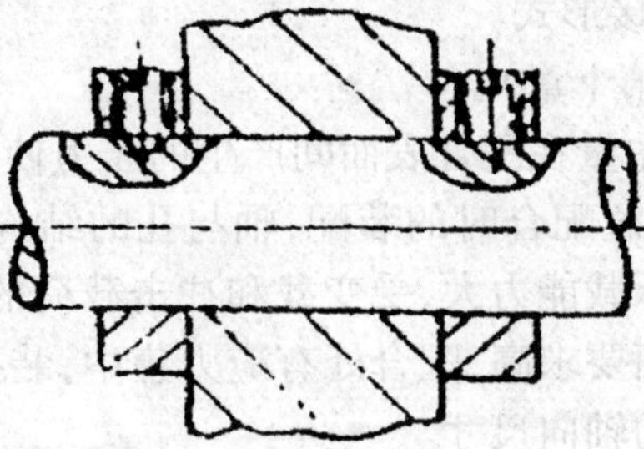

图 11－11　挡圈

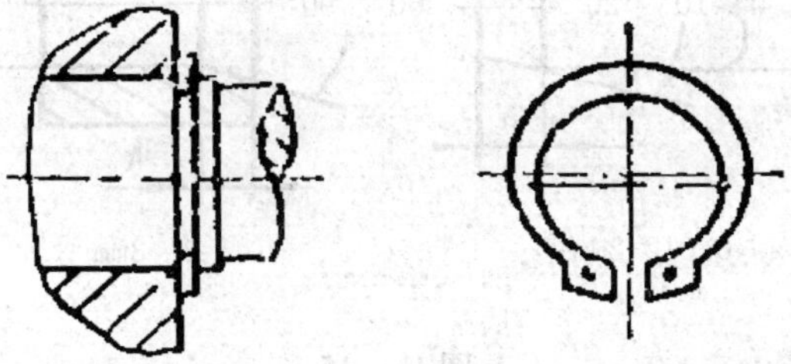

图 11－12　弹簧挡圈

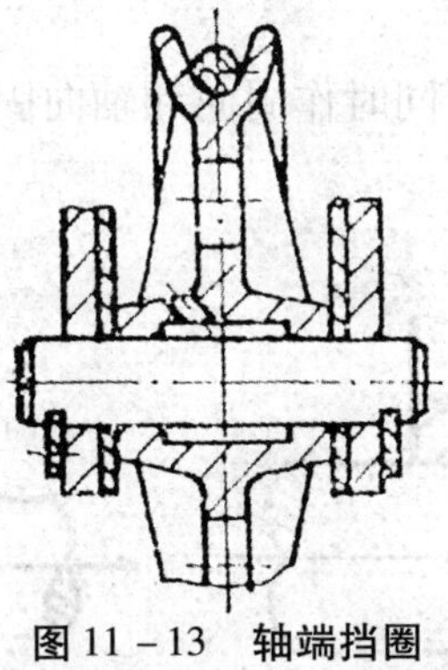

图 11－13　轴端挡圈

圆锥销也可以用作轴向定位,它结构简单,用于受力不大且同时需要轴向定位和固定的场合,如图 11－14 所示。

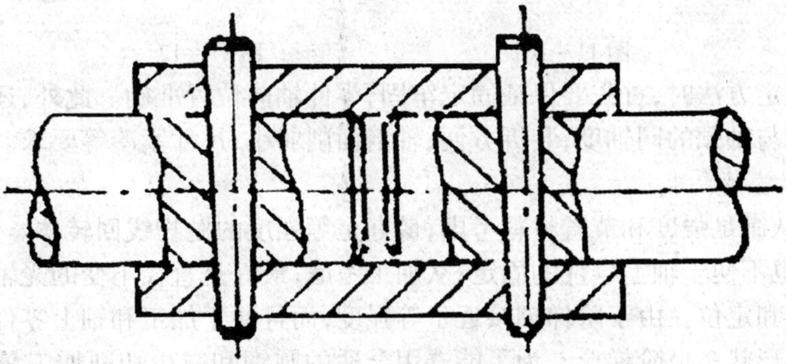

图 11－14　销定位

2. 轴上零件的周向固定

轴上零件周向固定的目的是使其能同轴一起转动并传递转矩。轴上零件的周向固定，大多采用键、花键或过盈配合等联接形式。

(1)键联接和花键联接(见第十章)。

(2)过盈配合：利用配合过盈量在配合表面间产生的压力使零件周向固定，同时也使零件轴向固定。为了便于轴、孔在过盈配合时的装配，轴与孔的结构及尺寸应按图 11 - 15 设计。过盈配合结构简单，定心性好，承载能力大，受变载和冲击载荷的能力大，固定可靠，且轴的剖面面积不减少。缺点是对配合面要求高，配合处有应力集中，装拆不便，圆柱面过盈配合须设置单边轴肩以控制零件装配时的轴向尺寸。

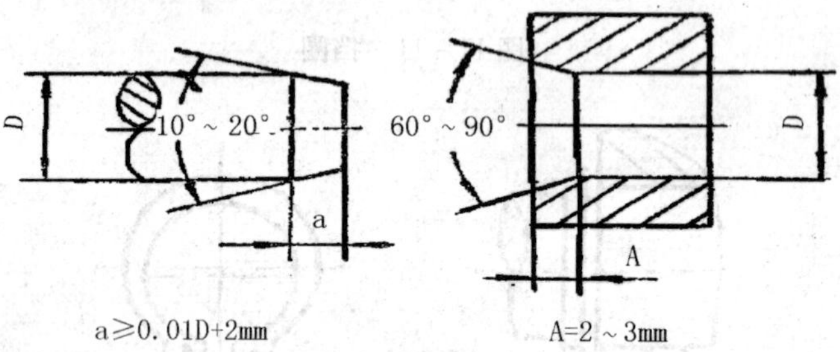

图 11 - 15

(3)圆锥销固定(图 11 - 16)：可同时周向和轴向固定，能自锁，但承受的力不大，且对轴的强度有削弱。

(4)紧定套固定(图 11 - 17)：可同时作周向和轴向固定，能轴向调整位置，不削弱轴的强度，多用于光轴上。

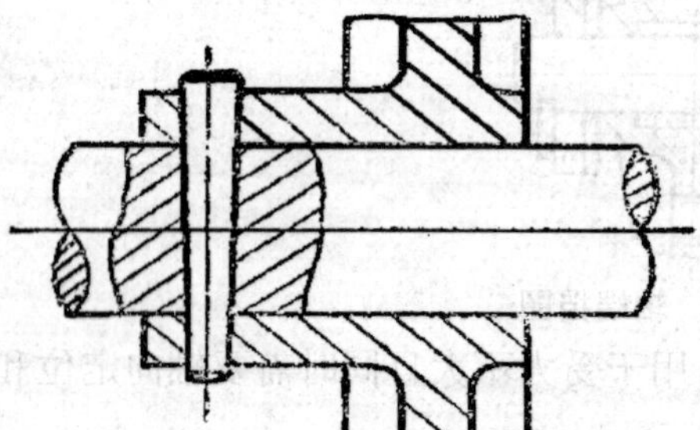

图 11 - 16

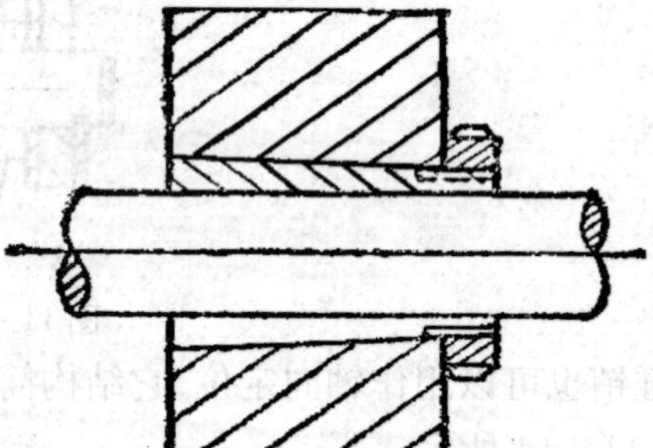

图 11 - 17

选择零件固定方法时，首先要保证固定牢固，零件轴向位置准确。此外，还应满足：零件毂孔与轴头及轴承与轴颈的同轴度；装拆方便；轴剖面削弱小；尺寸紧凑等要求。

(三)结构工艺性要求

轴的形状，从满足强度和节省材料考虑，最好是等强度的抛物线回转体。但这种形状的轴既不便于加工，也不便于轴上零件的固定；从加工考虑，最好是直径不变的光轴，但光轴不利于轴上零件的装拆和定位。由于阶梯轴接近于等强度，而且便于加工和轴上零件的定位和装拆，所以实际上轴的形状多呈阶梯形。为了能选用合适的圆钢和减少切削加工量，阶梯轴各轴段的直径不宜相差太大，一般取 5 ~ 10*mm*。

为了保证轴上零件紧靠定位面(轴肩),轴肩的圆角半径 r 必须小于相配合零件的倒角 C_1 或圆角半径 R,轴肩高 h 必须大于 C_1 或 R(图 11－18)。

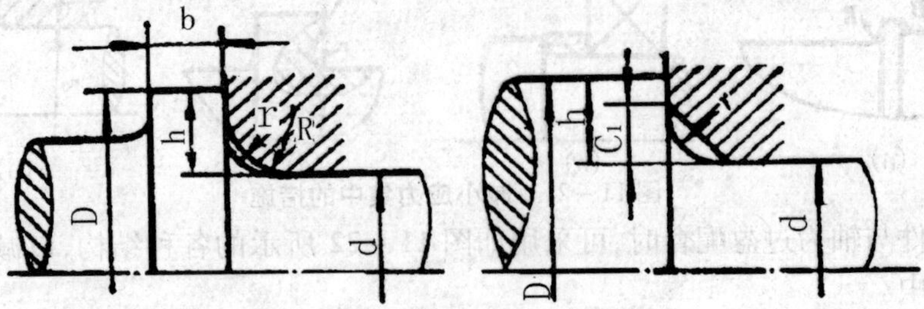

图 11－18　轴肩的圆角和倒角

在采用套筒、螺母、轴端挡圈作轴向固定时,应把安装零件的轴段长度做得比零件轮毂短 2～3mm,以确保套筒、螺母或轴端挡圈能靠紧零件端面。

为了便于切削加工,一根轴上的圆角应尽可能取相同的半径,退刀槽取相同的宽度,倒角尺寸相同;一根轴上各键槽应开在轴的同一母线上,若开有键槽的轴段直径相差不大时,尽可能采用相同宽度的键槽(图 11－19),以减少换刀的次数;需要磨削的轴段,应留有砂轮越程槽(图 11－20(a)),以便磨削时砂轮可以磨到轴肩的端部;需切削螺纹的轴段,应留有退刀槽,以保证螺纹牙均能达到预期的高度(图 11－20(b))。为了便于加工和检验,轴的直径应取圆整值;与滚动轴承相配合的轴颈直径应符合滚动轴承内径标准;有螺纹的轴段直径应符合螺纹标准直径。为了便于装配,轴端应加工出倒角(一般为 45°),以免装配时把轴上零件的孔壁擦伤(图 11－20(c));过盈配合零件装入端常加工出导向锥面(图 11－20(d)),以使零件能较顺利地压入。

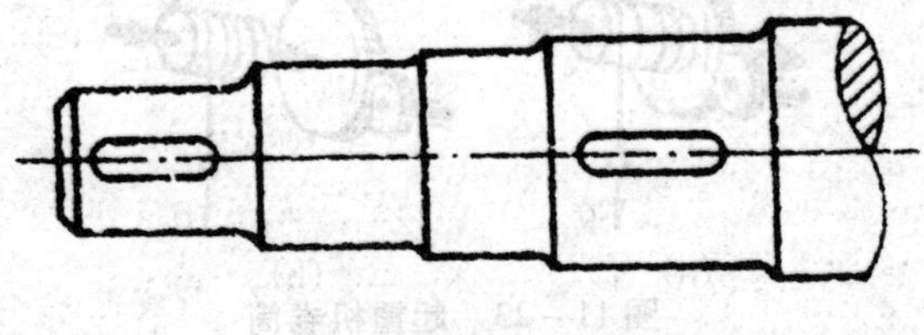
图 11－19　键槽应在同一母线上

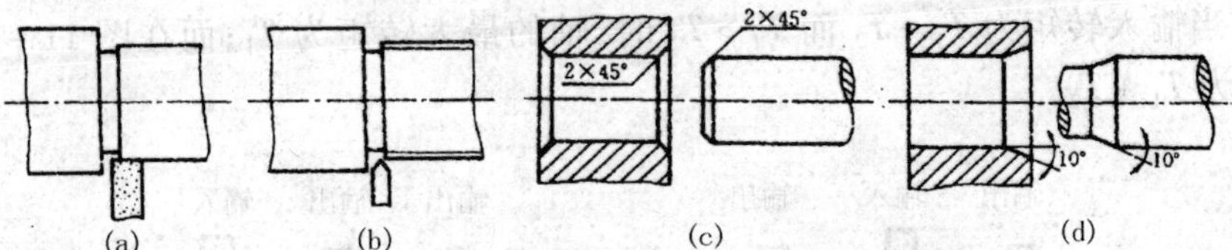

图 11－20　越程槽、退刀槽、倒角和锥面

(四)强度要求

在零件截面发生变化处会产生应力集中现象,从而消弱材料的强度。因此,进行结构设计时,应尽量减小应力集中。特别是合金钢材料对应力集中比较敏感,应当特别注意。在阶梯轴的截面尺寸变化处应采用圆角过渡,且圆角半径不宜过小。另外,设计时尽量不要在轴上开横孔、切口或凹槽,必须开横孔须将边倒圆。在重要轴的结构中,可采用卸载槽 B(图 11－21(a))、过渡肩环(图 11－21(b))或凹切圆角(图 11－21(c))增大轴肩圆角半径,以减小局部

应力。在轮毂上做出卸载槽 B（图 11－21(d)），也能减小过盈配合处的局部应力。

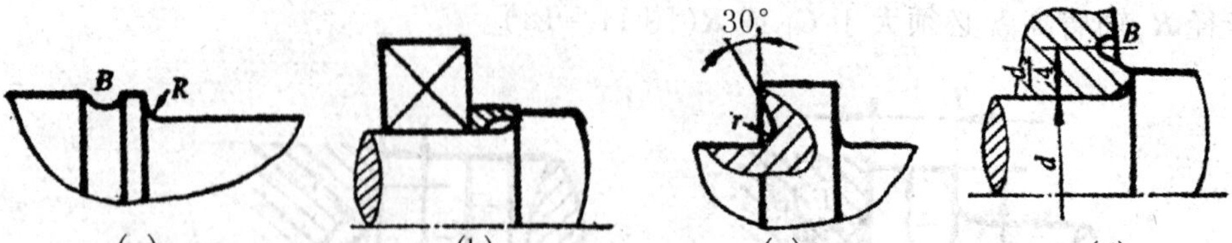

(a) (b) (c) (d)

图 11－21　减小应力集中的措施

当轴上零件与轴为过盈配合时，可采用如图 11－22 所示的各种结构，以减轻轴在零件配合处的应力集中。

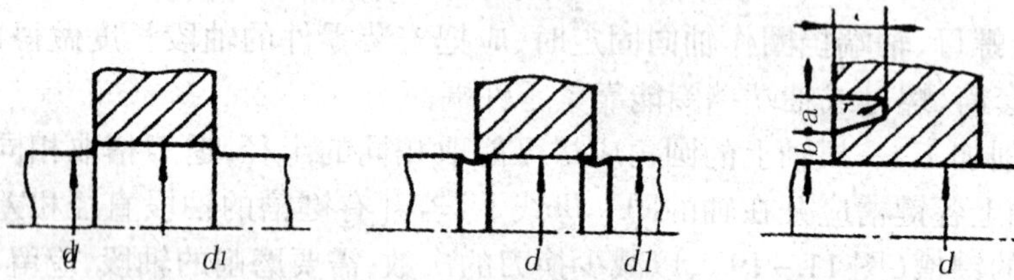

(a) 增大配合处轴径　(b) 在配合边缘开卸载槽　(c) 在轮毂上开卸载槽

图 11－22　几种轴与轮毂的过盈配合方法

此外，结构设计时，还可以用改善受力情况、改变轴上零件位置等措施以提高轴的强度。例如，在图 11－23 所示的起重机卷筒的两种不同方案中，图(a)的结构是大齿轮和卷筒联成一体，转矩经大齿轮直接传给卷筒。这样，卷筒轴只受弯矩而不传递转矩，起重同样载荷 Q 时，轴的直径可小于图 11－23(b)的结构。

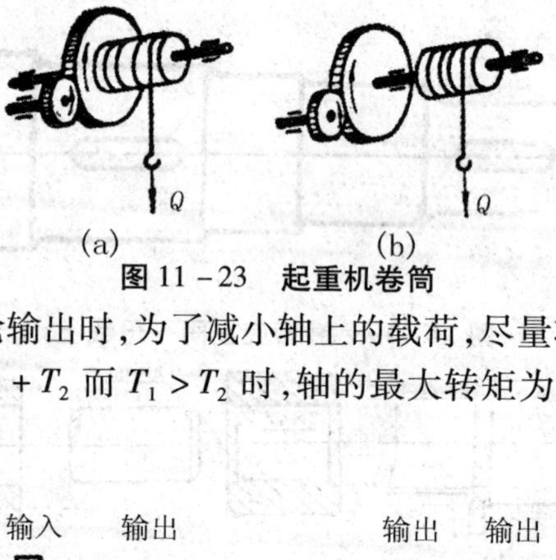

(a) (b)

图 11－23　起重机卷筒

再如，当动力需从两个轮输出时，为了减小轴上的载荷，尽量将输入轮置在中间。在图 11－24(a)中，当输入转矩为 T_1+T_2 而 $T_1>T_2$ 时，轴的最大转矩为 T_1；而在图 11－24(b)中，轴的最大转矩为 T_1+T_2。

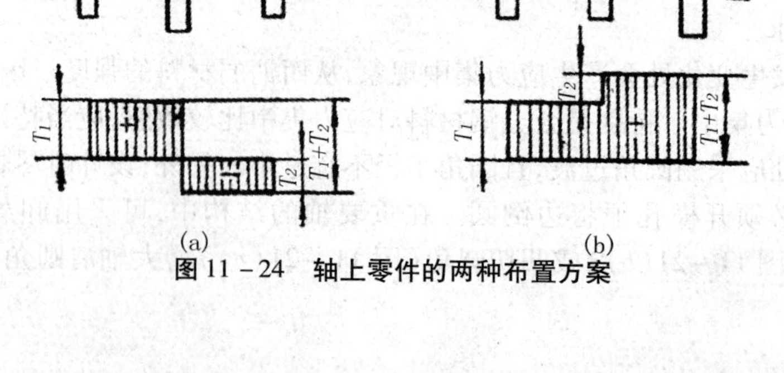

(a) (b)

图 11－24　轴上零件的两种布置方案

如图 11－25 所示的车轮轴，如把轴毂配合面分为两段(图(b))，可以减小轴的弯矩，从而提高其强度和刚度；把转动的心轴(图(a))改成不转动的心轴(图(b))，可使轴不承受交变应力。

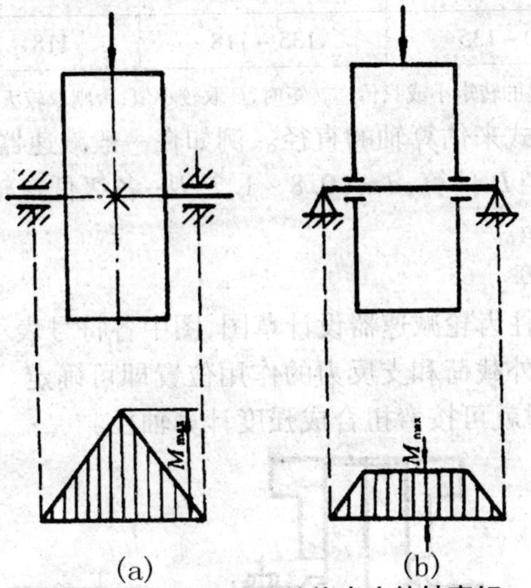

图 11－25 两种不同结构产生的轴弯矩

四、轴的强度计算

轴的强度计算应根据轴的承载情况，采用相应的计算方法。常见轴的强度计算有以下两种。

1. 按扭转强度估算最小轴径

对于传递转矩的圆截面轴，其强度条件为

$$\tau = \frac{T}{W_T} = \frac{9.55 \times 10^6 P}{0.2d^3 n} \leqslant (MPa) \quad (11-1)$$

式中，τ 为转矩 $T(N \cdot mm)$ 在轴上产生的扭转剪应力；$[\tau\]$为材料的许用剪切应力，单位 MPa；W_T 为抗扭截面系数，单位 mm^3，对圆截轴 $W_T = \frac{\pi d^3}{16} \approx 0.2d^3$；$P$ 为轴所传递的功率，单位 kW；n 为轴的转速，单位 r/min；d 为轴的直径，单位 mm。

对于既传递转矩又承受弯矩的轴，也可用上式初步估算轴的直径；但必须把轴的许用扭转剪应力$[\tau]$适当降低(见表 11－2)，以补偿弯矩对轴的影响。将降低后的许用应力代入上式，并改写为设计公式

$$d \geqslant \sqrt[3]{\frac{T}{0.2[\tau]}}\ (mm) \text{或} \ d \geqslant C\sqrt[3]{\frac{P}{n}}\ (mm) \quad (11-2)$$

式中T——轴传递的扭矩，$T = 9.55 \times 10\sigma$，单位 $N \cdot mm$；

P——轴传递的功率，单位 kW；

$[\tau]$——轴的许用扭转剪应力，单位 MPa；

N——轴的转速，单位 rpm；

C——由轴的材料和承载情况确定的常数，见表 11－2。应用上式求出的 d 值作为轴最细处的直径。

表 11-2　　　　常用材料的[τ]值和 C 值

轴的材料	$Q235$,20	$Q275$,35	45	$40Cr$,35 $SiMn$
[τ](MPa)	12~20	20~30	30~40	40~52
C	160~135	135~118	118~107	107~98

注:当作用在轴上的弯矩比传递的转矩小或只传递转矩时,C 取较小值;否则取较大值。

此外,也可采用经验公式来估算轴的直径。例如在一般减速器中,高速输入轴的直径可按与其相连的电动机轴的直径 D 估算,$d=(0.8\sim1.2)D$;各级低速轴的轴径可按同级齿轮中心距 a 估算,$d=(0.3\sim0.4)a$。

2. 按弯扭合成强度计算

图 11-26 为一单级圆柱齿轮减速器设计草图,图中各符号表示有关的长度尺寸。显然当零件在草图上布置妥当后,外载荷和支反力的作用位置即可确定。由此可作轴的受力分析及绘制弯矩图和转矩图。这时就可按弯扭合成强度计算轴径。

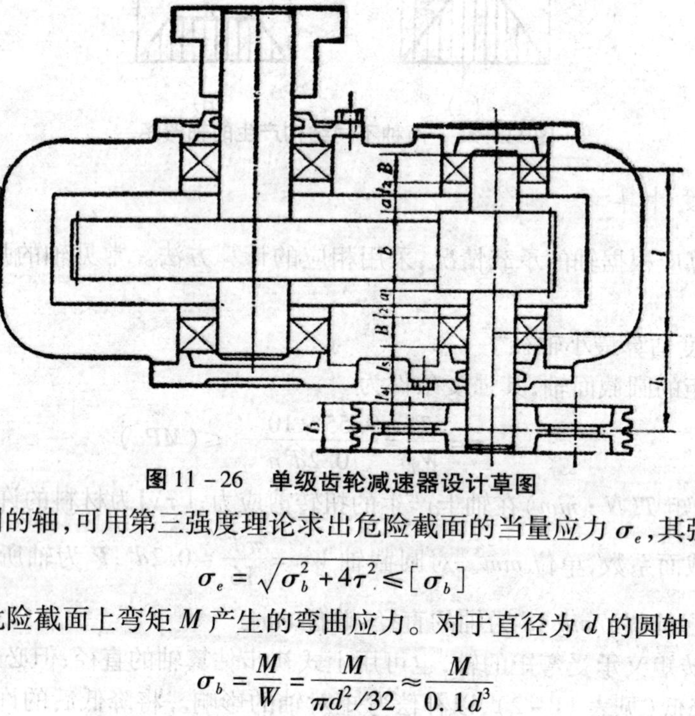

图 11-26　单级齿轮减速器设计草图

对于一般钢制的轴,可用第三强度理论求出危险截面的当量应力 σ_e,其强度条件为

$$\sigma_e=\sqrt{\sigma_b^2+4\tau^2}\leqslant[\sigma_b] \tag{11-3}$$

式中,σ_b 为危险截面上弯矩 M 产生的弯曲应力。对于直径为 d 的圆轴

$$\sigma_b=\frac{M}{W}=\frac{M}{\pi d^2/32}\approx\frac{M}{0.1d^3}$$

$$\tau=\frac{T}{W_T}=\frac{T}{2W}$$

其中,W、W_T 为轴的抗弯和抗扭截面系数。将 σ_b 和 τ 值代入式(11-3),得

$$\sigma_e=\sqrt{\left(\frac{M}{W}\right)^2+4\left(\frac{T}{2W}\right)^2}=\frac{1}{W}\sqrt{M^2+T^2}\leqslant[\sigma_b] \tag{11-4}$$

由于一般转轴的 σ_b 为对称循环变应力,而 τ 的循环特性往往与 σ_b 不同,为了考虑两者循环特性不同的影响,对上式中的转矩 T 乘以折合系数 α,即

$$\sigma_e=\frac{M_e}{W}=\frac{1}{0.1d^3}\sqrt{M^2+(\alpha T)^2}\leqslant[\sigma_{-1b}] \tag{11-5}$$

式中，M_e 为当量弯矩，$M_e=\sqrt{M^2+(\alpha T)^2}$；$\alpha$ 为根据转矩性质而定的校正系数。对不变的转矩 $\alpha\approx0.3$，当转矩脉动变化时，$\alpha\approx0.6$；对于频繁正反转的轴，可看为对称循环变应力，$\alpha=1$。若转矩的变化规律不清楚，一般也按脉动循环处理。$[\sigma_{-1b}]$、$[\sigma_{0b}]$和$[\sigma_{+1b}]$分别为对称循环、脉动循环及静应力状态下的许用弯曲应力，见表 11－3。

通常外载荷不是作用在同一平面内，这时应先将这些力分解到水平面和垂直面内，并求出各面的支反力，再绘出水平面弯矩 M_H 图、垂直面弯矩 M_V 图和合成弯矩 M 图，$M=\sqrt{M_H^{\ 2}+M_V^{\ 2}}$；绘出转矩 T 图；最后由公式 $M_e=\sqrt{M^2+(\alpha T)^2}$绘出当量弯矩图。

计算轴的直径时，式(11－5)可写成

$$d\geqslant\sqrt[3]{\frac{M_e}{0.1[\sigma_{-1b}]}}\ mm \tag{11-6}$$

式中，M_e 的单位为 $N\cdot mm$；$[\sigma_{-1b}]$的单位为 MPa。

若该截面有键槽，可将计算出的轴径加大 4%。计算出的轴径还应与结构设计中初步确定的轴径相比较，若初步确定的直径较小，说明强度不够，结构设计要进行修改；若计算出的轴径较小，除非相差很大，一般就以结构设计的轴径为准。

表 11－3　　轴的许用弯曲应力

材料	σ_B	$[\sigma_{+1b}]$	$[\sigma_{0b}]$	$[\sigma_{-1b}]$
	MPa			
碳素钢	400	130	70	40
	500	170	75	45
	600	200	95	55
	700	230	110	65
合金钢	800	270	130	75
	900	300	140	80
	1000	330	150	90
铸钢	400	100	50	30
	500	120	70	40

对于一般用途的轴，按上述方法设计计算即可。对于重要的轴，尚须作进一步的强度校核，其计算方法可查阅有关参考书。

例 11－1　如图 11－27 所示，已知作用在带轮 D 上转矩 $T=78100N\cdot mm$，斜齿轮 C 的压力角 $\alpha_n=20°$，螺旋角 $\beta=9°41'46''$，分度圆直径 $d=58.333mm$，带轮上的压力 $Q=1147N$，其他尺寸如图 11－27(a)所示，试计算该轴危险截面的直径。

解：

(1)计算作用在轴上的力

齿轮受力分析

圆周力　$F_t=\dfrac{2T}{d}=\dfrac{2\times78100}{58.333}=2678N$

径向力　$F_r=\dfrac{F_t tan\alpha_n}{cos\beta}=\dfrac{2678\times tan20°}{cos9°41'46''}=988.8N$

轴向力 $F_a = F_t tan\beta = 2678 \times tan9°41'46'' = 457.6N$

(2)计算支反力

水平面

$$R_{AH} = R_{BH} = \frac{F_t}{2} = \frac{2678}{2} = 1339N$$

垂直面

$\Sigma M_B = 0$

$$R_{AV} \times 132 - F_r \times 66 - F_a \times \frac{d}{2} - Q(97 + 132) = 0$$

$R_{AV} = 2585N$

$\Sigma F = 0$

$R_{BV} = R_{AV} - Q - F_r = 2585 - 1147 - 988.8 = 449.2N$

(3)作弯矩图

水平面弯矩

$M_{CH} = -R_{BH} \times 66 = -1339 \times 66 \approx -88370\ N \cdot mm$

垂直面弯矩

$M_{AV} = -Q \times 97 = -1147 \times 97 \approx -111300\ N \cdot mm$

$M_{CV1} = -Q(97 + 66) + R_{AV} \times 66 = -1147 \times 163 + 2585 \times 66 \approx -16350\ N \cdot mm$

$M_{CV2} = -R_{BV} \times 66 = -449.2 \times 66 \approx -29650\ N \cdot mm$

合成弯矩

$M_A = M_{AV} = 111300\ N \cdot mm$

$M_{C1} = \sqrt{M_{CH}{}^2 + M_{CV1}^2} = \sqrt{88370^2 + 16350^2} \approx 89870\ N \cdot mm$

$M_{C2} = \sqrt{M_{CH}{}^2 + M_{CV2}^2} = \sqrt{88370^2 + 29650^2} \approx\ N \cdot mm$

(4)作转矩图

$T_1 = 78100\ N \cdot mm$

(5)作当量弯矩图

当扭剪应力为脉动循环变应力时,取系数 $\alpha = 0.6$,则

$M_{caD} = \sqrt{M_D{}^2 + \alpha T_{12}} = \sqrt{0^2 + 0.6 \times 78100^2} \approx 46860\ N \cdot mm$

$M_{caA} = \sqrt{M_A{}^2 + \alpha T_{12}} = \sqrt{111300^2 + 0.6 \times 78100^2} \approx 1207624\ N \cdot mm$

$M_{caC1} = \sqrt{M_{C1}{}^2 + \alpha T_{12}} = \sqrt{89870^2 + 0.6 \times 78100^2} \approx 1013532\ N \cdot mm$

$M_{caC2} = M_{C2} = 93210\ N \cdot mm$

(6)最大弯矩

由当量弯矩图可见,A 处的当量弯矩最大,为

$M_e = 1207624\ N \cdot mm$

(7)计算危险截面处直径

轴的材料选用 45 号钢,调质处理,由表 11 - 1 查得 $\sigma_b = 650\ MPa$,由表 11 - 3 查得许用弯曲应力$[\sigma_{-1b}] = 60MPa$,则

$$d \geqslant \sqrt[3]{\frac{M_e}{0.1[\sigma_{-1b}]}} = \sqrt[3]{\frac{1207624}{0.1 \times 60}}\ mm = 27.2mm$$

考虑到键槽对轴的削弱，将直径增大4%，故

$d \approx 1.04 \times 27.2 = 29\ mm$

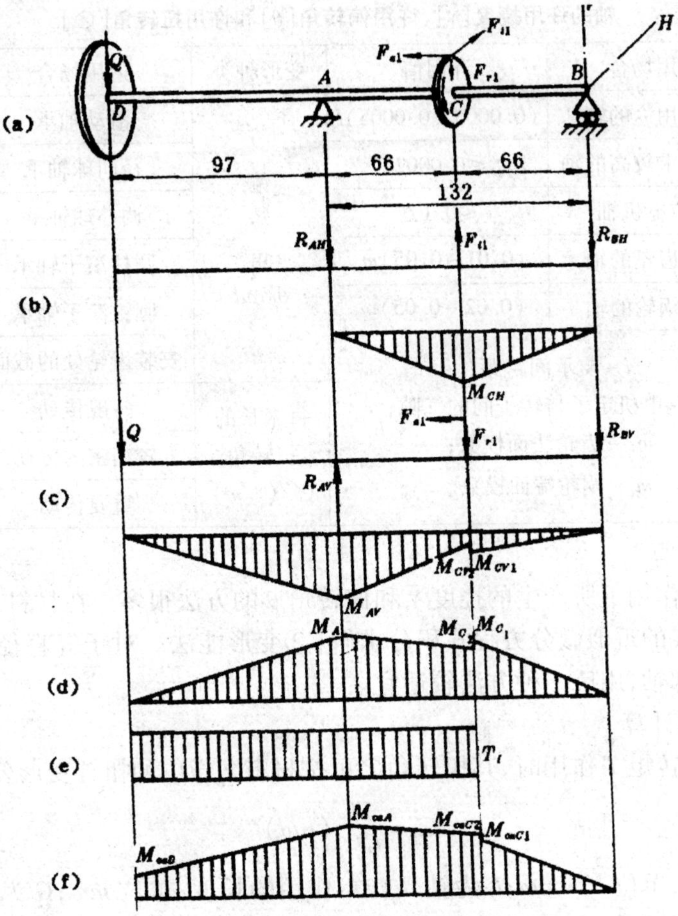

图 11－27　轴受力图

五、轴的刚度计算

轴受弯矩作用会产生弯曲变形（图 11－28），受转矩作用会产生扭转变形（图 11－29）。如果轴的刚度不够，就会影响轴的正常工作。例如电机转子轴的挠度过大，会改变转子与定子的间隙而影响电机的性能。又如机床主轴的刚度不够，将影响加工精度。

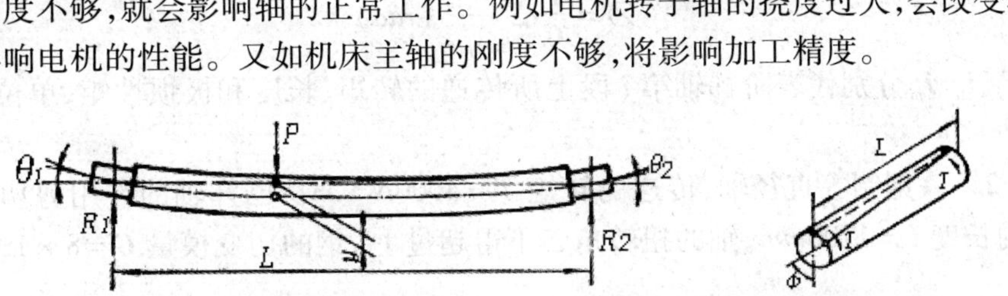

图 11－28　轴的挠度和弯角　　图 11－29　轴的扭转角

因此，为了使轴不致因刚度不够而失效，设计时必须根据轴的工作条件限制其变形量，即

挠度　　$y \leqslant [y]$

偏转角　　$\theta \leqslant [\theta]$　　(11－7)

扭转角　　$\varnothing \leqslant [\varnothing]$

式中，$[y]$、$[\theta]$和$[\varnothing]$分别为许用挠度、许用偏转角和许用扭转角，其值见表11－4。

表11－4　　轴的许用挠度$[y]$、许用偏转角$[\theta]$和许用扭转角$[\varnothing]$

变形种类	适用场合	许用值	变形种类	适用场合	许用值
挠度 y /mm	一般用途的轴	$(0.0003 \sim 0.0005)l$	偏转角 θ/rad	滑动轴承	≤0.001
	刚度要求较高的轴	$\leqslant 0.0002l$		径向球轴承	≤0.05
	感应电机轴	$\leqslant 0.1\triangle$		调心球轴承	≤0.05
	安装齿轮的轴	$(0.01 \sim 0.05)m_n$		圆柱滚子轴承	≤0.0025
	安装蜗轮的轴	$(0.02 \sim 0.05)m_t$		圆锥滚子轴承	≤0.0016
	l－支承间跨距； △－电机定子与转子间的气隙； m_n－齿轮法面模数； m_t－蜗轮端面模数。			安装齿轮处的截面	≤0.001～0.002
			每米长的扭转角 $\varnothing$/(°/m)	一般传动	0.5～1
				较精密的传动	0.25～0.5
				重要传动	<0.25

1. 弯曲变形计算

计算轴在弯矩作用下所产生的挠度 y 和偏转角 θ 的方法很多。在材料力学课程中已介绍过两种：①按挠曲线的近似微分方程式积分求解；②变形能法。对于等直径轴，用前第一种方法较简便，对于阶梯轴，用后一种方法较适宜。

2. 扭转变形的计算

等直径的轴受转矩 T 作用时，其扭转角$\varnothing$可按材料力学中的扭转变形公式求出，即

$$\varnothing = \frac{Tl}{GI_P}\ (rad) \qquad (11-8)$$

式中 T 为转矩，单位 $N \cdot mm$；L 为轴受转矩作用的长度，单位 mm；G 为材料的切变模量，单位 MPa；d 为轴径，单位 mm；I_p 为轴截面的极惯性矩。

$$I_P = \frac{\pi d^4}{32}\ (mm^4)$$

对阶梯轴，其扭转角$\varnothing$的计算式为

$$\varnothing = \frac{1}{G}\sum_{i=1}^{n}\frac{T_i l_i}{\iota_{pi}}\ (rad) \qquad (11-9)$$

式中，T_i、L_i、I_{pi}分别代表阶梯轴第 i 段上所传递的转矩、长度和极惯性矩，单位同式(11－8)。

例11－2　一钢制等直径轴，传递的转矩 $T = 4000N \cdot m$。已知轴的许用剪切应力$[\tau] = 40MPa$，轴的长度 $L = 1700mm$，轴的扭转角$\varnothing$不得超过1°，钢的切变模量 $G = 8 \times 10^4 MPa$，试求该轴的直径。

解：

(1)按强度要求，应使

$$\tau = \frac{T}{W_T} = \frac{T}{0.2d^3} \leqslant [\tau]$$

故轴的直径

$$d \geqslant \sqrt[3]{\frac{T}{0.2[\tau]}} = \sqrt[3]{\frac{4000 \times 10^3}{0.2 \times 40}} = 79.4\ mm$$

(2)按扭转刚度要求,应使

$$\varnothing = \frac{Tl}{GI_p} = \frac{32Tl}{G\pi d^4} \leqslant [\varnothing]$$

按题意 $L = 1700mm$,在轴的全长上,$[\varnothing] = 1° \times \frac{\pi}{180} rad$。故

$$d \geqslant \sqrt[4]{\frac{Tl}{\pi G[\varnothing]}} = \sqrt[4]{\frac{32 \times 4000 \times 10^3 \times 1700}{\pi \times 8 \times 10^4 \times \frac{\pi}{180}}} = 83.9\ mm$$

故该轴的直径取决于刚度要求。圆整后可取 $d = 85mm$。

§11－2　滑动轴承

轴承是用来支承轴及轴上零件、保持轴的旋转精度和减少转轴与支承之间的摩擦和磨损。按照轴承与轴工作表面间摩擦性质的不同,轴承一般分为滚动轴承和滑动轴承两大类。滚动轴承有着一系列优点,在一般机器中获得了广泛应用。但是在高速、高精度、重载、结构上要求剖分等场合下,滑动轴承就体现出它的优异性能。因而在汽轮机、离心式压缩机、内燃机、大型电机中多采用滑动轴承。此外,在低速而带有冲击的机器中,如水泥搅拌机、滚筒清砂机、破碎机等也采用滑动轴承。

仅发生滑动摩擦的轴承称为滑动轴承。根据所受载荷的方向不同,滑动轴承主要分为:①径向滑动轴承,又称向心滑动轴承,主要承受径向载荷;②止推滑动轴承,只能承受轴向载荷;③径向止推滑动轴承,既能承受径向载荷,又能承受轴向载荷。

一、滑动轴承的结构形式

(一)径向滑动轴承

图 11－30 所示是整体式径向滑动轴承。轴承用螺栓固定在机架上。滑动轴承座孔中压入用具有减摩特性的材料制成的轴套 2,并用紧固螺钉 3 固定。滑动轴承座顶部设有安装润滑装置的螺纹孔。轴套上开有油孔,并在内表面上开有油槽(图 11－31(b)),以输送润滑油减小摩擦;简单的轴套内孔则无油槽(如图 11－31(a)所示)。滑动轴承磨损后,只需更换轴套即可。整体式滑动轴承结构简单,制造成本低,但只能通过轴向移动安装和拆卸轴颈和轴承,造成安装和检修困难。此外,轴承磨损后无法调整轴颈与轴承间的间隙,必须更换新的轴套。整体式滑动轴承通常应用于轻载、低速或间歇工作的场合,如绞车、手动起重机。

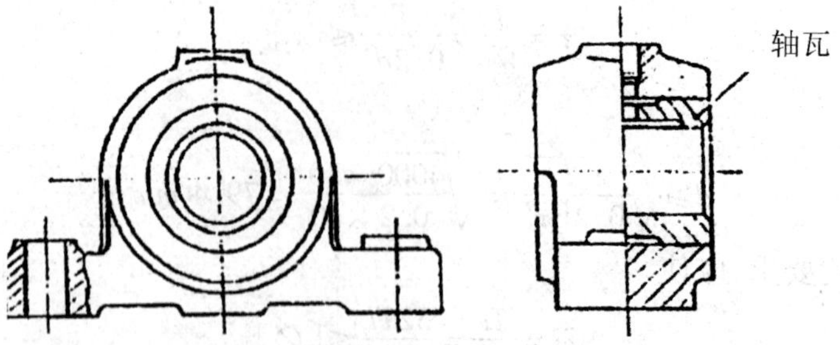

图 11－30　整体式径向滑动轴承

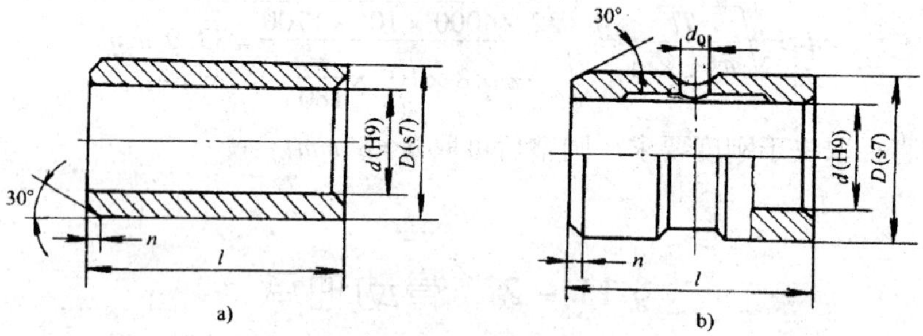

图 11－31

图 11－32 所示是一种普通的剖分式轴承，由轴承盖、轴承座、剖分轴瓦和联接螺栓等组成。轴承中直接支承轴颈的零件是轴瓦。为了安装时容易对中，在轴承盖与轴承座的剖分面上做出阶梯形的榫口。轴承盖应当适度压紧轴瓦，使轴瓦不能在轴承孔中转动。轴承盖上制有螺纹孔，以便安装油杯或油管。

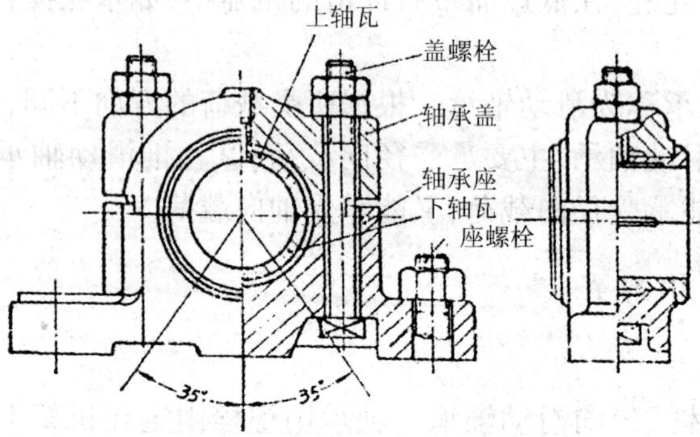

图 11－32　剖分式径向滑动轴承

当载荷垂直向下或略有偏斜时，轴承剖分面常为水平方向。若载荷方向有较大偏斜时，则轴承的剖分面也斜着布置（通常倾斜 45°），使剖分平面垂直于或接近垂直于载荷方向（图 11－33）。

径向滑动轴承的类型很多，例如有轴承间隙可调节的滑动轴承（图 11－34）、轴瓦外表面为球面的自位轴承（图 11－35）等。

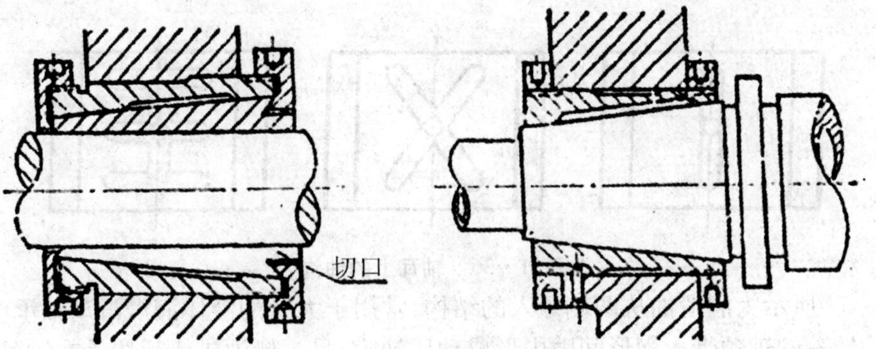

图 11－33　斜开径向轴承

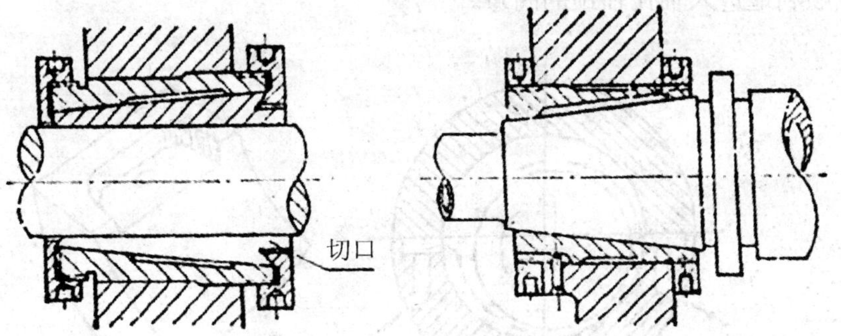

图 11－34　间隙可调滑动轴承

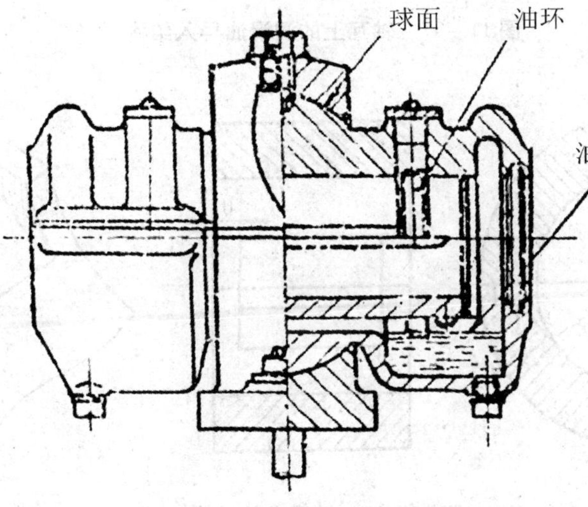

图 11－35　自位轴承

轴瓦是滑动轴承中的重要零件。径向滑动轴承的轴瓦内孔为圆柱形。若载荷方向向下，则下轴瓦为承载区，上轴瓦为非承载区。润滑油应由非承载区引入，所以在顶部开有油孔。在轴瓦内表面，以进油口为中心沿纵向、斜向或横向开有油沟，以利于润滑油均布在整个轴颈上。油沟的形式很多，如图 11－36 所示。一般油沟离端面应保持一定距离，防止润滑油从端部大量流失。

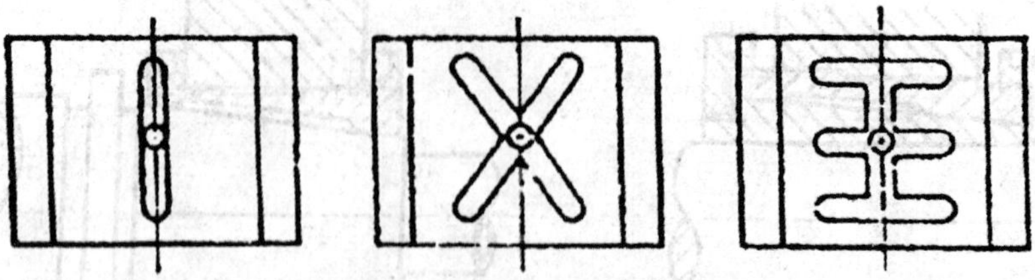

图 11－36　轴瓦上的油沟

图 11－37 所示为润滑油从两侧导入的结构，常用于大型的液体润滑滑动轴承中。一侧油进入后被旋转着的轴颈带入楔形间隙中形成动压油膜，另一侧油进入后覆盖在轴颈上半部，起着冷却作用，最后油从轴承的两端泄出。图 11－38 所示的轴瓦两侧面镗有油室，这种结构可以使润滑油顺利地进入轴瓦轴颈的间隙。

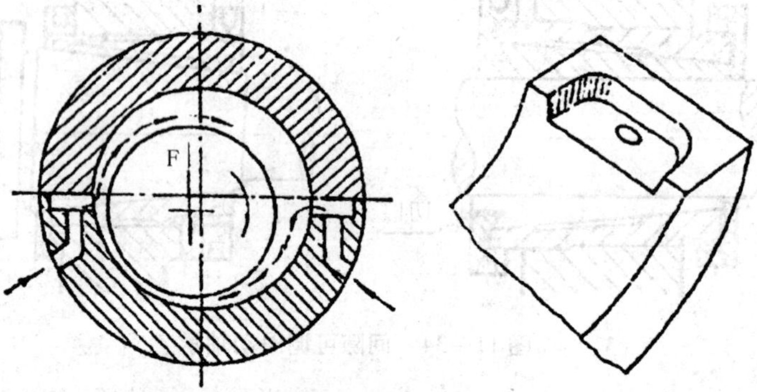

图 11－37　轴瓦上的润滑油导入结构

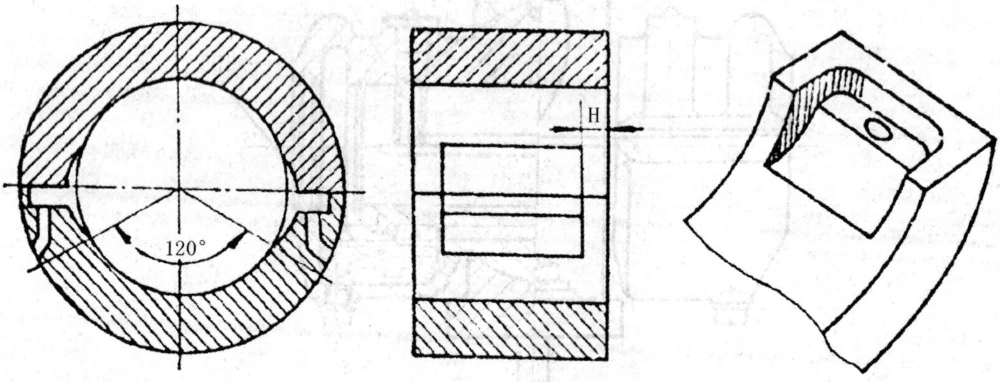

图 11－38　轴瓦上的油槽

轴瓦宽度与轴颈直径之比 B/d 称为宽径比，它是径向滑动轴承中的重要参数之一。对于液体摩擦的滑动轴承，常取 $B/d=0.5\sim1$，对于非液体摩擦的滑动轴承，常取 $B/d=0.8\sim1.5$，有时可以更大些。

（二）止推滑动轴承

止推滑动轴承是承受轴向载荷的滑动轴承。止推面可以利用轴的端面，或在轴的中段做出凸肩或装上止推圆盘，如图 11－39。由图可见，推力轴承的工作表面可以是轴的端面或轴上的环形平面。由于支承面上离中心愈远处,其相对滑动速度愈大,因而磨损也愈快。故实心端面上的压力分布极不均匀,靠近中心处的压强极高。因此,一般推力轴承大多采用环状支承面。多环轴颈不仅能承受双向的轴向载荷,且承载能力较大。

推力轴承轴颈的基本尺寸关系可按表11-5中的经验公式确定。

表11-5　　推力轴承轴颈的基本尺寸关系

符号	名称	说明
D_o d_o	轴直径 推力轴颈直径	由计算决定多环推力轴承的承压面积 $A=\frac{\pi}{4}(d_2^{\ 2}-d_1^{\ 2})Z$
d_1	空心轴颈直径	$(0.4\sim0.6)d_0$
d_2	轴环外径	$(1.2\sim1.6)d$
b	轴环宽度	$(0.1\sim0.15)d$
k	轴环距离	$(2\sim3)b$
z	轴环数	$Z\geqslant1$,由计算及结构决定

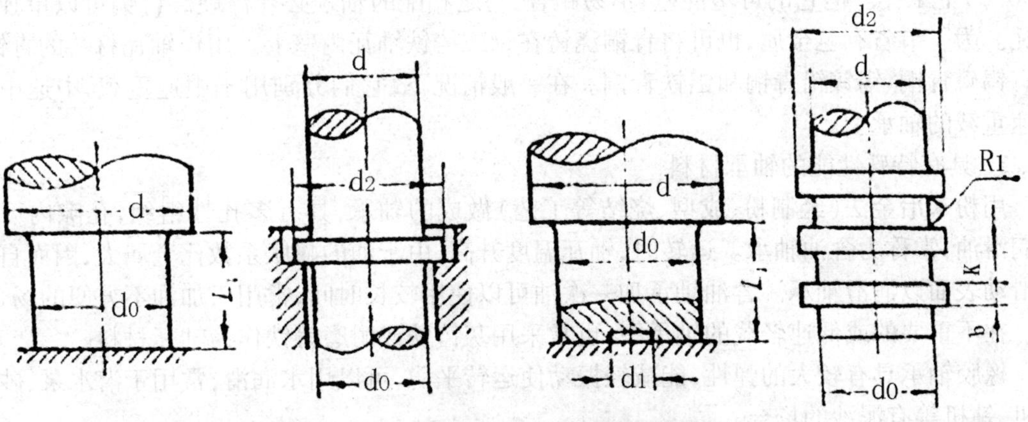

图11-39　固定式推力轴承轴颈结构形式

三、滑动轴承材料

根据轴承的工作情况,要求轴瓦材料具备以下性能:①摩擦系数小;②导热性好,热膨胀系数小;③耐磨、耐蚀、抗胶合能力强;④要有足够的机械强度和可塑性。

能同时满足上述要求的材料是难找的,但应根据具体情况满足主要实用要求。较常见的是做成双层金属的轴瓦,以便性能上取长补短。在工艺上可以用浇铸或压合方法,将薄层材料粘附在轴瓦基体上。粘附上去的薄层材料通常称为轴承衬。

常用的轴瓦和轴承衬材料有下列几种。

1. 轴承合金(又称白合金、巴氏合金)

轴承合金有锡锑轴承合金和铅锑轴承合金两大类。锡锑轴承合金的摩擦系数小,抗胶合性能良好,对油的吸附性强,耐蚀性好,易跑合,是优良的轴承材料,常用于高速、重载的轴承。

但价格贵且机械强度较差，因此只能作为轴承衬材料而浇铸在钢、铸铁（图 11－40(*a*)、(*b*)）或青铜轴瓦上（图 11－40(*c*)）。用青铜作为轴瓦基体是利用其良好的导热性。这种轴承合金在 110°*C* 开始软化，为了安全，在设计运行时常将温度控制在低于 70～80°*C*。

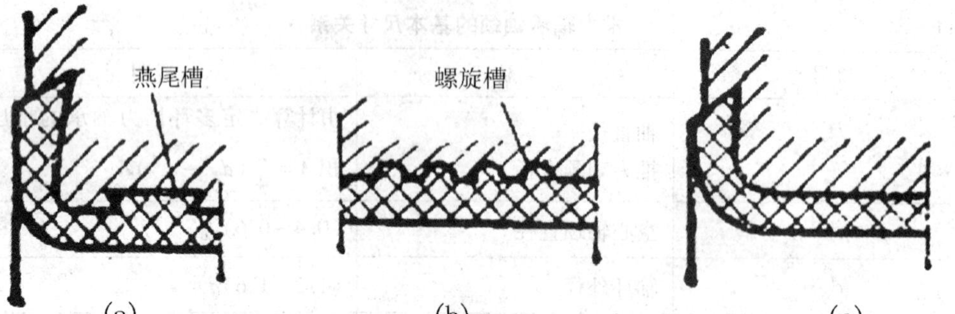

图 11－40　轴承合金的浇铸方法

铅锑轴承合金的各方面性能与锡锑轴承合金相近，但这种材料较脆，不宜承受较大的冲击载荷。一般用于中速、中载的轴承。

2. 青铜

青铜的强度高，承载能力大，耐磨性与导热性都优于轴承合金。它可以在较高的温度（250°*C*）下工作。但它的可塑性差，不易跑合，与之相配的轴颈必须淬硬。青铜可以单独做成轴瓦。为了节省有色金属，也可将青铜浇铸在钢或铸铁轴瓦内壁上。用作轴瓦材料的青铜，主要有锡磷青铜、锡锌铅青铜和铝铁青铜。在一般情况下，它们分别用于中速重载、中速中载和低速重载的轴承上。

3. 具有特殊性能的轴承材料

用粉末冶金法（经制粉、成型、烧结等工艺）做成的轴承，具有多孔性组织，孔隙内可以储存润滑油，常称为含油轴承。运转时，轴瓦温度升高，由于油的膨胀系数比金属大，因而自动进入滑动表面以润滑轴承。含油轴承加一次油可以使用较长时间，常用于加油不方便的场合。

在不重要的或低速轻载的轴承中，也常采用灰铸铁或耐磨铸铁作为轴瓦材料。

橡胶轴承具有较大的弹性，能减轻振动使运转平稳，可以用水润滑，常用于潜水泵、砂石清洗机、钻机等有泥沙的场合。

塑料轴承具有摩擦系数低，可塑性、跑合性良好，耐磨、耐蚀，可以用水、油及化学溶液润滑等优点。但它的导热性差，膨胀系数较大，容易变形。为改善此缺陷，可将薄层塑料作为轴承衬材料粘附在金属轴瓦上使用。

表 11－6、表 11－7 中给出常用轴瓦及轴承衬材料的[*p*]、[*pv*]等数据。

表 11－6　　常用轴瓦及轴承衬材料的性能

材料及其代号	[p] MPa		[pv] /(MPa. m/s)	HBS		最高工作温度°C	轴颈硬度
				金属型	砂型		
铸锡锑轴承合金 ZSnSb11Cu6	平稳	25	20	27		150	150 HBS
	冲击	20	15				
铸铅锑轴承合金 ZPbSb16Sn16Cu2	15		10	30		150	150 HBS
铸锡磷青铜 ZCuSn10P1	15		15	90	80	280	45 HRC
铸锡锌铅青铜 ZCuSn5Pb5Zn5	8		15	65	60	280	45 HRC
铸铝青铜 ZCuAl10Fe3	15		12	110	100	280	45 HRC

注:[pv]值为非液体摩擦下的许用值

表 11－7　　轴瓦常用非金属材料

材料	最大许用值 [p](MPa)	最大许用值 [v](m/s)	最大许用值 [pv](MPa·m/s)	最高工作温度 (°C)	备注
酚醛塑料	42	12.7	0.53	110	用于重载大型轴承。导热性差,需充分润滑(水或油),耐水、酸、碱的侵蚀。
聚酰胺(尼龙)	7	5.1	0.11	110	用于中载小型轴承。轻载时可不加润滑剂,摩擦系数低,耐磨性好,工作安静。
聚四氟乙烯	3.5	0.25	0.036	280	摩擦系数很低,自润滑性能好,耐腐蚀,但成本高,承载能力差。
加强聚四氟乙烯	17.5	5.1	0.36	280	用石墨及其他惰性材料作填料时[pv]值大大提高。
聚碳酸酯	7	5.1	0.11	120	易于成型,价廉。
聚甲醛	7	5.1	0.11	100	易于成型,价廉。
碳－石墨	4.2	12.7	0.53	420	有自润滑性,常用于高温、要求清洁或在腐蚀性介质中工作的轴承。长时间运转时,其[pv]值还需降低。
橡胶	0.35	20.3	–	85	用于水润滑轴承。能补偿安装误差和吸振,导热性差。
木材	14	10.2	0.43	88	有自润滑性,耐化学腐蚀。用于要求清洁工作的轴承。

四、滑动轴承的润滑

由于润滑情况不同,摩擦表面间有以下几种润滑状态:

1. 无润滑状态——干摩擦(图 11-41(*a*))

摩擦表面间无任何润滑剂存在,发生运动时,摩擦表面直接接触。干摩擦摩擦系数 f 较大,约为 0.1 ~ 1.5。

2. 边界润滑状态——边界摩擦(图 11-41(*b*))

当摩擦表面间加入少量润滑剂,润滑剂中与界面亲和力强的极性分子(即油性剂,以图 11-42(*a*)的符号表示,小圈表示极性基)的极性基一端因物理吸附作用吸附在界面上形成边界油膜,其厚度约为 0.1 ~ 0.4μm。边界膜内,由于分子之间的引力,吸附在界面上的分子形成定向排列的分子栅(图 11-42(*b*))。由于分子定向紧密排列,分子之间的内聚力使边界膜具有一定的承载能力。离界面愈远,吸附力愈弱,因此当摩擦副运动时第一层吸附分子牢固地吸附在界面上随界面移动,而外层分子之间则发生相对滑移,这就取代了界面的直接摩擦,降低了摩擦系数。边界润滑时摩擦系数 f 约为 0.05 ~ 0.5。但是,由于界面微观的凹凸不平,在载荷作用之下,接触凸峰的压力极大。当两界面相互滑动时,接触点上的温度也极高,导致边界油膜部分破裂,使摩擦表面某些凸点直接接触。因此纯粹的边界油膜实际上是很难单独存在的。

3. 流体润滑状态——流体摩擦(图 11-41(*c*))

摩擦副表面被边界膜和流体膜组成的流体润滑剂完全隔开,界面之间的摩擦被流动油膜内的流体分子间的内摩擦所取代,因而摩擦系数显著降低。其中流体动压润滑,是利用表面相对运动使流体自然产生内压承受外载以分离表面;利用压力油把接触面隔开的称为流体静压润滑。液体动压润滑的摩擦系数 f 约为 0.001 ~ 0.01;液体静压润滑时,摩擦系数 $f<0.001$。

4. 混合润滑状态——混合摩擦(图 11-41(*d*))

半干摩擦和半流体摩擦都属混合摩擦。半干摩擦是指摩擦表面间同时存在着干摩擦和边界摩擦的情况。半流体摩擦是指在摩擦表面同时存在着流体摩擦和边界摩擦,并偶有部分干摩擦(图 11-41(*d*))。

对于滑动轴承,摩擦表面之间最低限度应维持边界润滑或混合润滑状态。根据工作需要,有的应实现流体润滑状态。无润滑状态应力求避免。

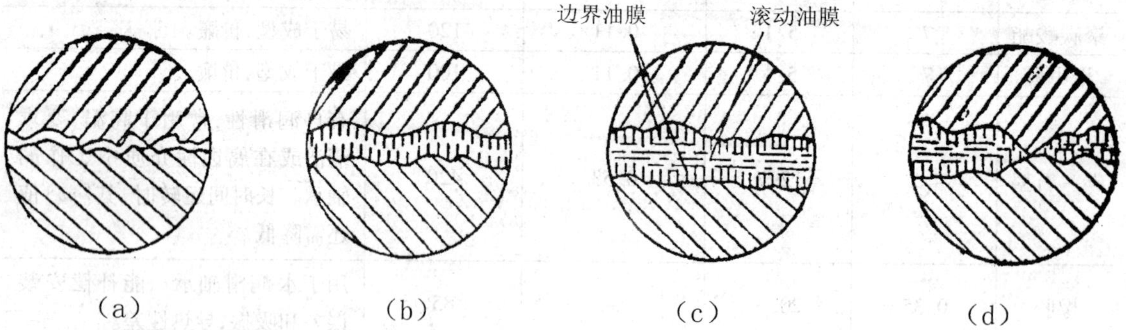

图 11-41

(a)

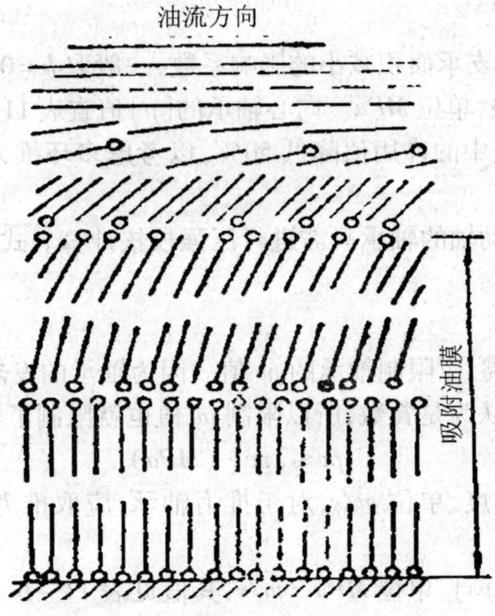

(b)

图 11-42

五、混合摩擦润滑滑动轴承的设计计算

对于在工作性能要求不高,速度较低,载荷不大,难于维护等条件下工作的轴承,往往采用混合摩擦润滑滑动轴承。因为在上述工作条件下,采用液体动压润滑滑动轴承不仅技术上困难,而且也是不经济的。

为了防止轴承发生胶合现象以及过早地磨损而报废,混合摩擦润滑滑动轴承设计计算的准则是力求在摩擦表面间保持一层边界油膜,根据边界油膜的机械强度和破裂温度来决定轴承的工作能力。但由于促使边界油膜破裂的因素十分复杂,所以目前仍采用简化的条件性计算方法:

1. 限制轴承工作面上的压强 p

为了防止边界油膜破裂和被挤走,应限制轴承工作面上的压强

对于向心轴承　$$p=\frac{F_r}{dB}\leqslant[p]\ (MPa)$$

对于推力轴承　$$p=\frac{F_x}{z\times\frac{\pi}{4}(d_2{}^2-d_0{}^2)k}\leqslant[p]\ (MPa) \tag{11-10}$$

式中F_r—— 轴承径向载荷,单位 N;

F_x——轴承轴向载荷,单位 N;

d、d_o、d_2——轴颈直径,单位 mm;

B——轴颈有效宽度;

Z——轴环数;

k——考虑油沟使支承面积减小的影响系数,一般取 $k=0.9\sim0.95$;

$[p]$——许用压强,单位 MPa。向心轴承的 $[p]$ 值查表 11-6 和表 11-7;对于推力轴承,当环数 $Z>1$ 时,应将表中的许用值降低 50%,以考虑多环推力轴承各环间载荷分布不均匀的影响。

对于低速轴或间歇转动轴的轴承只需进行压强校核计算。式(11-1)也可以用来求轴承尺寸。

2. 限制轴承的 pv 值

为了防止轴承温升过高,应限制轴承的 pv 值。因为轴承的发热量与单位面积上表征摩擦功耗的 fpv 值成正比。f 可认为是常数,所以限制 pv 值也就限制了轴承的温升,即

$$pv \leqslant [pv]\ (MPa) \tag{11-11}$$

式中 v——轴颈圆周速度,单位 m/s;对于推力轴承,应取推力轴承平均直径的圆周速度 v_m;

$[pv]$——向心轴承的 $[pv]$,单位 $MPa\cdot m/s$,其值见表 11-6 与表 11-7;推力轴承,应将 $[pv]$ 适当降低,对于钢轴颈与金属轴瓦,取 $[pv]=(2\sim4)MPa\cdot m/s$ 。

3. 限制滑动速度 v

当压强 p 较小时,即使 p 与 pv 都在许用范围内,也可能由于滑动速度过高而加速磨损,因此要求

$$v \leqslant [v]\,(m/s) \tag{11-12}$$

$[v]$ 值见表 11-7。

液体动压润滑滑动轴承在启动和停车时处于混合摩擦状态,所以设计液体动压轴承时也要进行上述计算。

§11-3 滚动轴承

以滚动摩擦为主的轴承称为滚动轴承。与滑动轴承相比,滚动轴承具有摩擦阻力小,起动灵敏、效率高、润滑简便和易于互换等优点,所以获得广泛应用。它的缺点是抗冲击能力较差,高速时出现噪声,工作寿命也不及液体摩擦的滑动轴承。由于滚动轴承已经标准化,并由轴承厂大批生产,所以,设计者的任务主要是熟悉标准、正确选用合适类型和尺寸的滚动轴承,并对轴承的安装、润滑、密封等问题给予合理设计。

一、滚动轴承的结构

滚动轴承一般是由内圈、外圈、滚动体和保持架组成(图 11-43)。通常内圈随轴颈转动,外圈装在机座或零件的轴承孔内固定不动。内外圈都制有滚道,当内外圈相对旋转时,滚动体将沿滚道滚动。保持架的作用是把滚动体沿滚道均匀地隔开,如图 11-44 所示。

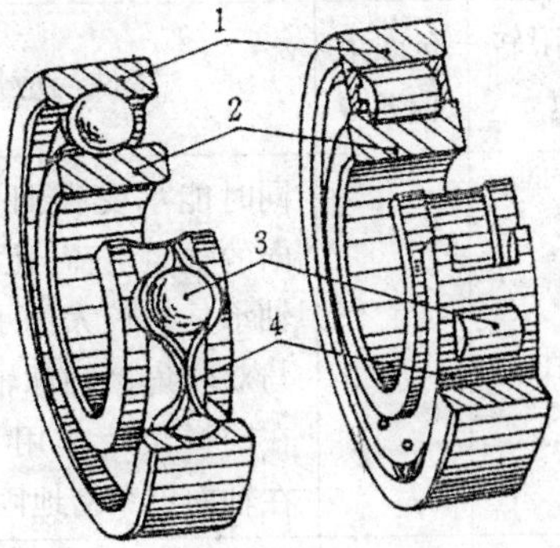

图 11－43　滚动轴承结构

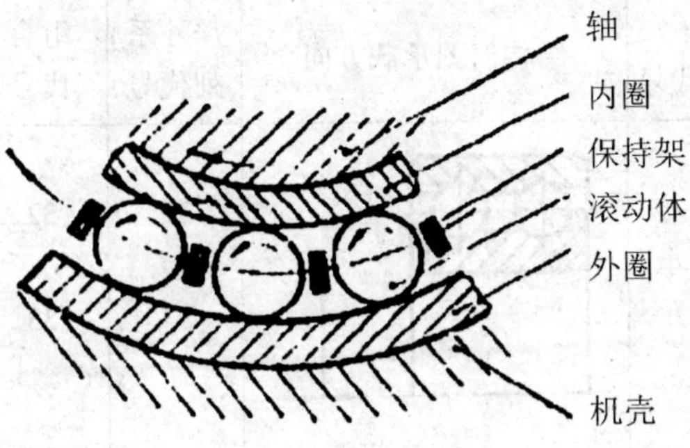

图 11－44　滚动轴承运动

滚动体与内外圈的材料应具有较高的硬度和接触疲劳强度、良好的耐磨性和冲击韧性。一般用含铬合金钢制造，经热处理后硬度可达 $HRC$61～65，工作表面须经磨削和抛光。保持架一般用低碳钢板冲压制成，高速轴承多采用有色金属或塑料保持架。

二、滚动轴承的类型

按照滚动轴承所承受载荷的不同，滚动轴承可分成三大类：

1. 向心轴承。主要承受或只能承受径向载荷的滚动轴承。
2. 推力轴承。只能承受轴向载荷的滚动轴承。
3. 向心推力轴承。能同时承受径向载荷和轴向载荷的滚动轴承。

按滚动体形状不同滚动轴承可分为球轴承和滚子轴承，图 11－45 给出了不同形状的滚动体。滚子又分为长圆柱滚子、短圆柱滚子、螺旋滚子、圆锥滚子、球面滚子和滚针等。滚动轴承中的滚动体可以是单列的也可以是双列的。

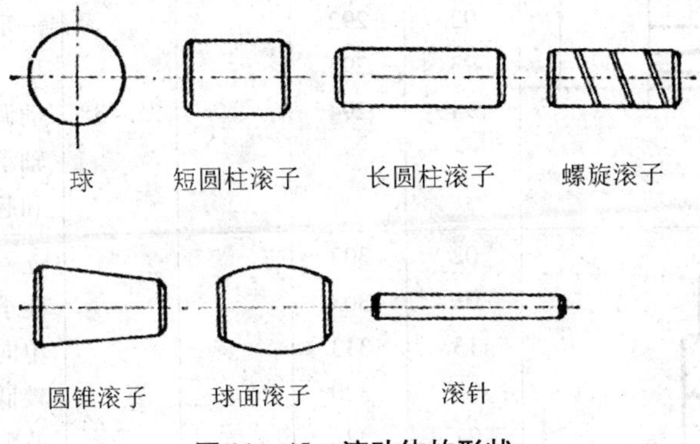

图 11－45　滚动体的形状

滚动轴承常用的类型和特性，见表 11－8。

表 11－8　　滚动轴承的主要类型和特性

轴承名称、类型及代号	结构简图承载方向	尺寸系列代号	组合代号	极限转速 n_c	允许角偏差 θ	特性与应用
双列角接触球轴承 (0)	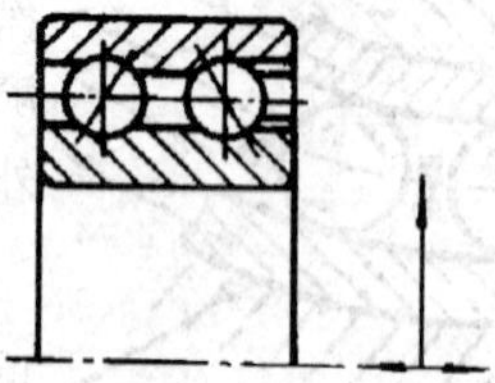	32 33	32 33	中		同时能承受径向负荷和双向的轴向负荷，比角接触球轴承具有较大的承载能力，与双联角接触球轴承比较，在同样负荷作用下能使轴在轴向更紧密地固定
调心球轴承 1 或(1)	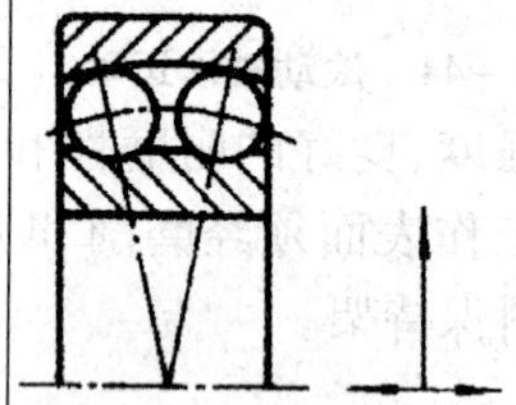	(0)2 22 (0)3 23	12 22 13 23	中	2°～3°	主要承受径向负荷，可承受少量的双向轴向负荷。外圈滚道为球面，具有自动调心性能。适用于多支点轴、弯曲刚度小的轴以及难于精确对中的支承
调心滚子轴承 2	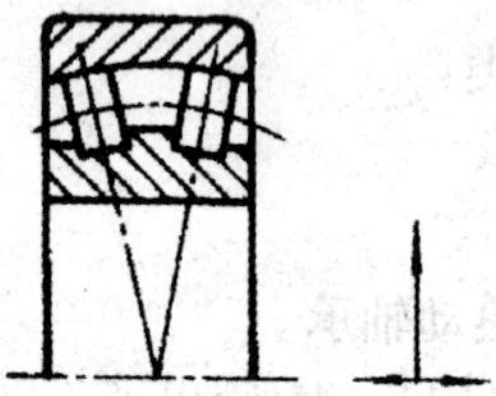	13 22 23 30 31 32 40 41	213 222 223 230 231 232 240 241	中	0.5°～2°	主要承受径向负荷，其承载能力比调心球轴承约大一倍，也能承受少量的双向轴向负荷。外圈滚道为球面，具有调心性能，适用于多支点轴、弯曲刚度小的轴及难于精确对中的支承
推力调心滚子轴承 2	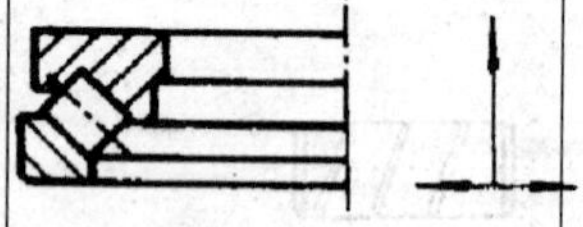	92 93 94	292 293 294		2°～3°	可承受很大的轴向负荷和一定的径向负荷，滚子为鼓形，外圈滚道为球面，能自动调心。转速可比推力球轴承高。常用于水轮机轴和起重机转盘等
圆锥滚子轴承 3	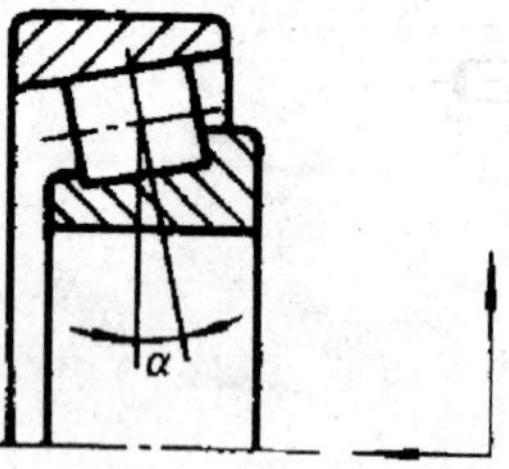	02 03 13 20 22 23 29 30 31 32	302 303 313 320 322 323 329 330 331 332	中	2′	能承受较大的径向负荷和单向的轴向负荷，极限转速较低。内外圈可分离，轴承游隙可在安装时调整。通常成对使用，对称安装。适用于转速不太高，轴的刚性较好的场合

续表

轴承名称、类型及代号	结构简图承载方向	尺寸系列代号	组合代号	极限转速 n_c	允许角偏差 θ	特性与应用
双列深沟球轴承 4	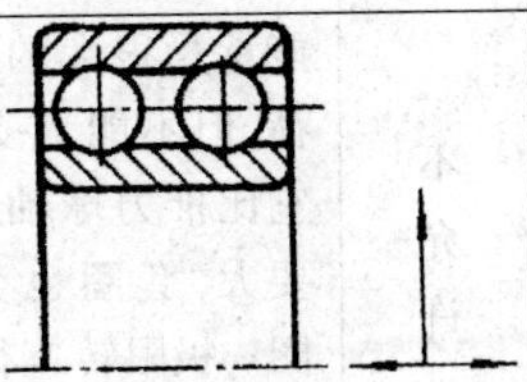	(2)2 (2)3	42 43	中		主要承受径向负荷，也能承受一定的双向轴向负荷。它比深沟球轴承具有较大的承载能力
推力球轴承 5	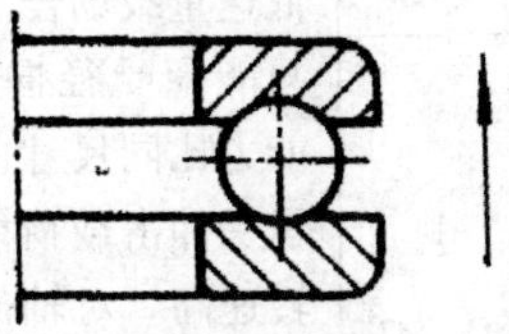	11 12 13 14	511 512 513 514	低	不允许	推力球轴承的套圈与滚动体可分离，单向推力球轴承只能承受单向轴向负荷，两个圈的内孔不一样大，内孔较小的与轴配合，内孔较大的与机座固定。双向推力球轴承可以承受双向轴向负荷，中间圈与轴配合，另两个圈为松圈 高速时，由于离心力大，寿命较低。常用于轴向负荷大、转速不高场合
	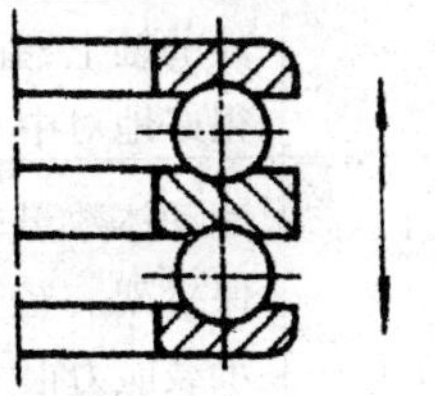	22 23 24	522 523 524	低	不允许	
深沟球轴承 6 或(16)	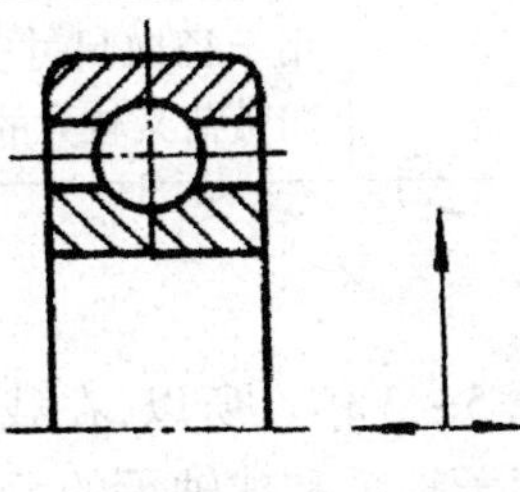	17 37 18 19 (0)0 (1)0 (0)2 (0)3 (0)4	617 637 618 619 160 60 62 63 64	高	8′～16′	主要承受径向负荷，也可同时承受少量双向轴向负荷，工作时内外圈轴线允许偏斜。摩擦阻力小，极限转速高，结构简单，价格便宜，应用最广泛。但承受冲击载荷能力较差，适用于高速场合。在高速时可代替推力球轴承
角接触球轴承 7	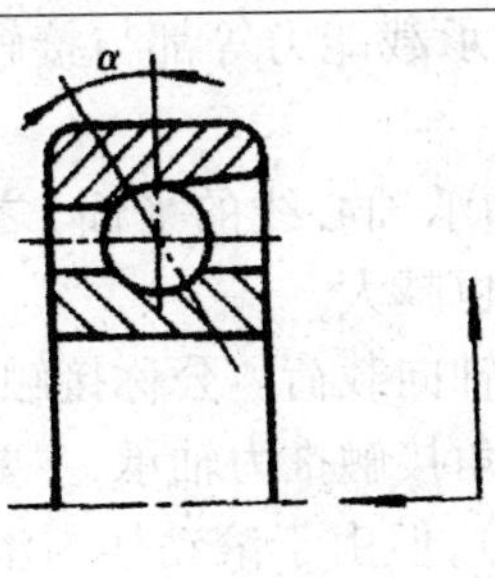 	19 (1)0 (0)2 (0)3 (0)4	719 70 72 73 74	较高	2′～3′	能同时承受径向负荷与单向的轴向负荷，公称接触角 α 有 15°、25°、40°三种，越大，轴向承载能力也越大。成对使用，对称安装，极限转速较高。适用于转速较高，同时承受径向和轴向负荷场合

续表

轴承名称、类型及代号	结构简图承载方向	尺寸系列代号	组合代号	极限转速 n_c	允许角偏差 θ	特性与应用
推力圆柱滚子轴承 8	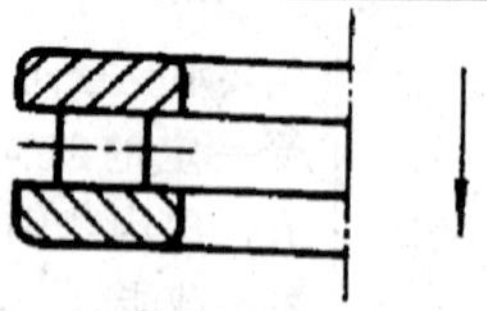	11 12	811 812	低	不允许	能承受很大的单向轴向负荷,但不能承受径向负荷。它比推力球轴承承载能力要大,套圈也分紧圈与松圈。极限转速很低,适用于低速重载场合
圆柱滚子轴承 *N*	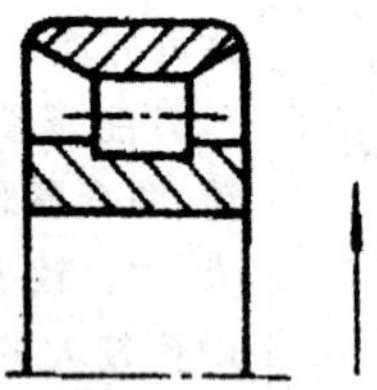	10 (0)2 22 (0)3 23 (0)4	*N*10 *N*2 *N*22 *N*3 *N*23 *N*4	较高	2′~4′	只能承受径向负荷。承载能力比同尺寸的球轴承大,承受冲击载荷能力大,极限转速高。对轴的偏斜敏感,允许偏斜较小,用于刚性较大的轴上,并要求支承座孔很好地对中
滚针轴承 *NA*	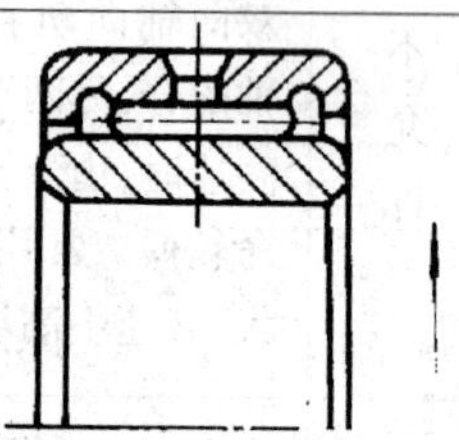	48 49 69	*NA*48 *NA*49 *NA*69	低	不允许	滚动体数量较多,一般没有保持架。径向尺寸紧凑且承载能力很大,价格低廉。不能承受轴向负荷,摩擦系数较大,不允许有偏斜。常用于径向尺寸受限制而径向负荷又较大的装置中

由于结构的不同,各类轴承的使用性能如下。

1. 承载能力

在同样外形尺寸下滚子轴承的承载能力约为球轴承的1.5~3倍。所以,在载荷较大或有冲击载荷时宜采用滚子轴承。但当轴承内径 $d \leqslant 20mm$ 时,滚子轴承和球轴承的承载能力已相差不多,而球轴承的价格一般低于滚子轴承,故可优先选用球轴承。

2. 接触角 α

接触角是滚动轴承的一个主要参数,轴承的受力分析和承载能力等都与接触角有关。表11-9列出了各类轴承的公称接触角。

滚动体和套圈接触处的法线与轴承径向平面(垂直于轴承轴心线的平面)之间的夹角称为公称接触角。公称接触角越大,轴承承受轴向载荷的能力也越大。

由于接触角的存在,角接触轴承可同时承受径向载荷和轴向载荷。公称接触角小的,如角接触向心轴承,主要用于承受径向载荷;公称接触角大的,如角接触推力轴承,主要用于承受轴向载荷。径向接触向心球轴承的公称接触角为零(表11-9),但由于滚动体与滚道间留有微量间隙,受轴向载荷时轴承内外圈间将产生轴向相对位移,实际上形成一个不大的接触角,所以它也能承受一定的轴向载荷。

表 11－9　　**各类球轴承的公称接触角**

轴承类型	径向轴承		推力轴承	
	径向接触	向心角接触	推力角接触	轴向接触
公称接触角 α	$\alpha=0°$	$0°<\alpha\leqslant45°$	$45°<\alpha<90°$	$\alpha=90°$
图例	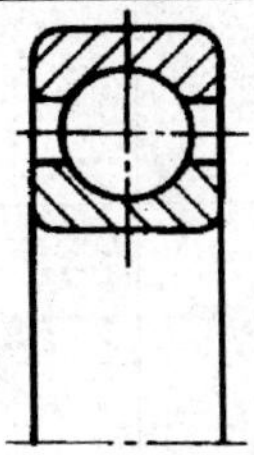	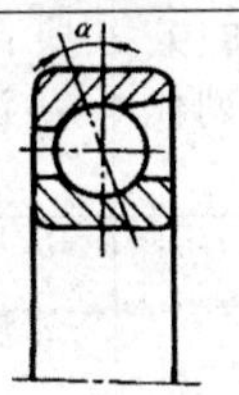	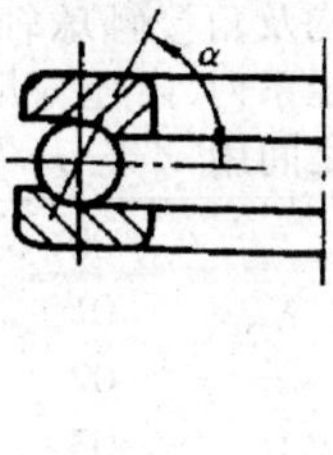	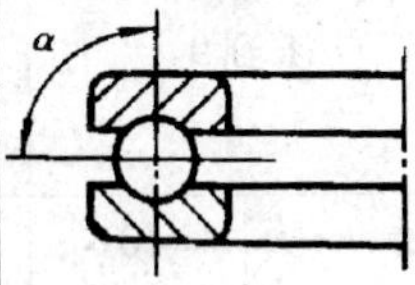

3. 极限转速 n_c

滚动轴承转速过高会使摩擦面间产生高温，润滑失效，从而导致滚动体回火或胶合破坏。轴承在一定载荷和润滑条件下，允许的最高转速称为极限转速，其具体数值见有关手册。各类轴承极限转速的比较，见表 11－8。如果轴承极限转速不能满足要求，可采取提高轴承精度、适当加大间隙、改善润滑和冷却条件、选用青铜保持架等措施。

4. 角偏差 θ

轴承由于安装误差或轴的变形等都会引起内外圈中心线发生相对倾斜。其倾斜角称为角偏差。各类轴承的允许角偏差见表 11－8。

三、滚动轴承的代号

滚动轴承的类型很多，而各类轴承又有不同的结构、尺寸、精度和技术要求，为便于组织生产和选用，应规定滚动轴承的代号。滚动轴承的代号表示方法如下：

前置代号　　基本代号　　后置代号

1. 基本代号。表示滚动轴承的基本类型、结构和尺寸，是轴承代号的基础。基本代号由轴承类型代号、尺寸系列代号、内径代号构成，排列如下：

类型代号　　尺寸系列　　内径代号

（1）内径尺寸代号：右起第一、二位数字表示内径尺寸，表示方法见表 11－10。

（2）尺寸系列代号：右起第三、四位表示尺寸系列（第四位为 0 时可不写出）。为了适应不同承载能力的需要，同一内径尺寸的轴承，可使用不同大小的滚动体，因而使轴承的外径和宽度也随着改变。这种内径相同而外径或宽度不同的变化称为尺寸系列，见表 11－11。

（3）类型代号：右起第五位表示轴承类型，其代号见表 11－8。代号为 0 时不写出。

2. 前置代号：表示成套轴承分部件代号，用字母表示，见表 11－12。例如以 *L* 表示可分离的内圈或外圈等。示例 *LNU*207。

3. 后置代号：表示轴承内部结构、公差等级等，其顺序见表 11－12，常见的轴承内部结构代号和公差等级见表 11－13 和 11－14。

表 11－10　　轴承内径尺寸代号

内径尺寸		代号表示	举例	
			代号	内径
1 到 9		用公称内径毫米直接表示，对深沟及角接触球轴承 7、8、9、直径系列，内径与尺寸系列代号之间用“/”分开	深沟球轴承 62/5 深沟球轴承 618/7	$d=5mm$ $d=7mm$
10 到 17	10	00	深沟球轴承 6200	$d=10mm$
	12	01		
	15	02		
	17	03		
20～480（5 的倍数）		内径/5 的商	调心滚子轴承 23208	$d=40mm$
22、28、32 及 500 以上		/内径	调心滚子轴承 230/500 深沟球轴承 62/22	$d=500mm$ $d=22mm$

表 11－11　　向心轴承、推力轴承尺寸系列代号表示法

直径系列代号	向心轴承							推力轴承			
	宽度系列代号							高度系列代号			
	窄 0	正常 1	宽 2	特宽 3	特宽 4	特宽 5	特宽 6	特低 7	低 9	正常 1	正常 2
	尺寸系列代号										
超特轻 7	–	17	–	37	–	–	–	–	–	–	–
超轻 8	08	18	28	38	48	58	68	–	–	–	–
超轻 9	09	19	29	39	49	59	69	–	–	–	–
特轻 0	00	10	20	30	40	50	60	70	90	10	–
特轻 1	01	11	21	31	41	51	61	71	91	11	–
轻 2	02	12	22	32	42	52	62	72	92	12	22
中 3	03	13	23	33	–	–	63	73	93	13	23
重 4	04	–	24	–	–	–	–	74	94	14	24

表 11－12　　轴承前置、后置代号排列

轴承代号									
前置代号	基本代号	后置代号							
		1	2	3	4	5	6	7	8
成套轴承分部件		内部结构	密封与防尘套圈变形	保持架及其材料	轴承材料	公差等级	游隙	配置	其他

表 11－13　　　　　　　　　　**轴承内部结构代号**

代号	含义	示例
C	角接触球轴承公称接触角 $\alpha=15°$ 调心滚子轴承 C 型	7005C 23122C
AC	角接触球轴承公称接触角 $\alpha=25°$	7210AC
B	角接触球轴承公称接触角 $\alpha=40°$ 圆锥滚子轴承接触角加大	7210B 32310B
E	加强型	N207E

表 11－14　　　　　　　　　　**轴承公差等级代号**

代号	含义	示例
/P0	公差等级符合标准规定的 0 级（可省略不标注）	6205
/$P$6	公差等级符合标准规定的 6 级	6205/$P$6
/$P6X$	公差等级符合标准规定的 6X 级	6205/$P6X$
/$P$5	公差等级符合标准规定的 5 级	6205/$P$5
/$P$4	公差等级符合标准规定的 4 级	6205/$P$4
/$P$2	公差等级符合标准规定的 2 级	6205/$P$2

例 11－3　试说明轴承代号 6208/$P$53 和 7312C 的意义。

6208/$P$53 表示内径为 40mm，宽度代号为 0，直径代号为 2，正常结构，$P$5 级精度，径向游隙为 3 组的深沟球轴承。

7312C 表示内径为 60mm，宽度代号为 0，直径代号为 3，正常结构，公称接触角为 15°的角接触球轴承。

四、滚动轴承的失效形式

1. 疲劳破坏

在工作过程中，滚动体和内外圈不断地接触，滚动体与滚道受变应力作用，可近似地看作是脉动循环。在载荷的反复作用下，首先在表面下一定深度处产生疲劳裂纹，继而扩展到接触表面，形成疲劳点蚀，致使轴承不能正常工作。通常，疲劳点蚀是滚动轴承的主要失效形式。

2. 塑性变形

当轴承转速很低或间歇摆动时，一般不会产生疲劳损坏。而很大的静载荷或冲击载荷会使轴承滚道和滚动体接触处产生塑性变形，使滚道表面形成变形凹坑。从而使轴承在运转中产生剧烈振动和噪声，无法正常工作。

此外，使用维护和保养不当或密封润滑不良也能引起轴承早期磨损、胶合、内外圈和保持架破损等失效形式。

五、滚动轴承寿命

轴承的套圈或滚动体的材料首次出现疲劳点蚀前，一个套圈相对于另一个套圈的转数，称为轴承的寿命。寿命还可以用在恒定转速下的运转小时数来表示。

对于一组同一型号的轴承，由于材料、热处理和工艺等很多随机因素的影响，即使在相同条件下运转，寿命也不一样，有的甚至相差几十倍。因此对一个具体轴承，很难预知其确切的寿命。但大量的轴承寿命试验表明，轴承的可靠性与寿命之间有如图 11－46 所示的关系。可靠性常用可靠度 R 度量。一组相同轴承能达到或超过规定寿命的百分率，称为轴承寿命的可靠度。如图所示，当寿命 L 为 1(10^6 转)时，可靠度 R 为 90%。

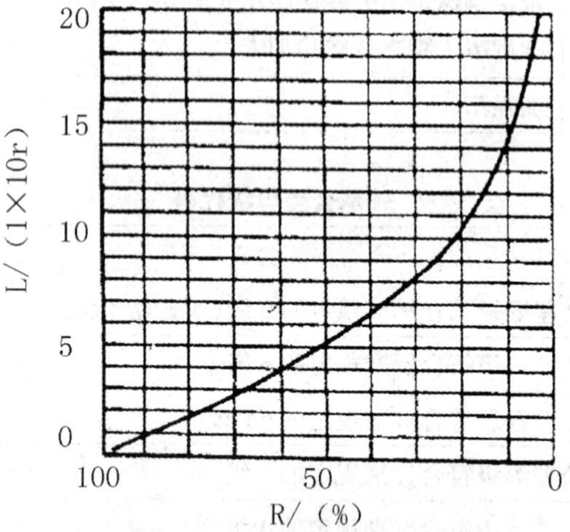

图 11－46　轴承寿命曲线

一组同一型号轴承在相同条件下运转，其可靠度为 90% 时，能达到的寿命称为额定寿命，单位为百万转(10^6 转)。换言之，即 90% 的轴承在发生疲劳点蚀前能达到的寿命，称为额定寿命。对单个轴承来讲，能够达到此寿命的概率为 90%。

六、滚动轴承的选用

滚动轴承是标准化零件，种类繁多，特性各异，在了解各类轴承应用特点的基础上，选用时还应考虑以下一些因素：

1. 所承受载荷的大小、方向和性质。载荷的大小和方向是选择滚动轴承类型的主要因素。当结构尺寸相同时，滚子轴承的承载能力比球轴承大，承受冲击载荷的能力也较强。

(1) 承受载荷较小且平稳时，可选用球轴承，载荷较大且有冲击时，宜选用滚子轴承。

(2) 仅为径向载荷时，可选用向心轴承，仅为轴向载荷时，可选用推力轴承。

(3) 当径向载荷 Fr 与轴向载荷 Ft 同时作用时：

①轴向载荷远小于径向载荷($Ft < < Fr$)时，选用向心球轴承(如深沟球轴承、调心球轴承等)；

②一般情况下，轴向载荷小于径向载荷($Ft < Fr$)时，选用向心推力轴承(角接触球轴承、四点接触球轴承等)；

③轴向载荷较大($Ft > Fr$)时，可选用接触角较大的角接触球轴承或大锥角的圆锥滚子轴承；

④轴向载荷($Ft > > Fr$)很大时，可采用推力轴承与向心轴承组合，分别承受轴向载荷与径向载荷。

2. 转速和回转精度。当轴承的结构尺寸、精度相同时，球轴承比滚子轴承径向间隙小。理论上球轴承是点接触，极限转速高。

(1)转速高、回转精度高的轴宜选用球轴承;滚子轴承一般用于低速轴上。

(2)轴向载荷较大或纯轴向载荷的高速轴(轴颈圆周速度大于 $5m/s$),宜选用角接触球轴承而不选用推力球轴承,因为转速高时滚动体的离心惯性力很大,会使推力轴承工作条件恶化。

3. 调心性能　在支点跨距大或难以保证两轴承的同轴度时,应选择调心轴承,这类轴承在内外圈轴线有不大的相对偏斜时,仍能正常工作。具有调心性能的滚动轴承必须在轴的两端成对使用,如果一端采用调心轴承,另一端使用不能调心的轴承,则不能起调心作用。

4. 经济性　普通结构的轴承比采用特殊结构的轴承便宜,球轴承比滚子轴承便宜。只要能满足使用的基本要求,应尽可能选用普通结构的球轴承。滚动轴承的公差等级分/*P*0,/*P*6,/*P*6*x*,/*P*5,/*P*4,/*P*2 等 6 级,轴承精度依次由低到高,其价格也依次升高。一般尽可能选用/*P*0 级(轴承代号中省略不表示),只有对回转精度有较高要求时,才选用相应公差等级的轴承。此外,选用轴承还应考虑轴承装拆是否方便、市场供应是否充足等因素。

七、滚动轴承的组合设计、润滑与密封

(一)滚动轴承的组合设计

为保证轴承在机器中能正常工作,除合理选择轴承类型、尺寸外,还应正确进行轴承的组合设计,处理好轴承与其周围零件之间的关系。也就是要解决轴承的轴向位置固定、轴承与其他零件的配合、间隙调整、装拆和润滑密封等一系列问题。

1. 轴承的固定

(1)双支点单向固定

如图 11－47 所示,使轴的两个支点中每一个支点都能限制轴的单向移动,两个支点合起来就限制了轴的双向移动。它适用于工作温度变化不大的短轴,考虑到轴因受热而伸长,在轴承盖与内外圈端面之间应留出热补偿间隙(图 11－47(*b*))。

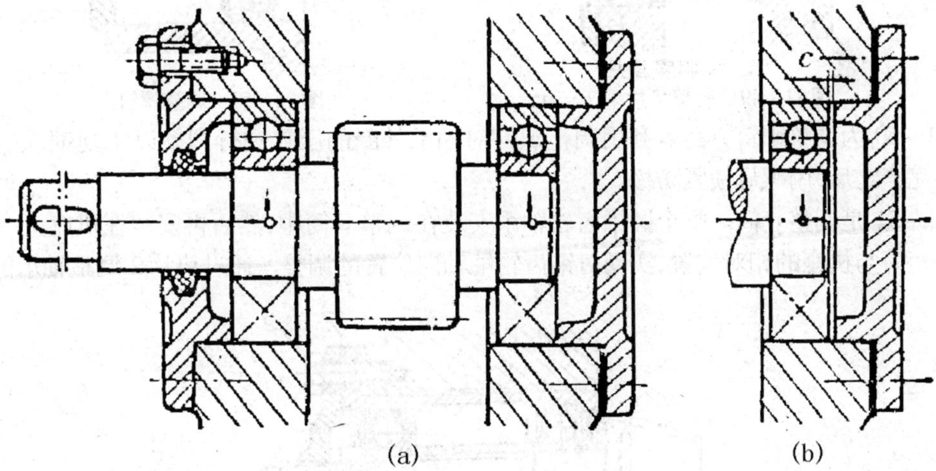

(a)　(b)

图 11－47　双支点单向固定

(2)单支点双向固定

这种固定方式适用于温度变化较大的长轴,如图 11－48 所示,在两个支点中使一个支点能限制轴的双向移动,另一个支点则可作轴向移动。可作轴向移动的支承称为游动支承,它不承受轴向载荷。图(*a*)右轴承外圈未完全固定,可以有一定的游动量;图(*b*)采用的圆柱滚子轴承,其滚子和

轴承的外圈之间可以发生轴向游动。

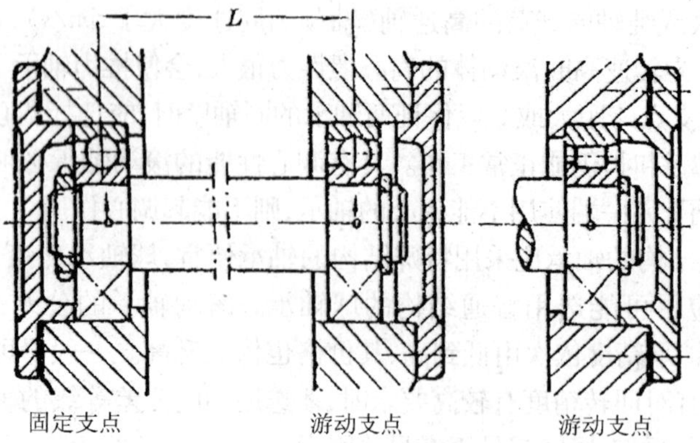

图 11-48　单支点双向固定

2. 轴承组合的调整

(1)轴承的调整

轴承的调整包括轴承间隙调整和轴承位置调整。轴承间隙的调整是通过调整垫片厚度、调整螺钉和调整套筒等方法完成的。轴承组合位置调整是使轴上的零件(如齿轮、带轮等)具有准确的工作位置。

图 11-49 通过调整轴承端盖与机座间垫片厚度实现轴承间隙的调整。

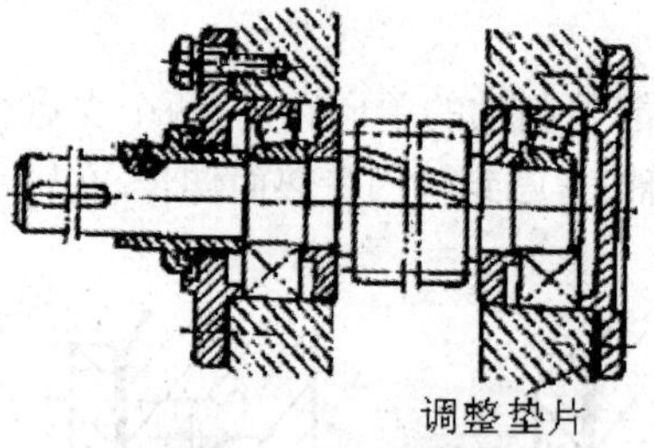

图 11-49　调整垫片

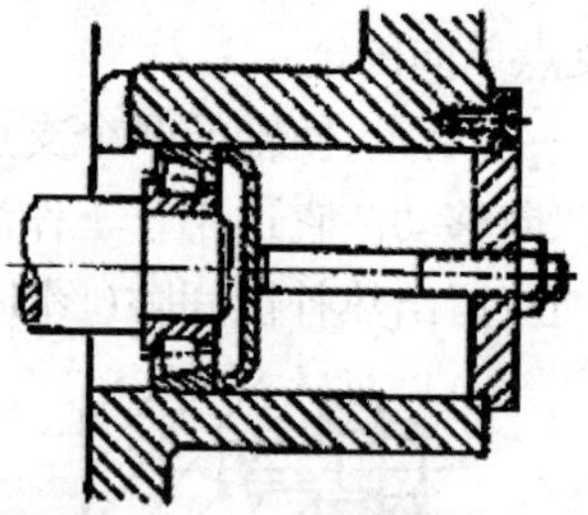

图 11-50　调整螺钉

图 11-50 为调整螺钉方法。利用调整螺钉对轴承外圈的压盖进行调整以实现轴承的间隙调整。调整完毕之后,用螺母锁紧防松。

图 11-51 是调整套筒。整个圆锥齿轮轴系安装在调整套筒中,然后再安装在机座上。通过垫片 1 调整套筒与机座的相对位置,实现对锥齿轮轴轴向位置的调整。通过垫片 2 调整轴承的间隙。

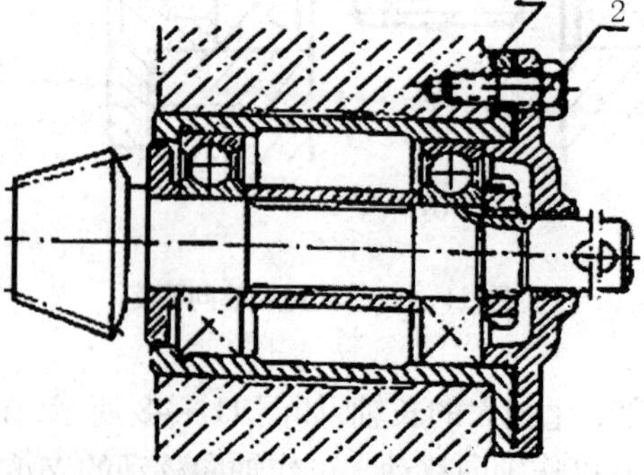

图 11-51　调整套筒

(2)轴承的预紧

对某些可调游隙式轴承,在安装时给予一定的轴向预紧力,使内外圈产生相对位移,因而消除了游隙,并在套圈和滚动体接触处产生了弹性预变形,借此提高轴的旋转精度和刚度,称为轴承的预紧。

图 11－52 是通过外圈压紧预紧,利用夹紧一对圆锥滚子轴承的外圈而将轴承预紧。

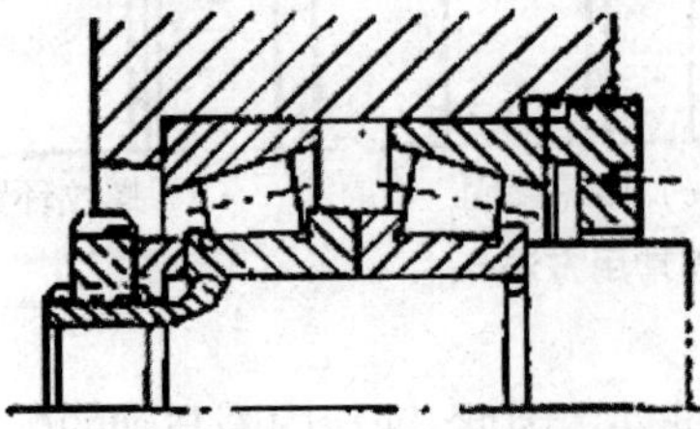

图 11－52　外圈压紧预紧

图 11－53　通过弹簧预紧

通过弹簧预紧,如图 11－53,在一对轴承间加入弹簧,可以得到稳定的预紧力。

图 11－54 用不同长度的套筒预紧。两轴承之间加入不同长度的套筒实现预紧,预紧力可以由两个套筒的长度差加以控制。

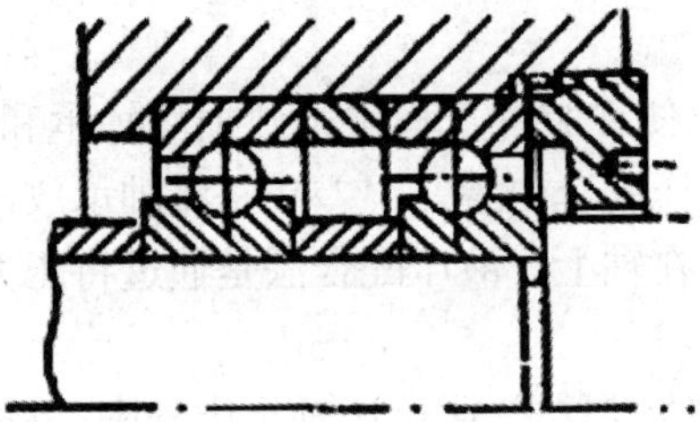

图 11－54　不同长度的套筒预紧

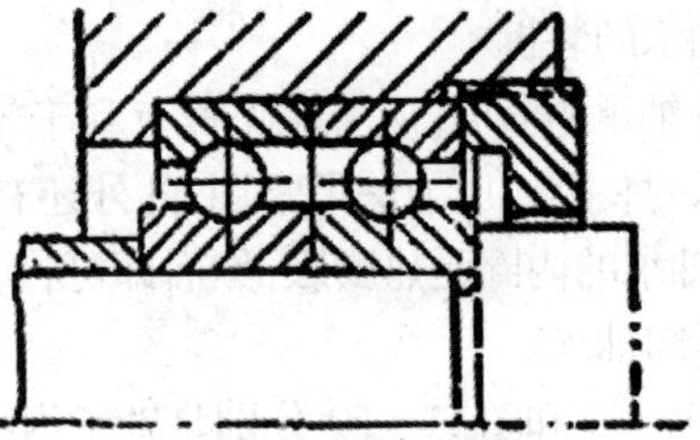

图 11－55　磨窄套圈预紧

图 11－55 利用磨窄套圈预紧,夹紧一对磨窄了外圈的轴承实现预紧。反装时可磨窄轴承的内圈。这种特制的成对安装的角接触球轴承可由生产厂家选配组合成套供应。并可在滚动轴承样本中查到不同型号成对安装的角接触球轴承的轻、中、重三个系列预紧载荷值及相应的内外圈磨窄量。

图 11－56 给出了滚动轴承内圈轴向紧固常用方法。

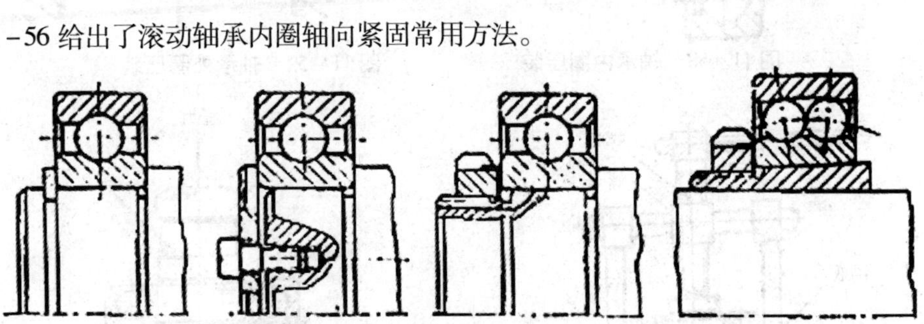

(*a*)弹性挡圈和轴肩　(*b*)轴端端盖和轴肩　(*c*)圆螺母和轴肩　(*d*)圆螺母和止推垫圈

图 11－56　内圈轴向紧固常用方法

图 11－57 给出了滚动轴承外圈轴向紧固常用方法。

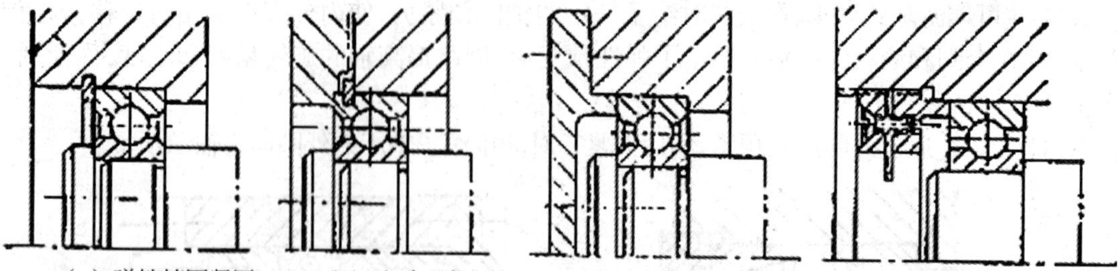

（*a*）弹性挡圈紧固　（*b*）止动环紧固　（*c*）端盖紧固　（*d*）螺纹环紧固

图 11－57　外圈轴向紧固常用方法

3. 滚动轴承的配合

由于滚动轴承是标准件，选择配合时就把它作为基准件。因此，轴承内圈与轴的配合采用基孔制，轴承外圈与轴承座孔的配合则采用基轴制。

选择配合时，应考虑载荷的方向、大小和性质，以及轴承类型、转速和使用条件等因素。当外载荷方向不变时，转动套圈应比固定套圈的配合紧一些。一般情况下是内圈随轴一起转动、外圈固定不转，故内圈常取具有过盈的过渡配合；外圈常取较松的过渡配合。当轴承作游动支承时，外圈应取保证有间隙的配合。

4. 轴承的装拆

设计轴承组合时，应考虑怎样有利于轴承装拆，以便在装拆过程中不致损坏轴承和其他零件。滚动轴承的装拆以压力法最常用，此外还有温差法、液压配合法等。温差法是将轴承放进烘箱或热油中，使轴承的内圈受热膨胀，然后即可将轴承顺利装在轴上。液压配合法是通过将压力油打入环形油槽拆卸轴承。

图 11－58 和图 11－59 分别是轴承内圈和外圈的压装方式，通过压轴承内外圈，将轴承压装到轴上或轮毂孔中。

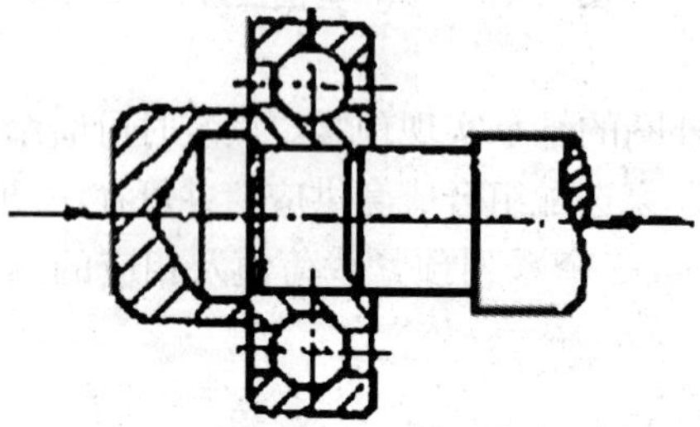

图 11－58　轴承内圈压装

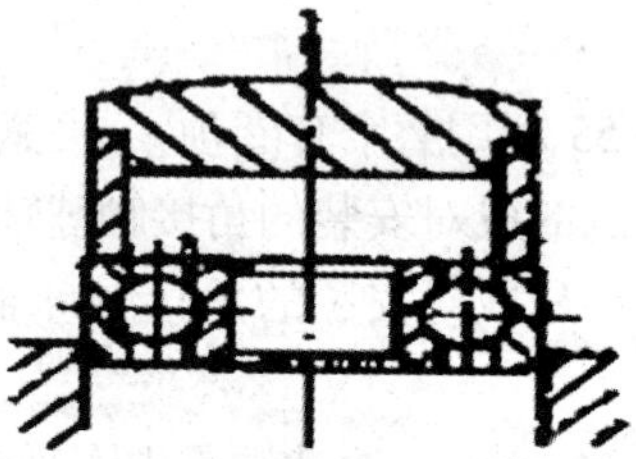

图 11－59　轴承外圈压装

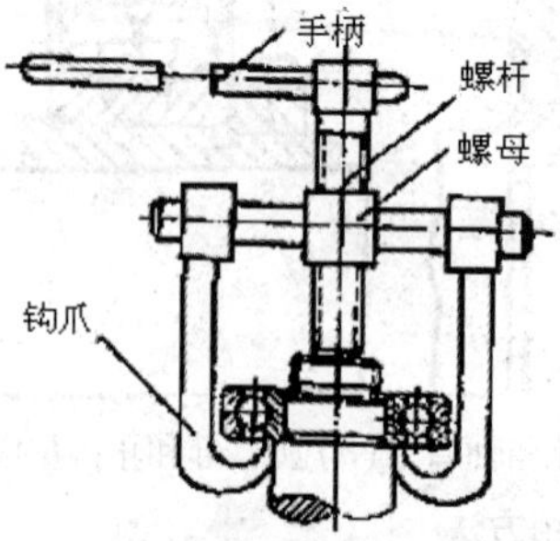

图 11－60　钩爪拆卸器

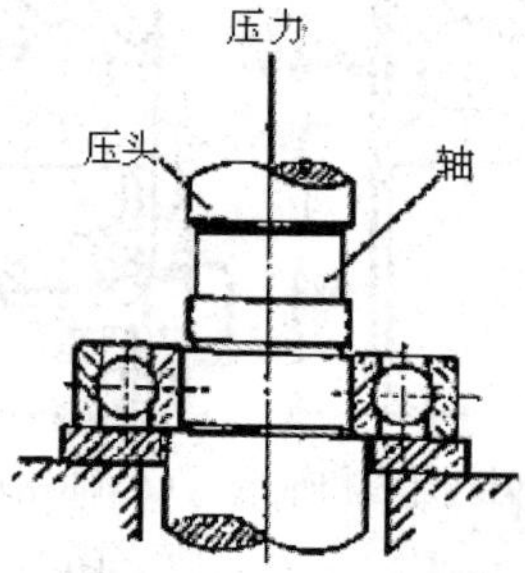

图 11－61　垫平轴承压拆轴承

图 11－60 是用轴承拆卸器拆卸轴承。在设计中应预留拆卸空间。另外应注意:从轴上拆卸时,应卡住轴承的内圈,如图 11－61 所示。从座孔中拆卸轴承时,应用反向爪拆卸轴承的外圈。

当轴不太重时,可以用压力法拆卸轴承,如图 11－62 所示。注意采用该方法时,不可只垫轴承的外圈,以免损坏轴承。

(二)滚动轴承的润滑和密封

润滑和密封对滚动轴承的使用寿命有重要影响。润滑的主要目的是减小摩擦与磨损。滚动接触部位形成油膜时,还有吸收振动、降低工作温度等作用。密封的目的是防止灰尘、水分等进入轴承,并阻止润滑剂的流失。

1. 滚动轴承的润滑

滚动轴承的润滑剂可以是润滑脂、润滑油或固体润滑剂。一般情况下,轴承采用润滑脂润滑,但在轴承附近已经具有润滑油源时(如变速箱内本来就有润滑齿轮的油),也可采用润滑油润滑。具体选择可按速度因数 dn 值来定。d 代表轴承内径(mm),n 代表轴承转速(r/min),dn 值间接地反映了轴颈的圆周速度,当 $dn<(1.5\sim2)\times10^5 mm\cdot r/min$ 时,一般滚动轴承可采用润滑脂润滑,超过这一范围宜采用润滑油润滑。

脂润滑因润滑脂不易流失,故便于密封和维护,且一次充填润滑脂可运转较长时间。油润滑的优点是比脂润滑摩擦阻力小,并能散热,主要用于高速或工作温度较高的轴承。

润滑油的粘度可按轴承的速度因数 dn 和工作温度 t 来确定。油量不宜过多,如果采用浸油润滑则油面高度不超过最低滚动体的中心,以免产生过大的搅油损耗和热量。高速轴承通常采用滴油或喷雾方法润滑。

2. 滚动轴承的密封

滚动轴承密封方法的选择与润滑的种类、工作环境、温度、密封表面的圆周速度有关。密封方法可分两大类:接触式密封和非接触式密封。它们的密封形式、适用范围和性能可查阅表 11－15。

表 11－15　滚动轴承的密封方法

密封方法	图　例	说　明
接触式密封	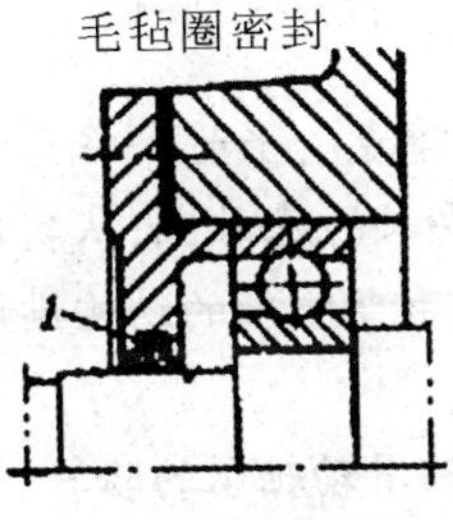	在轴承盖上开出梯形槽,将矩形剖面的毛毡圈,放置在梯形槽中与轴接触,对轴产生一定的压力进行密封。这种密封结构简单,但摩擦较严重,主要用于 $v<4\sim5m/s$ 脂润滑场合
	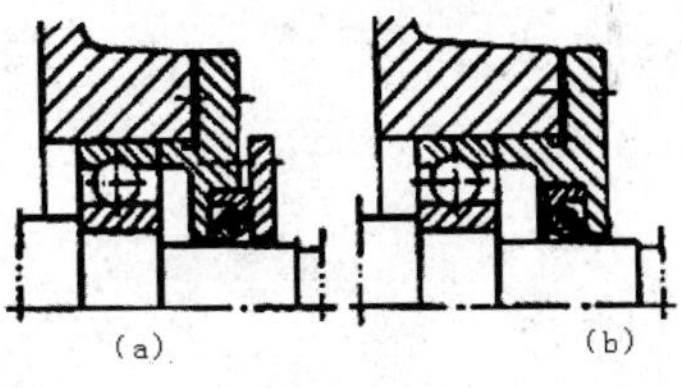	在轴承盖中放置密封圈,密封圈用皮革、耐油橡胶等材料制成,有的带金属骨架,有的没有骨架。密封圈与轴紧密接触而起密封作用。图(a)密封唇朝里,目的是防漏油,图(b)密封唇朝外,目的是防灰尘、杂质进入

续表

密封方法	图　例	说　明
非接触式密封	间隙密封 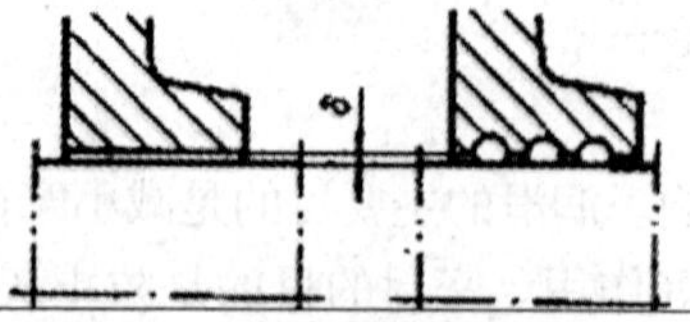	在轴与轴承盖的通孔壁间留 0.1～0.3mm 的极窄缝隙，并在轴承盖上车出沟槽，在槽内填满油脂，以起密封作用。这种形式结构简单，多用于 $v<5\sim6m/s$ 的场合
	迷宫式密封 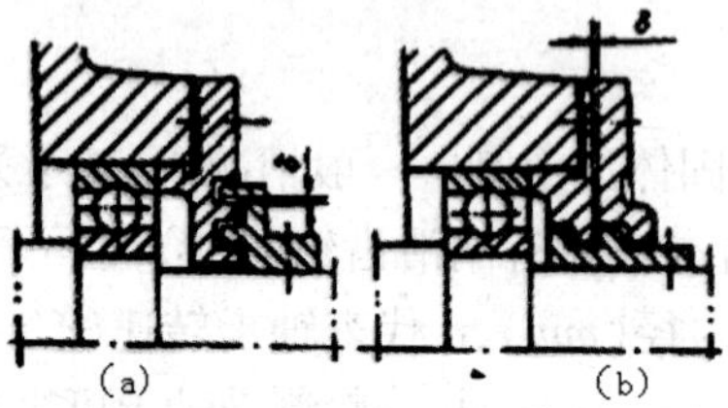	将旋转的和固定的密封零件间的间隙制成迷宫（曲路）形式，缝隙间填入润滑脂以加强润滑效果。这种方法对脂润滑和油润滑都很有效，尤其适用于环境较脏的场合。图(a)为径向曲路，径向间隙 δ 不大于 0.1～0.2mm；图(b)为轴向曲路，因考虑到轴受热后会伸长，间隙应取大些，$\delta=1.5\sim2mm$
组合密封	毛毡加迷宫密封 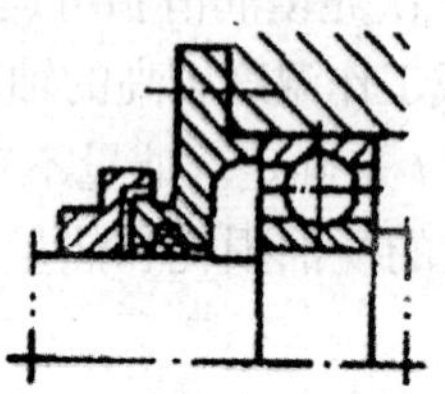	把毛毡和迷宫组合一起密封，可充分发挥各自优点，提高密封效果，多用于密封要求较高的场合

本章要点

1. 轴的类型及其应力性质。要求读者能结合实际判明轴的类型及其所受的应力特性。这是设计轴时首先应明确的问题。

2. 轴的结构设计。这是本章研究的重点，同时也是难点。平时要注意观察和分析实物及部件装配图，以不断增加感性知识；要在掌握结构设计基本要求的基础上，从实例分析中学习分析问题和解决问题的方法；通过思考题和习题的反复训练，熟悉和掌握轴的结构设计。

3. 润滑状态的特点和不同润滑剂的性能。

4. 非液体润滑轴承的设计计算，重点掌握非液体摩擦滑动轴承的验算。

5. 液体动压润滑原理，形成流体动压润滑的条件。

6. 了解典型滑动轴承的结构特点、功用、主要失效形式。

7. 滚动轴承的型号及其特性，并正确选择轴承。

8. 滚动轴承的寿命及失效形式。

9. 滚动轴承的组合设计、润滑及密封。

习　题

11-1　轴有哪些类型？各有何特点？请各举2~3个实例。

11-2　轴的常用材料有哪些？应如何选用？

11-3　在齿轮减速器中，为什么低速轴的直径要比高速轴粗得多？

11-4　轴上零件的周向和轴向定位方式有哪些？各适用什么场合？

11-5　滑动轴承的摩擦状况有哪几种？它们有何本质差别？

11-6　径向滑动轴承的主要结构形式有哪几种？各有何特点？

11-7　非液体摩擦滑动轴承的主要失效形式是什么？试从下面选择正确答案。

(*a*)点蚀　　(*b*)胶合　　(*c*)磨损　　(*d*)塑性变形

11-8　常用轴瓦材料有哪些，适用于何处？为什么有的轴瓦上浇铸一层减磨金属作轴承衬使用？

11-9　形成滑动轴承动压油膜润滑要具备什么条件？

11-10　选择下列正确答案。液体滑动轴承的动压油膜是在一个收敛间楔、充分供油和一定____条件下形成的。

(*a*)相对速度　　(*b*)外载　　(*c*)外界油压　　(*d*)温度

11-11　校核铸件清理滚筒上的一对滑动轴承，已知装载量加自重为18000 *N*，转速为40 *r*/*min*，两端轴颈的直径为120 *mm*，轴瓦材料为10-1锡青铜*ZCuSn*10*Pl*，用润滑脂润滑。

11-12　验算一非液体摩擦的滑动轴承，已知轴转速$n=65r/min$，轴直径$d=85mm$，轴承宽度$B=85mm$，径向载荷$F_v=70kN$，轴的材料为45号钢。

11-13　一起重用滑动轴承，轴颈直径$d=70mm$，轴瓦工作宽度$B=70mm$，径向载荷$F_v=30000N$，轴的转速$n=200r/min$，试选择合适的润滑剂和润滑方法。

11-14　已知一支承起重机卷筒的非液体摩擦的滑动轴承所受的径向载荷$F_v=25000N$，轴颈直径$d=90mm$，宽径比$B/d=1$，轴颈转速$n=8r/min$，试选择该滑动轴承的材料。

11-15　滚动轴承主要类型有哪几种？各有何特点？试画出它们的结构简图。

11-16　说明下列型号轴承的类型、尺寸、系列、结构特点及精度等级：32210*E*，52411/*P*5，61805，7312*AC*，*NU*2204*E*。

11-17　滚动轴承的主要失效形式是什么？应怎样采取相应的设计准则？

第十二章 联轴器、离合器和制动器

§12－1 联轴器

一、概述

联轴器主要是用在轴与轴之间的联接中，使两轴可以同时转动，以传递运动和转矩。在机器运转的过程中，用联轴器联接的两根轴不能分开，只有在机器停车后，经过拆卸才能把它们分离。有的连轴器还可以用作安全装置，保护被联接的机器零件不因过载而损坏。

由于制造、安装误差或工作时零件的变形等原因，一般无法保证被联接的两轴精确同心，通常会出现两轴间的轴向位移 x（图 12－1(a)）、径向位移 y（图 12－1(b)）、角位移 α（图 12－1(c)）或这些位移组合的综合位移（图 12－1(d)）。如果联轴器不具有补偿这些相对位移的能力，就会产生附加动载荷，甚至引起强烈振动。

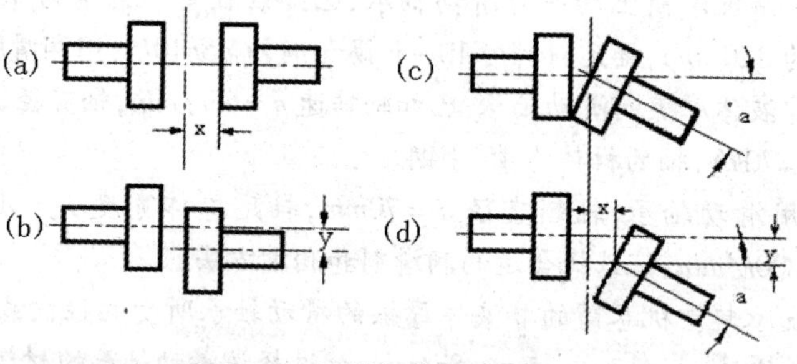

图 12－1 两轴间的各种相对位移

根据联轴器补偿位移的能力，联轴器可分为刚性联轴器和弹性联轴器两大类。刚性联轴器由刚性传力件组成，它又可分为固定式联轴器和可移式联轴器两种类型。固定式刚性联轴器不能补偿两轴的相对位移，可移式刚性联轴器能补偿两轴间的相对位移。弹性联轴器包含有弹性元件，除了能补偿两轴间的相对位移外，还具有吸收振动和缓和冲击的能力。

联轴器已标准化。一般可先依据机器的工作条件选定合适的类型，然后按照计算转矩、轴的转速和轴端直径从标准中选择所需的型号和尺寸。必要时还应对其中的某些零件进行验算。

二、常用的联轴器及其特点

联轴器的种类很多，这里仅介绍有代表性的几种结构。

1. 固定式刚性联轴器

(1)凸缘联轴器

凸缘联轴器是应用最广的固定式刚性联轴器。如图 12－2 所示，它把两个带有凸缘的半联轴器用键分别与两轴联接，然后用螺栓将两个半联轴器的凸缘联接起来，以实现两轴联接来传递转矩和运动。联轴器中的螺栓可以用普通螺栓，也可以用铰制孔螺栓。凸缘联轴器要求严格对中，其对中方法有两种：一是在两半联轴器上分别制出凸肩和凹槽，互相配合而对中，如图 12－2(*b*)所示；一是两半联轴器都制出凸肩，共同与一个剖分环配合而实现对中，如图 12－2(*a*)所示。凸缘联轴器结构简单，维护方便，能传递较大的转矩，但对两轴间的相对位移不能补偿，因此对两轴的对中性要求很高。当两轴间有位移或偏斜存在时，就会在机件内引起附加载荷和严重磨损，严重影响轴和轴承的正常工作。此外，在传动载荷时不能缓和冲击和吸收震动。所以凸缘联轴器广泛地用于低速、大转矩、载荷平稳、短而刚性好的轴的连接。为安全起见，凸缘联轴器的外圈还应加上防护罩或将凸缘制成轮缘型式。制造凸缘联轴器时，应准确保持半联轴器的凸缘端面与孔的轴线垂直，安装时应使两轴精确同心。

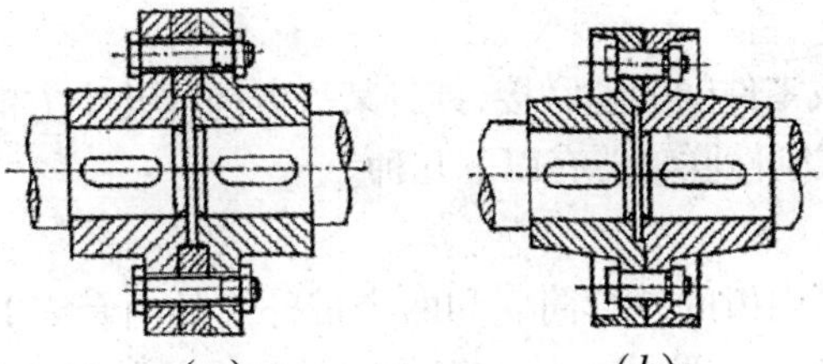

图 12－2　凸缘联轴器

半联轴器的材料通常为铸铁，当受重载或圆周速度 $V \geqslant 30\ m/s$ 时，可采用铸钢或锻钢。它的基本参数和主要尺寸见有关参考文献或设计手册。

另外，凸缘联轴器还有一种安全销方式，如图 12－3 所示。销由较低强度的材料制造，过载时，销被剪断，以确保机器中其他零件的安全。

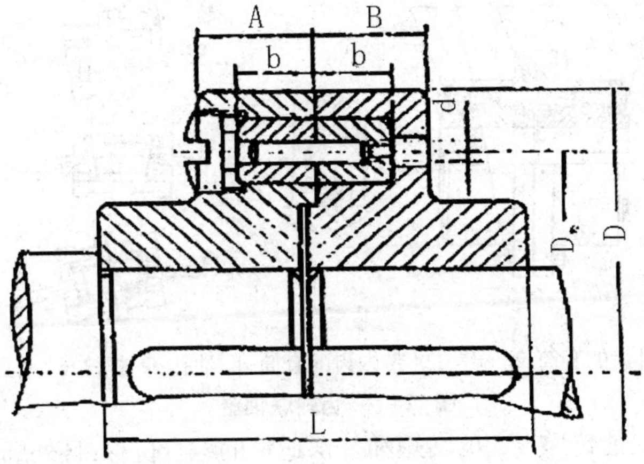

图 12－3　安全凸缘联轴器

(2)套筒式联轴器

这是一种结构最简单的固定式联轴器(图 12－4)，这种联轴器是一个圆柱形套筒，用两个圆锥销来传递转矩。当然也可以用两个平键代替圆锥销。其优点是径向尺寸小，结构简单，装拆时一根轴须作轴向移动。因此常用于两轴直径较小、两轴对中性精度高、工作平稳的场合。结构尺寸推荐：$D=(1.5\sim2)d$；$L=(2.8\sim4)d$。此种联轴器尚无标准，需要自行设计，如机床上就经常采用这种联轴器。

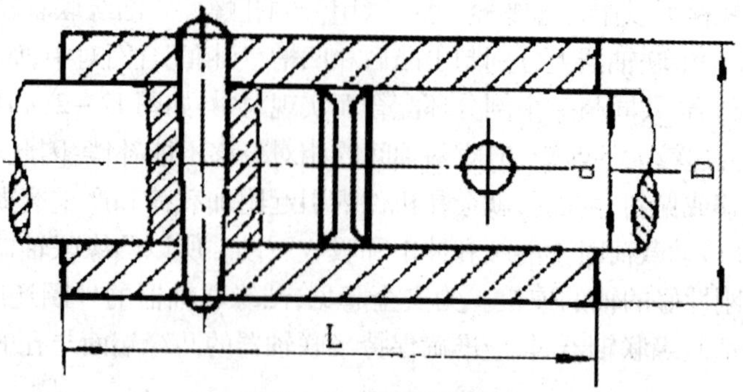

图 12－4　套筒联轴器

2. 可移式刚性联轴器

可移式刚性联轴器组成零件间的动联接，具有某一方向或几个方向的活动度，因此能补偿两轴的相对位移。常用的可移式刚性联轴器有以下几种。

(1)齿式联轴器

齿式联轴器是由两个带内齿的外套筒 3 和两个带外齿的内套筒 1 组成(图 12－5(*a*))。内套筒与轴相联，两个外套筒用螺栓 5 联成一体。工作时靠啮合的轮齿传递扭矩。为了减少轮齿的磨损和相对移动时的摩擦阻力，在壳内储有润滑油，为防止润滑油泄漏，内外套筒之间设有密封圈 6。齿轮联轴器能补偿适量的综合位移，如图 12－5(*b*)所示。由于轮齿间留有较大的间隙和外齿轮的齿顶制成球形，能补偿两轴的不同心和偏斜。允许角位移在 30′以下，若将外齿做成鼓形齿，角位移可达 3°。通常，轮齿采用压力角为 20°的渐开线齿廓。

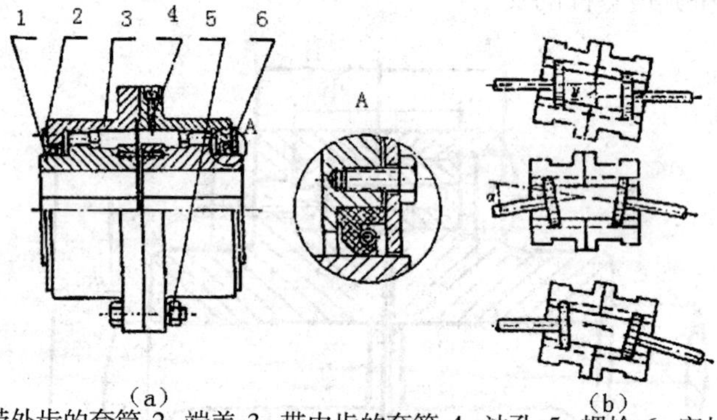

1. 带外齿的套筒；2. 端盖；3. 带内齿的套筒；4. 油孔；5. 螺栓；6. 密封圈

图 12－5　齿轮联轴器

齿式联轴器的优点是能传递很大的转矩和补偿适量的综合位移，且外廓尺寸紧凑，工作可靠，安装要求不高，因此常用于重型机械中。但是，当传递巨大转矩时，齿间的压力也随着增大，使联轴器的灵活性降低，而且其结构笨重、造价较高，不宜用在启动频繁、正反转多变和要求传递运动非常准确的场合。

(2)滑块联轴器

滑块联轴器亦称为浮动盘联轴器，如图 12－6 所示。它是由端面开有凹槽的两套筒 1、3 和两侧各具有凸块(作为滑块)的中间圆盘 2 所组成(图 12－6(*a*))。中间圆盘两侧的凸块相互垂直，分别嵌装在两个套筒的凹槽中。如果两轴线不同心或偏斜，滑块将在凹槽内滑动。凸槽和滑块的工作面间要加润滑剂。

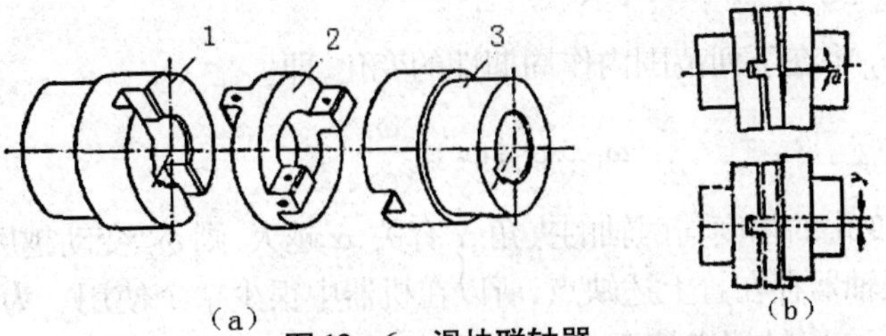

图 12－6　滑块联轴器

滑块联轴器允许的径向位移 $y<0.04d$（d 为轴的直径）和角位移 $\alpha\leqslant30'$（见图 12－6）。滑块联轴器结构简单，结构尺寸小但耐冲击性差，当两轴不同心，且转速较高时，滑块的偏心会产生较大的离心力，给轴和轴承带来附加动载荷，并引起磨损，因此只适用于低速（$n<300r/min$）、冲击小、刚性大的场合。

(3)挠性爪型联轴器

如图 12－7 所示，挠性爪型联轴器的两半联轴器上的沟槽很宽，中间装有夹布胶木或尼龙制成的方形滑块。由于滑块重量轻且有弹性，可允许较高的极限转速。

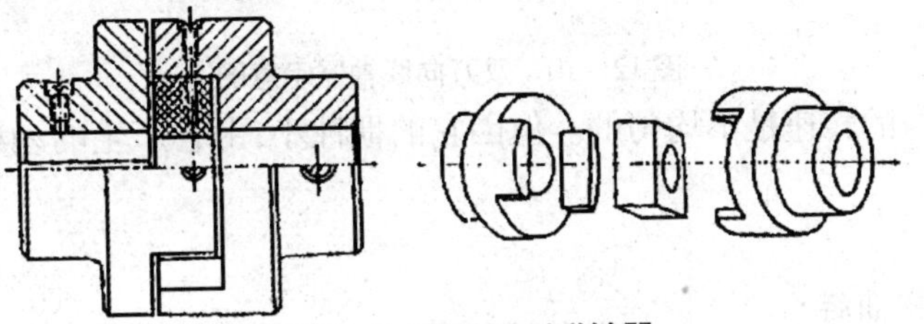

图 12－7　挠性爪型联轴器

(4)万向联轴器

万向联轴器又称十字铰链联轴器。如图 12－8 所示，中间是一个相互垂直的十字头，十字头的四端用铰链分别与两轴上的叉形接头相联。因此，当一轴的位置固定后，另一轴可以在任意方向偏斜，角位移可达 40°～45°。

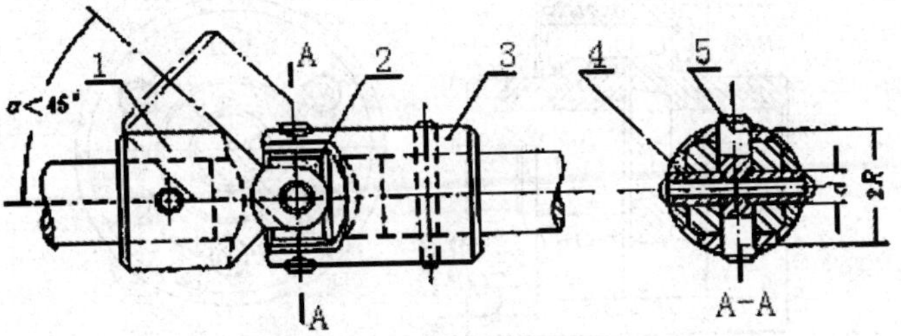

图 12－8　万向联轴器

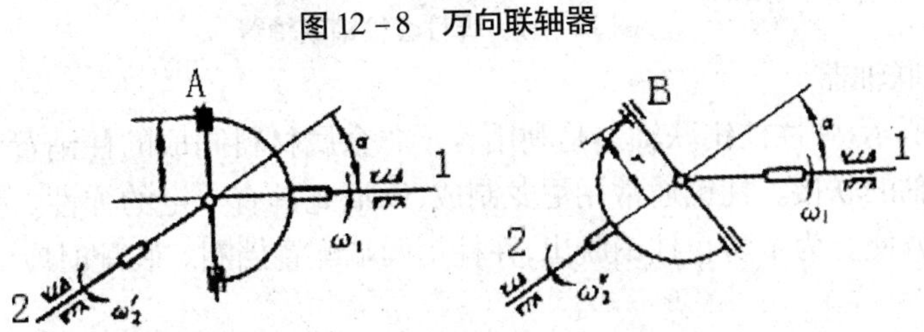

图 12－9　万向联轴器速度分析

但是，单个万向联轴器两轴的瞬时角速度并不是时时相等，即当轴 1 以等角速度回转时，轴 2

作变角速转动如图 12 –9 所示。

轴 2 的角速度 ω_2 将在下列范围内作周期性的变化，即

$$\omega_1 cos\alpha \leqslant \omega_2 \leqslant \frac{\omega_1}{cos\alpha} \tag{12-1}$$

可见角速度 ω_2 变化的幅度与两轴的夹角 α 有关，α 越大，则 ω_2 变动越厉害，工作平稳性越差。

由于单个万向联轴器存在着上述缺点，所以在机器中很少单个使用。为此，常将万向联轴器成对使用，即由两个单万向联轴器串接而成，如图 12 –10 所示。当主动轴 1 等角速度旋转时，带动十字轴式的中间件作变角速度旋转，利用对应关系，再由中间件带动从动轴 2 以与轴 1 相等的等角速度旋转。因此安装双万向联轴器时，如要使主、从动轴的角速度相等，必须满足两个条件：(1) 主动轴、从动轴与中间件的夹角必须相等，即 $\alpha_1 = \alpha_2$；(2) 中间件两端的叉面必须位于同一平面内。

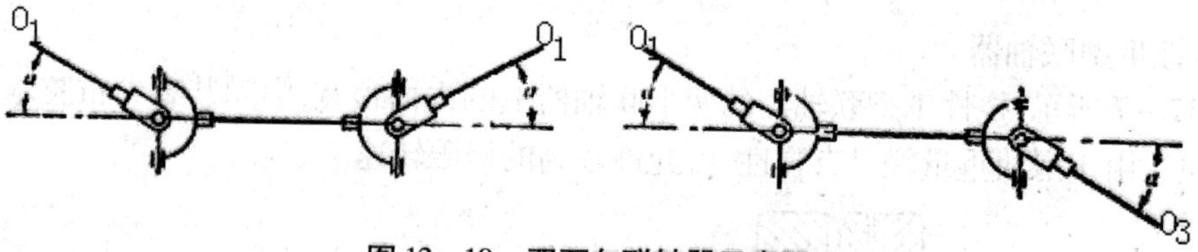

图 12 – 10　**双万向联轴器示意图**

显然，中间件本身的转速是不均匀的。但因它的惯性小，由它产生的动载荷、振动等一般不致引起显著危害。

3. 弹性联轴器

(1) 弹性套柱销联轴器

弹性套柱销联轴器结构上和凸缘联轴器很近似，但是两个半联轴器的联接不用螺栓而用带橡胶或皮革套的柱销，如图 12 – 11 所示。为了更换橡胶套时简便而不必拆移机器，设计中应注意留出距离 B；为了补偿轴向位移，安装时应注意留出相应大小的间隙 c。弹性套柱销联轴器在高速轴上应用十分广泛，它的基本参数和主要尺寸请参阅有关设计资料。

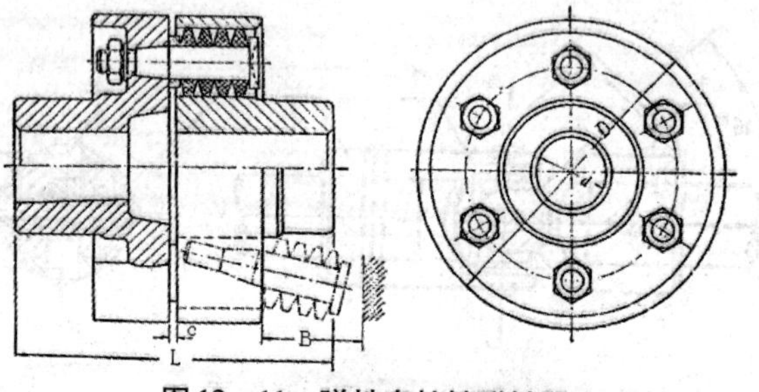

图 12 – 11　**弹性套柱销联轴器**

(2) 弹性柱销联轴器

如图 12 – 12 所示，弹性柱销联轴器是利用若干非金属材料制成的柱销置于两个半联轴器凸缘的孔中，以实现两轴的联接。柱销通常用尼龙制成，而尼龙具有一定的弹性。弹性柱销联轴器的结构简单，更换柱销方便。为了防止柱销脱出，在柱销两端配置挡圈。装配时应注意留出间隙 c。

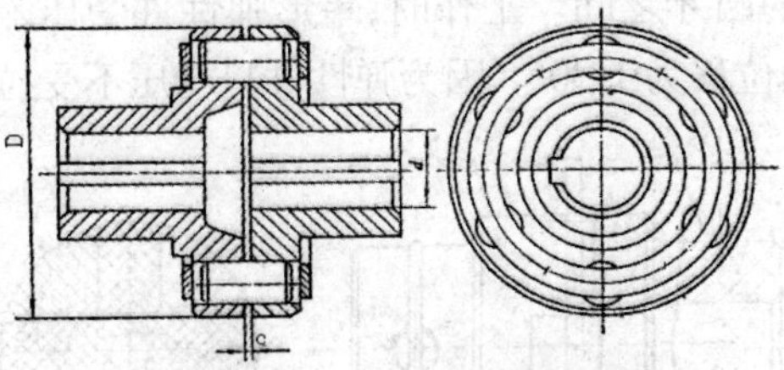

图 12－12　弹性柱销联轴器

上述两种联轴器中，动力从主动轴通过弹性件传递到从动轴。因此，它能缓和冲击、吸收振动，适用于正反向变化多，起动频繁的高速轴。最大转速可达 8000 r/min，使用温度范围为 －20℃ ～60℃。

这两种联轴器能补偿大的轴向位移。依靠弹性柱销的变形，允许有微量的径向位移和角位移。但若径向位移或角位移较大时，将会引起弹性柱销的迅速磨损，因此采用这两种联轴器时，仍须较仔细地进行安装。

(3) 弹性柱销齿式联轴器

如图 12－13 所示，通过安放多个橡胶或尼龙的柱销构成，由于两个半联轴器的内外圈，配有圆弧槽，因此通过槽与销的啮合进行传递转动。这种联轴器可传递较大扭矩，但拆卸时需作轴向移动。

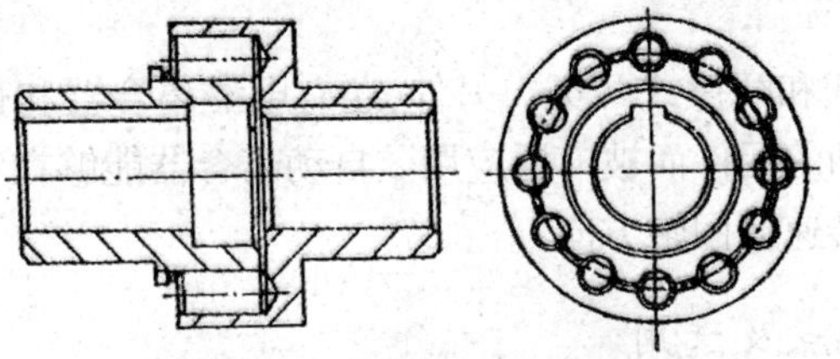

图 12－13　弹性柱销齿式联轴器

(4) 轮胎式联轴器

轮胎式联轴器的结构如图 12－14 所示，中间为橡胶制成的轮胎，用夹紧板与轴套联接。它的结构简单、工作可靠，由于轮胎易变形，因此它允许的相对位移较大，角位移可达 5°～12°，轴向位移可达 0.02D，径向位移可达 0.01D，D 为联轴器外径。

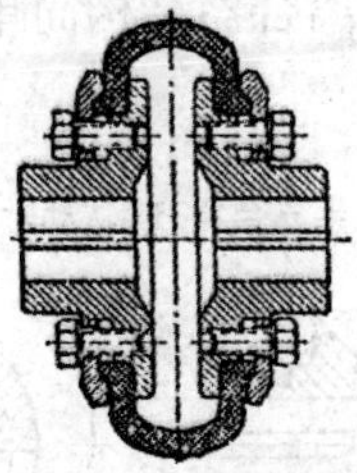

图 12－14　轮胎式联轴器

轮胎式联轴器适用于起动频繁、经常正反向运转、有冲击振动、两轴间有较大的相对位移量，以及潮湿多尘之处。它的径向尺寸庞大，但轴向尺寸较窄，有利于缩短串接机组的总长度。它的最大转速可达 5000 r/min。

(5) 星形弹性联轴器

星形弹性联轴器如图 12－15 所示。两半联轴器 1、3 上均制有凸牙，用橡胶等材料制成的星形弹性件2放置在两半联轴器的凸牙之间。工作时,星形弹性件受压缩并传递扭矩。这种联轴器允许轴的径向位移为0.2*mm*,角位移为1°30′。因为弹性件只受压不受拉,故寿命较长。

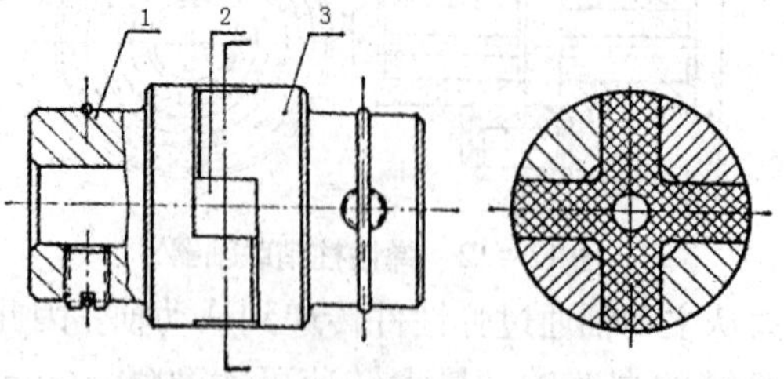

图12－15　星形弹性联轴器

§12－2　离合器

一、概述

离合器主要也是用作轴与轴之间的联接。与联轴器不同的是,用离合器联接的两根轴,在机器工作中就能方便地使它们分离或接合。离合器大都也已标准化了,可依据机器的工作条件选定合适的类型。

离合器主要分为啮合式和摩擦式两类。另外,还有电磁离合器和自动离合器。电磁离合器在自动化机械中作为控制转动的元件而被广泛应用。自动离合器能够在特定的工作条件下自动接合或分离(例如一定的转矩、转速或回转方向)。

二、常用离合器的特点及选用

1.啮合式离合器

(1)牙嵌离合器

牙嵌离合器是由两个端面带牙的套筒所组成,如图12－16所示。图中,半离合器*I*紧配在轴上,半离合器*II*可以沿导向平键在另一根轴上移动。利用操纵杆移动拨叉可使两个半离合器接合或分离。为便于对中,装有对中环。牙嵌离合器结构简单,外廓尺寸小,联接后两轴不会发生相对滑转。

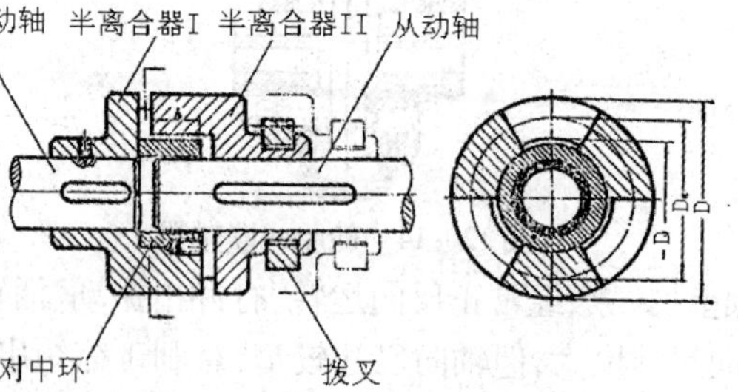

图12－16　牙嵌离合器

常用离合器牙的形状有三角形、梯形、锯齿形和矩形,如图12－17所示。三角形牙接合和分离容易,但牙强度低,传递扭矩小。梯形、锯齿形牙强度高,用于传递较大的转矩。梯形牙可以补偿磨损后的牙侧间隙,锯齿形牙只能单向工作,反转时由于有较大的轴向分力,会迫使离合器自行分离。矩形牙无轴向分力,但不能补偿牙侧间隙磨损。牙形离合器的各牙应精确等分,以使载荷均布。

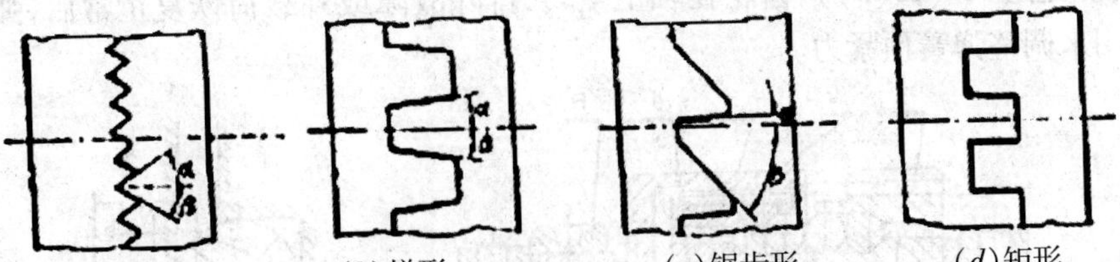

(*a*)三角形　(*b*)梯形　(*c*)锯齿形　(*d*)矩形

图 12－17　牙形离合器的牙形

牙嵌离合器结构简单,外廓尺寸小,能传递较大的转矩,故应用较多。但牙嵌离合器只宜在两轴不回转或转速差很小时进行接合,否则牙齿可能因受撞击而折断。

牙嵌离合器可以借助电磁线圈的吸力来操纵,称为电磁牙嵌离合器。电磁牙嵌离合器通常采用嵌入方便的三角形细牙。它依据信息而动作,所以便于遥控和程序控制。

(2)弹簧式牙嵌安全离合器

弹簧式牙嵌安全离合器如图 12－18 所示。当由齿轮 1 输入的动力不能满足输出轴 2 输出的动力要求时,两个半牙嵌离合器 3、4 会由于较大的轴向分力压缩弹簧 5 而滑脱,使齿轮在轴上空转,从而保护了机器。当外载恢复正常后弹簧会使离合器复位正常运转。螺母 6 可以调整弹簧的压缩量以便达到要求的输出扭矩。

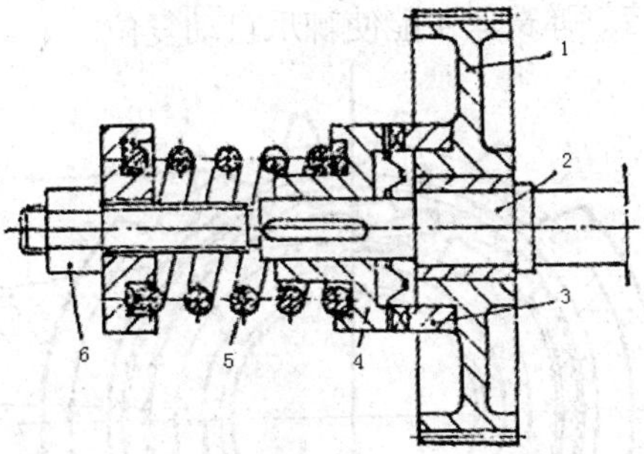

图 12－18　弹簧式牙嵌安全离合器

(3)齿嵌离合器

齿嵌离合器由带内齿和外齿的两个半离合器组成,如图 12－19(*a*)所示。一般是由外齿半离合器 1 在轴上沿轴向移动来实现结合和分离动作,内齿半离合器 2 与轴完全固接。牙形一般如图 12－19(*b*)的三种类型,渐开线牙形与齿轮的加工方法相同,常用于兼作齿轮传动的场合,为了便于结合,齿端可进行倒圆。

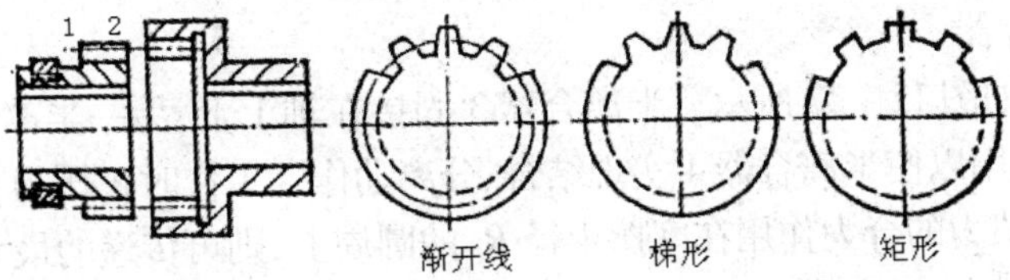

(a)　(b)

图 12－19　齿嵌离合器

(4)滚珠齿嵌安全离合器

滚珠式齿嵌安全离合器是另一种自动离合器,如图 12 - 20 所示。动力由齿轮 1 输入经由弹簧 4 压紧的滚珠把扭矩通过外齿圈 2 带动内齿圈 3 再通过平键传给输出轴。当外载荷超过许可值时,滚珠间会滑脱(见图 12 - 20(*b*)),齿轮在轴上空转,排除故障或外载荷恢复正常后,弹簧使滚珠复位。螺母 5 用来调整弹簧预紧力。

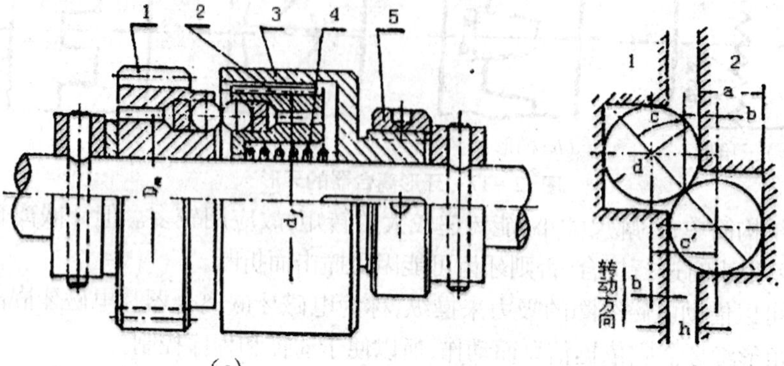

(a)　　　　(a)

图 12 - 20　滚珠齿嵌安全离合器

(5)棘轮定向离合器

棘轮定向离合器的典型例子是自行车飞轮的结构,如图 11 - 21 所示。主动链轮 1 顺时针回转时,通过棘爪 2 带动轮毂 3,使自行车后轮顺时针回转。当链轮 1 反时针回转时,棘爪 2 被压而频频滑过轮齿不起作用,轮毂 3 不转。弹簧丝 4 能使棘爪自动复位。

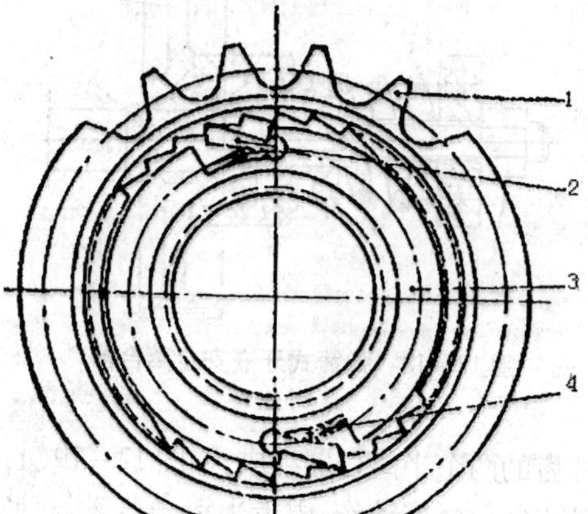

图 12 - 21　棘轮定向离合器

2. 摩擦式离合器

(1)圆盘摩擦离合器

圆盘摩擦离合器如图 12 - 22 所示。半离合器 3 固接在轴 1 上,另一半离合器 4 可沿轴 2 上的导向平键滑动,拨叉 5 用以使半离合器 4 实现结合、分离动作。工作时正压力 Q 在两个半离合器表面产生摩擦力。设摩擦力的合力作用在摩擦半径 R_f 的圆周上,则可传递的最大转矩为

$$T_{max} = QfR_f$$

式中 f 为摩擦系数。

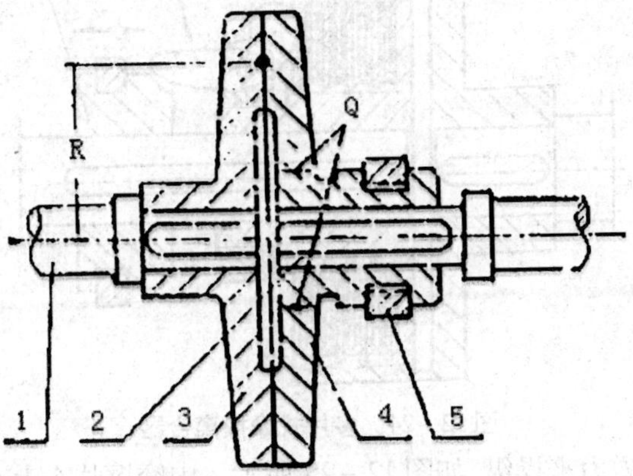

图 12－22　圆盘摩擦离合器

(2)锥面摩擦离合器

锥面摩擦离合器是由具有内、外锥面的两个半离合器组成,如图 12－23 所示。其锥角 α 越小,同样的轴向载荷下摩擦力就越大,所能传递扭矩也就越大。

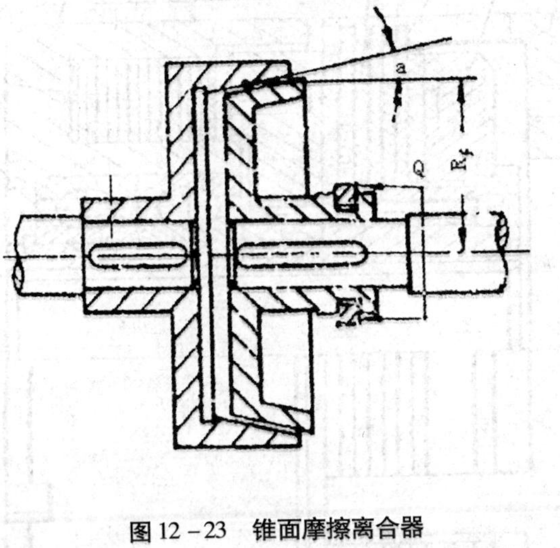

图 12－23　锥面摩擦离合器

与牙嵌离合器比较,摩擦离合器具有下列优点:①在任何不同转速条件下两轴都可以进行接合;②过载时摩擦面间将发生打滑,可以防止损坏其他零件;③接合较平稳,冲击和振动较小。

摩擦离合器在正常的接合过程中,从动轴转速从零逐渐加速到主动轴的转速,因而两摩擦面间不可避免地会发生相对滑动。这种相对滑动要消耗一部分能量,并引起摩擦片的磨损和发热。

单片式摩擦离合器多用于转矩在 2000 $N \cdot m$ 以下的轻型机械(如包装机械、纺织机械)。

图 12－24 为多片式摩擦离合器。图中主动轴与外壳相联接,从动轴与套筒联结。外壳内装有一组摩擦片,并随外壳一起回转。另一组摩擦片与套筒的纵向凹槽相联接,可带动套筒回转。当滑环 1 在拨叉作用下向左移动时,通过压杆 2 将摩擦片压紧,离合器处于结合状态,若滑环向右移动,压杆 2 不再压紧摩擦片,离合器即分离。

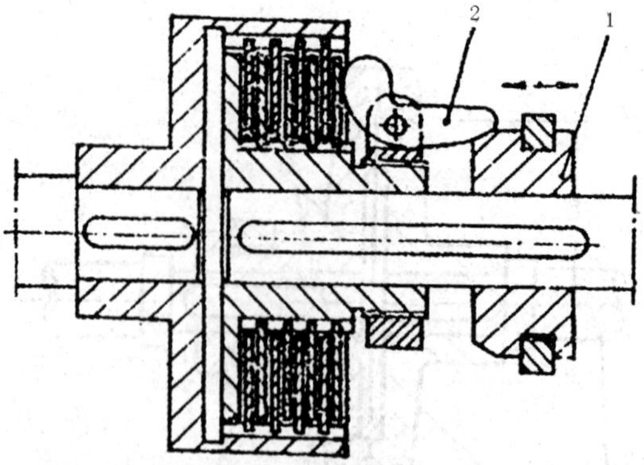

图 12－24　多片式摩擦离合器

摩擦离合器可以用电磁力来操纵，如图 12－25 所示。内摩擦片 4 上有齿与带槽套筒 7 相配合，外摩擦片 3 的外缘上有槽与外套筒 1 的凸齿配合；当电流由接头 5 进入线圈 6 时，产生磁通，吸引衔铁 2，将摩擦片 3、4 压紧，离合器处于接合状态。当电流切断时，依靠外摩擦片上翘起爪的弹性，使内外摩擦片分离。

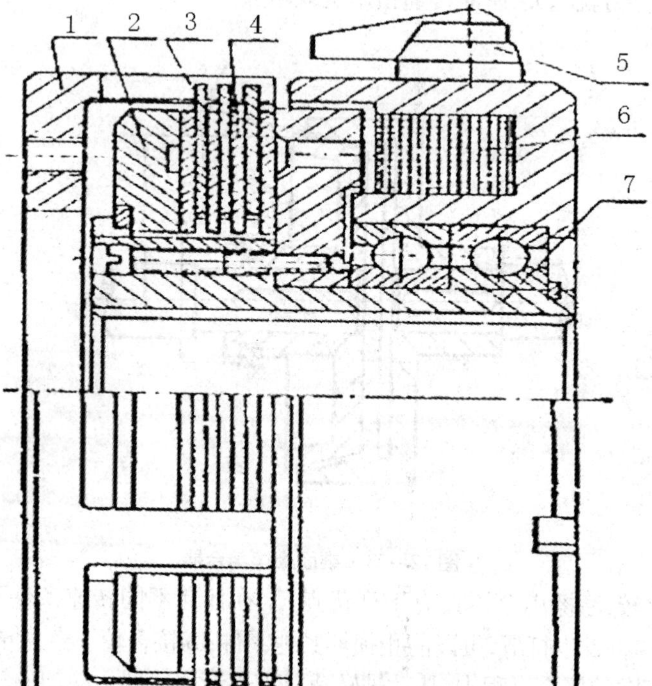

1. 外套筒；2. 吸引衔铁；3、4. 摩擦片；5. 接头；6. 线圈；7. 带槽套筒

图 12－25　电磁操纵摩擦离合器

在电磁离合器中，电磁摩擦离合器是应用最广泛的一种。另外，电磁摩擦离合器在电路上尚可进一步实现各种特殊要求，如快速励磁电路可以实现快速接合，提高了离合器的灵敏度。相反，缓冲励磁电路可抑制励磁电流的增长，使起动缓慢，从而避免起动冲击。

§12－3　制动器

制动器是用来降低机械的运转速度或迫使机械停止运转。大多数的制动器采用的是摩擦制动方式。它广泛应用在机械设备的减速、停止和位置控制的过程中。制动器主要分为带式、锥形和块式。以下介绍这三种常见的基本结构型式。

一、带式制动器

带式制动器主要用挠性钢带包围制动轮。如图 12－26 所示，制动带包在制动轮上，当 Q 向下作用时，制动带与制动轮之间产生摩擦力，从而实现合闸制动。制动带是钢带内表面镶嵌一层石棉制品与制动轮接触，以增加摩擦力。带式制动器结构简单，它由于包角大而制动力矩大，但其缺点是制动带磨损不均匀，容易断裂，而且对轴的作用力大。

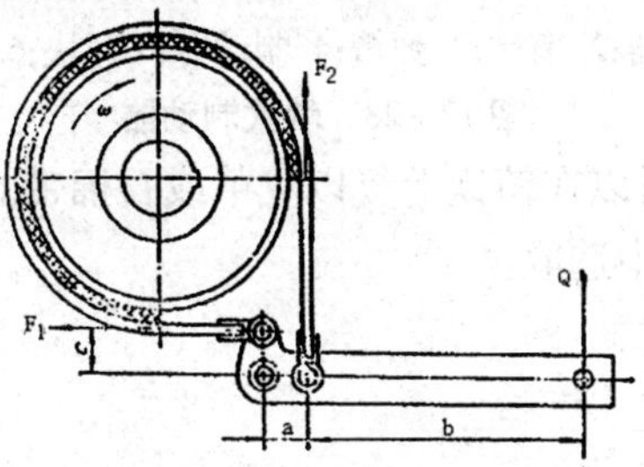

图 12－26　带式制动器

二、锥形制动器

图 12－27 所示为锥形制动器，外锥体 3 固定在箱体壁 4 上，内锥体 2 用导向平键与传动轴 1 连接。通过操纵手柄将内锥体向右推向外锥体，使内、外两锥体贴紧，依靠两锥面间的摩擦力矩对传动轴实现制动。

锥形制动器一般应用在转矩较小的机构的制动。

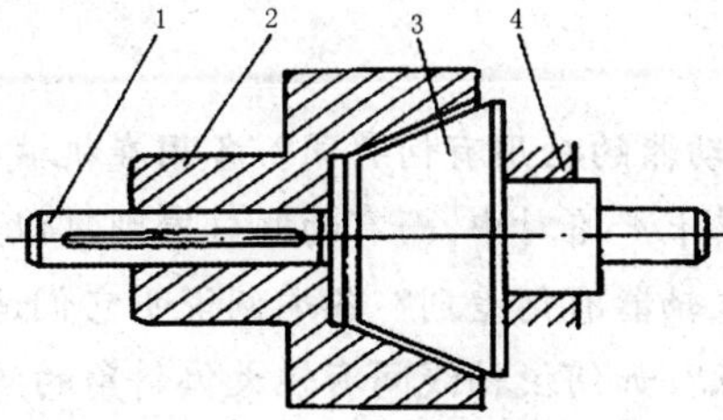

1. 松闸器；2. 衔铁；3. 弹簧；4. 制动臂；5. 瓦块；6. 制动轮。

1. 传动轴；2. 内锥体；3. 外锥体；4. 箱体壁

图 12－27　锥形制动器

三、块式制动器

图 12－28 所示为块式制动器，靠瓦块与制动轮间的摩擦力来制动。该制动器为短行程交流电磁铁外块式制动器。弹簧产生的闭锁力通过制动臂作用于制动块上，使制动块压向制动轮达到常

闭状态。工作时，由于电磁铁线圈通电，电磁铁产生与闭锁力方向相反的吸力，由电磁线圈的吸力吸住衔铁，再通过一套杠杆使瓦块松开，机器便能自由运转。制动器也可以安排为在通电时起制动作用，但为安全起见，应安排在断电时起制动作用为好。当需要制动时，则切断电流，电磁线圈释放衔铁2，依靠弹簧力并通过杠杆使瓦块5抱紧制动轮6。

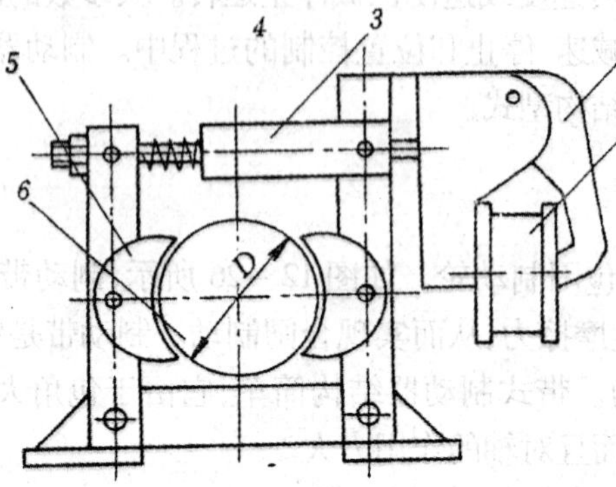

1. 松闸器；2. 衔铁；3. 弹簧；4. 制动臂；5 瓦块；6. 制动轮

图12－28　块式制动器

瓦块的材料可以用铸铁，也可以在铸铁上复以皮革或石棉带。瓦块制动器已规范化，其型号应根据所需的制动力矩在产品目录中选取。

本章要点

1. 联轴器和离合器在机械中的地位和作用。
2. 常用联轴器的特点和应用。
3. 常用离合器的特点和应用。
4. 制动器的常见结构形式。

习　题

12－1　联轴器、离合器和制动器的功用有何异同？各用在机械的什么场合？
12－2　为什么有的联轴器要求严格对中，而有的联轴器则可以允许有较大的综合位移？
12－3　刚性联轴器和弹性联轴器有何差别？各举例说明它们适用于什么场合。
12－4　万向联轴器有何特点？如何使轴线间有较大偏斜角的两轴保持瞬时角速度不变？
12－5　选择联轴器的类型时要考虑哪些因素？确定联轴器的型号应根据什么原则？
12－6　试比较牙嵌离合器和摩擦离合器的特点和应用。

参考文献

1. 马永林主编:《机械原理》(第一版),北京:高等教育出版社,1992年4月
2. 杨黎明主编:《机械原理及机械零件》(第一版),北京:高等教育出版社,1983年5月
3. 贺敬宏、宋敏主编:《机械设计基础》(第一版),西安:西北大学出版社,2005年2月
4. 何元庚主编:《机械原理与机械零件》(第二版),北京:高等教育出版社,1997年6月
5. 邓昭明主编:《机械设计基础》(第二版),北京:高等教育出版社,1999年8月
6. 劳动和社会保障部教材办公室组织编写:《机械基础》(第三版),北京:中国劳动和社会保障出版社,2001年1月
7. 李世慈、费鸿学主编:《机械设计基础》(第三版),北京:高等教育出版社,1994年5月
8. 陆立颖主编:《机械知识》(第三版),北京:中国劳动和社会保障出版社,2001年4月
9. 曹龙华主编:《机械原理》,北京:高等教育出版社,1989年第4月
10. 徐灏主编:《新编机械设计师手册》上、下册,北京:机械工业出版社,1994年12月
11. 王时任、郭文平主编:《机械原理及机械零件》,北京:高等教育出版社,1983年
12. 张莹主编:《机械设计基础》,北京:机械工业出版社,1997年
13. 吴宗泽主编:《机械设计师手册》上、下册,北京:机械工业出版社,2002年2月
14. 胡家秀主编:《机械设计基础》,北京:机械工业出版社,2001年
15. 范顺成主编:《机械设计基础》,北京:机械工业出版社,2001年
16. 黄森彬主编:《机械设计基础》,北京:机械工业出版社,2001年
17. 黄劲枝主编:《机械设计基础》,北京:机械工业出版社,2001年
18. 张久成主编:《机械设计基础》,北京:机械工业出版社,,2001年

读者反馈意见

亲爱的读者:

感谢您对《机械设计基础》的学习使用,以及对本专业的支持和热爱,为了今后向您提供更好的服务,请您抽出宝贵的时间来填写下面意见反馈表,以便我们对本教材做进一步的改进,同时如果您在使用本教材的过程中遇到了什么问题,或者有什么好的建议,也请您来信、来电告诉我们。

地址:北京市丰台区科学城南极星大厦108室

电话:010-83795649/83794403

电子邮箱:caikai6223@263.net　QQ:649319527　QQ:1694299827

网址:WWW.KFHWH.CN

教材名称:《机械设计基础》

个人资料:

姓名:__________年龄:__________所在院校/专业:__________

文化程度:__________通讯地址:__________

联系电话:__________电子信箱:__________

您使用本书是作为:□指定教材□选用教材□辅导教材

您对封面设计的满意度:

□很满意□满意□一般□不满意□改进建议__________

您对本书印刷质量的满意度:

□很满意□满意□一般□不满意□改进建议__________

您对本书的总体满意度:

从语言质量角度看□很满意□满意□一般□不满意□

从科技含量角度看□很满意□满意□一般□不满意□

本书最令您满意的是:

□指导明确□内容充实□讲解详尽□实例丰富

您认为本书在哪些地方应进行修改?(可附页)

____

____

您希望本书在哪些方面进行改进?(可附页)

____

____